Innenentwicklung – Fach- und Rechtsfragen der Umsetzung

AF733655

BERLINER SCHRIFTEN ZUR STADT- UND REGIONALPLANUNG

Herausgegeben von Stephan Mitschang

Band 22

PL ACADEMIC RESEARCH

Stephan Mitschang (Hrsg.)

Innenentwicklung – Fach- und Rechtsfragen der Umsetzung

PL ACADEMIC RESEARCH

Bibliografische Information der Deutschen Nationalbibliothek
Die Deutsche Nationalbibliothek verzeichnet diese Publikation in der Deutschen Nationalbibliografie; detaillierte bibliografische Daten sind im Internet über http://dnb.d-nb.de abrufbar.

ISSN 1861-762X
ISBN 978-3-631-64862-9 (Print)
E-ISBN 978-3-653-03870-5 (E-Book)
DOI 10.3726/978-3-653-03870-5

© Peter Lang GmbH
Internationaler Verlag der Wissenschaften
Frankfurt am Main 2014
Alle Rechte vorbehalten.
PL Academic Research ist ein Imprint der Peter Lang GmbH.

Peter Lang – Frankfurt am Main · Bern · Bruxelles · New York · Oxford · Warszawa · Wien

Das Werk einschließlich aller seiner Teile ist urheberrechtlich geschützt. Jede Verwertung außerhalb der engen Grenzen des Urheberrechtsgesetzes ist ohne Zustimmung des Verlages unzulässig und strafbar. Das gilt insbesondere für Vervielfältigungen, Übersetzungen, Mikroverfilmungen und die Einspeicherung und Verarbeitung in elektronischen Systemen.

Dieses Buch erscheint in einer Herausgeberreihe bei PL Academic Research und wurde vor dem Erscheinen peer reviewed.

www.peterlang.com

Vorwort

Innenentwicklung sowie Klimaschutz und Klimaanpassung dürften die beiden wichtigsten Themenstellungen für die Stadt- und Regionalplanung der nächsten Jahrzehnte darstellen. Mit der Klimaschutznovelle 2011 und der Innenentwicklungsnovelle 2013 hat der Bundesgesetzgeber der Bedeutung dieser beiden Themen Rechnung getragen und rechtliche Anforderungen sowohl im allgemeinen Städtebaurecht an die Aufstellung, Änderung, Ergänzung und Aufhebung von Bauleitplänen sowie die Zulassung von Bauvorhaben als auch im besonderen Städtebaurecht an die Durchführung von Sanierungs-, und Stadtumbaumaßnahmen sowie Maßnahmen der Sozialen Stadt normiert. Aufgabe der Planungspraxis ist es, diese neuen rechtlichen Anforderungen, insbesondere im Rahmen der Bauleitplanung sowie bei der Aufstellung sonstiger, insbesondere auch informeller städtebaulicher Planungen umzusetzen. Dabei treten Fragestellungen auf wie

- Wie sind die städtebaulichen Planungs- und Durchsetzungsinstrumente im Hinblick auf das Leitbild der Innenentwicklung zu bewerten?
- Welche Bedeutung hat das besondere Wohngebiet für die Innenentwicklung?
- Sind Sanierungs- und Stadtumbaumaßnahmen Instrumente zur Förderung der Innenentwicklung?
- Welche Maßnahmen und Strategien kommen konkret in den Städten Bonn, Ulm und Leipzig zum Einsatz?
- Wie sieht es aktuell mit dem Flächenverbrauch aus?
- Welche Anforderungen sind an informelle Planungskonzepte zu stellen und welche Bedeutung ist ihnen beizumessen?
- Bedürfen die geltenden Maßfaktoren einer Veränderung?
- Wie ist mit den Anforderungen des Eingriffsausgleichs sowie des Lärmschutzes bei der Innentwicklung umzugehen?
- Besteht ein Vorrang des Klimaschutzes?
- Welche Rahmensetzungen können der Rechtsprechung entnommen werden?

Diesen Fragestellungen wurde im Rahmen der am 11. und 12. März 2013 an der Technischen Universität Berlin stattgefundenen Wissenschaftlichen Fachtagung in der Form von fachwissenschaftlichen Beitragen sowie Berichten aus der Planungspraxis nachgegangen. Die Tagung stand unter der Überschrift „Innenentwicklung – Fach- und Rechtsfragen der Umsetzung“. Der nunmehr vorliegende Tagungsband enthält die schriftlichen Fassungen der Vorträge, die im Rahmen der Tagungsveranstaltung stattfanden. Sie dienen der Planungspraxis als Handreichung für die Bewältigung einer am Leitbild der Innenentwicklung ausgerichteten nachhaltigen Stadtentwicklung.

Berlin, im November 2013

Universitätsprofessor Dr.-Ing. habil. Stephan Mitschang

am Institut für Stadt- und Regionalplanung der TU Berlin
Fachgebiet Städtebau- und Siedlungswesen
– Orts-, Regional- und Landesplanung –
Hardenbergstraße 40 a
10623 Berlin

Inhaltsverzeichnis

Flächenverbrauch – Sachstand und Perspektiven zur Verringerung der Neuinanspruchnahme von Flächen für Siedlungen und Verkehr

Gertrude Penn-Bressel

In meinem Vortrag über Klimaschutz und Energieeinsparung möchte ich zu vier Fragen Stellung nehmen: Warum sollten wir Flächen sparsam und intelligent nutzen? Wie sind die aktuellen Trends beim Flächenverbrauch? Was sind die wichtigsten Verursacher und Treiber? Welche Ansätze gibt es, um den Flächenverbrauch zu verringern?

I. Warum wir Flächen sparsam und intelligent nutzen sollten

Die Bundesregierung hat im Rahmen der Nationalen Nachhaltigkeitsstrategie[1] das Ziel bestätigt, die Neuinanspruchnahme von Flächen für Siedlungen und Verkehr bis zum Jahr 2020 auf 30 Hektar pro Tag zu reduzieren. Für das Flächensparen sprechen neben Umweltgründen auch ökonomische und soziale Gründe. Darüber hinaus ist die sparsame Inanspruchnahme des Außenbereichs eine unabdingbare Voraussetzung dafür, dass eine erfolgreiche Stadtentwicklung und die Aufwertung des Innenbereichs auf Dauer gelingen können.

Negative Umweltfolgen der Zersiedelung sind zunächst der Verlust von Freiräumen und Landschaftszerschneidung mit negativen Auswirkungen auf die Erholung des Menschen einerseits und die biologische Vielfalt andererseits. Vor allem Arten, die auf große ungestörte oder weiträumig vernetzte Lebensräume angewiesen sind, werden beeinträchtigt.

Neue Siedlungen erzeugen Verkehr, Verkehr zeitigt den Ausbau der Verkehrswege, weshalb dezentrale Standorte besser erreichbar werden und sich am Ende neue Nutzungen in der Peripherie niederlassen. Dieser Teufelskreis ist immer noch ungebrochen. Folge des wachsenden Verkehrs sind Lärm- und Schadstoffemissionen, nicht nur in der Landschaft sondern vor allem auch in den gewachsenen Siedlungen und Ortskernen. Dort leidet die Wohnqualität, weshalb viele Haushalte Wohnstandorte am Ortsrand und im Umland bevorzugen. Verkehrsbelastungen und mangelhafte Qualität des Wohnumfelds sind deshalb auch ein Hemmschuh bei der Innenentwicklung und Aufwertung älterer Quartiere.

Eine direkte Auswirkung der Zersiedelung und des Verkehrswegebaus ist die Versiegelung und Verdichtung von Böden. Infolge der Ansiedelung von Industrie und

1 Die Bundesregierung, Nationale Nachhaltigkeitstrategie, Berlin 2012.

Gewerbe und des Ausbaus von Verkehrsanlagen kann es auch zu Schadstoffeinträgen in bislang unbelastete Böden kommen.

Werden neue Siedlungen oder Gewerbegebiete in die regionalen Frischluftbahnen gebaut, kann dies auch Beeinträchtigung des regionalen Mesoklimas nach sich ziehen, was vor allem im Sommer zu einer Überhitzung bebauter Bereiche beitragen kann. Die Ausweitung bebauter und versiegelter Flächen kann auch negative Auswirkungen auf den Grundwasserhaushalt und die Hochwasserrückhaltung zeitigen.

Seit dem Jahr 2008 sind die Preise für landwirtschaftliche Produkte immer mal wieder in die Höhe geschossen. Seitdem wächst allmählich in der Gesellschaft das Bewusstsein, dass wir mit der Zersiedelung und Versiegelung von Landwirtschaftsflächen, auch unsere Lebensgrundlage und eine wertvolle Ressource, z. B. für den Anbau nachwachsender Rohstoffe verlieren. Da sich Ballungsräume aufgrund ihrer Entwicklungsgeschichte oft in sehr fruchtbaren Regionen befinden und zudem ebene Ackerflächen von vielen Nutzern für gewerbliche Ansiedlungen bevorzugt werden, und auch der Naturschutz bislang Böden mit hoher natürlicher Bodenfruchtbarkeit als Lebensgrundlage eher stiefmütterlich behandelt, fallen fruchtbare Böden überdurchschnittlich oft der Zersiedelung zum Opfer.[2]

Insgesamt fördert der fortschreitende Ausbau von Siedlungen und Infrastrukturen Lebensstile, Produktions- und Wirtschaftsweisen mit dauerhaft hohem Material- und Energieaufwand sowie den damit verbundenen Umweltbelastungen. Neue Gebäude und Infrastrukturen kosten nicht nur in der Errichtungsphase Material und Energie. Permanenter Material- und Energieaufwand entsteht insbesondere auch in der Nutzungsphase für Beleuchtung, Reinigung, Heizung, Kühlung, Wartung, Instandhaltung, Erneuerung und Umbau.

Gerade beim Ausbau öffentlicher Infrastrukturen wird der Aufwand für ihren dauerhaften Betrieb immer noch zu wenig ins Kalkül gezogen. Es sind nicht nur Material und Energie aufzuwenden, es entstehen auch handfeste Kosten, die – sofern sie nicht den Nutzern aufgebürdet werden können – von der öffentlichen Hand zu tragen sind. Der Betrieb und die Instandhaltung öffentlicher Infrastrukturen sind in vielen Bereichen hoffnungslos unterfinanziert, was nicht zuletzt auch die dauerhafte Funktionsfähigkeit der Systeme infrage stellt. Unübersehbar zeigt sich dies am Instandhaltungsstau im Netz der Straßen, Schienen und Wasserstraßen sowie bei Brücken, Bahnhöfen und Fahrzeugen des öffentlichen Personenverkehrs.

Vor diesem Hintergrund ist es sehr zu begrüßen, dass der aktuelle Entwurf der Grundkonzeption zur Erstellung des Bundesverkehrswegeplans darauf abstellt, zu-

2 Dr. Stefan Siedentopp et al., Nachhaltigkeitsbarometer Fläche – Regionale Schlüsselindikatoren nachhaltiger Flächennutzung für die Fortschrittsberichte der nationalen Nachhaltigkeitsstrategie – Flächenziele; in: BMVBS (Hrsg.); Forschungen, Heft 130; Bonn 2007; S. 66, S. 71ff; unter http://www.bbsr.bund.de/cln_032/nn_187742/BBSR/DE/ Veroeffentlichungen/BMVBS/Forschungen/2007/Heft130__DL,templateId=raw,property=publicationFile.pdf/Heft130_DL.pdf Zugriff am 13.06.2013.

allererst die Erneuerung und Instandhaltung der bestehenden Verkehrswege zu gewährleisten, in zweiter Linie durch kostengünstige organisatorische Maßnahmen oder punktuelle Eingriffe an Engpässen die Effizienz und Kapazität der bestehenden Systeme zu erhöhen und erst wenn dies nicht ausreicht, über Aus- oder Neubaumaßnahmen nachzudenken – sofern und soweit dafür Gelder zur Verfügung stehen. Als wichtiges Kriterium für die Abschätzung der Umweltauswirkungen des neuen Bundesverkehrswegeplans soll neben den Emissionen von Klimagasen auch die Flächeninanspruchnahme angewendet werden. Das Umweltbundesamt wertet derzeit die zugänglichen Informationen aus, um retrospektiv die Flächenneuinanspruchnahme durch den Neu- und Ausbau der Bundesverkehrswege in den letzten Jahren zu ermitteln und daraus Maßstäbe für eine künftige Flächeninanspruchnahme abzuleiten, die mit dem 30-Hektar-Ziel kompatibel ist.

Im Gefolge des demographischen Wandels, hat in den letzten Jahren die Anzahl schrumpfender Regionen bundesweit zugenommen, weil bis zum Jahr 2010 die anhaltend niedrige Geburtenrate und die hohen Sterbeüberschüsse nicht durch Zuwanderung aus dem Ausland kompensiert wurden (vgl. Abbildung 1, linke Seite). Angesichts der Tatsache, dass vor allem junge gut ausgebildete Menschen (und besonders häufig junge Frauen[3]) benachteiligte Regionen auf Dauer verlassen, könnte der Schrumpfungsprozess in vielen Regionen unumkehrbar sein.

Infolge schrumpfender Bevölkerung, sind in vielen Kommunen und Regionen die Infrastrukturen der Daseinsvorsorge aus heutiger Sicht überdimensioniert, weil die Anzahl der Nutzer dauerhaft zurückgeht. Aber auch in stagnierenden oder leicht wachsenden Regionen kann es zu Unterauslastungen von Infrastrukturen kommen, wenn sich die Wachstumserwartungen der Vergangenheit im Hinblick auf die künftigen Nutzerzahlen nicht in vollem Umfang erfüllt haben. Überdimensionierte Infrastrukturen müssen trotzdem weiter betrieben werden, um die Grundversorgung der vorhandenen Bevölkerung zu gewährleisten. Insbesondere die Abwassersysteme müssen bei Unterauslastung häufiger gespült werden, was die Kosten treibt. Dadurch erhöhen sich in Schrumpfungsregionen die Betriebskosten pro Nutzer, was dazu beiträgt, die Standortnachteile dieser Regionen zu vergrößern.

Hinzu kommen wachsende Leerstände von Wohn- und Gewerbegebäuden. Der Rückbau oder Abriss nicht mehr benötigter Infrastrukturen oder Gebäude verursacht einen hohen Energie- und auch Kostenaufwand. Das Finanzierungsproblem stellt sich mit besonderer Schärfe, wenn im Rahmen des Stadtumbaus[4] Gebiete mit

3 Vgl. Antonia Milbert et al., Auf der Suche nach dem guten Leben – Geschlechtstypische Wanderungen in Deutschland, in: BBSR (Hrsg.); BBSR-Analysen KOMPAKT 04/2013, unter http://www.bbsr.bund.de/cln_032/nn_1143516/BBSR/DE/Veroeffentlichungen/AnalysenKompakt/2013/DL__4__2013,templateId=raw,property=publicationFile.pdf/DL_4_2013.pdf Zugriff am 13.06.2013.

4 Vgl. BMVBS (Hrsg.): Informationen zu Stadtumbau Ost und West, unter http://www.staedtebaufoerderung.info/cln_031/nn_512384/StBauF/DE/StadtumbauOst/stadtumbauOst__node.html?__nnn=true Zugriff 13.06.2013.

vielen verschiedenen Einzeleigentümern angegangen werden müssten. Dies setzt nämlich einen umfassenden Vorteils-Nachteils-Ausgleich zwischen denjenigen Eigentümern voraus, deren Gebäude beseitigt werden und denjenigen Eigentümern, deren Gebäude erhalten bleiben und durch die Angebotsverknappung im Wert stabilisiert werden. Da ein solch umfassender Ausgleich im Instrumentarium des Stadtumbaus nicht angelegt ist, konzentriert sich der Stadtumbau derzeit auf die Bestände der großen Wohnungsbaugenossenschaften, die den Rückbau in ihren Bilanzen durch den Erlass von Altschulden kompensieren können.[5]

Wie Abbildung 1 zeigt, gibt es neben den Schrumpfungsregionen allerdings auch einige ausgeprägte Wachstumsregionen. In der Gesamtbilanz war jedoch im Zeitraum von 2003 bis 2010 in Deutschland eine Abnahme der Bevölkerung zu verzeichnen. Seit dem Jahr 2011 ist in Deutschland die Bevölkerung in der Gesamtbilanz erstmals wieder etwas gewachsen, allerdings haben längst nicht alle Regionen davon profitiert. Während sich das Wachstum in den bereits wachsenden Regionen gegenüber dem Jahr 2007 weiter verstärkt hat (vgl. insbesondere die Regionen München, Frankfurt, Hamburg und Berlin), ist in den Schrumpfungsregionen allenfalls eine leichte Verlangsamung des Bevölkerungsrückgangs zu verzeichnen.

Diese Regionen werden voraussichtlich auch weiterhin auf Fördermittel des Bundes und der Länder angewiesen sein, um z. B. im Rahmen des Stadtumbaus die Anpassung an eine verringerte Bevölkerung stemmen zu können. In den letzten zehn Jahren hat der Bund 1,3 Mrd. € in den Stadtumbau Ost investiert und 490 Mio. € in den Stadtumbau West, ergänzt durch Mittel der Länder und Kommunen in Höhe von 1,4 Mrd. € (Ost) und 1,5 Mrd. € (West). Mit diesen Geldern wurden bis Ende 2011 allein in Ostdeutschland 300.000 Wohnungen abgerissen. Auch in den nächsten Jahren soll der Rückbau in Ostdeutschland weitergehen. Unterbleibt ein weiterer Rückbau, dann werden in Ostdeutschland im Jahr 2020 etwa 1,42 Millionen Wohnungen leer stehen. Das mindeste, was man – auch aus Sicht des Steuerzahlers – von den geförderten Kommunen erhoffen sollte, ist, dass sie sich bei der Ausweisung neuer Baugebiete zurückhalten und die verbleibende Nachfrage in den erhaltenswerten Bestand lenken.

Fehlt nämlich die Nachfrage, dann lassen auch solvente Eigentümer lieber ererbte alte Gebäude verfallen und die Grundstücke verwahrlosen, als sich dem Aufwand für den Abriss des Gebäudes und die Revitalisierung des Grundstücks zu unterziehen. Dies trifft vor allem für Regionen zu, in denen ein Überangebot an bebaubaren Grundstücken besteht, die Baulandpreise daher auf niedrigem Niveau dümpeln und es daher zweifelhaft ist, ob die Kosten für die Aufbereitung des Grundstücks bei der Vermarktung wieder hereingeholt werden können. Die Folge: Während an der Peripherie in Neubaugebieten immer noch ein wenig gebaut wird, grassiert in den gewachsenen Siedlungen die Kernfäule. Die Vielzahl der real existierenden

---

5 Vgl. KfW (Hrsg.), Informationen zur Altschuldenhilfe, unter https://www.kfw.de/KfW-Konzern/Über-die-KfW/Auftrag/Sonderaufgaben/Altschuldenhilfe-für-ostdeutsche-Wohnungsunternehmen/ Zugriff am 13.06.2013.

Schrottimmobilien legt ein beredtes Zeugnis über die missglückte Baulandpolitik der letzten Jahrzehnte ab. Dieses Phänomen betrifft nicht nur Schrumpfungsregionen sondern tritt zunehmend auch in noch wachsenden Regionen auf.

Aber auch Gebäude und Grundstücke, die sich noch in der Nutzung befinden, können in den Sog der schleichenden Entwertung geraten, wenn in der Region das Angebot an Immobilien und die Nachfrage zunehmend auseinander klaffen. Für Betriebe bedeutet dies eine Schmälerung des Betriebsvermögens und kann insbesondere auch ihren Zugang zu Krediten behindern, wenn das Betriebsgrundstück als Sicherheit herhalten soll. Betroffen ist aber auch die öffentliche Hand, die sich mit Wertverlusten und sinkenden Einnahmen bei der Vermarktung nicht mehr benötigter öffentlicher Liegenschaften abfinden muss.

Wohneigentum gilt in Deutschland immer noch als beliebteste Form der privaten Altersvorsorge. Das Kalkül besteht darin, dass man sich in jungen Jahren finanziell belastet, um im Alter in der abbezahlten Immobilie relativ preiswert (im Vergleich zu einer Mietwohnung in derselben Region) zu wohnen. In Wachstumsregionen, in denen Mieten und Immobilienpreise kontinuierlich steigen, dürfte diese Rechnung auch vielfach aufgehen. Allerdings wird auch hier oft unterschätzt, welchen finanziellen Aufwand die Instandhaltung einer älteren Immobilie zeitigen kann und wie schnell Rücklagen durch unvorhergesehene, aber unabweisbare Reparaturen oder Erneuerungsmaßnahmen aufgezehrt werden können. Gerade Haushalte, die ihre Wohnung nicht verkaufen sondern halten wollen, können sich im Alter mit erheblichen Belastungen konfrontiert sehen.

In stagnierenden und schrumpfenden Regionen ist es hingegen nicht unwahrscheinlich, dass das Wohneigentum im Laufe der Jahre nicht an Wert gewinnt sondern spürbar verliert. Vor allem Haushalte, die wegen Arbeitslosigkeit umziehen und ihr Eigentum verkaufen müssen, können so in die Zwickmühle geraten, weil der Verkaufserlös die bestehenden Hypothekenkredite nicht deckt. Auch Haushalte mit einer abbezahlten Immobilie, die wegen Alter und Pflegebedürftigkeit umziehen müssen, könnten die Feststellung machen, dass der Verkaufserlös nicht ausreicht, um einen Pflegeplatz finanzieren zu können.

Abbildung 1: Regionale Bevölkerungsentwicklung in Deutschland in den Jahren 2007 und 2011

Quelle: Destatis Regionalatlas, eigene Darstellung.

Wenn in Sonntagsreden die zunehmende Spaltung der Gesellschaft und die geringen Bildungschancen bestimmter Bevölkerungsgruppen beklagt wird, dann sollte nicht übersehen werden, dass vor allem durch die Neuausweisung monostrukturierter Einfamilienhaus-Siedlungen auf der Grünen Wiese die soziale Entmischung von Quartieren und die Schwächung der Kernstädte zugunsten des Speckgürtels massiv vorangetrieben wurde. Denn es sind vor allem Haushalte mit mittlerem und gehobenem Einkommen, die die gewachsenen Siedlungen zugunsten der Neubaugebiete verlassen und es sind vor allem einkommensschwache und bildungsarme Haushalte, die in den Kernstädten und Ortskernen zurückbleiben.[6] Insofern ist es zu begrüßen, dass zumindest die massive Förderung des Neubaus und Erwerbs von Wohneigentum mittels Eigenheimzulage im Jahr 2006 beendet wurde. Allerdings läuft die Dauer der bereits bewilligten Förderung über acht Jahre, so dass die letzten Zahlungen im Jahr 2013 geleistet werden. Deshalb sind auch heute noch die öffentlichen Hände erheblich durch die Zahlung der Eigenheimzulage belastet, allein im Jahr 2008 mit 6,2 Mrd. € und im Jahr 2010 mit 4,8 Mrd. €.

Daneben sieht die Städtebauförderung, die die vernachlässigten oder gar verödeten Kernstädte und Ortskerne wieder aufwerten soll, mit 455 Mio. € im Jahr 2013 vergleichsweise bescheiden aus. Insgesamt wäre es sowohl aus Sicht einer sinnvollen Verwendung von Steuermitteln als auch im Sinne des Umwelt- und Ressourcenschutzes zielführender, künftig keinen Neubau mehr zu fördern (auch nicht durch KfW-Eigenheimförderung oder Wohnriester), der in der Folge neue Leerstände im Bestand nach sich zieht, die dann wieder mühsam durch Städtebau- und Stadtumbauprogramme gemildert werden müssen und stattdessen alle verfügbaren öffentlichen Mittel auf erhaltenswerte Bestände zu konzentrieren.

Ein weiterer Aspekt, der künftig die Attraktivität vom Wohnen in peripheren Lagen schmälern könnte, ist die erschwerte Vereinbarkeit von Familie und Beruf durch weite Wege. Da zunehmend mehr junge Frauen eine Berufstätigkeit anstreben und auch qualifizierte Positionen erreichen und dabei nicht auf Familie verzichten wollen, könnte dies die Präferenzen für Wohnstandorte nachhaltig verändern. Die Stadtregion der kurzen Wege zwischen Wohnung, Arbeit, Versorgung, Bildung und Kinderbetreuung macht einen solchen Lebensstil erst möglich – vorausgesetzt, die Region bietet genügend Erwerbsmöglichkeiten.

Insgesamt ist festzustellen, dass neben einer wachsenden Zahl von schrumpfenden Regionen sich auch ein Stamm von wachsenden Regionen herauskristallisiert, auf die sich sowohl die Binnenwanderungsströme als auch die Zuwanderungsströme aus dem Ausland konzentrieren. Diese Regionen sind oft bereits relativ hoch verdichtet und weisen hohe Bodenpreise auf. Dies schreckt aber offenbar weder die

6 Prof. Dr. Andreas Troge et al., Fünf Thesen zur Flächeninanspruchnahme; in: Konrad Adenauer Stiftung (Hrsg.); Diskurs Kommunal 2003; im Internet unter: http://www.kas.de /upload/ kommunalpolitik/veroeffentlichungen/diskurs_2003_gesamt .pdf Zugriff am 13.06.2013.

Unternehmen, die dort verharren oder sich neu ansiedeln oder gründen, noch die Zuwanderer aus dem In- und Ausland, die sich wegen der guten Bildungs- und Arbeitsmarktchancen trotz hoher Mieten und Kaufpreise genau hier ansiedeln. Für eine flächensparende Siedlungsentwicklung lernen wir daraus dreierlei:

- Erstens wird die Bereitstellung von billigen Wohn- und Gewerbeflächen als Instrument, um im regionalen Maßstab die Zuwanderung von Einwohnern oder die Ansiedlung von zukunftsfähigen Betrieben zu fördern, grob überschätzt[7]; es sind ganz andere Faktoren, die den Standortvorteil von Wachstumsregionen ausmachen, insbesondere die Innovationskraft der Wirtschaft, die Herausbildung regionaler Wertschöpfungsketten und die Fühlungsvorteile in kreativen Branchen.
- Zweitens entsteht in Wachstumsregionen ein Druck, neue Bauflächen für Wohnen und Gewerbe zu gewinnen. Wenn das Bodenpreisniveau hinreichend hoch ist, lassen sich dabei einerseits leichter Brachflächen und untergenutzte Gebäude revitalisieren und andererseits lassen sich sowohl im Innenbereich als auch bei unvermeidbaren Siedlungserweiterungen verdichtete Bauformen durchsetzen, so dass Neuentwicklungen sowohl im Innen- wie auch im Außenbereich wesentlich effizienter, kostengünstiger und flächensparender erfolgen als in stagnierenden Regionen. Um dabei das Wohnen in verdichteten Siedlungen sozialverträglich und familienfreundlich zu gestalten, muss allerdings nach dem Leitbild „Kompakt, Urban, Grün“ auch großer Wert auf Verkehrsberuhigung im Wohnumfeld und öffentliche Freiflächen mit hoher Aufenthaltsqualität gelegt werden.
- Drittens sollten schrumpfende Regionen sich nicht mit noch mehr Siedlungserweiterungen und Infrastrukturen ausstatten, sondern alle Förderung sollte zunächst auf Bildung, Innovation und die Schaffung oder Stabilisierung von Wertschöpfungsketten und kreativen Clustern gerichtet werden. Nur dann besteht die Chance, dass sich zumindest in einigen dieser Regionen wieder neue ökonomische Aktivitäten entfalten und zumindest ein Teil der unternutzten Gebäudebestände und Infrastrukturen wieder neue Nutzer finden. Eine Schlüsselrolle könnten dabei die Hochschulen[8] spielen, denn sie sind Ziel der Zuwande-

---

7 Innerhalb der Region kann sich zwar u. U. die eine Kommune gegenüber der Nachbarkommune Vorteile verschaffen. Wenn jedoch die regionale Wirtschaft und Bevölkerung in der Gesamtheit nicht wächst, endet die interkommunale Konkurrenz im Kannibalismus mit der Folge von Überangeboten, Leerständen sowie fallenden Grundstücks- und Immobilienpreisen.

8 Neben den wirtschaftlich starken Wachstumsregionen fallen in Abbildung 1 (rechte Graphik) für das Jahr 2011 auch einige Hochschulstädte auf, die durch die doppelten Abiturjahrgänge in Bayern und Niedersachsen deutlich mehr Studienanfänger als Absolventen zu verzeichnen hatten, weshalb die Zahl der Studierenden und somit die Bevölkerung sichtbar

rung junger, vergleichsweise gut ausgebildeter Menschen, sofern die dort betriebene Forschung anwendungsorientiert und vernetzt mit Praxispartnern erfolgt. Nicht alle Hochschulstädte fungieren für ihre Regionen als Wachstumskeim, ihr Potenzial zur Bildung von Keimzellen für Wertschöpfungsketten ist möglicherweise noch nicht ausgeschöpft. Hingegen kann die Städtebauförderung in Schrumpfungsregionen nur Symptome lindern, die Ursachen der Abwanderung und Schrumpfung müssen mit anderen Politikfeldern und Instrumenten angegangen werden.

Es wird also künftig darauf ankommen, Flächen für neue Baugebiete und Infrastrukturen genau da neu in Anspruch zu nehmen wo sie wirklich benötigt werden, und dabei so sparsam wie möglich zu verfahren. Berechnungen des Umweltbundesamtes[9] zeigen, dass das 30-Hektar-Ziel auch dann sozialverträglich eingehalten werden könnte (d. h. jeder Zuwanderer könnte so mit Wohn-, Gewerbe- und Freizeitflächen versorgt werden wie die bereits ansässige Bevölkerung), wenn Deutschland von einer neuen Zuwanderungswelle erreicht würde – unter der Voraussetzung, dass der Flächenverbrauch auf die Wachstumsregionen konzentriert wird.

II. Aktuelle Trends der Flächeninanspruchnahme

Seit die Bundesregierung im Rahmen der Nationalen Nachhaltigkeitsstrategie das 30-Hektar-Ziel beschlossen hat, sind mehr als 10 Jahre ins Land gegangen. Um beobachten zu können, ob sich die tatsächliche Entwicklung auf das 30-Hektar-Ziel zubewegt, hatte das Umweltbundesamt Zwischenziele für die Jahre 2010 (80 Hektar pro Tag) und 2015 (55 Hektar pro Tag) formuliert.

Wie Abbildung 2 zeigt, ist der gleitende 4-Jahres-Mittelwert (Linie) der Flächenneuinanspruchnahme von 129 Hektar pro Tag im Jahr 2000 auf 81 Hektar pro Tag im Jahr 2011 gesunken. Das 80-Hektar-Ziel für das Jahr 2010 wurde damit knapp verfehlt.

---

wuchs.
Das Wachstum der Anzahl der Studienanfänger wird sich voraussichtlich noch bis zum Jahr 2014 fortsetzen, wenn zuletzt auch Nordrhein-Westfalen und Hessen doppelte Abiturientenjahrgänge auf die Universitäten entsenden. Für ostdeutsche Universitäten und die umgebende Region könnten sich Chancen auftun, zusätzliche Studienanfänger aus den alten Bundesländern aufzunehmen – falls es gelingt sie über das Ende des Studiums hinaus zu halten.

9 Vgl. Gertrude Penn-Bressel, Almut Jering, et al.; Reduzierung des Flächeninanspruchnahme durch Siedlungen und Verkehr – Materialienband; in: Umweltbundesamt (Hrsg.); UBA-Texte 90/03; Berlin 2003; unter Internet unter: http://www.umweltdaten.de/publikationen/fpdf-l/2587.pdf Zugriff am 13.06.2013.

Abbildung 2: Zunahme der Siedlungs- und Verkehrsflächen in Deutschland - Handlungsziel der Bundesregierung für das Jahr 2020 sowie Zwischenziele des Umweltbundesamtes 2010 und 2015

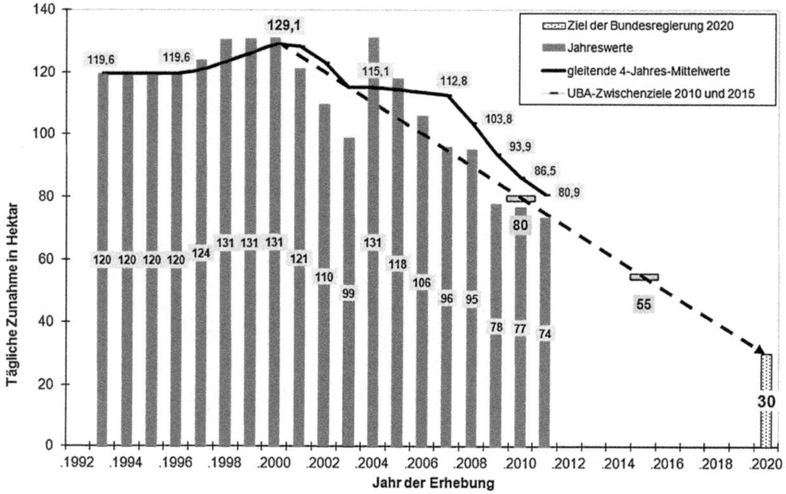

Quelle: Destatis, eigene Darstellung.

Betrachtet man die 1-Jahres-Werte (Balken), so schwanken diese stärker nach oben und unten. Augenfällig ist aber der deutliche Rückgang ab dem Jahr 2009 auf zuletzt nur noch 74 Hektar pro Tag, der plausibel mit dem beobachteten Rückgang der Bautätigkeit im Gefolge der Weltwirtschaftskrise korrespondiert. Dem nicht nachhaltigen Geschäftsgebaren des internationalen Finanzsystems ist es somit zu verdanken, dass Deutschland die erste Etappe auf dem Weg zum 30-Hektar-Ziel knapp meistern konnte. Für die Zukunft ist es allerdings dringend wünschenswert, dass intelligentere Instrumente gefunden werden, um auch die Flächensparziele für die Jahre 2015 und 2020 erreichen zu können.

Über Ursachen und Verursacher der Flächenneuinanspruchnahme in den alten Bundesländern gibt Abbildung 3 Aufschluss. Um auch für einzelne Bundesländer beurteilen zu können, ob sie sich auf dem Weg zum 30-Hektar-Ziel befinden, hat die Kommission Bodenschutz beim Umweltbundesamt (KBU) Flächensparziele für jedes einzelne Bundesland formuliert. Für die alten Bundesländer summieren sich die Ziele für das Jahr 2020 auf 23 Hektar pro Tag und die Zwischenziele auf 55 Hektar pro Tag für das Jahr 2010 sowie 39 Hektar pro Tag für 2015. Im 4-Jahresmittelwert wurde das Zwischenziel für das Jahr 2010 um 6 % verfehlt.[10]

10 Vgl. Prof. Hubert Wiggering et al., KBU (Hrsg.), Flächenverbrauch einschränken – jetzt handeln, Empfehlungen der Kommission Bodenschutz beim Umweltbundesamt, S. 11;

Abbildung 3: Westliche Bundesländer: Tägliche Zunahme der Siedlungs- und Verkehrsfläche – Ursachen, Verursacher, Trends und Handlungsziele (4-Jahres-Mittelwerte)

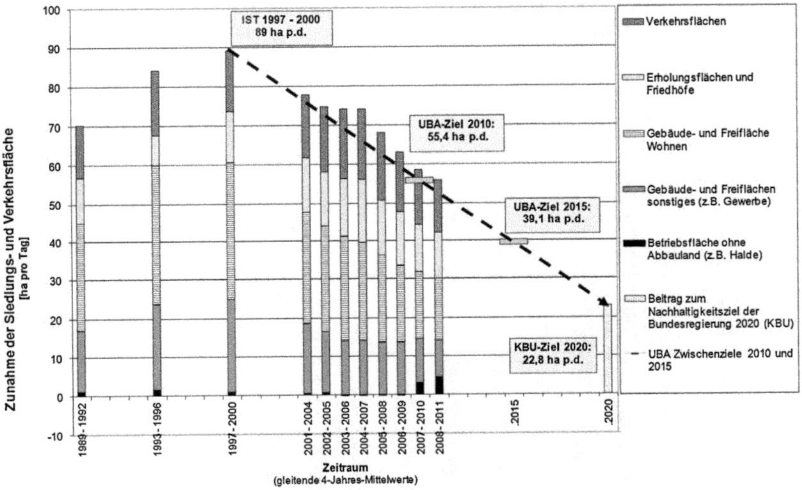

Quelle: Destatis, eigene Berechnungen, eigene Darstellung.

Die Abbildung 3 belegt die große Bedeutung, die insbesondere auch der Wohnungsbau in der Vergangenheit für den Flächenverbrauch hatte und in den alten Bundesländern auch heute noch hat. Zum Wachstum der Siedlungs- und Verkehrsflächen steuerte der Wohnungsbau im 4-Jahres-Zeitraum von 2008 bis 2011 immer noch 16 Hektar pro Tag (29 %) bei. Innerhalb des Wohnungsbaus ist mit 14 Hektar pro Tag der Neubau von Einfamilienhäusern der größte Flächenfresser.

Ebenso gewichtig ist das Wachstum der sonstigen Gebäude- und Freiflächen, d. h. der Flächen für Gewerbe, Handel, Dienstleistungen oder öffentliche Zwecke. Zusammengenommen mit Betriebsflächen (für Betriebserweiterungen oder Infrastrukturen, z. B. Entsorgungsanlagen) betrug ihr Wachstum rund 14 Hektar pro Tag.

Sowohl bei Wohnflächen als auch bei Gewerbeflächen, war in den letzten 10 Jahren ein deutlicher Rückgang des Wachstums zu verzeichnen. Beim Wohnen macht sich bemerkbar, dass statt der Babyboomer-Jahrgänge der 1960er Jahre inzwischen nur noch die erheblich dünner besetzten Jahrgänge der 1970er und 1980er Jahre in den Wohnungsmarkt hineinwachsen und auch die Zuwanderung in vielen Regionen erheblich nachgelassen hat. Auch die Ausweisung neuer Gewerbegebiete hat seit 2000 im Gefolge des verhaltenen Wirtschaftswachstums an Tempo verloren,

Dessau-Roßlau 2009; im Internet unter: http://www.umweltbundesamt.de/boden-und-altlasten/boden/downloads/ Flaechenpapier_KBU.pdf Zugriff am 13.06.2013.

zumal viele Gemeinden auch noch einen hohen Bestand ungenutzter Gewerbeflächen vorrätig haben.

Abbildung 4: Westliche Bundesländer: Tägliche Zunahme der Siedlungs- und Verkehrsfläche – Ursachen, Verursacher, Trends und Handlungsziele in feiner Untergliederung (Jährliche Werte)

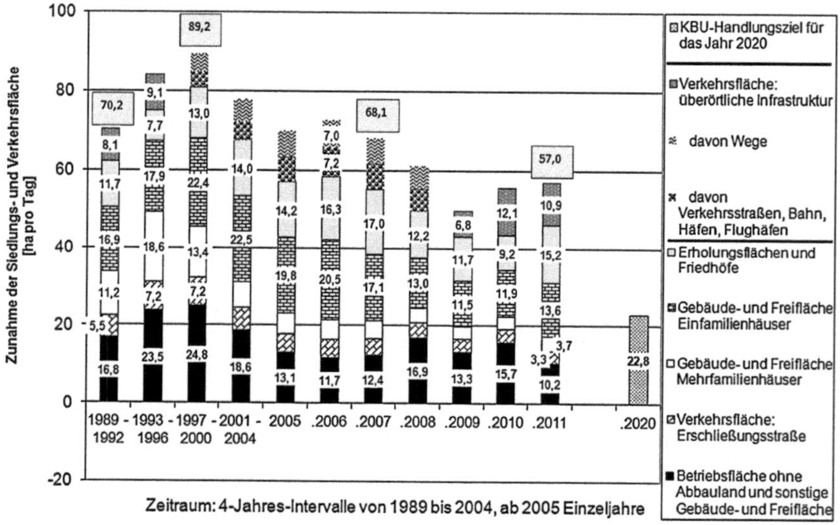

Datenquelle: Destatis, eigene Berechnungen, eigene Graphik.

Unvermindert verharrt jedoch das Wachstum der Verkehrsflächen in einer Größenordnung von 15 Hektar pro Tag (langjähriger Mittelwert). Abbildung 4 zeigt in feinerer Differenzierung welche verschiedenen Faktoren zum Wachstum der Verkehrsflächen beitragen.

Neue Siedlungen und Gewerbegebiete müssen erschlossen werden. Das Netz der Erschließungsstraßen wuchs im Jahr 2011 immer noch um gut 3 Hektar pro Tag (vgl. in Abbildung 4 das 2. Feld von unten).

Neben den Erschließungsstraßen tragen zum einen die überörtlichen Verkehrsinfrastrukturen, wie z. B. Eisenbahnen, und zum anderen die land- und forstwirtschaftlichen Wege zum Wachstum der Verkehrsflächen bei.

Eine Analyse der Daten der Flächenstatistik in den alten Bundesländern zeigt, dass alleine das Wachstum der land- und forstwirtschaftlichen Wege mit 5,5 Hektar pro Tag zu Buche schlägt. Sichtet man die Mittelverwendung der Förderprogramme zur Unterstützung strukturschwacher oder ländlicher Gebiete ELER und GAK[11], so

11 Gemeinschaftsaufgabe zur Verbesserung der Agrarstruktur und des Küstenschutzes.

kann man direkt belegen, dass aus diesen Förderprogrammen[12] sowie im Rahmen von Maßnahmen nach dem Flurbereinigungsgesetz und Landwirtschaftsanpassungsgesetz[13] pro Jahr insgesamt mindestens 2.500 km Feld- und Waldwege neu gebaut werden, womit eine Flächeninanspruchnahme von mindestens 3,4 Hektar pro Tag verbunden ist. Hier stellt sich die Frage, ob es keine intelligentere Maßnahme zur Strukturförderung gibt als Feldwege zu asphaltieren.

Das Wachstum der sonstigen überörtlichen Infrastrukturen, insbesondere Autobahnen, Bundestraßen, Eisenbahnen, Häfen und Flugplätze, bewegt sich in den alten Bundesländern seit vielen Jahren stabil in einer Größenordnung von 5 Hektar pro Tag. Dabei verursachte der Neubau von Bundesfernstraßen in den 10 Jahren von 2002 bis 2011 einen Zuwachs der befestigten Flächen[14] von 0,6 Hektar pro Tag, davon 0,4 Hektar pro Tag für 425 km neue Autobahnen und 0,2 Hektar pro Tag für 793 km neue Bundesstraßen. Hinzu kommen Flächen für den Ausbau der Bundesfernstraßen (d. h. zusätzliche Fahrspuren) sowie für Zubringer und Verkehrsbegleitflächen (z. B. Böschungen, Abstandsflächen, Begleitgrün), die sich aber derzeit noch nicht exakt quantifizieren lassen. Auch der Anteil der Eisenbahntrassen und Flughäfen am Wachstum der überörtlichen Infrastrukturen lässt sich nicht mit Sicherheit bestimmen, da differenzierte Daten der Flächenstatistik der Länder nur sporadisch und unvollständig vorliegen.

Ob Straßen, Wege, Eisenbahnen oder Flugplätze, das Wachstum der Verkehrsflächen geschieht fast ausschließlich auf Initiative oder mit Unterstützung öffentlicher Entscheidungsträger. Künftig sollte noch kritischer hinterfragt werden, welche Erweiterungen des Verkehrssystems wirklich benötigt werden, und wie in Zukunft die Kosten für die Unterhaltung, Instandhaltung und Modernisierung der Verkehrsinfrastrukturen, d. h. nicht nur der neuen sondern auch der bereits vorhandenen, finanziert werden können.

Auch beim Wachstum der Erholungsflächen und Friedhöfe ist in den alten Bundesländern bislang kein Anhaltspunkt für eine Abschwächung zu erkennen. Der Zuwachs pendelte in den letzten 15 Jahren um einen Mittelwert von 14 Hektar pro Tag, davon 0,5 Hektar pro Tag für Friedhöfe. Erholungsflächen sind nicht nur unversiegelte Grünflächen. Erholungsflächen umfassen neben Grünanlagen und Parks mit ihren befestigten Wegen, Plätzen und allerlei baulichen Anlagen auch Campingplätze und Sportanlagen. Gerade Sportanlagen können – je nach Sportart und Ausgestaltung – in erheblichem Umfang überbaute oder versiegelte Flächen

12 Eigene Berechnungen; Datenquelle: Bundeswaldbericht, Statistik zum Neubau forstwirtschaftlicher Wege, gefördert aus ELER-Geldern.

13 Eigene Berechnungen; Datenquelle: Destatis, Agrarstatistiken.

14 Eigene Berechnungen; Datenquelle: Längenstatistik der Straßen des öffentlichen Verkehrs 1999 – 2012; BMVBS (Hrsg.); u. a. Tabellen 2, 6, 7 u. 9.; in den neuen Bundesländern 0,8 Hektar pro Tag für 1469 km neue Bundesfernstraßen, davon 0,5 Hektar pro Tag für 613 km Autobahnen und 0,3 Hektar pro Tag für 856 km Bundesstraßen.

aufweisen. In den alten Bundesländern trägt das Wachstum der Sportanlagen etwa mit einem Drittel zum Zuwachs der Erholungsflächen bei.[15]

Ein Teil des Wachstums der Erholungsflächen dürfte auf eine Umwandlung von Konversionsflächen, Bergbaufolgelandschaften und Industriebrachen in öffentliche Erholungsflächen zurückzuführen sein, ohne dass sich dies exakt quantifizieren ließe. So wurde z. B. der Emscherpark auf alten Industriebrachen eingerichtet, für die sich keine industrielle oder gewerbliche Nachnutzung fand und bei denen eine Rückverwandlung in Landwirtschaftsflächen wegen hoher Schadstoffkontaminationen oder zu geringer Bodenfruchtbarkeit nicht möglich war. Hingegen tragen naturschutzrechtliche Ausgleichs- und Ersatzmaßnahmen nur in geringem Umfang zum Wachstum der Erholungsflächen bei, da sie meist auf landwirtschaftlichen Flächen durchgeführt werden, die auch nach Abschluss der Maßnahme in der Flächenstatistik als Landwirtschaftsfläche klassifiziert werden und somit nicht zur Siedlungs- und Verkehrsfläche zählen. Nach Erhebungen des BBSR[16] waren lediglich ein Viertel bis ein Drittel der neuen Grünflächen Ausgleichsflächen. Auf dieser Basis lässt sich für die alten Länder der Beitrag von Ausgleichsflächen zum Wachstum der Erholungsflächen auf eine Größenordnung von 2-3 Hektar pro Tag schätzen, das ist etwa ein Fünftel des Wachstum der Erholungsflächen.

In den neuen Bundesländern ist die Statistik zur Entwicklung der Siedlungs- und Verkehrsflächen derzeit nur mit großen Einschränkungen interpretierbar, da hier immer noch daran gearbeitet wird, die Klassifizierung der Flächen vom DDR-System COLIDO auf die bundesdeutsche Systematik umzustellen. Insbesondere das scheinbar enorme Wachstum der Erholungsflächen hat nichts mit tatsächlichen Nutzungsänderungen zu tun sondern ist im Wesentlichen auf veränderte Zuordnungen von Flächen zu Nutzungskategorien zurückzuführen (vgl. Abbildung 5). Beispielsweise werden Kleingärten von der Kategorie „Landwirtschaftsfläche“ in die Kategorie „Erholungsfläche“ umetikettiert und zählen damit künftig zur Siedlungs- und Verkehrsfläche.[17]

Während das Land Sachsen-Anhalt die Umstellungen in einer konzertierten Aktion ab dem Jahr 2001 zügig durchgeführt und inzwischen abgeschlossen hat, sind die Arbeiten in Brandenburg, Mecklenburg-Vorpommern und Sachsen noch im Gange und Thüringen hat noch nicht einmal begonnen. Da Sachsen-Anhalt während der Umstellungsphase enorme statistische Artefakte produzierte, sind die Daten dieses Bundeslandes in Abbildung 5 nur kursorisch dargestellt.

---

15 Hier bestehen etwas größere Unsicherheiten, da die Flächenstatistiken der Länder nicht immer differenzierte Daten ausweisen.

16 Vgl. BBR (Hrsg.), Bauland und Immobilienmärkte, Bericht 2003, Bonn. S. 84 u. S. 100.

17 Auch innerhalb der Siedlungsflächen kommt es zu Verschiebungen, z. B. zwischen den Kategorien „Gebäude- und Freiflächen“ und „Betriebsflächen ohne Abbauland“. Einzelne Nutzungskategorien nehmen dadurch scheinbar drastisch zu oder ab. In der Gesamtbilanz bleibt die Siedlungs- und Verkehrsfläche aber unverändert.

Abbildung 5: Östliche Bundesländer: Tägliche Zunahme der Siedlungs- und Verkehrsfläche – Ursachen, Verursacher, Trends und Handlungsziele (4-Jahres-Mittelwerte)

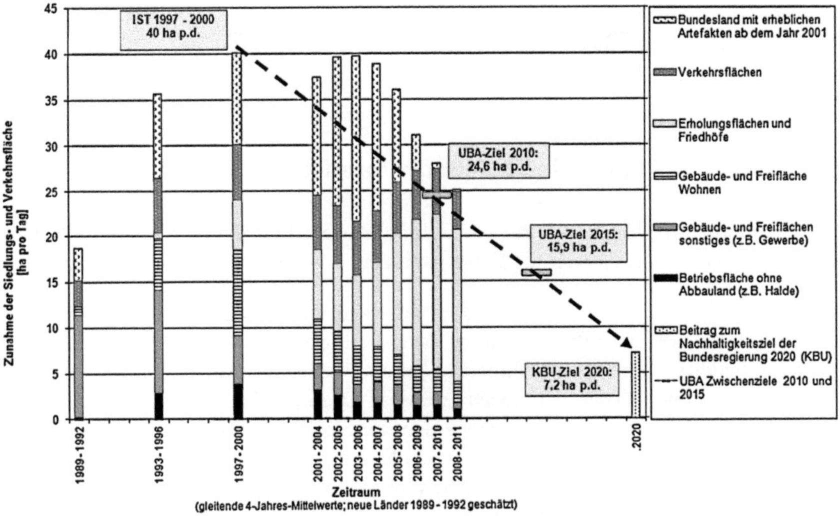

Quelle: Destatis, eigene Berechnungen, eigene Darstellung; Achtung: Die Daten sind wegen statistischer Artefakte nur mit großen Einschränkungen belastbar. Dies gilt vor allem auch für das Wachstum der Erholungsflächen.

Valide ist hingegen der in Abbildung 5 dargestellte Zuwachs der Gebäude- und Freiflächen für den Wohnungsbau, weil dieser direkt aus der Statistik für die Fertigstellung neuer Wohngebäude berechnet wurde. Im 4-Jahres-Zeitraum von 2008-2011 wurden (inklusive Sachsen-Anhalt) in den neuen Bundesländern und Berlin ca. 20.000 Wohnungen pro Jahr neu errichtet, davon 63 % in Einfamilienhäusern. Dadurch wurden 2,9 Hektar pro Tag für Wohnungsbau neu in Anspruch genommen, davon 87 % für Einfamilienhäuser, die somit überproportional Fläche belegen. Angesichts der vorhandenen und weiter wachsenden Leerstände im ostdeutschen Wohnungsbestand und der hohen Stadtumbaukosten sollte jeglicher Wohnungsbau und ganz besonders auch die Neuausweisung von Baugebieten kritisch hinterfragt werden. Während es einerseits inzwischen durchaus Kommunen gibt, die in den letzten Jahren Bebauungspläne wieder zurückgenommen haben, gibt es immer noch Kommunen, die darauf hoffen, dass sie den demographisch bedingten Bevölkerungsschwund durch die Ausweisung neuer Baugebiete aufhalten könnten.

Auch die Verkehrsflächen nehmen in Ostdeutschland weiter zu,[18] allerdings ist das Wachstumstempo seit dem Jahr 2004 von mehr als 6 Hektar pro Tag auf zuletzt 4 Hektar pro Tag gefallen.

---

18 Dazu hat der Neubau von Bundesfernstraßen mit 0,8 Hektar pro Tag beigetragen.

Lässt man das Wachstum der Erholungsflächen außen vor, so liegt der Zuwachs der übrigen Siedlungs- und Verkehrsflächen in den östlichen Bundesländern immer noch bei mehr als 8 Hektar pro Tag und somit über dem Flächensparziel der KBU für das Jahr 2020. Insofern ist keineswegs gesichert, dass die neuen Bundesländer ihren Beitrag zum Bundesdeutschen 30-Hektar-Ziel leisten werden.

III. Wichtige Treiber des Flächenverbrauchs

Nachdem hier die Trends zur Entwicklung der Siedlungs- und Verkehrsflächen dargestellt wurden, stellt sich die Frage nach den Treibern dieser Entwicklung.

Wichtige Faktoren für die anhaltende Nachfrage nach neuen Gewerbeflächen ist der Strukturwandel zu immer größeren Betrieben (economy of scale) einerseits und zur Ausgliederung von Unternehmensteilen andererseits, die auf die Rolle von Zulieferern oder Dienstleistern reduziert werden. Dazu gehört auch die Tendenz zur Konzentration im Einzelhandel, verbunden mit Standortverlagerungen von Einzelhandelsunternehmen mit unterschiedlichen Strategien. In der Gesamtbilanz ist der Trend zur Inanspruchnahme der grünen Wiese (z. B. durch Callcenter, Möbelmärkte oder Factory Outlets) immer noch ungebrochen, während in den Ortskernen trotz aller Bemühungen zur Stadterneuerung die traditionellen Einkaufslagen verfallen. Vergleichsweise preiswerte Kraftstoffe in Kombination mit dem Volkssport „Schnäppchenjagd" halten diese Entwicklung in Gang. Hinzu kommen Standortverlagerungen von produzierenden Unternehmen und Logistik-Unternehmen weg von bahnaffinen Standorten hin zu Standorten mit guter Straßenanbindung, wobei auch die Postdienstleister und der internetgestützte Versandhandel eine wichtige Rolle spielen. Hier stellt sich die Frage, ob die gewerblichen Nutzer des Straßennetzes wirklich alle Kosten tragen, die mit dem Ausbau, der Instandhaltung und den Umweltfolgen dieses Verkehrssystems verbunden sind, oder ob nicht ein großer Teil der Kosten der Allgemeinheit aufgebürdet wird. Eine verursachergerechte Anlastung der Transportkosten könnte das Kalkül zugunsten von Verkehrsvermeidung und Flächensparen verändern.

Treiber des Flächenverbrauchs sind auch neue Sport- und Freizeitangebote mit hohem Flächenbedarf, z. B. Golfplätze, Poloanlagen, Freizeitparks, die beim Konsumenten offenbar auf genügend Nachfrage stoßen.

Daneben besteht weiterhin der Wunsch nach Wohnen mit hoher Qualität, was für viele Konsumenten (noch) identisch mit Wohneigentum in der Form eines Einfamilienhauses im Grünen ist. Vor dem Hintergrund unsicherer Arbeitsplätze und kaum noch planbarer Lebensläufe in Verbindung mit den Risiken einer langfristigen Verschuldung hat allerdings der Zuzug ins Neubau-Eigenheim in den letzten Jahren bundesweit etwas an Bedeutung verloren.

Last but not least trägt auch regionales Wirtschafts- und Bevölkerungswachstum und der daraus entstehende Gewerbeflächen- und Wohnraumbedarf in den Wachstumsregionen zum Flächenverbrauch bei. Allerdings findet auch Flächenverbrauch in stagnierenden und schrumpfenden Regionen statt, was wiederum mit der Angebotsseite zu tun hat, für die vor allem auch die Kommunen sowie die übrigen öffentlichen Hände verantwortlich sind.

Zum einen versuchen Kommunen – meist auf Kosten der Nachbarkommunen – durch die Ausweisung neuer Bauflächen zusätzliche Steuerzahler (Einwohner oder Betriebe) anzuziehen. Die interkommunale Konkurrenz, die in stagnierenden Regionen gerne in Kannibalismus ausartet und am Ende allen schadet, wird durch die Regionalplanung oft nur unzureichend eingedämmt.

Darüber hinaus wachsen auch die öffentlichen Infrastrukturen des Bundes, der Länder sowie der Kommunen. Eine wichtige Ursache hierfür ist die einseitige Investitionsphilosophie der öffentlichen Hand. Nur Ausgaben für den Neu- oder Ausbau von Gebäuden und Infrastrukturen sowie für die Anschaffung technischer Großgeräte gelten als Investition.

Nicht als Investition gelten hingegen Ausgaben für Instandhaltung und Ertüchtigung von bestehenden Gebäuden und Infrastrukturen, sowie Personalausgaben. Weder die planerische Vorbereitung und Durchführung von Maßnahmen, die den Gebäudebestand in vernachlässigten Stadtquartieren in Wert setzen könnten, z. B. für die vorbereitende Zustandserfassung (Baulückenerhebung, Brachflächenkataster), noch Ausgaben für kommunale Strategiebildung oder Planung gelten als Investition.

Diese Sichtweise betrifft in gleicher Weise auch Personalausgaben der Länder, z. B. für Raumordnung, Landes- und Regionalplanung oder für die sinnvolle und sparsame Bewirtschaftung und Verwendung von Fördermitteln oder für die Stärkung der Finanzverwaltung (insbesondere für Steuerprüfung und Steuereintreibung, was die Erosion der öffentlichen Finanzen beschleunigt) oder für Erziehung, Bildung, Forschung und Lehre. Insgesamt besteht ein wachsendes Missverhältnis zwischen den öffentlichen Ausgaben für zusätzlichen Beton und den Ausgaben für kluge Köpfe, die die vorhandenen baulichen und nicht baulichen Ressourcen überhaupt erst in Wert setzen könnten.

IV. Ansätze zur Eindämmung des Flächenverbrauchs

Was bleibt zu tun? Dank Demographie und Wirtschaftskrise ist der Flächenverbrauch zwar in den letzten Jahren zurückgegangen, krisenbedingte Neuzuwanderung und regional unterschiedliche Prosperität könnten aber dazu führen, dass künftig in Wachstumsregionen aufgrund des Nutzungsdrucks deutlich mehr Fläche in Anspruch genommen wird, als in anderen Regionen infolge nachlassenden Nutzungsdrucks gespart wird. Es ist somit keineswegs garantiert, dass sich künftig der Rückgang des Flächenverbrauchs in gleicher Weise fortsetzen wird, wie im letzten Jahrzehnt.

Insofern sollten zugunsten des 30-Hektar-Ziels in Wachstumsregionen – und erstrecht in stagnierenden und schrumpfenden Regionen – alle verfügbaren Potenziale der Innenentwicklung genutzt werden. Auch die BauGB-Novelle-II, die inzwischen ohne Gegenstimme vom Bundestag verabschiedet wurde, soll in diese Richtung wirken.

Das Umweltbundesamt hat bereits im Jahr 2003 ein Strategiepapier[19] mit Handlungsempfehlungen für Maßnahmen und Instrumente zum Flächensparen veröffentlicht. Es ist hier nicht der Raum, die Vorschläge des Umweltbundesamtes zu planerischen, ökonomischen und organisatorischen Aktivitäten im Einzelnen darzustellen. Deshalb sollen im Folgenden nur einige wenige Empfehlungen hervorgehoben werden, die aus unterschiedlichen Gründen derzeit besonders aktuell sind.

Unverzichtbar ist vor allem, dass auch die Landes- und Regionalplanung im Verein mit der Strukturförderung das Flächensparen und die Innenentwicklung konsequent und koordiniert vorantreibt. Das Instrumentarium der Raumordnung ist im Prinzip vorhanden, z. T. fehlt es jedoch bereits an der politischen Willensbildung auf der Ebene der Länder und Regionen, z. T. aber auch an der konsequenten Umsetzung von selbstgesteckten Zielen in Plänen und Programmen der verschiedenen öffentlichen Aufgabenträger.

Ein Herunterbrechen des bundesweiten 30-Hektar-Ziels in quantitative Ziele der Länder und Regionen wäre ein nützlicher Schritt, den im Übrigen auch die Strategie der Bundesregierung zur Biologischen Vielfalt bis zum Jahr 2015 fordert. Um die Diskussion um Länderziele zu befördern, hat die Kommission Bodenschutz beim Umweltbundesamt (KBU[20]) im Jahr 2009 einen ersten Vorschlag für mögliche Länderziele unterbreitet (vgl. Abbildung 6).

---

19 Vgl. Gertrude Penn-Bressel, Almut Jering, et al.; a. a. O. (Fn. 9)
20 Vgl. Prof. Hubert Wiggering et al., a. a. O. (Fn. 10), S. 11

Abbildung 6: Vorschlag der Kommission Bodenschutz beim Umweltbundesamt für Beiträge der Länder zum 30-Hektar-Ziel der Bundesregierung für das Jahr 2020

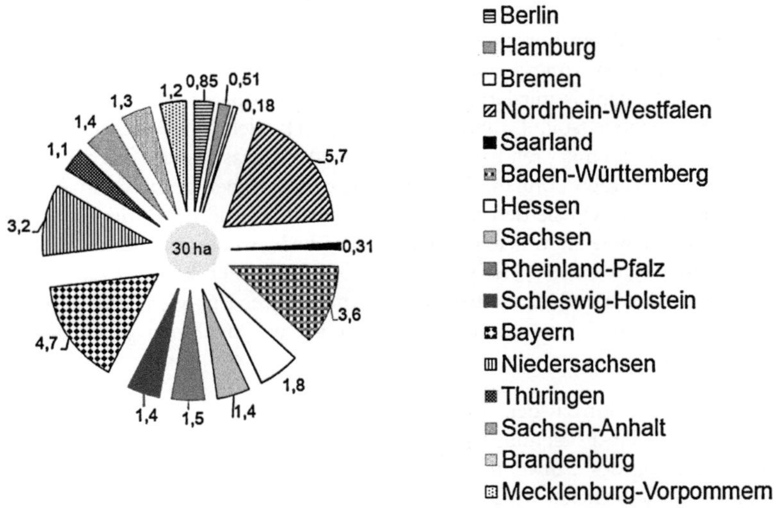

Quelle: Daten nach KBU (2009), (a.a.O.), S. 11, eigene Darstellung mit einer Korrektur für Thüringen; unter http://www.umweltbundesamt.de/boden-und-altlasten/boden/downloads/Flaechenpapier_KBU.pdf Zugriff am 13.06.2013.

Zumindest einige Länder haben sich inzwischen begrüßenswerter Weise Ziele für die Landesebene gesetzt, zuletzt die neu gewählte Niedersächsische Regierungskoalition, die in ihrem Koalitionsvertrag für das Jahr 2020 ein Flächenziel von 3 Hektar pro Tag postuliert hat.

Voraussetzung und Grundlage für das Gelingen von Aktionen der Länder und Kommunen zum Flächensparen ist eine gute Öffentlichkeitsarbeit, damit Politiker, Bürger und Wirtschaftvertreter den Sinn des Flächensparens und der Innenentwicklung verstehen, darin Ansätze für gutes Leben und Wirtschaften erkennen und sich dieses Ziel zu eigen machen. Dazu gibt es bereits eine Reihe vorbildlicher Initiativen von Bundesländern, Verbänden oder auch einzelnen Kommunen. Einen wichtigen Beitrag zum Umdenken leisten auch Planungshilfen, z.B. Kosten-Nutzen-Rechner für die Baulandentwicklung, Sammlungen guter Praxisbeispiele aus innovativen Kommunen oder Modellvorhaben zur Erprobung neuer Ansätze und Instrumente zum Flächensparen, wie sie von verschiedenen Ressorts auf der Ebene von Bund und Ländern gefördert wurden.

All diese Informationen und Initiativen sollten allerdings in Zukunft noch besser kommuniziert und vernetzt werden. Deshalb beabsichtigt das Umweltministerium, eine Internetplattform zu schaffen, die die Fülle der vorhandenen Informationen übersichtlich zusammenführt. Hierzu hat das Umweltbundesamt im Rahmen des

UFO-Plans 2013 ein Forschungsvorhaben ausgeschrieben, das das vorhandene Wissen für die Internetplattform zusammenführen und aufbereiten soll. Dieses Vorhaben befindet sich derzeit im Vergabeverfahren.

Neben etlichen anderen Forschungsaktivitäten hat das Umweltbundesamt – auf der Basis des Koalitionsvertrags – einen Modellversuch initiiert, der im Rahmen eines realitätsnahen Planspiels mit Kommunen den überregionalen Handel mit Flächenzertifikaten erproben soll. Grundgedanke eines Handels mit Flächenzertifikaten (analog zum Handel mit Treibhausgaszertifikaten) ist, dass erstens Flächensparziele präzise erreicht werden können, dass zweitens neue Flächen genau da in Anspruch genommen werden, wo sie den meisten Nutzen stiften und dass drittens das Geld für den Verkauf von Zertifikaten genau dahin fließt, wo es am besten eingesetzt werden kann. Stagnierende oder schrumpfende Kommunen könnten das Geld aus den Verkaufserlösen z. B. in die Erzeugung erneuerbarer Energien oder in Energiesparmaßnahmen investieren und damit regelmäßige Einnahmen generieren oder Kosten sparen.

Die Grundkonzeption zu dem Modellversuch wurde von 2009 bis 2012 im Rahmen des UFO-Plan-Forschungsvorhabens FORUM durch ein Konsortium unter der Federführung des Umweltforschungszentrum (UFZ), Leipzig, erarbeitet.[21] Der eigentliche Modellversuch wird seit Herbst 2012 durch ein Konsortium unter Federführung des Instituts der deutschen Wirtschaft, Köln – Kompetenzfeld Immobilienökonomik, durchgeführt.[22] Die ersten dreizehn Kommunen konnten inzwischen für eine Teilnahme am Modellversuch gewonnen werden, weitere Modellkommunen haben ihr Interesse an der Teilnahme bekundet. Bundesweit werden zusätzliche Modellkommunen gesucht, wobei angestrebt wird, das Planspiel schrittweise auf mehr als 50 Modellkommunen auszudehnen.

Kernpunkt des Modellversuchs ist es, dass die Kommunen zunächst eine möglichst vollständige Bestandaufnahme über ihre verfügbaren Flächen, die sich für eine Innen- oder Außenentwicklung eignen, durchführen. Die Flächen werden gesichtet und im Hinblick auf die voraussichtlichen Kosten oder Nutzen ihrer Entwicklung monetär bewertet. Die Kommunen erhalten dabei vielfältige fachliche Unterstützung und Beratung durch die Auftragnehmer. Im Rahmen von Workshops haben sie auch Gelegenheit, sich mit anderen Kommunen über ihre Erfahrungen, aufgetretene Schwierigkeiten und Lösungsansätze auszutauschen. Zur weiteren Unterstützung der teilnehmenden Kommunen wurde im Rahmen der Klimaschutzinitia-

---

21 Kilian Bizer, Jana Bovet et al., Projekt FORUM: Handel mit Flächenzertifikaten – Fachliche Vorbereitung eines überregionalen Modellversuchs; in: Umweltbundesamt (Hrsg.); UBA-Texte 60/2012; unter http://www.umweltbundesamt.de/uba-info-medien/4388.html Zugriff am 13.06.2013.

22 Institut der deutschen Wirtschaft Köln (Hrsg.), Planspiel Flächenhandel – Realitätsnahes Planspiel zur Erprobung eines überregionalen Handelssystems mit Flächenausweisungszertifikaten für eine begrenzte Anzahl ausgewählter Kommunen, unter http://www.immobilienoekonomik.de/ laufende-projekte/laufende-projekte.html Zugriff am 13.06.2013.

tive des Bundes die Möglichkeit geschaffen, dass sie eine Förderung von kommunalen Klimaschutzkonzepten zum Flächenmanagement beantragen können, wobei in der Förderrichtlinie der Modellversuch zum Handel mit Flächenzertifikaten ausdrücklich genannt ist.

Nach Abschluss der Bestandsaufnahmen und Bewertung der Flächen, soll in einem kontrollierten Feldexperiment der Handel mit Flächenzertifikaten im Zeitraffer über 15 Jahre simuliert werden, um unter verschiedenen Randbedingungen die Reaktionen der Marktteilnehmer, die Umsätze und die Preisentwicklung zu untersuchen. Dabei werden Flächenzertifikate immer dann benötigt, wenn durch einen Bebauungsplan oder eine Satzung nach § 34 Abs. 4 Nr. 2 und 3 BauGB Flächen des Außenbereichs in Siedlungs- oder Verkehrsflächen umgewandelt werden. Keine Flächenzertifikate werden benötigt, wenn Flächen, die bereits zum Innenbereich gehören, neu bebaut oder überplant werden. Daneben soll im Rahmen von Fallstudien „in Echtzeit" auch das tatsächliche Verhalten von Kommunen beim Flächenmanagement mit verbesserter Informationsgrundlage beobachtet werden.

Neben Erkenntnissen darüber, ob und in welcher Form ein Handel mit Flächenzertifikaten weiterverfolgt werden sollte, erwartet das Umweltbundesamt von diesem Modellversuch vor allem auch die praxisnahe Erprobung und ggf. Weiterentwicklung von Planungstools, die es den Kommunen erleichtern, auf der Basis solider Informationsgrundlagen zukunftsfähige Entscheidungen zu treffen. Insgesamt besteht Grund zur Hoffnung, dass vor allem auch die öffentliche Diskussion um Kosten und Nutzen der Siedlungsentwicklung im Innen- und Außenbereich bei vielen weiteren Kommunen und Planungsträgern Anstoß für einen sorgsameren Umgang mit Flächen geben wird und dass wir auch dadurch dem 30-Hektar-Ziel einen Schritt näher kommen.

Umsetzung des Leitbilds der Innenentwicklung – eine Bewertung der städtebaulichen Planungsinstrumente

Stephan Mitschang

A. Das Leitbild der Innenentwicklung

Das städtebauliche Leitbild der Innenentwicklung prägt seit einigen Jahren die fachliche Diskussion um eine nachhaltige Siedlungsentwicklung. Anlass und Notwendigkeit, den Fokus verstärkt auf die Innenentwicklung zu legen, ergeben sich aus dem:

- demografischen Wandel.
- Flächensparen.[1]
- Klimaschutz und der Anpassung an den Klimawandel.

Eine Berücksichtigung dieser Rahmenbedingungen verlangt die bisherige Flächenpolitik in Deutschland zu überdenken, und zwar dergestalt, schon vorhandene Flächenpotenziale im bereits besiedelten Bereich vorrangig für die städtebauliche Entwicklung heranzuziehen. Gewährleistet werden soll dies durch das Leitbild der Innenentwicklung. Der Begriff „Innenentwicklung" ist dabei rechtlich nicht determiniert. Es handelt sich vielmehr um einen planerischen Begriff, der eine planerisch-strategische Ausrichtung verschiedener Planungs-, Maßnahmen- und Handlungsansätze im baulichen Bestand bezeichnet. Im Einzelnen bedeutet dies:

- Heranziehung von bereits planerisch ausgewiesenen Flächen sowie von Baulücken.
- Nachverdichtung im baulichen Bestand durch Neubau oder Umbau (Erweiterung oder Aufstockung).
- Wiedernutzung von brachgefallenen Flächen.[2]

Eine Umsetzung dieses eher quantitativen Ansatzes der Innenentwicklung darf aber nicht einseitig stattfinden, sondern muss gleichwohl auch einen qualitativen Ansatz mit verfolgen. Insoweit geht es auch um die Sicherung von Freiräumen in vielfältiger Hinsicht, wie Berücksichtigung der Erholungsfunktion, der gestalteri-

---

1 Derzeit liegt der Flächenverbrauch bei ca. 77 ha/Tag. Vgl. Bundesinstitut für Bau-, Stadt- und Raumforschung (Hrsg.), Raumordnungsbericht 2011, Bonn 2012, S. 120 f.

2 Insbesondere Konversion von ehemals militärisch genutzten Flächen, nicht mehr erforderlichen Infrastrukturanlagen sowie von Gewerbebrachen.

schen Funktion sowie insbesondere auch der klimatischen und klimaanpassungsbezogenen Funktion solcher Flächen. Gerade das für städtebauliche Planungen durch die Klimaschutz-Novelle 2011[3] neu ausgestaltete Aufgabenfeld zur Berücksichtigung der Anforderungen des Klimaschutzes und der Anpassung an den Klimawandel weist nicht unproblematische Schnittflächen mit den vielfältigen Handlungsfeldern der Innenentwicklung auf, die an die zu treffenden endgültigen Bodennutzungsentscheidungen im Rahmen räumlicher Planungen inhaltliche Anforderungen stellen, die die Planungspraxis bislang und aus verschiedenen Gründen noch nicht bewältigt hat. In diesem Zusammenhang auch zu berücksichtigen ist die soziale Dimension der Innenentwicklung, die vornehmlich in Vorbehalten der Bevölkerung gegenüber Nachverdichtungsmaßnahmen zum Ausdruck kommt. Nachhaltige städtebauliche Entwicklung geht von einer den wirtschaftlichen, den sozialen und ökonomischen Belangen gleichermaßen Rechnung tragenden Innenentwicklungsstrategie aus. In weiten Teilen ist das Leitbild der Innenentwicklung, unter den heute geltenden Rahmenbedingungen nahezu deckungsgleich mit den Vorgaben der „kompakten Stadt" und der „Stadt der kurzen Wege". Städtebauliche Leitbilder müssen durch Maßnahmen der städtebaulichen Entwicklung umgesetzt werden.

Zur Verfügung stehen den Gemeinden hierfür die städtebaulichen Planungsinstrumente, aber auch Vereinbarungen bzw. Verträge.[4] Die folgenden Ausführungen befassen sich ausschließlich mit städtebaulichen Planungen und gehen der Frage nach, inwieweit diese wirklich geeignet sind, einen Beitrag zur Innenentwicklung zu leisten. Am Anfang der Betrachtungen stehen dabei die formellen städtebaulichen Planungen, wie sie insbesondere durch die unterschiedlichen Arten von Bauleitplänen[5] kommen. Es sollen aber auch die Instrumente des Besonderen Städtebaurechts näher betrachtet werden, denn ihrer Anwendung liegen spezifische städtische Problemlagen zugrunde. Für die Umsetzung des Leitbilds der Innenentwicklung können diese von Bedeutung sein.

B. Städtebauliche Planungsinstrumente zur Umsetzung des Leitbilds der Innenentwicklung

„Städtebauliche Planungen" ist ein Oberbegriff für alle an die örtliche Ebene gerichteten Planungen mit einem städtebaulichen Inhalt. Unter systematischen Gesichtspunkten kann eine Unterscheidung in formelle und informelle städtebauliche

---

3 Gesetz zur Förderung des Klimaschutzes bei der Entwicklung in den Städten und Gemeinden, v. 22. Juli 2011 (BGBl. I S. 1509).

4 Hierzu genauer: Krautzberger, Einsatzfelder städtebaulicher Verträge, in: Mitschang (Hrsg.), Innenentwicklung – Fach- und Rechtsfragen, Berliner Schriften zur Stadt- und Regionalplanung, Band 6, Frankfurt am Main 2008, S. 87 ff.

5 Aufgrund ihrer kaum wahrnehmbaren Bedeutung für die Innenentwicklung werden die Innenbereichssatzungen nicht näher betrachtet.

Planungen vorgenommen werden. Als zentrale städtebauliche Planung ist in erster Linie die Bauleitplanung hervorzuheben[6], denn sie ist formell- sowie materiellrechtlich nach den Vorschriften des Baugesetzbuchs (BauGB)[7] aufzustellen, zu ändern, zu ergänzen und auch aufzuheben. Zwar gibt es auch noch andere formelle Satzungen[8], die durch die Gemeinde auf örtlicher Ebene erlassen werden können, doch kann auch durch sie zur Umsetzung der Innenentwicklung nur mittelbar (in erster Linie flankierend oder unterstützend) oder gar nicht beigetragen werden.

Was die informellen Planungen[9] angeht, so haben sich diese in den letzten Jahren zunehmend etabliert. Auch im Städtebaurecht finden sie ihre ausdrückliche Berücksichtigung,[10] können nach außen aber lediglich eine informatorische Wirkung entfalten. Gleichwohl sind sie als „sonstige städtebauliche Planungen" nach § 1 Abs. 6 Nr. 11 BauGB in die bauleitplanerische Abwägung einzubeziehen und können dort Bedeutung erlangen.[11]

I. Die Bauleitplanung als zentrale städtebauliche Planung

Nach Art. 28 Abs. 2 GG[12] haben die Gemeinden das Recht „alle Angelegenheiten der örtlichen Gemeinschaft im Rahmen der Gesetze in eigener Verantwortung zu regeln". Aufgabe der Bauleitplanung ist es, die bauliche und sonstige Nutzung der Grundstücke in der Gemeinde vorzubereiten und zu leiten. Sie wird als Teil der kommunalen Planungshoheit dem essentiellen Kernbereich der gemeindlichen Selbstverwaltung zugeordnet.[13] Vor diesem Hintergrund entscheidet die Gemeinde im Rahmen ihrer eigenen planerischen Vorstellungen über ihre künftige städtebau-

6 Auch Innenbereichssatzungen (vgl. § 34 Abs. 4 bis 6 BauGB) sowie Außenbereichs-Bausatzungen (vgl. § 35 Abs. 6 BauGB) gehören zu den formellen städtebaulichen Planungen, werden aber im Folgenden entweder auf Grund ihrer nur marginalen Bedeutung für die Innenentwicklung (Innenbereichssatzungen) oder schon allein wegen ihrer Zielsetzung (Außenbereichs-Bausatzungen) nicht näher betrachtet.

7 Baugesetzbuch (BauGB),, v. 23. September 2004 (BGBl. I S. 2414), zuletzt geändert durch Gesetz v. 22. Juli 2011 (BGBl. I S. 1509).

8 Insoweit angesprochen sind: Die Satzung über die Veränderungssperre (§ 16 Abs. 1 BauGB), über die Einführung und Genehmigung für die Begründung oder Teilung von Wohnungseigentum oder Teileigentum in vom Fremdenverkehr geprägten Gemeinden (§ 22 Abs. 1 BauGB), die Erschließungsbeitragssatzung (§ 132 BauGB), die Kostenerstattungssatzung (§ 135a bis c BauGB), die Satzung über die abweichende Berechnung des Ausgleichsbetrags bei Sanierungen (§ 154 Abs. 2a BauGB).

9 Z. B. Rahmenplanungen, Masterpläne, Stadtteil- oder Ortsentwicklungspläne, Strukturpläne, städtebauliche Entwicklungskonzepte, aber auch Baulückenkataster oder Einzelhandelskonzeptionen.

10 Vgl. § 3 Abs. 1 S. 2 Nr. 2 und § 140 Nr. 4 BauGB.

11 Dazu genauer unten III.

12 Grundgesetz für die Bundesrepublik Deutschland, v. 23. Mai 1949 (BGBl. I S. 1), zuletzt geändert durch Gesetz v. 11. Juli 2012 (BGBl. I S. 1478).

13 Just, in: Hoppe/Bönker/Grotefels (Hrsg.), Öffentliches Baurecht, 4. Aufl., München 2010, § 2 Rn. 26.

liche Entwicklung und gestaltet ihre Bauleitpläne danach aus (vgl. § 2 Abs. 1 S. 1 BauGB). Als auf der städtebaurechtlichen Grundlage des Bundesbaugesetzes (BBauG 196014) entstandene sog. „klassische“ Bauleitplanung, bestehend aus dem Flächennutzungsplan als vorbereitendem Bauleitplan und dem Bebauungsplan als verbindlichem Bauleitplan, hat sie das heutige Bild unserer Städte und Gemeinden in erheblichem Umfang mitgeprägt.

1. Innenentwicklung als Aufgabe der Bauleitplanung

Nach § 1 Abs. 1 BauGB besteht die Aufgabe der Bauleitplanung darin, die bauliche Nutzung der Grundstücke in der Gemeinde vorzubereiten und zu leiten. Daraus lassen sich zwei wichtige Funktionen der Bauleitplanung ableiten:

- Eine Steuerungsfunktion, bei der es neben der Errichtung und Änderung von Bausubstanz im Sinne der Vorbereitung und Leitung der baulichen Nutzung der Grundstücke, gleichermaßen auch um die Steuerung der sonstigen Grundstücksnutzungen geht.
- Eine Entwicklungs- und Ordnungs- (Koordinations-)funktion, welche durch § 1 Abs. 3 S. 1 BauGB dahingehend verdeutlicht wird, dass sowohl der Maßstab für die Befugnis als auch für die Verpflichtung zur Aufstellung von Bauleitplänen die städtebauliche Entwicklung und Ordnung[15] sind.

Zeitpunkt und Umfang der Planung stehen insoweit nicht im Belieben einer Gemeinde. Für die Frage, wann die Aufstellung eines Bauleitplanes erforderlich ist, kann eine Orientierung an den Planungszielen und -grundsätzen des § 1 Abs. 5 und 6 BauGB vorgenommen werden. Bei genauer Betrachtung wird darin auch dem Leitbild der Innenentwicklung Rechnung getragen.

1.1 Innenentwicklungsrelevante Zielsetzungen der Bauleitplanung

Die bauleitplanerischen Zielsetzungen sind in § 1 Abs. 5 S. 1 BauGB enthalten. S. 1 verlangt, dass die Bauleitpläne eine nachhaltige städtebauliche Entwicklung, die die sozialen, wirtschaftlichen und umweltschützenden Anforderungen auch in Verantwortung gegenüber den künftigen Generationen miteinander in Einklang bringt, und eine dem Wohl der Allgemeinheit dienende sozialgerechte Bodennutzung gewährleisten sollen. Nach S. 2 sollen die Bauleitpläne außerdem dazu beitragen, eine menschenwürdige Umwelt zu sichern, die natürlichen Lebensgrundlagen zu schützen und zu entwickeln sowie den Klimaschutz und die Klimaanpassung, insbesondere auch in der Stadtentwicklung, zu fördern, sowie die städtebauliche Gestalt und das Orts- und Landschaftsbild baukulturell zu erhalten und zu entwickeln. Die an-

---

14 Bundesbaugesetz (BBauG 1960),. v. 18. August 1976, (BGBl I S. 2221, ber. 3617).

15 Krautzberger, in: Battis/Krautzberger/Löhr (Hrsg), BauGB, 11. Aufl., München, 2009, § 1 Rn. 10.

geführten Zielsetzungen der Bauleitplanung nehmen die mit dem Leitbild der Innenentwicklung angestrebten Ziele in sich auf. Innenentwicklung ist Ausdruck einer nachhaltigen städtebaulichen Entwicklung und entspricht auch dem intergenerativen Charakter der nachhaltigen Entwicklung. Künftige Generationen sollen von den mittlerweile erkannten Folgen der Siedlungsdispersion durch eine nach innen orientierte Stadtentwicklung künftig – jedenfalls so weit wie möglich – verschont bleiben.

Auch die in erster Linie an Umweltschutzgesichtspunkten festzumachenden bauleitplanerischen Zielsetzungen in § 1 Abs. 5 S. 2 BauGB tragen umfänglich zur Umsetzung des Leitbilds der Innenentwicklung bei. In diesem Sinne soll durch eine nach innen gerichtete städtebauliche Entwicklung zu einer Reduzierung des Flächenverbrauchs und damit auch zum Schutz und zur Entwicklung der natürlichen Lebensgrundlagen beigetragen werden. Mit der Konzentration der Siedlungsentwicklung auf den bereits bebauten Bereich wird auch den Aspekten des Orts- und Landschaftsbilds im Sinne einer klar ablesbaren Differenzierung zwischen besiedeltem und unbesiedeltem Bereich Rechnung getragen und die offene Landschaft zerpflückende Siedlungsformen, wie sie in den Hochzeiten der Außenentwicklung am Rande der Städte und Gemeinden entstanden sind, vermieden. Klimaschutz und Klimaanpassung, die in dieser Bestimmung in ihrer städtebaulichen Dimension angesprochen werden, sind unter anderen Anlass für die Ausgestaltung eines Leitbilds der Innenentwicklung und tragen unter der Maßgabe einer kompakten Stadt der kurzen Wege zu einer Reduzierung des Primärenergieverbrauchs bei. Schon diese ohne weiteres fortführbare Auflistung von Gesichtspunkten macht deutlich, dass bereits nach geltendem Recht eine am Leitbild der Innenentwicklung orientierte städtebauliche Entwicklung von den Zielsetzungen der Bauleitplanung getragen wird.

Mit Blick auf das derzeit laufende Gesetzgebungsverfahren zur Innenentwicklung-Novelle II[16] ist auf die Ausgestaltung einer neuen Bestimmung in § 1 Abs. 5 S. 3 BauGB-E hinzuweisen, nach der die bauleitplanerischen Zielsetzungen um einen weiteren allgemeinen Planungsleitsatz[17] erweitert werden sollen, wonach die städtebauliche Entwicklung vorrangig durch Maßnahmen der Innenentwicklung erfolgen soll:

- Es werden alle städtebaulichen Maßnahmen in ein zu Gunsten der Innenentwicklung ausgestaltetes Prioritätsverhältnis gesetzt, mit dem Ziel, zunächst auf die bestehenden Möglichkeiten der Baulückenschließung, der Nachverdichtung, der Wiedernutzung von brachgefallenen Flächen oder anderer Maßnahmen zurück zu greifen und noch

16 Entwurf eines „Gesetzes zur Stärkung der Innenentwicklung in den Städten und Gemeinden und weiteren Fortentwicklung des Städtebaurechts" (BauGB-E) (BT-Drs. 17/11468).

17 Battis, Vorrang der Innenentwicklung, Öffentlichkeitsbeteiligung und Mediation, in: Mitschang (Hrsg.), Stärkung der Innenentwicklung – BauGB-Novelle 2012/13, Berliner Schriften zur Stadt- und Regionalplanung, Band 20, Frankfurt am Main 2013, S. 1.

naturnahe Außenbereichsflächen vor einer Inanspruchnahme zu städtebaulichen Zwecken zu bewahren. Außer zu einer Reduzierung der Flächeninanspruchnahme wird dadurch auch den Anforderungen des Klimaschutzes und der Anpassung an den Klimawandel entsprochen.

- Es wird den Anforderungen des demografischen Wandels durch die Wahrung und Stärkung der Urbanität und Attraktivität der Innenstädte und Ortskerne und dadurch auch baukulturellen Belangen Rechnung getragen.

Die Vorrangklausel des § 1 Abs. 5 S. 3 BauGB-E setzt den städtebaulichen Grundsatz „Innen- vor Außenentwicklung" materiell-rechtlich um und wirkt auf die im Rahmen der Bauleitplanung zu treffenden Abwägungsentscheidungen ein.[18] Damit hält das Leitbild der Innenentwicklung nunmehr auch ausdrücklich Einzug in die allgemeinen Planungsleitsätze der Bauleitplanung.

1.2 Innenentwicklungsrelevante Planungsgrundsätze der Bauleitplanung

§ 1 Abs. 6 BauGB enthält eine nicht abgeschlossene Auflistung der wichtigsten die bauleitplanerischen Zielsetzungen des § 1 Abs. 5 BauGB konkretisierenden Planungsgrundsätze. In diesem Katalog sind vielfältig Belange angesprochen, die allesamt für das Leitbild der Innenentwicklung in Anspruch genommen werden können. Unmittelbar angesprochen werden Belange der Innenentwicklung durch:

- Die allgemeinen Anforderungen an gesunde Wohn- und Arbeitsverhältnisse und die Sicherheit der Wohn- und Arbeitsbevölkerung (§ 1 Abs. 6 Nr. 1 BauGB).
- Die Wohnbedürfnisse der Bevölkerung, die Schaffung und Erhaltung sozial stabiler Bewohnerstrukturen, die Eigentumsbildung weiter Kreise der Bevölkerung und die Anforderungen kostensparenden Bauens sowie der Bevölkerungsentwicklung (§ 1 Abs. 6 Nr. 2 BauGB).
- Die sozialen und kulturellen Bedürfnisse der Bevölkerung, insbesondere die Bedürfnisse der Familien, der jungen, alten und behinderten Menschen, unterschiedliche Auswirkungen auf Frauen und Männer sowie die Belange des Bildungswesens und von Sport, Freizeit und Erholung (§ 1 Abs. 6 Nr. 3 BauGB).
- Die Erhaltung, Erneuerung, Fortentwicklung, Anpassung und der Umbau vorhandener Ortsteile sowie die Erhaltung und Entwicklung zentraler Versorgungsbereiche (§ 1 Abs. 6 Nr. 4 BauGB).
- Die Belange der Baukultur, des Denkmalschutzes und der Denkmalpflege, die erhaltenswerten Ortsteile, Straßen und Plätze von ge-

18 Siehe unten B. I.1.3.

schichtlicher, künstlerischer oder städtebaulicher Bedeutung und die Gestaltung des Orts- und Landschaftsbildes (§ 1 Abs. 6 Nr. 5 BauGB).

- Die Belange des Umweltschutzes, einschließlich des Naturschutzes und der Landschaftspflege (§ 1 Abs. 6 Nr. 7 BauGB).
- Die Belange der Wirtschaft, auch ihrer mittelständischen Struktur im Interesse einer verbrauchernahen Versorgung der Bevölkerung (§ 1 Abs. 6 Nr. 8 BauGB).
- Die Belange des Personen- und Güterverkehrs und der Mobilität der Bevölkerung, einschließlich des öffentlichen Personennahverkehrs und des nicht motorisierten Verkehrs, unter besonderer Berücksichtigung einer auf Vermeidung und Verringerung von Verkehr ausgerichteten städtebaulichen Entwicklung (§ 1 Abs. 6 Nr. 9 BauGB).
- Die Belange der zivilen Anschlussnutzung von Militärliegenschaften (§ 1 Abs. 6 Nr. 10 BauGB).

Die vorangegangenen Darlegungen machen deutlich, dass die Bauleitplanung den Belangen der Innenentwicklung in umfassender Weise Rechnung tragen muss. Sie hat nicht nur in umweltbezogener, sondern auch in wirtschaftlicher sowie in sozialer Hinsicht, eine Berücksichtigung dieser Belange durch die in ihren Planwerke aufzunehmenden Darstellungen und Festsetzungen zu gewährleisten. Welche dieser Belange sich letztendlich durchsetzen, obliegt der bauleitplanerischen Abwägung. Der Katalog in § 1 Abs. 6 BauGB wird durch die anstehende Innenentwicklungs-Novelle 2013 nicht modifiziert. Dies verdeutlicht, dass Innenentwicklung auch bislang schon nicht nur als eine städtebauliche Aufgabe angesehen, sondern auch auf der Grundlage des geltenden Rechts umgesetzt werden konnte.

a. Konkretisierung umweltbezogener Aspekte der Innenentwicklung durch § 1a BauGB

§ 1a BauGB enthält „Ergänzende Vorschriften zum Umweltschutz“ und konkretisiert den umweltbezogenen Planungsgrundsatz in § 1 Abs. 6 Nr. 7 BauGB in Bezug auf den Bodenschutz (§ 1a Abs. 2 BauGB), den Naturschutz und die Landschaftspflege (§ 1a Abs. 3 BauGB), den Europäischen Gebietsschutz (§ 1a Abs. 4 BauGB) sowie den Klimaschutz und die Anpassung an den Klimawandel (§ 1a Abs. 5 BauGB). In diesen Bestimmungen sind Maßgaben enthalten, die einerseits bei der Bauleitplanung einer besonderen Berücksichtigung bedürfen, andererseits aufgrund des gesamtplanerischen Ansatzes der Bauleitplanung zu ihrer Umsetzung aber auch auf diese angewiesen sind.[19] Im Rahmen der Innenentwicklungs-Novelle 2013 soll

19 Mitschang, in: Schlichter/Strich/Driehaus/Paetow (Hrsg.), Berliner Kommentar zum BauGB, 3. Aufl., Köln 2002, Loseblattsammlung Stand: Mai 2012, § 1a Rn. 3.

§ 1a BauGB zur weiteren Reduzierung des Flächenverbrauchs in Abs. 2 und 3 geändert werden.

Systematisch unterliegen die bauleitplanerischen Zielsetzungen des § 1 Abs. 5 BauGB, die Planungsgrundsätze des § 1 Abs. 6 BauGB sowie die in § 1a BauGB angeführten Belange gegenseitigen Wechselbeziehungen. So steht § 1a BauGB in einem rechtlichen und inhaltlichen Zusammenhang zur ebenfalls neu gefassten Vorrangklausel[20] in § 1 Abs. 5 S. 3 BauGB. Insoweit ist zu berücksichtigen, dass die in § 1 Abs. 5 BauGB abstrakt und generell gehaltenen Oberziele der Bauleitplanung durch die in § 1 Abs. 6 BauGB in einem nicht abgeschlossenen Katalog aufgelisteten Planungsgrundsätze[21] konkretisiert werden und dabei jedem Planungsgrundsatz ein oder mehrere bauleitplanerische Oberziele zugeordnet werden können. Ansatzpunkte für die Berücksichtigung des Leitbildes der Innenentwicklung finden sich vielfach innerhalb der Auflistung in § 1 Abs. 6 BauGB, wobei sich einige Planungsgrundsätze inhaltlich auch überschneiden. § 1 Abs. 6 Nr. 7 BauGB fasst dabei die wichtigsten für die Bauleitplanung relevanten Umweltbelange zusammen. § 1a BauGB enthält hierzu ergänzende Bestimmungen in Bezug auf spezifische Umweltbelange. Die nunmehr durch § 1a Abs. 2 S. 4 und § 1a Abs. 3 S. 5 BauGB-E im Rahmen der Innenentwicklungs-Novelle 2013 künftig erweiterten Belange im Hinblick auf die Umwidmungssperrklausel und die Prüf- und Berücksichtigungspflicht agrarstruktureller Belange unterstützen die mit dem Leitbild der Innenentwicklung angestrebten Zielsetzungen durch ihre Klarstellungen. In rechtlicher Hinsicht ergänzen damit die vorgenannten Neuerungen der Innenentwicklungs-Novelle 2013 die Anforderung in § 1 Abs. 6 Nr. 7 BauGB und konkretisieren gleichzeitig die in § 1 Abs. 5 S. 3 BauGB enthaltene Vorrangklausel.

Der integrative Ansatz für die Einbeziehung der Umweltbelange in die räumliche Planung auf der örtlichen Ebene findet seine Bestätigung darin, dass § 1a BauGB und § 1 Abs. 6 Nr. 7 BauGB die Gegenstände der Umweltprüfung gemäß § 2 Abs. 4 S. 1 BauGB darstellen[22] und damit unmittelbar zur Verwirklichung der Umweltbelange, zu denen auch die mit der Innenentwicklung verfolgten Zielsetzungen der Reduzierung der Flächeninanspruchnahme, sowie der Klimaschutz und die Klimaanpassung zu rechnen sind, beigetragen wird. zu verzichten. In ihren flächen- sowie bodenschutzbezogenen Elementen werden damit Belange der Innenentwicklung gleichzeitig auch Gegenstand der Umweltprüfung.

b. § 1a Abs. 2 S. 4 BauGB: Klarstellung zur Umwidmungssperrklausel

Der geltenden Bestimmung in § 1a Abs. 2 BauGB können die Bodenschutzklausel sowie die Umwidmungssperrklausel entnommen werden. Während die Bodenschutzklausel unverändert bleiben soll und den sparsamen und schonenden Um-

20 Vgl. oben B.I.1.1.
21 Zu ihrer innenentwicklungsbezogenen Ausrichtung, vgl. oben B.I.1.2.
22 Gaentzsch, in: Schlichter/Strich/Driehaus/Paetow (Hrsg.), Berliner Kommentar zum Baugesetzbuch, 3. Aufl., Köln 2002, Loseblattsammlung Stand: Dezember 2005, § 1 Rn. 66.

gang mit Grund und Boden zum Gegenstand hat, ist für die Umwidmungssperrklausel eine Klarstellung dergestalt vorgesehen, dass nach dem neu anzufügenden S. 4 die Notwendigkeit der Umwandlung landwirtschaftlich oder als Wald genutzter Flächen begründet werden soll; dabei sollen Ermittlungen zu den Möglichkeiten der Innenentwicklung zugrunde gelegt werden, zu denen insbesondere Brachflächen, Gebäudeleerstand, Baulücken und andere Nachverdichtungsmöglichkeiten zählen können. Die Neuregelung ist zusammen mit § 1a Abs. 2 S. 2 und 3 BauGB-E zu sehen, wonach landwirtschaftlich, als Wald oder für Wohnzwecke genutzte Flächen nur im notwendigen Umfang umgenutzt werden sollen und wonach dies in der Abwägung nach § 1 Abs. 7 BauGB zu berücksichtigen ist. Sie stellt insoweit klar, dass ohne eine plausible und nachvollziehbare Begründung für die Inanspruchnahme von landwirtschaftlichen oder als Wald genutzten Flächen, eine Verletzung der Anforderungen des Abwägungsgebots vorliegt.[23] Auf welcher Grundlage eine solche Begründungspflicht stattfinden kann, enthält dann § 1a Abs. 2 S. 4 Hs. 2 BauGB-E und führt insoweit Ermittlungen insbesondere zu Brachflächen[24], Gebäudeleerstand[25], Baulücken[26] und anderen Nachverdichtungsmöglichkeiten an, wie sie in Form von Flächenkatastern schon vereinzelt in der Planungspraxis existieren. Es wird also nicht nur die Maßgabe, sondern zugleich auch das Handlungsprogramm vorgegeben. Nach der Rechtsprechung kommt der Umwidmungssperrklausel ein erhöhtes Gewicht zu.[27] Um die Umwidmungssperrklausel zu überwinden, muss die Gemeinde sorgfältig darlegen, aus welchen Gründen, anderen Belangen ein höheres Gewicht eingeräumt wird. Weder der Bodenschutzklausel noch der Umwidmungssperrklausel kann ein „Versiegelungsverbot" oder eine „Baulandsperre" entnommen werden, für den Fall, dass bestehende Innenentwicklungspotenziale noch unausgeschöpft sind und dennoch naturhafte Flächen für Siedlungs- oder Infrastrukturvorhaben in Anspruch genommen werden.[28]

Sowohl mit der Bodenschutzklausel als auch mit der Umwidmungssperrklausel wird dem Leitbild der Innenentwicklung Rechnung getragen. Während bei der Bodenschutzklausel die Reduzierung des Flächenverbrauchs sowie bodenökologische Zielsetzungen zu Grunde liegen, steht bei der Umwidmungssperrklausel durch die Lenkung der Flächeninanspruchnahme auf die Innenentwicklung die weitgehende Sicherung von land- und forstwirtschaftlichen Flächen im Vordergrund. Erforderlich sind insoweit konzeptionelle Überlegungen zu Flächenpotenzialen die im Sied-

23 Vgl. Battis, a. a. O. (Fn. 17), S. 2.

24 Z. B. durch Analyse fernerkundungsbasierter Flächenbarometer, Realnutzungserhebungen und anschließende Erstellung eines Brachflächenkatasters.

25 Z. B. durch Analyse von Haushaltsgenerierungsverfahren, anhand der Stromzählermethode, von Daten, die durch die Versorgungsunternehmen zur Verfügung gestellt werden, von Ortsbegehungen und anschließender Aufstellung von Leerstandskatastern.

26 Z. B. durch Analysen automatisierter Liegenschaftskataster, von digitalen Orthofotos/ Luftbildern sowie von Ortsbegehung, in deren Folge dann auf GIS-basierter Grundlage, Baulückenkataster erstellt werden.

27 BVerfG, Urt. v. 24.03.1987 – 1 BvR 1046.85 – NJW 1987, 1251, 1254.; OVG Schleswig, Urt. v. 31.05.2005 – 1 KN 6.04 – NuR 2006, 467, 469.

28 Vgl. Krautzberger, a. a. O. (Fn. 15), § 1a Rn. 7.

lungsbereich bereits vorhanden, aber noch nicht im erforderlichen Umfang genutzt werden.

c. § 1a Abs. 3 S. 5 BauGB-E: Einbeziehung der naturschutzrechtlichen Agrarklausel

§ 1a Abs. 3 BauGB gestaltet die planerische Eingriffsregelung aus und soll im Rahmen der Innenentwicklungs-Novelle 2013 ebenfalls ergänzt werden. Die Neuregelung in S. 5 sieht vor, dass § 15 Abs. 3 BNatSchG[29] entsprechend gilt. Danach ist bei der Inanspruchnahme von land- oder forstwirtschaftlich genutzten Flächen für Ausgleichs- und Ersatzmaßnahmen auf agrarstrukturelle Belange Rücksicht zu nehmen, „insbesondere sind für die landwirtschaftliche Nutzung besonders geeignete Böden nur im notwendigen Umfang in Anspruch zu nehmen. Es ist vorrangig zu prüfen, ob der Ausgleich oder Ersatz auch durch Maßnahmen zur Entsiegelung, durch Maßnahmen zur Wiedervernetzung von Lebensräumen oder durch Bewirtschaftungs- oder Pflegemaßnahmen, die der dauerhaften Aufwertung des Naturhaushalts oder des Landschaftsbilds dienen, erbracht werden kann, um möglichst zu vermeiden, dass Flächen aus der Nutzung genommen werden.“. In ihrer Kernaussage verlangt diese Vorschrift, dass bei der Festlegung von Ausgleichs- und Ersatzmaßnahmen auch auf agrar- und forststrukturelle Belange Rücksicht zu nehmen ist. Im Fokus stehen dabei die Böden, die für die landwirtschaftliche oder forstwirtschaftliche Nutzung besonders gut geeignet sind. Das ist nichts grundsätzlich Neues. Auch bislang sind landwirtschaftliche Belange bei der Bauleitplanung zu berücksichtigen. Während hiervon auch betriebliche Belange erfasst sind, bezieht sich § 15 Abs. 3 BNatSchG aber auf die Qualität der Böden in Bezug auf ihre landwirtschaftliche Nutzbarkeit. Gleichwohl wird damit ein Verbot der Inanspruchnahme land- oder forstwirtschaftlich bedeutsamer Flächen nicht ausgesprochen[30], selbst wenn diese für derlei Nutzungen besonders gut geeignet sind. Vielmehr wird auch hier eine spezifische Prüf- und Begründungspflicht ausgestaltet. Im Übrigen ergänzt die neue Vorschrift die in § 1 a Abs. 2 S. 2 BauGB normierte Umwidmungssperrklausel speziell für die Inanspruchnahmen von land- oder forstwirtschaftlichen Flächen. Anders gewendet geht es dabei um die Prüfung alternativer Möglichkeiten zur Durchführung von Ausgleichs- und Ersatzmaßnahmen.[31] Aus diesem Grund weist die Vorschrift darauf hin, dass auch andere Maßnahmen etwa zur Entsiegelung, zur Wiedervernetzung von Lebensräumen oder der dauerhaften Aufwertung des Naturhaushalts oder des Landschaftsbilds dienende Bewirtschaftungs- oder Pflegemaßnahmen, erbracht werden können, um möglichst zu vermeiden, dass Flächen aus der Nutzung genommen werden. Denn die noch vorhandenen land- und forstwirtschaftlichen Flächen sollen für die Versorgung mit

---

29 Gesetz über Naturschutz und Landschaftspflege (Bundesnaturschutzgesetz – BNatSchG), v. 29. Juli .2009 (BGBl. I S. 2542), zuletzt geändert durch Gesetz vom 6. Dezember 2011 (BGBl. I S. 2557).

30 Ebenso: Guckelberger, in: Frenz/Müggenborg (Hrsg.), BNatSchG, Berlin, 2011, § 15 Rn. 63.

31 Vgl. Guckelberger, a. a. O. (Fn. 30), § 15 Rn. 65.

land- oder forstwirtschaftlichen Produkten gesichert werden. Wie in § 1a Abs. 2 S. 4 BauGB-E wird auch hier neben der Vorgabe der Zielsetzung gleichzeitig auch das erforderliche Handlungsprogramm mitnormiert und den Gemeinden beispielhaft angegeben, welche Begründungsleistungen für die Inanspruchnahme von land- oder forstwirtschaftlichen Flächen zu liefern sind.

Zu Gunsten des Leitbilds der Innenentwicklung ergänzt § 1a Abs. 3 S. 5 BauGB-E die Sicherung von land- und forstwirtschaftlichen Flächen in Bezug auf eine Inanspruchnahme durch Ausgleichs- und Ersatzmaßnahmen. Eine Berücksichtigung des in der Bestimmung angegebenen Handlungsprogramms trägt der verringerten Inanspruchnahme von land- und forstwirtschaftlichen Flächen von durch städtebauliche Planungen hervorgerufenen Kompensationserfordernissen Rechnung. In Ergänzung zur Umwidmungssperrklausel verlangt sie von den Gemeinden auch für die Festlegung von Ausgleichs- und Ersatzmaßnahmen ein Konzept, mit dem eine weitere Heranziehung land- oder forstwirtschaftlicher Flächen durch die Nutzung alternativer Möglichkeiten nicht erforderlich wird.

1.3 Stellenwert der Innenentwicklung in der Abwägung

Bei der Aufstellung der Bauleitpläne sind die öffentlichen und privaten Belange gemäß § 1 Abs. 7 BauGB gegeneinander und untereinander gerecht abzuwägen.[32] Wenngleich innenentwicklungsbezogene Belange nach dem oben Dargelegten den bauleitplanerischen Zielsetzungen[33] und den sie konkretisierenden Planungsgrundsätzen[34] entnommen werden können, so kommt ihnen weder nach dem geltenden Recht noch nach der Erweiterung in § 1 Abs. 5 S. 3 BauGB-E und den Klarstellungen in § 1a Abs. 2 S. 4 und § 1a Abs. 3 S. 5 BauGB-E ein Vorrang in der Bauleitplanung gegenüber anderen abwägungsrelevanten Belangen zu. Ihr Gewicht hängt von den fallspezifischen Planungszielen und der konkreten Situation ab. Diese objektive Gewichtigkeit der von der Planung berührten Belange ist in jedem Planungsfall erneut zu ermitteln. Da die städtebauliche Planung regelmäßig unterschiedlichen Interessen ausgesetzt ist und daher mehreren Belangen Rechnung tragen muss, muss die Gemeinde bei den von ihr zu treffenden Abwägungsentscheidungen notwendiger Weise mit der Bevorzugung des einen Belangs den oder die anderen Belange zurückstellen. Das bedeutet aber auch, dass die Gemeinde nicht jedem von der Planung berührten Belang vollends Rechnung tragen kann. Dies gilt uneingeschränkt auch für die Belange der Innenentwicklung.

---

32 Vgl. die Anforderungen an die Abwägung durch die Rechtsprechung des BVerwG, Urt. v. 12.12.1969 – IV C 105.66 – BVerwGE 34, 301 und Urt. v. 5.07.1974 – IV C 50.72 – BVerwGE 45, 309.

33 Vgl. oben B.I.1.1.

34 Vgl. oben B.I.1.2.

2. Innenentwicklung und bauleitplanerische Planungsinstrumente

Um dem Leitbild der Innenentwicklung Rechnung tragen zu können, steht den Gemeinden das gesamte vom Bundesgesetzgeber zur Verfügung gestellte planungsrechtliche Instrumentarium zur Verfügung. Ihnen obliegt es, für den jeweiligen Planungsfall das richtige Planungsinstrument auszuwählen. Neben dem Flächennutzungsplan und dem klassischen Bebauungsplan, also den althergebrachten Instrumenten, kommt in den letzten Jahren insbesondere dem durch die BauGB-Novelle 2007 neu geschaffenen und in einem speziell normierten beschleunigten Verfahren (vgl. § 13a Abs. 2 und 3 BauGB) aufstellbaren „Bebauungsplan der Innenentwicklung" eine maßgebliche Bedeutung zu.[35] Daneben ist schließlich noch auf den seit dem 1. Januar 1998 im Städtebaudauerrecht verankerten vorhabenbezogenen Bebauungsplänen nach § 12 BauGB hinzuweisen. Angesichts dieser Instrumentenvielfalt erweist es sich als sinnvoll zu differenzieren, und zwar in die eher als „klassisch" zu charakterisierenden und die neueren aus verändernden Rahmenbedingungen entwickelten Planungsinstrumente, um deren Bedeutung in Bezug auf die Umsetzung des Leitbilds der Innenentwicklung stärker erkennbar werden zu lassen.

2.1 Die klassischen Planungsinstrumente

Die klassischen Planungsinstrumente der Bauleitplanung bestehen aus dem Flächennutzungsplan und dem Bebauungsplan, wobei der Flächennutzungsplan den vorbereitenden und der Bebauungsplan den verbindlichen Bauleitplan darstellt. Der Flächennutzungsplan wird in der Form eines Verwaltungsprogrammes[36], der Bebauungsplan als Satzung[37] beschlossen. Beide Instrumente sind aber vor einem unterschiedlichen Hintergrund in Bezug auf das Leitbild der Innenentwicklung zu bewerten.

a. Der Flächennutzungsplan

Im Flächennutzungsplan ist regelmäßig für das gesamte Gemeindegebiet die sich aus der beabsichtigten städtebaulichen Entwicklung ergebende Art der Bodennutzung nach den voraussehbaren Bedürfnissen der Gemeinde in den Grundzügen darzustellen (vgl. § 5 Abs. 1 S. 1 BauGB). Rechtliche Wirkungen in Bezug auf die Umsetzung des Leitbildes der Innenentwicklung gehen von ihm aber nicht wirklich

---

35 Zu den Anforderungen im Einzelnen: Mitschang, ZfBR 2007, S. 433 ff.; Schmidt-Eichstaedt, BauR 2007, S. 1148 ff.; Reidt, NVwZ 2007, S. 1029 ff.; Krautzberger/Stüer, DVBl. 2007, S. 1 ff.; dies., DVBl. 2007, S. 160 ff.; Scheidler, ZfBR 2006, S. 752 ff.; Uechtritz, BauR 2007, S. 476 ff.; Söfker, Rechtsfragen beim Bebauungsplan der Innenentwicklung, in: Mitschang (Hrsg.), Innenentwicklung – Fach- und Rechtsfragen, Berliner Schriften zur Stadt- und Regionalplanung, Band 6, Frankfurt am Main 2008, S. 1 ff.

36 Auch andere Bezeichnungen (z. B. bei Schmidt-Eichstaedt (Hrsg.), Städtebaurecht, 4. Aufl., Stuttgart 2005, S. 204) wie „verwaltungsinternes Planwerk" werden benutzt.

37 Vgl. § 10 BauGB.

aus. Zwar bezieht sich der Flächennutzungsplan räumlich auch auf den im Fokus der Innenentwicklung stehenden besiedelten Siedlungsbereich, doch sind seine Darstellungen für eine am Leitbild der Innenentwicklung orientierte städtebauliche Entwicklung rechtlich nicht im erforderlichen Umfang durchsetzungsfähig.

aa. Nur relative Funktion für den bebauten Siedlungsbereich

Der Flächennutzungsplan ist im Laufe der letzten beiden Jahrzehnte angesichts der veränderten Rahmenbedingungen für die städtebauliche Entwicklung in seiner Funktion für den bebauten Siedlungsbereich[38] eingeschränkt worden. Für die Umsetzung des Leitbilds der Innenentwicklung bleibt dies nicht ohne Folgen. Hierfür sind mehrere Gründe maßgeblich, die den Veränderungen in der räumlichen Entwicklung der letzten Jahre und Jahrzehnte geschuldet sind.

- Zunächst ist auf das zwischen dem Flächennutzungsplan und den ihn konkretisierenden Bebauungsplänen bestehende Ableitungsverhältnis[39] hinzuweisen, welches über das Entwicklungsgebot in § 8 Abs. 2 BauGB hergestellt wird. Dieses verlangt, dass Bebauungspläne grundsätzlich aus dem Flächennutzungsplan zu entwickeln sind, zwischen Flächennutzungsplan und Bebauungsplan dürfen daher, unter Berücksichtigung der unterschiedlichen Differenzierung[40] bei beiden Planarten, keine Widersprüche in Bezug auf die zulässige Bodennutzung auftreten. Dabei ist aber zu berücksichtigen, dass das Entwicklungsgebot – zunächst in engen Grenzen – durchbrochen werden kann.[41] Kann daher dem Entwicklungsgebot nicht Rechnung getragen werden, muss zur Realisierung der Planungsabsichten ein Flächennutzungsplanänderungs- oder –ergänzungsverfahren durchgeführt werden, das in der kommunalen Planungspraxis zumeist als Parallelverfahren gemäß § 8 Abs. 3 S. 1 BauGB ausgestaltet ist. Dieses Verfahren findet regelmäßig dann Anwendung, wenn ein Flächennutzungsplan geändert oder ergänzt werden muss, weil ein von der Gemeinde oder einem Vorhabenträger beabsichtigter Bebauungsplan nicht aus seinen Darstellungen entwickelt werden kann. Schon die Einführung des Parallelverfahrens im Jahr 1979 hat sich maßgeblich auf das zwischen den Bauleitplänen bestehende Ableitungsverhältnis

38 Ausführlich hierzu: Mitschang, ZfBR 2008, S. 227 ff.

39 Ausführlich zum Ableitungsverhältnis: Finkelnburg, Das Verhältnis zwischen Bebauungsplan und Flächennutzungsplan nach § 8 Abs. 2 bis 4 BauGB, in: Driehaus/Birk (Hrsg.), Baurecht – Aktuell: Festschrift für Felix Weyreuther, Köln 1993, S. 111 ff. sowie Runkel, Das Gebot der Entwicklung der Bebauungspläne aus dem Flächennutzungsplan, in: Spannowsky/Mitschang (Hrsg.), Flächennutzungsplanung im Umbruch?, Köln 1999, S. 103 ff.

40 BVerwG, Urt. v. 28.2.1975 – IV C 74.72 – BVerwGE 48, 70, 74 ff.

41 Von daher sind der vorzeitige Bebauungsplan, der unecht vorzeitige und der selbstständige Bebauungsplan zu unterscheiden. Siehe hierzu § 8 Abs. 2 bis 4 BauGB. Der im Parallelverfahren entwickelte Bebauungsplan nach § 8 Abs. 3 S. 1 BauGB stellt eine besondere Form des „Entwickelns“ dar und ist keine Durchbrechung des Entwicklungsprinzips.

massiv ausgewirkt. Denn es schafft die Möglichkeit, einen mit dem Entwicklungsgebot nicht vereinbaren Bebauungsplan parallel zur Änderung des Flächennutzungsplans aufzustellen und leistet damit einer Planungspraxis Vorschub, nach der ein einmal aufgestellter Flächennutzungsplan nicht mehr neu aufgestellt, sondern nur noch, zumeist wenn der Anstoß für ein planerisches Tätigwerden der Gemeinde von außen kommt, im Parallelverfahren gewissermaßen „angepasst"[42] wird. Zwar ist auch hier das Entwicklungsgebot grundsätzlich eingehalten, allerdings nicht in Bezug auf eine vorhandene flächennutzungsplanerische Darstellung, sondern hinsichtlich einer solchen im Entwurf der Aufstellung, Änderung oder Ergänzung des Flächennutzungsplans. Im Übrigen kann der Bebauungsplan sogar vor dem Flächennutzungsplan bekannt gemacht werden[43], wenn anzunehmen ist, dass der Bebauungsplan aus den künftigen Darstellungen des Flächennutzungsplans entwickelt sein wird.

- Anders als der im Parallelverfahren entwickelte Bebauungsplan ist der im beschleunigten Verfahren aufzustellende Bebauungsplan der Innenentwicklung, der im Rahmen der BauGB-Novelle 2007 geschaffen wurde, nicht mehr durch ein bestehendes Ableitungsverhältnis geprägt. Bei Bebauungsplänen der Innenentwicklung entfällt das Entwicklungsgebot.[44] Mit dem Inkrafttreten des Bebauungsplans werden die entgegenstehenden Darstellungen des Flächennutzungsplans obsolet.[45] Der Flächennutzungsplan ist dann im Wege der Berichtigung lediglich anzupassen (§ 13a Abs. 2 Nr. 2 Hs. 3 BauGB).
- Im Siedlungsbereich spielen Aussagen des Flächennutzungsplans in Bezug auf die Zulässigkeit von Bauvorhaben auf der Grundlage von § 34 BauGB keine Rolle.

bb. Bewertung des Flächennutzungsplans als Instrument der Innenentwicklung

In Anbetracht des vorangehend Dargelegten ist es nachvollziehbar, dass der Flächennutzungsplan zwar in räumlicher Hinsicht auch den besiedelten Gemeindebereich erfasst, dass seine Darstellungen, auch soweit sie am Leitbild der Innenentwicklung ausgerichtet, nicht in der Lage sind, eine Umsetzung des Leitbildes tatsächlich zu gewährleisten. Es ist sogar möglich, dass die Mehrzahl der verbindlichen Bauleitpläne, die im bebauten Siedlungsbereich angeordnet sind, unter Durchbrechung des Ableitungsverhältnisses zum Flächennutzungsplan aufgestellt, geändert oder ergänzt werden. Allerdings hat der Flächennutzungsplan in der Pla-

---

42 Vgl. hierzu: BVerwG, Beschl. v. 3.10.1984 – 4 N 4.84 – ZfBR 1985, 50.

43 § 8 Abs. 3 S. 2 BauGB. Der Bebauungsplan muss allerdings dann genehmigt werden.

44 Näher dazu: Söfker, a. a. O. (Fn. 35), 1, 6 ff.

45 Vgl. Entwurf eines Gesetzes zur Erleichterung von Planungsvorhaben für die Innenentwicklung, v. 11. August 2006 (BR-Drs. 558/06, 28).

nungspraxis im bereits bebauten Bereich schon seit jeher[46] nur eine geringe faktische Bedeutung. Dafür wurde diesem Planungsinstrument für die Steuerung von Bodennutzungen im Außenbereich zunehmend mehr rechtliche und fachliche Bedeutung beigemessen, so dass mit der Einführung des beschleunigten Verfahrens für den Flächennutzungsplan ein Bedeutungswandel in Bezug auf die Zweistufigkeit[47] der Bauleitplanung eingeleitet wurde. Dem Bedeutungsverlust einerseits, entspricht die vom Gesetzgeber und der Rechtsprechung[48] vorgenommene Aufwertung und Stärkung des Flächennutzungsplans für den planungsrechtlichen Außenbereich andererseits. Vor allem gilt dies für die Standortsteuerung von Vorhaben nach § 35 Abs. 1 Nr. 2 bis 6 BauGB durch den Planvorbehalt des § 35 Abs. 3 S. 3 BauGB.

Trotz alledem ist der Flächennutzungsplan als städtebauliches Planungsinstrument für die Innenentwicklung von Bedeutung, denn die in den Zielen[49] und Grundsätzen[50] in § 1 Abs. 5 und 6 BauGB verankerten sowie in der bauleitplanerischen Abwägung[51] nach § 1 Abs. 7 BauGB zu berücksichtigenden Belange der Innenentwicklung gelten auch für die vorbereitende Bauleitplanung. Insoweit hat auf dieser gesamtgemeindlichen Ebene der Umkehrungsprozess, der als Weg „vom Wachstum zur Innenentwicklung" beschrieben werden kann, anzusetzen. Bei der Fortschreibung der Flächennutzungspläne sind die anstehenden Bodennutzungsentscheidungen angesichts der das Leitbild der Innenentwicklung tragenden Rahmenbedingungen zu treffen. Erforderlich hierfür ist allerdings eine konzeptionelle Grundlage, auf deren Grundlage verdeutlicht werden kann, wo Anpassungsbedarfe oder strukturelle Defizite bestehen. Dies betrifft beispielsweise bereits bebaute Bereiche, die saniert, umgebaut oder durch eine städtebauliche Entwicklungsmaßnahme neu entwickelt werden sollen. Darüber hinaus sollten die Bereiche dargestellt werden, wo Nachverdichtungs- oder Konversionspotenziale bestehen und wo von einer weiteren Verdichtung abgesehen werden sollte und etwa klimaschutzbedeutsame Freiflächen oder Erholungsflächen für die Bevölkerung gesichert oder erst entwickelt werden sollen. Darauf aufbauend ist dann zu entscheiden, ob und in welchem Umfang bereits dargestellte Flächen für die wohnbauliche oder gewerbliche Entwicklung am Ortsrand zugunsten einer Inanspruchnahme von vorhandenen Innenentwicklungspotenzialen aufgegeben oder eben nur noch in Teilen beibehalten werden.

Der Flächennutzungsplan enthält für das gesamte Gemeindegebiet, bestehend aus dem besiedelten und dem unbesiedelten Bereich, das strategische Konzept der

46 Also auch schon vor der Innenentwicklungs-Novelle I im Jahr 2007.

47 Ausführlich: Mitschang, Zur Relativierung des Prinzips der Zweistufigkeit der Bauleitplanung, in: Battis/Söfker/Stüer (Hrsg.), Nachhaltige Stadt- und Raumentwicklung, Festschrift für Michael Krautzberger zum 65. Geburtstag, München 2008, 49 ff.

48 BVerwG, Urt. v. 18.08.2005 – 4 C 13.04 – BVerwGE 124, 132.

49 Vgl. oben B.I.1.1.

50 Vgl. oben B.I.1.2.

51 Vgl. oben B.I.1.3.

städtebaulichen Außen- und Innenentwicklung. So könnten die Bedeutungsverluste, die dieses Planungsinstrument im besiedelten Gemeindebereich insbesondere durch die Ausgestaltung des beschleunigten Verfahrens nach § 13a Abs. 2 BauGB erfahren hat, nicht nur aufgefangen, sondern auch in Richtung einer die derzeitigen Rahmenbedingungen der städtebaulichen Entwicklung wie den Klimaschutz und die Klimaanpassung, die Versorgung der Bevölkerung, die demografische Entwicklung oder auch Schaffung energieeffizienter Infrastrukturanlagen stärker in den Blick nehmenden Innenentwicklungsplanung umgewandelt werden.

b. Der klassische Bebauungsplan

Der Bebauungsplan hat die Aufgabe, in rechtlich verbindlicher Form gegenüber jedermann die städtebaulichen Entwicklungsvorstellungen der Gemeinde festzulegen. Das für die Stufe der vorbereitenden Bauleitplanung vorangehend Dargelegte aufnehmend, kommt dieses Planungsinstrument für die Steuerung der Bodennutzung im besiedelten Bereich daher grundsätzlich in Betracht. Durch ihn werden die Darstellungen des Flächennutzungsplans in rechtsverbindliche Festsetzungen umgesetzt. Zur Festlegung der Bodennutzung bedient sich die planende Gemeinde bei der Aufstellung eines Bebauungsplans des abgeschlossenen Festsetzungskatalogs in § 9 Abs. 1 bis 3 BauGB. Dieser Festsetzungskatalog gibt zwingend vor, welche Inhalte ein Bebauungsplan haben kann. Im Rahmen der Ausarbeitung eines Bebauungsplans greifen die Gemeinden auf die Baunutzungsverordnung (BauNVO[52]) zurück. Sie übernimmt insbesondere für die Bauleitplanung eine Ergänzungs-[53] und Entlastungsfunktion[54]. Inwieweit schon der ersten Fassung der BauNVO ein bestimmtes städtebauliches Leitbild zugrunde gelegt werden kann, ist streitig.[55] Seit ihrer Schaffung Anfang der 60er Jahre[56] hat sie allerdings außerhalb des schon bebauten Siedlungsbereichs mit ihren an einer bestimmten Zweckbestimmung ausgerichteten, typisierten Baugebieten das Erscheinungsbild der Städte und Gemeinden in erheblichem Maße mitgeprägt. Sie steht insoweit zumindest auch für die bauliche Entwicklung nach außen, wo ohne größere eigentumsrechtliche und sonstige Zwänge der planerischen Gestaltung freien Lauf gelassen werden konnte. Jenseits dieser den städtebaulichen Charakter der BauNVO betreffenden Fragestellung, ergeben sich aber auch inhaltlich, insbesondere in den Schnittfeldern mit den heute die städtebauliche Entwicklung betreffenden gesellschaftspolitischen, wirtschaftlichen und sozialen Rahmenbedingungen neue Anforderungen, die mit den derzeit zur Verfügung stehenden Regelungen der BauNVO nicht zufriedenstellend bewäl-

---

52 Verordnung über die bauliche Nutzung der Grundstücke, v. 23. Januar 1990 (BGBl. I S. 132), zuletzt geändert. durch Gesetz vom 22. April 1993 (BGBl. I S. 466).

53 König, in: König/Roeser/Stock, BauNVO, 2. Aufl., München 2003, Einleitung Rn. 1 spricht insoweit von einer „Komplementärfunktion" der BauNVO.

54 In diesem Sinne auch Söfker, in: Ernst/Zinkahn/Bielenberg/Krautzberger, BauGB, Loseblattsammlung Stand: April 2009, Vorb BauNVO, Rn. 1.

55 Übersicht bei Mitschang, ZfBR 2009, S. 10.

56 Verordnung über die bauliche Nutzung von Grundstücken (Baunutzungsverordnung – BauNVO), v. 26. Juni 1962 (BGBl. I S. 429).

tigt werden können. Inwieweit mit dem klassischen Bebauungsplan unter Anwendung der Regelungen der BauNVO einer innenentwicklungsbezogenen Zielsetzung Rechnung getragen werden kann, vermag grundsätzlich zwar bejaht werden, bedarf aber gleichzeitig auch der Einschränkung.

aa. Das Problem der typisierten Baugebiete

Der klassische Bebauungsplan ist zwar zur Umwandlung von Konversionsflächen sowie zur baulichen Nutzung von im Siedlungsbereich gelegenen Brach- oder Freiflächen und damit für die Innenentwicklung heranziehbar, doch ergeben sich dann Schwierigkeiten, wenn ein bereits baulich genutzter Bereich erstmalig oder erneut überplant werden soll und es sich um eine diffuse Nutzungsstruktur handelt. Die Festsetzung eines Baugebiets im Sinne der §§ 2 bis 9 BauNVO kann in diesen Fällen ein Problem werden, weil der zu überplanende Bereich von der Art der baulichen Nutzung her betrachtet, weder dem einen noch dem anderen Baugebiet zugeordnet werden kann. Die Festsetzung der Art der baulichen Nutzung ist aber dann zwingend notwendig, wenn von den Gliederungs- und Differenzierungsmöglichkeiten des § 1 Abs. 4 bis 10 BauNVO Gebrauch gemacht werden muss, um dem Erfordernis der Planung Rechnung tragen zu können. Dieses Problem der typisierten Baugebiete und ihrer Festsetzung im baulichen Bestand hat der Bundesgesetzgeber auch erkannt und zur Bewältigung der Konflikte im Bereich des Einzelhandels und künftig auch der Vergnügungsstätten, insbesondere der Wettbüros, in den § 9 Abs. 2a BauGB[57] und § 9 Abs. 2b BauGB-E[58] Möglichkeiten geschaffen, dass im Bebauungsplan, auch ohne Festsetzung eines Baugebiets im Sinne der BauNVO, bestimmte Arten der baulichen Nutzung als zulässig, nicht zulässig oder als nur ausnahmsweise zulässig festgesetzt werden können. Die Schwierigkeit der Festsetzung eines Baugebiets kann insoweit zwar als bewältigt angesehen werden, doch handelt es sich dabei um Einzelfallregelungen, die nur auf ein eng begrenztes städtebauliches Problem zugeschnitten sind und nicht generell für das weite Feld der Innenentwicklung in Anspruch genommen werden können. Gleichwohl zeigen die in § 9 Abs. 2a BauGB und § 9 Abs. 2b BauGB-E enthaltenen Sonderregelungen, dass das städtebauliche Ziel der Steuerung der Zulässigkeit von Vergnügungsstätten unter herkömmlicher Anwendung der BauNVO nicht erreicht werden kann und einer davon insolierten Lösungsmöglichkeit zugänglich gemacht werden musste.

bb. Das Problem der wohnbaulichen Nutzung im Kerngebiet

Angesichts der Vorteile einer auf die Innenentwicklung setzenden städtebaulichen Entwicklung müssen die im bebauten Bereich gelegenen Flächen, insbesondere

57 Zu den sog. „Einzelhandelsbebauungsplänen" ausführlich: Reidt, Anwendungsfragen bei Einzelhandelsbebauungsplänen nach § 9 Abs. 2a BauGB, in: Mitschang (Hrsg.), Innenentwicklung – Fach- und Rechtsfragen, Frankfurt 2008, S. 118 ff. sowie Sparwasser, Bebauungspläne zur Sicherung zentraler Versorgungsbereiche, in: Mitschang (Hrsg.), BauGB-Novelle 2007, Frankfurt 2008, S. 166 ff.

58 Hierzu Mitschang, ZfBR 2012, S. 419, 420 ff.

auch für die wohnbauliche Nutzung und Nachverdichtung herangezogen werden können. Neben den insoweit einschlägigen Wohnbauflächen kommen hier auch Mischbauflächen in Frage. Während nach den Zweckbestimmungen der Mischgebiete und Dorfgebiete in diesen Gebieten zwar umfänglich begrenzt eine wohnbauliche Nutzung zulässig ist, scheidet diese für Kerngebiete gänzlich aus. Der zentrale innerstädtische Bereich einer Stadt setzt sich aber in der Regel aus verschiedenen Kerngebieten als Art der baulichen Nutzung im Sinne der BauNVO zusammen. Sie dienen nach § 7 Abs. 1 BauNVO „vorwiegend der Unterbringung von Handelsbetrieben sowie der zentralen Einrichtungen der Wirtschaft, der Verwaltung und der Kultur", aber nur in einem engen und begrenzten Rahmen[59] auch der wohnbaulichen Nutzung. Für die Planungspraxis spielt dies in vielen Fällen aber keine Rolle. Sie setzt sich darüber hinweg und bestimmt in einzelnen Bebauungsplänen, dass auch das Wohnen, vielfach schon ab dem ersten oder zweiten Obergeschoss allgemein zulässig ist.[60] Es gibt hierfür offenbar mittlerweile einen Bedarf[61], auch ausgelöst durch das Leitbild der Innenentwicklung, der allerdings von der gegenwärtig geltenden Bestimmung über Kerngebiete in § 7 BauNVO noch nicht abgebildet wird. Bewältigt werden kann diese Aufgabe im Grunde genommen nur durch die Ausweisung von Sondergebieten, die dadurch gekennzeichnet sind, dass sie sich von den typisierten Gebietsarten unterscheiden müssen und die Gemeinde selbst bestimmt, welche Nutzungen darin zulässig, unzulässig oder nur ausnahmsweise zulässig sind. Sollte dies als wirklicher Lösungsansatz zur Förderung der Innenentwicklung angesehen werden, läge es näher, einer nur fakultativen Anwendung der BauNVO und ihrer typisierten Baugebiete den Vorrang einzuräumen. Es wäre daher zu prüfen, inwieweit durch eine Art nicht typisiertes Baugebiet im Sinne eines „Innenentwicklungsgebietes" („offener Nutzungskatalog") ohne die bestehenden Anwendungsvoraussetzungen für Sondergebiete, eine Flexibilisierung erreicht werden kann.

Neben diesen beiden grundlegenden auf die Typisierung der Baugebiete abstellenden Gesichtspunkten, spielen auch noch andere Fragestellungen im Schnittfeld von Innenentwicklung und Anwendung der BauNVO eine wesentliche Rolle:

- Fehleranfälligkeit und Abweichungsvielfalt von Anrechnungsregeln

Die Anrechnungsregeln in den §§ 19 Abs. 4 und 21a BauNVO bringen eine erhebliche Fehleranfälligkeit bei ihrer planungspraktischen Anwendung[62] mit sich, da sie nicht nur an die Gemeinde, sondern auch an die Baugenehmigungsbehörde adressiert sind, gleichzeitig aber auch dem Bauherrn Spielräume zur Verfügung stellen.

---

59 Vgl. hierzu § 7 Abs. 2 Nr. 5 und 6 Abs. 3 Nr. 2 sowie Abs. 4 BauNVO.

60 Vgl. die zusammengestellten Beispiele bei: Otto, ZfBR 2013, S. 125 ff.

61 Vgl. Otto, ebenda, S. 125, 129.

62 Daher ist die Planungspraxis in der Anwendung der Bestimmungen auch sehr unterschiedlich mit teilweise massiven Folgen in zweierlei Richtung: Zunächst im Hinblick auf die Zulässigkeit eines Vorhabens und schließlich auch in Bezug auf den Zeit- und Kostenaufwand für erforderlich werdende Befreiungen.

Inwieweit an diesen mit der Änderungs-Novelle 1990 aus stadtökologischen Gründen ausgestalteten Regelungen auch anlässlich des Leitbildes der Innenentwicklung noch festgehalten werden soll, bedarf der Klärung, zumal die insoweit angesprochenen Flächen, auf Grund ihres Umfangs für die Zielsetzungen des Klimaschutzes und der Anpassung an den Klimawandel nahezu irrelevant sind.[63]

- Erleichterungen bei der Überschreitung der Obergrenzen der baulichen Nutzung

Obergrenzen der baulichen Nutzung enthält § 17 Abs. 1 BauNVO. Die darin angegebenen Maßbestimmungsfaktoren dürfen – vorbehaltlich der Ausnahmen in Abs. 2 und 3 – im Rahmen ihrer Darstellung und Festsetzung in den Bauleitplänen nicht überschritten, gleichwohl aber unterschritten[64] werden. Mit ihnen ist die Zielsetzung verbunden, die Siedlungsdichte auf ein verträgliches Maß zu begrenzen.[65] Seit ihrer Einführung im Zusammenhang mit der BauNVO 1962 wurden sie mehrfach geändert, zuletzt im Rahmen der BauNVO-Novelle 1990. Anlass hierfür gaben unterschiedliche Gründe wie die Gewährung von größeren Planungsspielräumen für die Gemeinden, umweltbezogene Gesichtspunkte, insbesondere des Bodenschutzes, steigender Wohnraumbedarf, Vereinfachungsaspekte, aber solche der städtebaulichen Verdichtung.[66] Demnach kann auch die mit dem Leitbild der Innenentwicklung verfolgte Zielsetzung, insbesondere die Reduzierung der Inanspruchnahme von noch naturhaften Flächen auf bis zu 30 ha/Tag bis zum Jahr 2020, erneut einen Anlass für die Heraufsetzung der Maßbestimmungsfaktoren bieten.

In der anstehenden Innenentwicklungs-Novelle 2013 werden zwar die angegebenen Wertobergrenzen nicht verändert, allerdings ist vorgesehen, die Möglichkeit der Überschreitung dieser Obergrenzen zu leichtern.[67] Gegenwärtig können nach § 17 Abs. 2 BauNVO die Obergrenzen des Abs. 1 – außer in Wochenendhaus- und Ferienhausgebieten – unter bestimmten Voraussetzungen überschritten werden, soweit dies jedenfalls besondere städtebauliche Gründe erfordern und kumulativ einzelne weitere Voraussetzungen erfüllt werden. Die primär vor einem ökologischen Hintergrund an das Vorliegen dieser besonderen städtebaulichen Gründe[68], die eine Überschreiten der Obergrenzen erfordern[69], gestellten Anforderungen haben in der

63 Vgl. hierzu ausführlich: Mitschang, a. a. O. (Fn. 55), S. 10, 16 f.

64 Vgl. OVG Münster, Urt. v. 12.01.2001 – 7 a D 33.99.NE – Juris.

65 Genauer: Boeddinghaus, BauR 2002, S. 1335.

66 So z. B. Fickert/Fieseler (Hrsg.), BauNVO, 10. Aufl., Stuttgart 2002, § 17 Rn. 14.

67 Krautzberger, UPR 2012, S. 380, 385.

68 Nicht im Sinne von „besonders gewichtig", sondern von „speziell". Vgl. BVerwG, Urt. v. 22.05.1987 – 4 C 77.84 – BVerwGE 77, 317. Anderer Auffassung: Fickert/Fieseler a. a. O. (Fn. 66), § 17 Rn. 26. Wie hier: König, in: König/Roeser/Stock a. a. O. (Fn. 53), § 17 Rn. 21.

69 Vgl. BVerwG, Beschl. v. 23.01.1997 – 4 NB 7.96 – NVwZ 1997, 903. „Erfordern" stellt eine deutliche Verschärfung gegenüber dem vormals geltenden „rechtfertigen" dar und un-

Planungspraxis erhebliche Probleme bereitet[70], so dass künftig auf die „besonderen“ städtebaulichen Gründe verzichtet werden kann. Die Obergrenzen können überschritten werden, „wenn die Überschreitung durch Umstände ausgeglichen ist oder durch Maßnahmen ausgeglichen wird, durch die sichergestellt ist, dass die allgemeinen Anforderungen an gesunde Wohn- und Arbeitsverhältnisse nicht beeinträchtigt werden und keine nachteiligen Auswirkungen auf die Umwelt entstehen.“[71]. Durch die insoweit vorgenommene Änderung würde dem Leitbild der Innenentwicklung Rechnung getragen und eine weitere städtebauliche Verdichtung ermöglicht. Damit wird für die Gemeinden, die von einer erleichterten Überschreitung der Obergrenzen der baulichen Nutzung Gebrauch machen wollen, die Forderung nach der gleichzeitigen Berücksichtigung des qualitativen Elements der Innenentwicklung von planerischer Bedeutung.

cc. Bewertung des klassischen Bebauungsplans als Instrument der Innenentwicklung

Aus alledem wird erkennbar, dass insbesondere strukturelle Gesichtspunkte den Zusammenhang zwischen Innenentwicklung und den Regelungsinhalten der BauNVO als recht lose kennzeichnen lassen. Die BauNVO fördert nicht die Innenentwicklung, sie lässt sie nur zu und kann daher als „leitbildneutral“ angesehen werden.[72] Zwar schmälert dies den Wert der BauNVO, denn durch sie kann dem Leitbild der Innenentwicklung nur bedingt Rechnung getragen werden. Doch kann durch den mittels der BauNVO den Gemeinden zur Verfügung gestellten Baukasten, auf ein städtebauliches Gliederungs- und Differenzierungsinstrumentarium zurückgegriffen werden, das gegenüber – doch häufig – wechselnden Leitbildern des Städtebaus als „krisenfest“ und zuverlässig in der Planungspraxis zur Anwendung gebracht werden kann. Daher das Ergebnis, dass der klassische Bebauungsplan grundsätzlich nur auch für die Innenentwicklung kann.

Außerdem gilt es hierbei zu berücksichtigen, dass ein Grundstückseigentümer nicht verpflichtet ist, die für sein Grundstück in dem Bebauungsplan getroffenen Festsetzungen zu realisieren. Sie sind ein Angebot[73] an ihn, von seinem Grundstück plangemäß Gebrauch zu machen. Er muss aber das Angebot nicht annehmen, sondern es ist in sein Belieben gestellt, so dass planerisch zwar ein Beitrag zur Innenentwicklung geleistet werden kann, faktisch sich vielerorts aber ein anderes Bild ergibt. Gemäß dem Grundsatz „Innenentwicklung vor Außenentwicklung“ soll ge-

---

terstreicht den Ausnahmecharakter der Bestimmung, der eine restriktive Anwendung in der Planungspraxis zur Folge haben musste.

70 Die gemeindliche Absicht, ein Baugebiet oder Teile davon verdichten zu wollen, reicht ebenso nicht aus (vgl. VGH Mannheim, Beschl.. v. 28.12.1995 – 8 S 3611.94 – VBlBW 1996, 141), wie die Vergrößerung der wirtschaftlichen Ausnutzbarkeit eines Grundstücks (vgl. VGH Mannheim, Urt. v. 8.09.1995 – 8 S 850.95 – BRS 57 Nr. 82).

71 Vgl. § 17 Abs. 2 BauGB-E.

72 Vgl. Mitschang a. a. O. (Fn. 55), S. 10, 22.

73 Daher auch der Begriff der „Angebotsplanung“. Vgl. BVerwG, Urt. v. 26.08.1993 – 4 C 24.91 – BVerwGE 94, 100.

rade nicht die seit Jahrzehnten verfolgte Ausweisung von Bauland auf noch naturnahen Flächen am Ortsrand, sondern eine nach innen gerichtete bauliche Entwicklung in den Blick genommen werden.

Träger der klassischen Bebauungsplanung ist die Gemeinde. In ihrer Verantwortung steht die Bauleitplanung und sie fasst auch die Beschlüsse zur Aufstellung, Änderung oder Ergänzung sowie zur Aufhebung von Bebauungsplänen. Für viele Gemeinden wird es infolge ihrer finanziellen Situation zunehmend schwerer, die Vorfinanzierung für die städtebauliche Planung und Erschließung zu übernehmen. Dort wo dies der Fall ist, werden klassische Bebauungspläne nur noch dann aufgestellt, wenn über einen städtebaulichen Vertrag die Kosten überwälzt werden können. Findet sich kein Vertragspartner, wird auch kein Plan aufgestellt. Eine Umsetzung des Leitbilds der Innenentwicklung durch städtebauliche Planungen und damit eine planerisch gesteuerte Innenentwicklung findet dann nicht statt.

2.2 Die neuen Planungsinstrumente

Die klassischen Instrumente der Bauleitplanung haben mit der deutschen Einheit im Jahr 1990 und den insoweit resultierenden Anforderungen an die städtebauliche Entwicklung zunächst eine Ergänzung durch den in § 12 BauGB geregelten „Vorhaben- und Erschließungsplan“ bekommen. Im Jahr 2007 wurde dann als Unterfall des Bebauungsplans der sog. „Bebauungsplan der Innenentwicklung“ in § 13a BauGB ausgestaltet, um den weitreichenden Anforderungen, die durch die Zielsetzungen der Innenentwicklung an die städtebauliche Entwicklung gestellt werden, Rechnung zu tragen. Diese beiden neueren Planungsinstrumente sind unmittelbar auf die veränderten Rahmenbedingungen ihrer Zeit[74] zurückzuführen, beide für die Umsetzung des Leitbilds der Innenentwicklung, allerdings unter verschiedenen Voraussetzungen für ihre Anwendung, geeignet.

a. Der vorhabenbezogene Bebauungsplan

Die Ausgestaltung des vorhabenbezogenen Bebauungsplans geht auf die deutsche Einheit im Jahr 1990 zurück.[75] Die damit verbundenen Erfordernisse in den Bereichen des Städtebaus und der Infrastruktur haben schnell deutlich werden lassen, dass diese Aufgaben allein mit der althergebrachten Bauleitplanung nicht bewältigt werden konnten. Speziell für die neuen Bundesländer wurden deshalb in die Bauplanungs- und Zulassungsverordnung (BauZVO)[76] auch als neuartige Kooperation

74 Vgl. unten: B.I.2.2.a und B.I.2.2.b.

75 Zur Entwicklung: Söfker, Der Vorhaben- und Erschließungsplan: Vom Übergangsrecht in der DDR zum Normalverfahren im modernen Städtebaurecht, in: Battis/Söfker/Stüer (Hrsg.), Nachhaltige Stadt- und Raumentwicklung, Festschrift für Michael Krautzberger zum 65. Geburtstag, München 2008, S. 77 ff.

76 Bauplanungs- und Zulassungsverordnung, v. 20.06.1990 – GBl. DDR I S. 739.

mit privaten Investoren Regelungen über den vorhabenbezogenen Bebauungsplan[77] aufgenommen.[78]

Bei ihm handelt es sich um ein kooperatives Planungsinstrument, das dazu dient, die bauplanungsrechtlichen Zulässigkeitsvoraussetzungen für ein bestimmtes Vorhaben im Sinne einer so genannten „objektbezogenen Vorhabenplanung", die der Investor in Form des Vorhaben- und Erschließungsplans erarbeitet, abschließend zu schaffen. Verknüpft wird der Bebauungsplan außerdem mit einer Durchführungsverpflichtung[79] sowie einer Kostentragungsregelung. Der vorhabenbezogene Bebauungsplan stellt sich insoweit als Instrumentenmix bestehend aus einem Bebauungsplan, einem Vorhaben- und Erschließungsplan und einem Durchführungsvertrag dar. Private Planungs- und Finanzierungskapazitäten sollten so für die städtebauliche Entwicklung dienlich gemacht werden.[80]

aa. Bindungsfreiheit

Zwar ist der vorhabenbezogene Bebauungsplan seit dem Inkrafttreten des BauROG 1998 als Unterfall des klassischen Bebauungsplans in das Städtebaudauerrecht aufgenommen worden, doch unterscheidet er sich, insbesondere für die Frage seiner Heranziehbarkeit für die Innenentwicklung maßgeblich von diesem. Beim vorhabenbezogenen Bebauungsplan besteht in Bezug auf seine Festlegungen keine Bindung, im Gegenteil: § 12 Abs. 3 S. 2 BauGB stellt diesen ausdrücklich frei[81] von einer Anwendung des Festsetzungskatalogs des § 9 BauGB, der BauNVO und der PlanzV[82]. Der Vorhabenträger ist damit weder an die Typisierung der Baugebiete noch an die Obergrenzen der baulichen Nutzung sowie die sonstigen Regelungen der BauNVO über die überbaubaren Grundstücksflächen oder die Bauweise gebunden.[83] Er kann damit sein Vorhaben frei[84] planen und städtebaurechtlich qualifizieren.[85] Maßgeblich hierfür ist, dass der sich aus Art. 14 Abs. 1 S. 2 GG ergeben-

77 Vgl. § 55 BauZVO.

78 Außerdem auch über den Erschließungsvertrag sowie ganz allgemein über den städtebaulichen Vertrag.

79 Mit dem zwischen einem Vorhabenträger und der Gemeinde zu schließenden Durchführungsvertrag wird die zwischen Planung und Planrealisierung klaffende Lücke geschlossen.

80 Mit dem Inkrafttreten des BauROG 1998 (Bau- und Raumordnungsgesetzes 1998, v. 18. August 1997 (BGBl. I S. 2081)) ist der vorhabenbezogene Bebauungsplan als Unterfall des klassischen Bebauungsplans in das Städtebaudauerrecht aufgenommen.

81 Außer für die gemäß § 12 Abs. 4 BauGB einbezogenen Flächen, da diese außerhalb des Vorhaben- und Erschließungsplan liegen.

82 Verordnung über die Ausarbeitung der Bauleitpläne und die Darstellung des Planinhalts (Planzeichenverordnung (PlanZV 90), v. 18. Dezember 1990 (BGBl. I S. 58), zuletzt geändert durch Gesetz vom 22. Juli 2011 (BGBl. I S. 1509)).

83 Umfangreiche Beispiele bei Boeddinghaus (Hrsg.), BauNVO, 5. Aufl., München 2005, § 1 Rn. 58 ff., § 16 Rn. 25, § 17 Rn. 36, § 20 Rn. 21 und 31 sowie § 23 Rn. 44 ff.

84 BVerwG, Urt. v. 6.06.2002 – 4 CN 4.01 – BVerwGE 116, 296.

85 Vgl. VGH Mannheim, Beschl. v. 25.11.1996 – 8 S 1151.96 – ZfBR 1997, 162 ff. wonach ein „Projektplan" ausreicht. Jedenfalls muss der Vorhaben- und Erschließungsplan nicht den Differenzierungsgrad eines Bauantrags aufweisen.

den Eigentumsgewährleistung und dem daraus abzuleitenden Erfordernis zur gesetzlichen Bestimmung von Inhalt und Schranken des Eigentums nicht Rechnung getragen werden muss, wenn sich der eigentumsrechtlich Verfügungsbefugte vertraglich selbst Bindungen unterwirft.[86] Sein Einverständnis verdeutlicht er[87] mit dem vorgelegten Plan. Die Gemeinde kann allerdings ergänzende Regelungen in den Bereich des Vorhaben- und Erschließungsplans aufnehmen[88], auch auf der Grundlage des Festsetzungskataloges und/oder der BauNVO und PlanzV. Dies gilt für Flächen, die außerhalb des Bereiches des Vorhaben- und Erschließungsplanes auf der Grundlage von § 12 Abs. 4 BauGB von Seiten der Gemeinde in den Geltungsbereich des vorhabenbezogenen Bebauungsplans einbezogen werden sollen. Macht die Gemeinde von dieser Möglichkeit Gebrauch, bleibt ihr nur ein Rückgriff auf den Festsetzungskatalog, die BauNVO und die PlanzV.

bb. Variationsmöglichkeiten

Auf der Grundlage der vorangehend dargestellten Bindungsfreiheit an die BauNVO, die PlanzV sowie an den Festsetzungskatalog des § 9 Abs. 1 bis 3 BauGB geht der Bundesgesetzgeber davon aus, dass durch den vorhabenbezogenen Bebauungsplan die bauplanungsrechtlichen Zulässigkeitsanforderungen an ein Vorhaben in ebensolcher Weise zur Verfügung gestellt werden können, wie es im Rahmen der klassischen Bebauungsplanung möglich ist.[89] Allerdings weiß die Planungspraxis mit ihrer so gewonnenen Freiheit nicht viel anzufangen und wendet trotz der bestehenden Bindungsfreiheit regelmäßig auf der Grundlage „eingeübter Praxis" neben der BauNVO auch den Festsetzungskatalog und die PlanzV an. Der Grund hierfür liegt darin, dass der BauNVO in materieller Beziehung eine Leitlinien- und Orientierungsfunktion bei der Konkretisierung der Anforderungen an eine geordnete städtebauliche Entwicklung zukommt und dies auch bei der Aufstellung eines vorhabenbezogenen Bebauungsplans nicht außer Acht gelassen werden darf.[90] Werden insoweit die planungsfachlich gebräuchlichen Begriffe aus der BauNVO verwendet, wird angenommen, dass bei den verwendeten Begriffen eine Bezugnahme auf die BauNVO besteht, da diese Begriffe in der Planungspraxis bekannt und anerkannt und Träger von Sachinhalten sind.[91] Davon Abweichendes bedarf der näheren Erläuterung.

---

86 Gatz, in: Schlichter/Stich/Driehaus/Peatow (Hrsg.), Berliner Kommentar zum BauGB, 3. Aufl., Köln 2002, Loseblattsammlung Stand: Juli 2007, § 12 Rn. 22; Söfker. a. a. O. (Fn. 75), S. 88.

87 In der Regel ist dieser auch der Verfügungsberechtigte.

88 Zu Recht weist Gatz, a. a. O. (Fn.86), § 12 Rn. 23) darauf hin, dass sie dazu sogar verpflichtet sein kann.

89 Denn nach § 30 Abs. 2 BauGB ist im Geltungsbereich eines vorhabenbezogenen Bebauungsplans ein Vorhaben zulässig, wenn es dem Bebauungsplan nicht widerspricht und die Erschließung gesichert ist.

90 BVerwG, a. a. O. (Fn. 84).

91 So OVG Münster, Urt. v. 6.04. 2001 – 7 a D 143.00.NE – BeckRS 2001, 18101.

Näher zu betrachten und für die Umsetzung des Leitbilds der Innenentwicklung interessanter ist die seit der BauGB-Novelle 2007 in § 12 Abs. 3a BauGB eingefügte Flexibilisierungsregelung.[92] Danach besteht die Möglichkeit, für den Bereich des Vorhaben- und Erschließungsplans eine bauliche oder sonstige Nutzung nicht nur wie bisher konkret (einschließlich der zulässigen Bandbreite), sondern auch allgemein durch die Festsetzung eines Baugebiets nach der BauNVO oder durch eigene Beschreibung (auf sonstige Weise[93]) festzusetzen.[94] Im vorhabenbezogenen Bebauungsplan ist dann von § 9 Abs. 2 Nr. 2 BauGB Gebrauch zu machen und aufschiebend bedingt zu regeln, dass nach der allgemein festgesetzten Nutzung nur solche Vorhaben zulässig sind, zu deren Durchführung sich der Vorhabenträger im Durchführungsvertrag[95] verpflichtet hat.[96] Dadurch wird die Vorhabenbezogenheit des Plans gesichert. Mit der Einfügung der Neuregelung sollte der vorhabenbezogene Bebauungsplan flexibler[97] (und damit weniger vorhabenbezogen[98]) und stärker praxisorientiert (und damit eher rahmensetzend) ausgestaltet werden.[99]

cc. Bewertung des vorhabenbezogenen Bebauungsplans als Instrument der Innenentwicklung

Mit dem vorhabenbezogenen Bebauungsplan steht ein das Leitbild der Innenentwicklung stützendes Planungsinstrument zur Verfügung. Gleichwohl kann es nur dann zum Einsatz gebracht werden, wenn ein Vorhabenträger Interesse an der

---

92 Sie ist darauf zurückzuführen, dass der vorhabenbezogene Bebauungsplan von der Planungspraxis insgesamt als unflexibel angesehen wurde. Demgegenüber haben die Gerichte (BVerwG, Urt. v. 18.09.2003 – 4 CN 3.02 – BVerwGE 119, 45; OVG Münster, Urt. v. 3.12.2003 – 7 a D 42.01.NE – BRS 66, Nr. 23. VGH Mannheim, a. a. O. (Fn. 85), 162; OVG Lüneburg, Urt. v. 24.4.2002 – 1 KN 2792.01 – ZfBR 2002, 588; Urt. v. 8.7.2004 – 1 KN 184.02 – BeckRS 2004, 24614. Auch: Köster, ZfBR 2005, 149 f.) im Rahmen ihrer Entscheidungen die von der Praxis gewünschte Flexibilität dem vorhabenbezogenen Bebauungsplan regelmäßig abgesprochen (vgl. Gatz, a. a. O. Fn. 86, § 12 Rn. 5 ff.)

93 Es kann also auch ein neuartiges Baugebiet erfunden werden. Jäde, in: Jäde/Dirnberger/Weiß (Hrsg.), BauGB, 5. Aufl., München 2007, § 12 Rn. 45.

94 Zu den Neuregelungen: Porger, Neuerungen beim Vorhaben- und Erschließungsplan, in: Mitschang (Hrsg.), BauGB-Novelle 2007, Berlin 2007, S. 175 ff.; Uechtritz, BauR 2007, S. 476 ff. sowie Bischopink/Arnold, NVwZ 2007, S. 993 ff.

95 Nach § 12 Abs. 3a S. 2 BauGB können nämlich, die im Durchführungsvertrag getroffenen Vereinbarungen über die bauliche Nutzung auch nachträglich geändert oder auch in einen neuen Durchführungsvertrag aufgenommen werden, falls die Durchführungsverpflichtungen bereits vom Vorhabenträger erfüllt wurden.

96 Insbesondere die in der Praxis oftmals aus unterschiedlichen Gründen erforderlich werdenden Änderungen eines vorhabenbezogenen Bebauungsplans werden durch einfache Änderung des Durchführungsvertrags obsolet.

97 Uechtritz, a. a. O. (Fn. 94), S. 486 f.; Söfker, vhw FW 2006, S. 316.

98 Der konkrete Vorhabenbezug (mit der zulässigen Variationsbreite), den die Rechtsprechung (BVerwG, a. a. O. (Fn. 92)) letztlich eingefordert und der zu der mit dem BauGBÄndG 2006 möglichen Flexibilisierung geführt hat, wird nunmehr auf den Durchführungsvertrag zu übertragen sein, denn dort muss das Vorhaben hinreichend konkret beschrieben werden.

99 Dazu ausführlich: Porger, a. a. O. (Fn. 94), S. 175 ff.

Verwirklichung eines spezifischen Vorhabens zeigt. Ohne Vorhabenträger gibt es auch keinen vorhabenbezogenen Bebauungsplan. In den durch eine hohe Arbeitsplatzdichte gekennzeichneten Agglomerationsräumen, die auch unter den Vorzeichen der demografischen Entwicklung mit Bevölkerungszuwachs, jedenfalls nicht mit einem Bevölkerungsrückgang rechnen können, werden sich Vorhabenträger finden, insbesondere um auch Investitionen im gewerblichen oder infrastrukturellen Bereich zu tätigen. Im ländlichen Raum wird sich diesbezüglich allerdings vielmals ein anderes Bild zeigen.

Doch kann dort, wo sich Vorhabenträger und Gemeinde über die städtebauliche Entwicklung einig sind, von den eigentlichen Vorteilen des Instruments Gebrauch gemacht werden. Mit dem vorhabenbezogenen Bebauungsplan wurde erstmals der Schritt gewagt, eine Anwendung der BauNVO (sowie von § 9 BauGB und der PlanzV 90) nicht zwingend vorzuschreiben. Dies gilt auch für die in § 12 Abs. 3a BauGB angelegte Flexibilisierung. Im Unterschied zur vormals geltenden Regelung kann die Gemeinde nunmehr sogar Baugebiete festsetzen und damit einer Vielzahl von Nutzungsarten die erforderliche städtebaurechtliche Zulässigkeitsgrundlage bieten, und zwar ohne dass diese durch die BauNVO konkretisiert werden müssen. Da beim vorhabenbezogenen Bebauungsplan, soweit die Voraussetzungen vorhanden sind, auch vom beschleunigten Verfahren nach § 13a Abs. 2 und 3 BauGB Gebrauch gemacht werden kann, ist davon auszugehen, dass dieses Modell vor dem Hintergrund stetig abnehmender finanzieller Möglichkeiten der Gemeinden, die klassische Angebotsplanung ablöst.[100] Zur Umsetzung des Leitbilds der Innenentwicklung von noch weitergehendem Interesse ist schließlich die durch § 12 Abs. 3a BauGB ermöglichte Regelung von Baugebieten, denn es können ein oder mehrere Baugebiete ohne Bindung an die BauNVO, PlanzV sowie an § 9 Abs. 1 bis 3 BauGB als planungsrechtliche Grundlage für eine Vielzahl von Vorhaben normiert werden. Es werden insoweit wie bei der klassischen Bebauungsplanung Baugebiete mit unterschiedlich zulässigen Arten baulicher Nutzung geschaffen, von der BauNVO sowie den anderen Regelungsmöglichkeiten aber kein Gebrauch gemacht. Die räumliche Entwicklung vollzieht sich losgelöst von ihnen. Zur Steuerung innenentwicklungsorientierter Nutzungen ohne durch eine BauNVO typisierte Baugebiete bietet sich dies förmlich an. Im Ergebnis führt dies dazu, dass die städtebauliche Entwicklung im Siedlungsbereich künftig nicht nur weitgehend losgelöst vom Flächennutzungsplan, sondern auch von der Anwendung der BauNVO stattfinden kann.

Freilich taucht ein Problem auf, wenn nämlich der Durchführungsvertrag aufgehoben wird und die Regelungen des vorhabenbezogenen Bebauungsplans dann funktionslos und dadurch unwirksam werden.[101] In einem solchen Fall gehen die aus der vorangehend dargestellten Bindungsfreiheit sich ergebenden Vorteile gegebenenfalls verloren, weil die Gemeinde zur Steuerung der nachhaltigen städtebaulichen

100 Siehe hierzu: Mitschang, a. a. O. (Fn. 47), S. 49 ff. Auch oben: B.I.2.2.a.cc.
101 Jäde, a. a. O. (Fn. 93), § 12 Rn. 46.

Entwicklung wiederum einen klassischen Bebauungsplan aufstellen müsste und dabei an die BauNVO, die PlanzV und den Festsetzungskatalog des § 9 Abs. 1 bis 3 BauGB gebunden wäre. Auch hier könnte eine Weiterentwicklung der BauNVO durch ein Innenentwicklungsgebiet mit einem „offenen Nutzungskataloges“ Auffangfunktion übernehmen.

b. Der Bebauungsplan der Innenentwicklung

Der Bebauungsplan der Innenentwicklung nach § 13a BauGB geht auf die BauGB-Novelle 2007 zurück.[102] Mit seiner Ausgestaltung wurde das Ziel verfolgt, die Innenentwicklung gegenüber der Außenentwicklung zu stärken. Nach § 13a Abs. 1 S. 1 BauGB wird ein solcher Bebauungsplan der Innenentwicklung für die Wiedernutzbarmachung von Flächen, die Nachverdichtung oder andere Maßnahmen der Innenentwicklung aufgestellt. Dann muss für die Anwendung des beschleunigten Verfahrens geprüft werden, ob der Bebauungsplan bestimmte Größenwerte (Schwellenwerte) in Bezug auf die zulässige Grundfläche i. S. v. § 19 Abs. 2 BauNVO oder die Größe der Grundfläche erreicht bzw. einhält. In diesem Zusammenhang sind zwei Fallgruppen zu unterscheiden:

- Bebauungspläne mit einer zulässigen Grundfläche oder der Größe der Grundfläche von weniger 20.000 m^2 (§ 13a Abs. 1 S. 2 Nr. 1) und
- Bebauungspläne mit einer zulässigen Grundfläche oder der Größe der Grundfläche von 20.000 m^2 bis weniger als 70.000 m^2 (§ 13a Abs. 1 S. 2 Nr. 2).

aa. Die Beschleunigungseffekte

Formell wird für den Bebauungsplan nach § 13a BauGB auf das sog. „beschleunigte Verfahren“ abgestellt, welches gegenüber dem Regelverfahren spezifische Besonderheiten aufweist:

- Es gelten die Vorschriften des vereinfachten Verfahrens nach § 13 Abs. 2 und 3 S. 1 BauGB entsprechend.
- Weicht der Bebauungsplan von den Darstellungen des Flächennutzungsplans ab, kann er auch aufgestellt werden, bevor der Flächennutzungsplan geändert oder ergänzt ist, die geordnete städtebauliche Entwicklung des Gemeindegebiets darf nicht beeinträchtigt werden; der Flächennutzungsplan ist im Wege der Berichtigung anzupassen.

---

102 Siehe dazu: Battis/Krautzberger/Löhr, NVwZ 2007, S. 121 ff.; Krautzberger, UPR 2006, S. 405 ff.; Reidt, NVwZ 2007, S. 1029 ff.; Mitschang, a. a. O. (Fn. 35), S. 433 ff.; Scheidler, a. a. O. (Fn. 35), S. 752 ff.

- Mit dem Bebauungsplan soll einem Bedarf an Investitionen zur Erhaltung, Sicherung und Schaffung von Arbeitsplätzen, zur Versorgung der Bevölkerung mit Wohnraum oder zur Verwirklichung von Infrastrukturvorhaben in der Abwägung in angemessener Weise Rechnung getragen werden.
- Es gelten für Bebauungspläne mit einer zulässigen Grundfläche oder der Größe der Grundfläche von weniger 20.000 m² (1. Fallgruppe) Eingriffe, die auf Grund der Aufstellung des Bebauungsplanes zu erwarten sind, als im Sinne des § 1a Abs. 3 S. 5 BauGB vor der planerischen Entscheidung erfolgt oder zulässig.[103]

Für Bebauungspläne der 2. Fallgruppe ist durch eine Vorprüfung des Einzelfalls (Screening)[104] zu klären, ob durch den Bebauungsplan voraussichtlich erhebliche Umweltauswirkungen verursacht werden[105]. Wird demgegenüber im Rahmen der nur überschlägig durchzuführenden Einzelfallprüfung festgestellt, dass der Bebauungsplan voraussichtlich keine erheblichen Umweltauswirkungen verursacht, die nach § 2 Abs. 4 Satz 4 BauGB in der Abwägung zu berücksichtigen wären, kann das beschleunigte Verfahren angewendet werden. Europarechtlich von Bedeutung ist auch für die Anwendung des beschleunigten Verfahrens, dass durch den Bebauungsplan die Zulässigkeit von Vorhaben nicht begründet werden darf, die eine Pflicht zur Durchführung einer UVP nach dem UVPG oder nach Landesrecht unterliegen (§ 13a Abs. 1 S. 4 BauGB). Außerdem ist das beschleunigte Verfahren auch ausgeschlossen, wenn Anhaltspunkte für eine Beeinträchtigung der in § 1 Abs. 6 Nr. 7 Buchst. b BauGB genannten Schutzgüter bestehen (vgl. § 13a Abs. 1 S. 5 BauGB). Die dargelegten Anforderungen des beschleunigten Verfahrens gelten auch für die Änderung oder Ergänzung eines Bebauungsplans (§ 13a Abs. 4 BauGB).

bb. Bewertung des Bebauungsplans der Innenentwicklung

Schon an der Bezeichnung „Bebauungsplan der Innenentwicklung“ ist die Bedeutung dieses in § 13a BauGB geregelten Planungsinstruments für die Umsetzung des Leitbilds der Innenentwicklung erkennbar. Anders als bei Bebauungsplänen, die auf eine Neuinanspruchnahme von Flächen setzen, soll durch Bebauungspläne der Innenentwicklung erleichtert und beschleunigt dem im Siedlungsbereich bestehenden

103 Darüber hinausgehende, vorliegend aber nicht bedeutsame verfahrensrechtliche Anforderungen enthält § 13a Abs. 3 BauGB.

104 Dazu ausführlich: Battis/Ingold, Screening-Verfahren in der Bauleitplanung, in: Mitschang (Hrsg.), BauGB-Novelle 2007, Frankfurt 2007, S. 143 ff. Für die Prüfung ist die Anlage 2 zu § 13a Abs. 1 S. 2 Nr. 2 BauGB heranzuziehen.

105 Der Bundesgesetzgeber macht auch hier von der in Art. 3 Abs. 5 S. 1 der Plan-UP-RL eröffneten Möglichkeit Gebrauch, die verpflichtende Durchführung einer Umweltprüfung mittels einer Einzelfallprüfung festzustellen. Ergibt sich im Rahmen der anzustellenden Einzelfallprüfung, dass die beabsichtigte Planung mit erheblichen Umweltauswirkungen verbunden ist, kann das beschleunigte Verfahren nicht angewandt werden.

hohen Anpassungs- und Investitionsbedarf in den Bereichen Arbeitsplätze, Wohnen und Infrastruktur entsprochen werden. Als Anreiz dienen die in § 13a Abs. 2 BauGB enthaltenen „Annehmlichkeiten" bei der gemeindlichen Entscheidung für das beschleunigte Verfahren.

Allerdings haben seit seiner Ausgestaltung im Jahr 2007 sowohl die Planungspraxis als auch die Rechtsprechung die anfangs vorhandene Euphorie um den im beschleunigten Verfahren aufzustellenden Bebauungsplan leicht gedämpft. Hierzu ist zunächst hervorzuheben, dass in der planungspraktischen Anwendung im Grunde genommen nur Bebauungspläne der 1. Fallgruppe zur Anwendung gelangen. Bebauungspläne der 2. Fallgruppe, die also zuerst einem Screening-Verfahren unterzogen werden müssen, sind in der Planungspraxis nicht von Interesse, weil einerseits rechtliche Unsicherheiten im Hinblick auf die Durchführung des Screening-Verfahrens bestehen, andererseits sich nach Abschluss des Screening-Verfahrens im Ergebnis doch die Notwendigkeit zur Durchführung einer Umweltprüfung herausstellen kann und insoweit dann auch direkt die Durchführung einer Umweltprüfung an Stelle eines aufwändigen Vorprüfungsverfahrens vorgenommen werden kann. Dies schränkt faktisch den Anwendungsbereich des beschleunigten Verfahrens ein, denn Bebauungspläne der 1. Fallgruppe erstrecken sich auf Bebauungspläne mit einer zulässigen Grundfläche oder der Größe der Grundfläche von weniger 20.000 m² (§ 13a Abs. 1 S. 2 Nr. 1 BauGB).

Außer der Planungspraxis hat nunmehr auch die Rechtsprechung außer einigen Abgrenzungsfragen der Anwendung des beschleunigten Verfahrens, insbesondere im Schnittfeld von Siedlungs- und Freiraumbereich, auch bei der Anwendung von § 13a BauGB ein Problem entdeckt. Mit seinem Vorabentscheidungsersuchen an den EuGH möchte der VGH Baden-Württemberg[106] zur Klärung beitragen, ob der den Mitgliedstaaten nach Art. 3 Abs. 4 und 5 der Plan-UP-RL[107] eröffnete Wertungsspielraum überschritten wird, wenn der nationale Gesetzgeber für das beschleunigte Verfahren zur Aufstellung eines Bebauungsplans der Innenentwicklung i. S. des § 13a Abs. 2 Nr. 1 BauGB bestimmt, dass von den Verfahrensvorschriften über die Umweltprüfung nach § 2 Abs. 4 BauGB abgesehen wird, wenn kein Ausschlussgrund nach § 13a Abs. 4 oder 5 BauGB vorliegt, andererseits jedoch in § 214 Abs. 2a Nr. 1 BauGB anordnet, dass eine Verletzung dieser Verfahrensvorschriften, die darauf beruht, dass die Gemeinde die Voraussetzung für das beschleunigte Verfahren nach § 13a Abs. 1 BauGB unzutreffend beurteilt hat, für die Rechtswirksamkeit eines Bebauungsplans der Innenentwicklung unbeachtlich ist. Angesichts dieser Fragestellung liegt nunmehr der Schlussantrag des Generalanwalts[108] vor. Im Ergebnis wird die vom VGH Baden-Württemberg gestellte Frage dahingehend beantwortet, dass Art. 3 der Plan-UP-RL sowie die Grundsätze der Effektivität, der

106 VGH Baden-Württemberg, Beschl. v. 27.07.2012 – 8 S 1712.09 – BeckRS 2011, 53925.
107 Richtlinie 2001/42/EG des Europäischen Parlaments und des Rates v. 27. Juni 2001 über die Prüfung der Umweltauswirkungen bestimmter Pläne und Programme, ABl. Nr. L 197 v. 21. Juli 2001, S. 30.
108 EuGH, v. 19.12.2012 – C-463/11 – BeckRS 2012, 82714.

loyalen Zusammenarbeit und des effektiven gerichtlichen Rechtsschutzes der Regelung eines Mitgliedstaats entgegenstehen (wie hier § 214 Abs. 2a Nr. 1 BauGB), wonach ein Verstoß gegen eine von der Vorschrift zur Umsetzung der Plan-UP-RL aufgestellte Voraussetzung für die Befreiung der Aufstellung eines Bebauungsplans der besonderen Art von einer vorhergehenden Umweltprüfung deshalb nicht Gegenstand eines gerichtlichen Verfahrens sein kann, weil er nach Maßgabe dieser Regelung für die Rechtswirksamkeit des genannten Bebauungsplans unbeachtlich ist.[109] In seiner Würdigung geht der Generalanwalt noch weiter und führt aus, dass er nicht davon überzeugt ist, dass der deutsche Gesetzgeber im Rahmen von § 13a Abs. 1 S. 2 Nr. 1 BauGB tatsächlich innerhalb der Grenzen des Wertungsspielraums gehandelt hat, den Art. 3 Abs. 5 der Plan-UP-RL den Mitgliedstaaten bei Plänen und Programmen zubilligt, die in den Anwendungsbereich von Art. 3 Abs. 3 und 3 der Plan-UP-RL fallen.[110] Zwar handelt es sich bei dem Schlussantrag des Generalanwalts noch nicht um die endgültige Entscheidung des EuGH, gleichwohl könnte sich in Anbetracht der vorangehenden Darlegungen die Bestimmung des § 13a BauGB der Gefahr einer nicht europarechtskonformen Umsetzung ausgesetzt sehen und damit als europarechtswidrige Regelung vom EuGH als unwirksam erklärt werden. Eine gesetzgeberische Modifizierung dieser Bestimmung in Bezug auf ihren Anwendungsbereich wäre erforderlich. Dadurch würde dieses städtebauliche Planungsinstrument in seiner Bedeutung für die Umsetzung des Leitbilds der Innenentwicklung an Wert verlieren.

Und schließlich ist auch für den Bebauungsplan der Innenentwicklung darauf hinzuweisen, dass hinsichtlich der Anwendung der BauNVO zu differenzieren ist. Wird der Bebauungsplan der Innenentwicklung als klassischer Bebauungsplan aufgestellt und insoweit nur das beschleunigte Verfahren zur Anwendung gebracht, so ist die BauNVO – wie bei anderen klassischen Bebauungsplänen auch – grundsätzlich heranzuziehen, insbesondere wenn von § 1 Abs. 4 bis 10 BauNVO Gebrauch gemacht werden soll. Bebauungspläne der Innenentwicklung können – wie oben dargelegt[111] – aber auch als vorhabenbezogene Bebauungspläne (und insoweit auch wiederum unter Bezugnahme von § 12 Abs. 3a BauGB) aufgestellt, geändert oder ergänzt werden und in dieser Form ebenfalls durch eigens konzipierte Baugebiete, maßgebliche Impulse für die Innenentwicklung geben.

3. Flankierung durch gemeindliche Vorkaufsrechte

Die gemeindlichen Vorkaufsrechte[112] sind in den §§ 24 ff. BauGB geregelt. Sie räumen den Kommunen Vorkaufsrechte beim Kauf von Grundstücken ein. Für die Umsetzung des Leitbilds der Innenentwicklung sind die Vorkaufsrechte von erheblicher Bedeutung, denn durch sie wird es der Gemeinde ermöglicht, baulandpoli-

---

109 Ebenda, Rn. 88.
110 Ebenda, Rn. 43.
111 Vgl. oben B.2.2.b.
112 Vgl. Stock, ZfBR 1987, S. 10 ff.

tisch tätig zu werden und für die Durchführung von Innenentwicklungsmaßnahmen erforderliche Grundstücke[113] zu erwerben. Die Gemeinde kann das Vorkaufsrecht auch zu Gunsten Dritter ausüben. Dies gewährleistet § 27a BauGB.

Mit der Ausübung des Vorkaufsrechts kommt ein Kaufvertrag zwischen dem Veräußerer des Grundstücks und der Gemeinde zu den Bedingungen zustande, die der Veräußerer und der Erstkäufer vereinbart haben. Das Vorkaufsrecht dient zunächst – wie die Veränderungssperre und die Zurückstellung von Baugesuchen auch – der Sicherung der Bauleitplanung, geht aber darüber noch hinaus und dient insoweit auch der Sicherung von städtebaulichen Maßnahmen, auch wenn keine Bauleitplanung durchgeführt wird.

3.1 Formen der Vorkaufsrechte

Es existieren nach § 24 BauGB und § 25 BauGB zwei unterschiedliche Formen des Vorkaufsrechts. Während § 24 BauGB der Gemeinde unmittelbar kraft Gesetzes ein Vorkaufsrecht (sog. „allgemeines Vorkaufsrecht") einräumt, ermächtigt § 25 BauGB die Gemeinde sich durch Satzung eine Rechtsgrundlage für die Ausübung des Vorkaufsrechts (sog. „Satzungsvorkaufsrecht") zu schaffen. Die Gemeinde kann von den Vorkaufsrechten nur dann Gebrauch machen, wenn die Voraussetzungen im Zeitpunkt des Abschlusses des Kaufvertrages vorliegen.[114] Eine rückwirkende Begründung von Vorkaufsrechten ist nicht möglich. Entsteht das Vorkaufsrecht nach Abschluss des Kaufvertrages, ist es nicht mehr heranziehbar, selbst wenn die zu seiner Wirksamkeit erforderliche Genehmigung des Kaufvertrags erst nach der Entstehung des Vorkaufsrechts erteilt wird.[115]

3.2 Anwendungsbereiche

a. Allgemeines Vorkaufsrecht

Nach § 24 Abs. 1 BauGB erstreckt sich das allgemeine Vorkaufsrecht auf insgesamt sieben Fallgestaltungen. Danach steht der Gemeinde ein Vorkaufsrecht zu:

- Im Geltungsbereich eines Bebauungsplans, soweit es sich um Flächen handelt, für die nach dem Bebauungsplan eine Nutzung für öffentliche Zwecke[116] oder für Flächen oder Maßnahmen zum Ausgleich im Sinne des § 1a Abs. 3 festgesetzt ist (Nr. 1).[117]

---

113 Insbesondere von sog. „Schlüsselgrundstücken".

114 BVerwG, Beschl. v. 14.04.1994 – 4 B 70.94 – NJW 1994, 3178.

115 BGH, Urt. v. 15.06.1960 – V ZR 105.59 – NJW 1960, 180.

116 In Bezug auf eine Waldfläche, vgl. OVG Berlin-Brandenburg, Urt. v. 21.06.2012 – OVG 2B 25.10 – NuR 2013, 45 ff.

117 Nach § 24 Abs. 1 S. 2 BauGB kann bereits nach Beginn der öffentlichen Auslegung von der Ausübung des Vorkaufsrechts Gebrauch gemacht werden, wenn die Gemeinde einen Beschluss zur Aufstellung, Änderung oder Ergänzung eines Bebauungsplans getroffen hat.

- In einem Umlegungsgebiet (Nr. 2).
- In einem förmlich festgelegten Sanierungsgebiet und städtebaulichen Entwicklungsbereich (Nr. 3).[118]
- Im Geltungsbereich einer Satzung zur Sicherung von Durchführungsmaßnahmen des Stadtumbaus und einer Erhaltungssatzung (Nr. 4).
- Im Geltungsbereich eines Flächennutzungsplans, soweit es sich um unbebaute Flächen im Außenbereich handelt, für die nach dem Flächennutzungsplan eine Nutzung als Wohnbaufläche oder Wohngebiet dargestellt ist (Nr. 5).
- In Gebieten, die nach §§ 30, 33 oder 34 Abs. 2 vorwiegend mit Wohngebäuden bebaut werden können, soweit die Grundstücke unbebaut sind (Nr. 6).
- In Gebieten, die zum Zweck des vorbeugenden Hochwasserschutzes von Bebauung freizuhalten sind, insbesondere in Überschwemmungsgebieten (Nr. 7).

Das Vorkaufsrecht entsteht nach Maßgabe dieser Anforderungen und wird im Wege einer Willenserklärung seitens der Gemeinde ausgeübt.

b. Satzungsvorkaufsrecht

§ 25 BauGB regelt die zweite Form des Vorkaufsrechts, wonach sich die Gemeinde durch Erlassen einer Satzung eine Rechtsgrundlage hierfür selbst schaffen kann. Als Anwendungsbereich kommen die Fälle in Frage, in denen das allgemeine Vorkaufsrecht, welches unmittelbar kraft Gesetzes gilt, nicht besteht. Das Vorkaufsrecht kann mit dem Inkrafttreten der Satzung ausgeübt werden. Die Gemeinde kann das Vorkaufsrecht begründen:

- An unbebauten Grundstücken[119] im Geltungsbereich eines Bebauungsplans (Nr. 1).
- Zur Sicherung einer geordneten städtebaulichen Entwicklung an bestimmten Flächen in Gebieten, in denen die Gemeinde städtebauliche Maßnahmen in Betracht zieht (Nr. 2).

---

118 Ein Vorkaufsrecht entsteht hier nur, wenn die Gemeinde zuvor den Kaufvertrag genehmigt hat, weil in diesen Fällen der Grundstückskaufvertrag genehmigungspflichtig ist. Vgl. § 144 Abs. 2 Nr. 3 BauGB sowie § 169 Abs. 1 Nr. 3 BauGB.

119 Nur einzelne Grundstücke und nicht alle unbebauten Grundstücke im Geltungsbereich eines Bebauungsplans dürfen erfasst werden. Dabei kommt es auf die im Plan festgesetzte Bodennutzung anders als in § 24 Abs. 1 Nr. 1 BauGB nicht an.

Für den Erlass der Vorkaufssatzungen maßgeblich ist das jeweilige Kommunalrecht.[120] Nach den Vorschriften des Städtebaurechts ist lediglich eine ortsübliche Bekanntmachung der Satzung vorgesehen (§ 25 Abs. 1 S. 2 BauGB).

3.3 Voraussetzungen

Die wichtigste Maßgabe für die Ausübung von Vorkaufsrechten besteht in der Rechtfertigung durch das Wohl der Allgemeinheit.[121] Dies schränkt zugleich den Anwendungsbereich deutlich ein. Da die Ausübung des Vorkaufsrechts nach herrschender Auffassung eine Inhalts- und Schrankenbestimmung zur näheren Ausgestaltung der Sozialbindung des Grundeigentums[122] darstellt, reicht es – anders als bei der Enteignung – aus, dass sie das Wohl der Allgemeinheit nur „rechtfertigen" muss.[123] Gegenüber der Enteignung bestehen also geringere Anforderungen. Diese sind erfüllt, soweit sie sich aus den Planungsgrundsätzen des § 1 Abs. 5 BauGB begründen lassen.[124] Das Vorkaufsrecht darf nur ausgeübt werden, wenn keiner der in § 26 BauGB bezeichneten Ausschlusstatbestände eingreift.[125]

Voraussetzung nach den §§ 24 und 25 BauGB ist, dass ein Kaufvertrag über ein Grundstück wirksam[126] geschlossen ist. Auf andere Verträge[127] erstrecken sich die Befugnisse des Vorkaufsrechts nicht. Der Kaufvertrag muss sich auf ein Grundstück oder einen Teil eines Grundstücks[128] beziehen. Nicht erfasst werden als grundstücksgleiche Rechte im Sinne von § 200 Abs. 2 BauGB der Kauf von Erbbaurechten sowie von Wohnungseigentum. Auch begründet der Kauf von anderen Rechten am Grundstück[129] kein Vorkaufsrecht.[130]

---

120 Insoweit finden weder eine Öffentlichkeits- und Behördenbeteiligung noch eine Abwägung statt. Vgl. Bönker, in: Hoppe/Bönker/Grotefels (Hrsg.), Öffentliches Baurecht, 4. Aufl., München 2010, § 10 Rn. 74. Allerdings sind die allgemeinen Anforderungen an die Beschlussfassung, die Ausfertigung sowie die Bekanntmachung einzuhalten (vgl. Bayerischer VGH, Beschl. v. 24.02.2010 – 1 ZB 08.3231 – BauR 2010, 1734).

121 Vgl. § 24 Abs. 3 S. 1 sowie § 25 Abs. 2 S. 1 BauGB.

122 Vgl. BGH, Urt. v. 5.05.1988 – III ZR 105.87 – BauR 1988, 580, 581.

123 Demgegenüber ist eine Enteignung nur zulässig, wenn das Wohl der Allgemeinheit sie „erfordert".

124 Krautzberger, a. a. O. (Fn. 15), § 24 Rn. 20.

125 Das Abwendungsrecht besteht nicht in den Fällen des § 24 Abs. 1 Nr. 1 sowie Nr. 2 BauGB. Vgl. W. Schrödter, in: Schrödter (Hrsg.), BauGB, 7. Aufl., München 2006, § 27 Rn. 14.

126 Krautzberger, a. a. O. (Fn. 15), § 24 Rn. 17.

127 Z. B. Tauschvertrag, Schenkungsvertrag oder Erbvertrag.

128 Auch von Miteigentumsanteilen, es sei denn, ein Miteigentümer ist der Käufer.

129 Z. B. wenn das Grundstück Vermögensgegenstand einer Gesellschaft ist.

130 Ausschließungsgründe, durch die eine Gemeinde an der Ausübung des Vorkaufsrechts gehindert sein kann, enthält § 26 BauGB (z. B. bei Verwandtengeschäften). Die Möglichkeit zur Abwendung der Ausübung des Vorkaufsrechts räumt § 27 BauGB dem Käufer ein, die Ausübung bzw. der Verzicht werden in § 28 BauGB geregelt.

3.4 Bedeutung der Vorkaufsrechte für die Innenentwicklung

Die gemeindlichen Vorkaufsrechte dienen der Steuerung der Bodenpolitik in der Gemeinde sowie der Sicherung von städtebaulichen Maßnahmen, unbeschadet einer beabsichtigten Bauleitplanung. Ihre grundlegende Bedeutung liegt darin, dass die Gemeinde, soweit sie über die erforderliche finanzielle Ausstattung verfügt, durch sie die Möglichkeit erhält, in den Grundstücksverkehr einzugreifen und dadurch einer Erhöhung des Verkehrswertes von Grundstücken entgegenzuwirken. Dies gilt insbesondere in den Fällen, in denen eine voranschreitende Planung Einfluss auf den Verkehrswert nimmt, also in den Fällen des gesetzlichen Vorkaufsrechts nach § 24 Abs. 1 Nr. 1 BauGB. Für die Realisierung von städtebaulichen Maßnahmen stellt dies natürlich eine erhebliche Erleichterung dar. Allerdings stehen die Vorkaufsrechte neben der Rechtfertigung durch das Wohl der Allgemeinheit immer auch unter der Voraussetzung, dass die Gemeinde über die erforderlichen finanziellen Möglichkeiten verfügt.

Der Anwendungsbereich der Vorkaufsrechte ist im Rahmen der letzten BauGB-Novellen erweitert worden und trägt damit der Bedeutung dieses Instruments für die kommunale Bodenpolitik Rechnung.[131] Auch für die Innenentwicklung kann das Vorkaufsrecht dienlich gemacht werden. Zwar markieren nicht alle bodenpolitischen Einsatzfelder des gesetzlichen Vorkaufsrechts gleichsam auch einen direkten Anwendungsbereich hierfür.[132] Umgekehrt erstreckt sich § 24 Abs. 1 Nr. 6 BauGB auf unbebaute Grundstücke in Gebieten nach den §§ 30, 33 oder § 34 Abs. 2 BauGB, die vorwiegend mit Wohngebäuden bebaut werden können. Vorwiegend mit Wohngebäuden bebaut sein können aber nur festgesetzte oder faktische Baugebiete wie Kleinsiedlungs- sowie Wohngebiete nach den §§ 2 bis 4a BauNVO, während in allen anderen Baugebieten sowie auch in Bereichen nach § 34 Abs. 1 BauGB den Gemeinden dann ein gesetzliches Vorkaufsrecht nicht zur Verfügung steht. Für die Innenentwicklung von Bedeutung kann auch sein, dass das Vorkaufsrecht nur für einen Grundstücksteil des verkauften Grundstücks Anwendung finden soll. Das kann etwa dann der Fall sein, wenn im Rahmen der Nachverdichtung oder der Wiedernutzung von Flächen für die Herstellung der erforderlichen Erschließungsanlagen nur kleinere Grundstücksteile[133] benötigt werden. In diesen Fällen ist das Vorkaufsrecht darauf beschränkt.[134]

131 Zur Entwicklung, vgl. Krautzberger, a. a. O. (Fn. 15), Vorbemerkung zu den §§ 24 bis 28 Rn. 2.

132 So bezieht sich § 24 Abs. 1 Nr. 5 BauGB ausschließlich auf Flächen des Außenbereichs. Auch Gebiete, die zum Zweck des Hochwasserschutzes von Bebauung freizuhalten sind (Nr. 7), liegen regelmäßig im Außenbereich, gleichwohl kann es im Einzelnen auch zu Überlappungen mit bebauten Bereichen kommen.

133 Z. B. ein schmaler Randstreifen.

134 Allerdings kann dann der Verkaufsverpflichtete unter der Voraussetzung, dass eine Abtrennung der Teilfläche vom Gesamtgrundstück für ihn mit Nachteilen verbunden ist, von der Gemeinde verlangen, dass der Vorkauf auf das gesamte Grundstück erstreckt wird. Vgl.

Das besondere Vorkaufsrecht ergänzt das allgemeine und erweitert den Anwendungsbereich deutlich, insbesondere durch § 25 Abs. 1 S. 1 Nr. 2 BauGB. Hiernach bezieht sich das Satzungsvorkaufsrecht auf alle Bereiche des Gemeindegebiets und nicht nur auf unbebaute Grundstücke wie § 25 Abs. 1 S. 1 Nr. 1 BauGB[135], also sowohl auf den beplanten als auch den unbeplanten Gemeindebereich, eben auf die Flächen, auf die sich die jeweilige städtebauliche Maßnahme[136] erstreckt. Hierunter fallen alle Maßnahmen, die der Gemeinde dazu dienen, ihre Planungsvorstellungen zu verwirklichen, vorausgesetzt, sie weisen einen städtebaulichen Bezug auf.[137] Damit ist gerade diese Vorschrift für die Umsetzung des Leitbilds der Innenentwicklung von erheblicher Bedeutung.[138] Sie kann sich nur nicht auf das gesamte Gemeindegebiet beziehen und es muss eine entsprechende Vorkaufssatzung erlassen werden. Ziel ist es, den Gemeinden den Grundstückserwerb schon zu einem Zeitpunkt zu ermöglichen, wo konkrete städtebauliche Entwicklungsvorstellungen noch nicht vorliegen, um eine langfristig geordnete Planung und Entwicklung zu gewährleisten.[139]

Die Bedeutung des Vorkaufsrechts für die Innenentwicklung soll im Übrigen durch die beabsichtigte Innenentwicklungs-Novelle 2013 erneut, und zwar durch eine Änderung in § 27a BauGB-E im Sinne eines Direkterwerbs durch einen Dritten[140], gestärkt werden. Diese Bestimmung erlaubt der Gemeinde, das Vorkaufsrecht auch zu Gunsten von Dritten auszuüben. Die noch in § 27a Abs. 1 S. 1 Nr. 1 BauGB enthaltene Beschränkung für Zwecke der sozialen Wohnraumförderung oder die Wohnbebauung für Personen mit besonderem Wohnraumbedarf soll gestrichen werden. Entscheidend soll künftig die mit der Ausübung des Vorkaufsrechts bezweckte Verwendung des Grundstücks sein. Damit kann auch in anderen als den gegenwärtig noch in § 27a Abs. 1 S. 1 Nr. 1 BauGB abschließend angeführten Anwendungsfällen das Vorkaufsrecht zugunsten Dritter herangezogen werden, ohne auf einen Durchgangserwerb[141] der Gemeinde mit den damit im Zusammenhang

---

§ 28 Abs. 2 S. 2 BauGB, der auf die Anwendbarkeit von § 467 S. 2 BGB verweist. Siehe aus der Rechtsprechung: BVerwG, Beschl. v. 17.10.2001 – 4 B 68.01 – BauR 2002, 1216.

135 Unbebaut ist eine Fläche dann, wenn sich auf ihr keine bauliche Anlage im Sinne von § 29 Abs. 1 BauGB befindet. BVerwG, Urt. v. 24.10.1996 – 4 C 196 – DVBl. 1997, 432 f.

136 Vgl. BVerwG, Urt. v. 8.09.2009 – 4 BN 38.09 – BauR 2010, 81. Erfasst wird damit nicht etwa nur die Bauleitplanung, sondern insbesondere auch städtebauliche Sanierungsmaßnahmen, städtebauliche Entwicklungsmaßnahmen oder Erhaltungsmaßnahmen sowie auch Durchführungsmaßnahmen im Rahmen des Stadtumbaus. Der Begriff ist also sehr weit zu verstehen, so dass auch informelle Planungen darunter fallen. So Krautzberger, a. a. O (Fn. 15), § 25 Rn. 5.

137 Eine reine Flächenvorsorge ist ausgeschlossen. Es müssen planerische Entwicklungsvorstellungen bereits vorhanden sein.

138 Z. B. für den Erwerb von Flächen für künftige Straßen oder sonstige Verkehrswege auf der Grundlage eines gemeindlichen Innenentwicklungskonzeptes (vgl. Bayerischer VGH, a. a. O. (Fn. 120), 1734, 1736).

139 BVerwG, Beschl. v. 26.01.2010 – 4 B 43.09 – BauR 2010, 871; OVG Nordrhein-Westfalen, Urt. v. 19.04.2010 – 7 A 1041.08 – BeckRS 2010, 50401.

140 Stüer, DVBl. 2012, 1017, 1021.

141 Krautzberger, UPR 2012, 379, 383.

stehenden finanziellen, personellen und verwaltungsmäßigen Aufwendungen abstellen zu müssen. Flankiert wird dies durch eine weitere in § 27a Abs. 3 S. 2 BauGB-E angelegte Änderung, wonach für den Fall, dass der Begünstigte seiner Verpflichtung nach § 27a Abs. 1 S. 1 Nr. 1 BauGB, nämlich der mit der Ausübung des Vorkaufsrechts bezweckten Verwendung des Grundstücks in angemessener Frist, nicht nachkommt, die Gemeinde die Übertragung des Grundstücks an sich oder einen anderen Übernahmewilligen verlangen kann (vgl. § 102 BauGB).

II. Ergänzende städtebauliche Instrumente

Neben den formellen Planungsinstrumenten[142] spielen vor allem die flexibleren und rechtlich nicht ganz so determinierten Instrumente des Besonderen Städtebaurechts gerade für die Umsetzung des Leitbilds der Innenentwicklung eine wichtigere Rolle. Auch im Besonderen Städtebaurecht sind die althergebrachten Instrumente der städtebaulichen Sanierungs- und Entwicklungsmaßnahme mittlerweile durch neuere, die aktuellen Rahmenbedingungen der städtebaulichen Entwicklung berücksichtigende Planungsinstrumente wie den Stadtumbau, Maßnahmen der Sozialen Stadt oder auch Privatinitiativen der Stadtentwicklung ergänzt worden. Schließlich ist noch auf die Möglichkeiten hinzuweisen, auch durch den Erlass von Erhaltungssatzungen einen Beitrag zur Innenentwicklung zu leisten ist. Zusammengenommen stehen die Instrumente des Besonderen Städtebaurechts neben der Bauleitplanung, die Gemeinden können aber dann, wenn es erforderlich ist, sich ihrer zusätzlich bedienen.

1. Städtebauliche Sanierungsmaßnahmen

Städtebauliche Sanierungsmaßnahmen sind dem „Besonderen Städtebaurecht" zuzuordnen und werden in den §§ 136 bis 164b BauGB geregelt. Es handelt sich bei ihnen um ein städtebauliches Sonderrecht für besonders schwerwiegende städtebauliche Problemstellungen.[143] Nach § 136 Abs. 2 BauGB werden städtebauliche Sanierungsmaßnahmen umschrieben als „Maßnahmen, durch die ein Gebiet zur Behebung städtebaulicher Missstände wesentlich verbessert oder umgestaltet wird.[144] Die Sanierung hat sich am Wohl der Allgemeinheit nach § 136 Abs. 4 S. 1 BauGB zu orientieren. § 136 Abs. 4 S. 2 BauGB konkretisiert diese Anforderung und fordert, dass eine Sanierung dazu beitragen soll, dass

- die bauliche Struktur in allen Teilen des Bundesgebiets nach den sozialen, hygienischen, wirtschaftlichen und kulturellen Erfordernissen entwickelt wird,

142 Hierzu oben B. I.1 bis 2.2.

143 Krautzberger, a. a. O. (Fn. 15), Vorbemerkung zu den §§ 136 bis 164b Rn. 1.

144 Dies kann allerdings auch durch sonstige städtebauliche Maßnahmen erfolgen. Das sind aber keine Sanierungsmaßnahmen im Sinne des BauGB.

- die Verbesserung der Wirtschafts- und Agrarstruktur unterstützt wird,
- die Siedlungsstruktur den Erfordernissen des Umweltschutzes, den Anforderungen an gesunde Lebens- und Arbeitsbedingungen der Bevölkerung und der Bevölkerungsentwicklung entspricht,
- oder die vorhandenen Ortsteile erhalten, erneuert und fortentwickelt werden, die Gestaltung des Orts- und Landschaftsbilds verbessert und den Erfordernissen des Denkmalschutzes Rechnung tragen wird.

Die Durchführung der Sanierung erfolgt auf der Grundlage von durch die Gemeinde zu gewährleistenden Ordnungsmaßnahmen sowie durch von den Eigentümern vorzunehmenden Baumaßnahmen. Die Finanzierung der städtebaulichen Sanierung orientiert sich an dem abstrakten Ziel, Bodenwertsteigerungen der Allgemeinheit zuzuführen und dadurch die Kosten der Sanierung zu bewältigen.

1.1 Formen städtebaulicher Missstände

Was das Vorliegen städtebaulicher Missstände angeht, so ist zu differenzieren, einerseits zwischen Missständen in der Substanz (sog. „Substanzschwächensanierung“) und in der Funktionsfähigkeit (sog. „Funktionsschwächensanierung“) eines Gebiets. In der planerischen Praxis treten jedoch beide Formen oftmals zusammen auf.

a. Missstände in der städtebaulichen Substanz

Missstände in der städtebaulichen Substanz liegen vor, wenn ein Gebiet nach seiner vorhandenen Bebauung oder nach seiner sonstigen Beschaffenheit den allgemeinen Anforderungen an gesunde Wohn- und Arbeitsverhältnisse oder an die Sicherheit der in ihm wohnenden oder arbeitenden Menschen nicht entspricht (§ 136 Abs. 2 Nr. 1 BauGB). Bei der Beurteilung, ob in einem Gebiet derartige Missstände vorliegen, ist nach § 136 Abs. 3 Nr. 1 BauGB insbesondere zu berücksichtigen:

- Belichtung, Besonnung und Belüftung der Wohnungen und Arbeitsstätten.
- Bauliche Beschaffenheit von Gebäuden, Wohnungen und Arbeitsstätten.
- Zugänglichkeit der Grundstücke.
- Auswirkung einer vorhandenen Mischung von Wohn- und Arbeitsstätten.
- Nutzung von bebauten und unbebauten Flächen nach Art, Maß und Zustand.

- Einwirkungen, die von Grundstücken, Betrieben, Einrichtungen oder Verkehrsanlagen, insbesondere durch Lärm, Verunreinigung und Erschütterungen ausgehen.
- Vorhandene Erschließung.

b. Missstände in der städtebaulichen Funktion

Nach § 136 Abs. 2 Nr. 2 BauGB liegen Missstände in der städtebaulichen Funktion eines Gebiets dann vor, wenn ein Gebiet in der Erfüllung der Aufgaben, die ihm nach seiner Lage und Funktion obliegen, erheblich beeinträchtigt ist. Auch hier gibt § 136 Abs. 3 Nr. 2 BauGB Kriterien vor, nach denen ein Gebiet in Bezug auf das Vorliegen von funktionalen Missständen zu beurteilen ist. Zu berücksichtigen sind danach, insbesondere:

- Fließender und ruhender Verkehr.
- Wirtschaftliche Situation und Entwicklungsfähigkeit des Gebiets unter Berücksichtigung seiner Versorgungsfunktion im Verflechtungsbereich.
- Infrastrukturelle Erschließung des Gebiets, seine Ausstattung mit Grünflächen, Spiel- und Sportplätzen und mit Anlagen des Gemeinbedarfs, insbesondere unter Berücksichtigung der sozialen und kulturellen Aufgaben dieses Gebiets im Verflechtungsbereich.

Städtebauliche Sanierungsmaßnahmen können auch in Kombination mit Maßnahmen des Stadtumbaus oder der sozialen Stadt durchgeführt werden. Inwieweit davon oder nur von der städtebaulichen Sanierung Gebrauch gemacht wird, entscheidet die Gemeinde.

1.2 Anwendungsbereich

Städtebauliche Sanierungsmaßnahmen können nicht in allen Gemeindegebieten zur Anwendung gebracht werden. Eine allgemeine Anwendbarkeit scheidet aus, denn der Bundesgesetzgeber hat das städtebauliche Sonderrecht sachlich, zeitlich und räumlich auf solche Gebiete begrenzt, in denen städtebauliche Missstände vorliegen. Soweit nicht ausdrücklich ausgeschlossen, finden in den Sanierungsgebieten auch sonstige bodenrechtliche Vorschriften des BauGB sowie auch andere Gesetze Anwendung. Das Sanierungsrecht enthält insoweit keine abschließende bodenrechtliche Regelung.[145] Eine Ausdehnung des Anwendungsbereiches städtebaulicher Sanierungsmaßnahmen hat der Gesetzgeber – jenseits ansonsten auch noch bestehender rechtlicher und ordnungspolitischer Fragestellungen – immer auch

145 Krautzberger, a. a. O. (Fn. 15), § 136 Rn. 1.

deshalb abgelehnt, weil für eine Erweiterung des Anwendungsbereiches kein Bedürfnis besteht.[146]

Als Sanierungsmaßnahmen kommen nur städtebauliche Maßnahmen in Gebieten mit substanziellen oder funktionalen Defiziten in Betracht, deren einheitliche und zügige Durchführung im öffentlichen Interesse liegen.[147] Die Beseitigung städtebaulicher Missstände erfolgt daher nicht durch objektbezogene Einzelsanierungsmaßnahmen, sondern durch eine konzentrierte und ein ganzes Bündel Maßnahmen sowie größere Zeiträume erfassende, umfänglich abgestimmte Gesamtmaßnahmen.

1.3 Voraussetzungen

Ob ein Gebiet städtebauliche Missstände aufweist und damit die Voraussetzungen für das Ergreifen von Sanierungsmaßnahmen erfüllt (sog. „Untersuchungsgebiete“), ist von der Gemeinde im Rahmen von sog. „vorbereitenden Untersuchungen“[148] zu ermitteln. Liegen diese mit einem entsprechenden Ergebnis vor, wird das Sanierungsgebiet mittels einer Sanierungsatzung[149] förmlich festgelegt (vgl. § 142 BauGB). Der Gemeinde steht dabei ein weiter Beurteilungs- und Ermessungsspielraum zu.[150]

Auf der Grundlage der vorbereitenden Untersuchungen bestimmt die Gemeinde auch die Ziele und Zwecke der Sanierung als Bestandteil des Sanierungskonzeptes. Sie legt in diesem Zusammenhang fest, ob und welche städtebaulichen Planungen zur Erreichung der Sanierungsziele erforderlich sind. Regelmäßig werden Rahmenpläne, Stadtteilentwicklungspläne, Strukturpläne, Masterpläne oder andere informelle Pläne[151] zur Vorbereitung der einzelnen Sanierungsmaßnahmen aufgestellt. Inwieweit auch formelle städtebauliche Planungen, insbesondere Bebauungspläne aufgestellt werden, ergibt sich aus § 1 Abs. 3 BauGB. Danach sind Bauleitpläne aufzustellen, sobald und soweit sie für die städtebauliche Entwicklung und Ordnung im Sanierungsgebiet erforderlich sind.

Zwar keine tatbestandliche, aber dennoch eine notwendige Voraussetzung für die Durchführung einer Sanierung ist gegenwärtig immer noch die Bereitstellung von

146 Krautzberger, a. a. O. (Fn. 15), Vorbemerkung zu den §§ 136 bis 164 b Rn. 1.

147 Vgl. § 136 Abs. 1 BauGB.

148 Auch zu städtebaulichen Entwicklungsmaßnahmen, vgl. Flug/Thurow, UPR 2012, S. 86 ff.

149 In der Sanierungssatzung ist auch zu bestimmen, ob die besonderen sanierungsrechtlichen Vorschriften der §§ 152 bis 156 BauGB ausgeschlossen werden, also ob das vereinfachte Sanierungsverfahren (insbesondere der Verzicht auf Preisprüfung sowie auf Erhebung von Ausgleichsbeträgen) zur Anwendung gebracht werden soll. Die Satzung ist aufgrund der von ihr ausgehenden Rechtswirkungen (insbesondere die Genehmigungspflicht von Vorhaben) ortsüblich bekanntzumachen.

150 BVerwG, Beschl. v. 24.04.2010 – 4 BN 60.09 – ZfBR 2010, 479.

151 Auch Kosten- und Finanzierungspläne fallen darunter.

Fördermitteln.[152] Gewährleistet werden muss die Durchführbarkeit der Sanierung in einem absehbaren Zeitraum, für den die Finanzierung gesichert sein muss.

1.4 Bedeutung städtebaulicher Sanierungsmaßnahmen für die Innenentwicklung

Städtebauliche Sanierungsmaßnahmen haben für die Umsetzung des Leitbilds der Innenentwicklung erhebliche Bedeutung. Durch sie werden Gebiete im bebauten Siedlungsbereich zur Behebung städtebaulicher Missstände wesentlich verbessert oder umgestaltet, und zwar insbesondere qualitativ. Sie liegen im öffentlichen Interesse und leisten damit auch einen Beitrag zur Innenentwicklung. Dies wird auch dadurch noch einmal hervorgehoben, dass städtebauliche Sanierungsmaßnahmen dem Wohl der Allgemeinheit dienen sollen. Die das öffentliche Interesse konkretisierenden Sanierungsziele in § 136 Abs. 4 S. 2 BauGB enthalten auch dem Leitbild der Innenentwicklung Rechnung tragende Forderungen und zwar unter zwei Gesichtspunkten. So sollen Sanierungsmaßnahmen nach § 136 Abs. 4 Nr. 3 BauGB zunächst dazu beitragen, dass „die Siedlungsstruktur den Erfordernissen des Umweltschutzes, den Anforderungen an gesunde Lebens- und Arbeitsbedingungen der Bevölkerung und der Bevölkerungsentwicklung entspricht. Hervorzuheben ist hier insbesondere die sich aus der Bevölkerungsentwicklung ergebende demografische Komponente, die neben dem Aspekt des Flächensparens auch ein maßgebliches Kriterium für die Innenentwicklung darstellt. Sie verdeutlicht die wechselseitigen Abhängigkeiten mit der Siedlungsstruktur in den Gemeinden, denn sowohl der Rückbau nicht mehr erforderlicher Bausubstanz als auch eine verstärkte Nachverdichtung lassen sich auf sie zurückführen. Auch § 136 Abs. 2 S. 2 Nr. 4 BauGB, wonach vorhandene Ortsteile erhalten, erneuert oder fortentwickelt werden sollen, kann mit Blick auf das Leitbild der Innenentwicklung und seine deckungsgleichen Zielsetzungen ins Feld geführt werden. § 136 Abs. 4 S. 2 BauGB enthält eine alternative Aufzählung für die städtebauliche Sanierung wichtiger Zielsetzungen, die für die Festlegung des Sanierungsgebiets von gewichtiger Bedeutung sind. Alle anderen nicht aufgeführten Belange, wie sie in der § 1 Abs. 6 BauGB enthaltenen Auflistung städtebaulicher Belange aufgeführt und ebenfalls am Leitbild der Innenentwicklung orientiert sind, sind für die Sanierung gleichwohl nicht ohne Bedeutung, sondern spielen bei der sanierungsrechtlichen Abwägung[153] im Rahmen der Gebietsfestlegung sowie bei der Vorbereitung und Durchführung eine wichtige Rolle.

Ein weiterer Gesichtspunkt, der städtebauliche Sanierungsmaßnahmen auch als ein Instrument der Innenentwicklung kennzeichnet, liegt in den Formen der Sanierung, und zwar sowohl in der Substanzschwächensanierung als auch in der Funktionsschwächensanierung begründet. In beiden Fällen lassen sich für die Beur-

---

152 Vgl. § 149 Abs. 4 S. 2 BauGB sowie die in § 162 Abs. 1 S. 1 Nr. 2 BauGB enthaltene Verpflichtung die Sanierungssatzung aufzuheben, wenn die erforderlichen Sanierungsmittel nicht beschafft werden können.

153 Vgl. BVerwG, Urt. v. 10.11.1998 – 4 BN 38.98 – NVwZ 1999, 420 ff.

teilung, ob städtebauliche Missstände vorliegen, am Leitbild der Innenentwicklung orientierte Merkmale ausmachen. So kann eine das Ergreifen von Sanierungsmaßnahmen rechtfertigende Substanzschwäche auch in der „Nutzung von bebauten und unbebauten Flächen nach Art, Maß und Zustand“ (vgl. § 136 Abs. 3 Nr. 1e BauGB[154]) liegen. Insoweit angesprochen sind etwa gegenüber der nach der BauNVO möglichen Grundstücksnutzung nach Art und Maß der baulichen Nutzung ein Gebiet angesichts der Zielsetzungen der Innenentwicklung kennzeichnende Unterausnutzungen, und zwar sowohl hinsichtlich der Art als auch hinsichtlich des Maßes. Der Zustand eines Gebiets kann mitunter auch auf das Vorhandensein von Altlasten zurückzuführen sein, so dass deren Beseitigung im Rahmen einer Sanierung die betreffenden Flächen für die Innenentwicklung öffnet. Für die Förderung der Innenentwicklung einschlägiger gestaltet sich die Funktionsschwächensanierung. In dieser Hinsicht kann zunächst im Katalog städtebauliche Missstände kennzeichnender Kriterien auf § 136 Abs. 3 Nr. 2b BauGB[155] hingewiesen werden, wonach die wirtschaftliche Situation und Entwicklungsfähigkeit eines Gebiets unter Berücksichtigung seiner Versorgungsfunktion im Verflechtungsbereich bei der Beurteilung zu berücksichtigen sind. Besonders die Versorgungsfunktion steht im Zusammenhang mit der demografischen Entwicklung, vor allem einer älter werdenden und sich weniger mobil darstellenden Bevölkerung, die auch in den nächsten Jahrzehnten wohnungsnah auf Versorgungsstrukturen des täglichen Bedarfs sowie auf eine soziale und kulturelle Infrastruktur zurückgreifen möchte und die auch auf der Grundlage von Sanierungsmaßnahmen entweder gesichert oder entwickelt werden kann. Doch auch ohne im Einzelnen auf im Gesetz angeführte Missstandsmerkmale angewiesen zu sein, liegt die Bedeutung der Funktionsschwäche eines Gebiets für die Innenentwicklung darin, dass jenseits „physischer“ Mängel, die sich in der derzeitigen Bebauung des Gebiets zeigen, gerade auch die künftige städtebauliche Funktion maßgeblich für die Durchführung von Sanierungsmaßnahmen ist. Der städtebaulichen Zielsetzung einer vorrangigen Inanspruchnahme potenziell geeigneter Flächen im Siedlungsbereich vor dem weiteren Verbrauch naturnaher Flächen am Ortsrand kann insoweit auch über die Sanierungsmaßnahmen, die auf eine funktionale Verbesserung eines Gebiets oder des Gebiets für andere Gebiete in und außerhalb der Gemeinde, Rechnung getragen werden. Da sich die Funktionen, die ein Gebiet zunächst für sich selbst, aber auch für andere Gebiete in der Gemeinde oder auch in der Nachbargemeinde zu erfüllen hat, vor allem aus städtebaulichen Planungen ergeben, wird hier der sachliche Zusammenhang zu einer gemeindeweiten konzeptionell ausgerichteten Innenentwicklungsplanung hergestellt.

Im Übrigen und dies soll nachfolgend näher betrachtet werden, handelt es sich sowohl bei der Substanzschwächensanierung als auch bei der Funktionsschwächensanierung um sowohl für aktuelle als auch für absehbare zukünftige städtebauliche

154 Vgl. aber auch die Kriterien in § 136 Abs. 3 Nr. 1b, c, f und g BauGB.
155 Siehe ergänzend auch hier § 136 Abs. 3 Nr. 2a und c BauGB.

Aufgaben offene Begriffe.[156] Schon bei der Ausgestaltung des BauGB und der insoweit vorgenommenen Zusammenführung von Städtebauförderungsgesetz (StBauFG[157]) und Bundesbaugesetz (BBauG-1976[158]) wurde auf die Offenheit des Sanierungsbegriffs für neue städtebauliche Fragestellungen abgestellt und die heute noch aktuellen städtebaulichen Aufgaben wie die Umnutzung von Flächen aus Gründen einer städtebaulichen Umstrukturierung, die bauliche Verdichtung oder die Altlastenbeseitigung als dem Sanierungsbegriff zugeordnete Maßnahmen angesehen.[159] Mit der deutschen Wiedervereinigung und der Ostöffnung standen in den neunziger Jahren in erster Linie militärische und infrastrukturelle Konversionsmaßnahmen im Fokus städtebaulicher Sanierungen. Klimaschutz und Anpassung an den Klimawandel in ihrer städtebaulichen Dimension nehmen die Sanierung sogar im Rahmen zweier Städtebaurechtsnovellen[160] in Bezug. So wurde zunächst mit Blick auf die Klimaschutz-Novelle 2011 in § 148 Abs. 2 Nr. 5 BauGB eine Ergänzung in Bezug auf die sanierungsrelevanten Baumaßnahmen vorgenommen, so dass nunmehr auch die Errichtung oder Erweiterung von Anlagen und Einrichtungen zur dezentralen und zentralen Erzeugung, Verteilung, Nutzung oder Speicherung von Strom, Wärme oder Kälte aus erneuerbaren Energien oder Kraft-Wärme-Kopplung zu den Maßnahmen i. S. des Sanierungsrechts zählen. Mit der Innenentwicklungs-Novelle 2013, die sich gegenwärtig noch im Gesetzgebungsverfahren befindet, soll nun die städtebauliche Sanierung noch einmal klimaschutz- und anpassungsbezogen fortentwickelt werden.[161] Die Belange des Klimaschutzes und der Klimaanpassung werden insoweit bei den Voraussetzungen und Bewertungen für das Vorliegen von städtebaulichen Missständen sowie bei den Zielen der städtebaulichen Sanierung berücksichtigt[162]. Und schließlich kann die Offenheit des Sanierungsbegriffs auch anhand der bisherigen Entwicklung, die durch die Flächensanierung der siebziger Jahre bis hin zur erhaltenden Stadterneuerung in neuerer Zeit gekennzeichnet ist, nachvollzogen und begründet werden.

---

156 Krautzberger, a. a. O. (Fn. 15), § 136 Rn. 11.

157 Städtebauförderungsgesetz, v. 27. Juli 1971 (BGBl. I S. 1125).

158 Bundesbaugesetz (BBauG-1976), v. 18. August 1976 (BGBl. I S. 2191).

159 Vgl. Krautzberger, Zukunftsaufgaben von Stadterneuerung, Stadtumbau und Stadterhaltung – Ist das Besondere Städtebaurecht noch zeitgemäß?, in: Mitschang (Hrsg.), Aktuelle Fragestellungen des Städtebau- und Umweltrechts, Berliner Schriften zur Stadt- und Regionalplanung Band 14, Frankfurt am Main 2011, S. 175, 178 unter Hinweis auf BT-Drs. 10/6166, 146.

160 Krautzberger, Klimaschutz bei städtebaulichen Sanierungsmaßnahmen und beim Stadtumbau, in: Mitschang (Hrsg.), Stärkung der Innenentwicklung – BauGB-Novelle 2012/13, Berliner Schriften zur Stadt- und Regionalplanung, Band 20, Frankfurt am Main 2013, S. 63 ff.

161 Zu noch im Regierungsentwurf (vgl. BT-Drs. 17/6076, 10 f.) zur Klimaschutz-Novelle 2011 vorgesehenen Änderungen im Sanierungsrecht, vgl. Battis/Krautzberger/Mitschang/Reidt/Stüer, NVwZ 2011, 897, 904 sowie Krautzberger, DVBl. 2012, 69, 70, die dann allerdings zurückgestellt wurden.

162 Vgl. § 136 Abs. 2 S. 2 Nr. 1, Abs. 3 Nr. 1h sowie Abs. 4 S. 2 Nr. 1 BauGB-E.

Nach der gegenwärtigen Konstruktion städtebaulicher Maßnahmen ist es für die tatsächliche Durchführung von städtebaulichen Sanierungsmaßnahmen unerlässlich, die Bereitstellung von entsprechenden finanziellen Mitteln, sowohl von Bundes- als auch von Landesmitteln, vorzusehen. Mit ihnen steht und fällt die Bereitschaft der Gemeinden, Sanierungsmaßnahmen zu ergreifen. Schwerpunkte ihres Einsatzes können nach § 164b Abs. 2 BauGB die „Stärkung von Innenstädten und Ortsteilzentren in ihrer städtebaulichen Funktion“ sowie die „Wiedernutzung von Flächen, insbesondere der in Innenstädten brachliegenden Industrie-, Konversions- oder Eisenbahnflächen, zur Errichtung von Wohn- und Arbeitsstätten, Gemeinbedarfs- und Folgeeinrichtungen unter Berücksichtigung ihrer funktional sinnvollen Zuordnung (Nutzungsmischung) sowie von umweltschonenden, kosten- und flächensparenden Bauweisen“ und damit auch maßgebliche Zielsetzungen einer vorrangigen Innenentwicklung sein.

2. Städtebauliche Entwicklungsmaßnahme

2.1 Besonderheiten der städtebaulichen Entwicklungsmaßnahme

Bei städtebaulichen Entwicklungsmaßnahmen handelt es sich um das schärfste Schwert[163] im städtebaulichen Instrumentenkasten, denn sie verleiht den Gemeinden die Befugnis im Entwicklungsbereich, schon vor der Aufstellung von verbindlichen Bebauungsplänen, privates Grundeigentum im Wege der Enteignung zu erwerben (vgl. § 169 Abs. 3 BauGB). Diese als Sollvorschrift konzipierte Grunderwerbspflicht geht davon aus, dass ein Durchgangserwerb aller Grundstücke im Entwicklungsbereich durch die Gemeinde sinnvoll und erforderlich ist.[164] In Frage kommen dafür nur der freihändige Erwerb oder die Enteignung.[165] Zwei Zielrichtungen werden dadurch verfolgt:

- Die Gemeinde soll Eigentümerin der Grundstücke werden, auf denen Erschließungsanlagen errichtet bzw. öffentliche Nutzungen ausgeübt werden.
- Soweit die Grundstückseigentümer nicht willig sind, entsprechend den Bebauungsplänen, die aufgestellt werden, zu bauen, soll die Gemeinde auch diese Flächen erwerben, um sie dann an Bauwillige Dritte zu verkaufen[166].

163 Runkel, ZfBR 1991, 91, 93.
164 Zu den Ausnahmen, vgl. § 166 Abs. 3 S. 3 BauGB.
165 Geprüft wird nicht etwa – wie sonst – auf der Grundlage eines Bebauungsplans, sondern im Rahmen der vorbereitenden Untersuchungen.
166 Vgl. zur Veräußerungspflicht gewissermaßen als Gegenstück die Erwerbspflicht, § 169 Abs. 5 bis 7 BauGB.

Die Geschichte städtebaulicher Entwicklungsmaßnahmen ist wechselvoll[167]. Eingeführt durch die §§ 53 ff. StBauFG wurde die Befugnis zur Einleitung von städtebaulichen Entwicklungsmaßnahmen mit der Ausgestaltung des BauGB[168] in der Mitte der 80er Jahre zurückgenommen,[169] und dann durch die §§ 6 und 7 BauGB-MaßnG[170] inhaltlich verändert und zeitlich befristet sowie schließlich durch das InvWoBaulG[171] in die noch heute geltenden §§ 165 ff. BauGB überführt.[172] Zuständig für die Vorbereitung und Durchführung einer städtebaulichen Entwicklungsmaßnahme ist die Gemeinde (vgl. § 166 Abs. 1 S. 1 BauGB).[173]

In ihrer Struktur[174] sind städtebauliche Entwicklungsmaßnahmen[175] ähnlich den städtebaulichen Sanierungsmaßnahmen.[176] Insbesondere handelt es sich bei städtebaulichen Entwicklungsmaßnahmen ebenfalls um Gesamtmaßnahmen.[177] Mit ihnen soll daher auch ein umfangreiches städtebauliches Maßnahmenbündel ergriffen werden, um das Entwicklungsziel zu erreichen. Auch ist zur Finanzierung das gleiche Instrumentarium heranzuziehen wie bei Sanierungsmaßnahmen. In diesem Sinne kann die Gemeinde die Grundstücke zum entwicklungsunbeeinflussten Anfangswert erwerben und nach Aufstellung der erforderlichen Bebauungspläne, der Bodenordnung und der Erschließung zum entwicklungsbeeinflussten Endwert wieder verkaufen oder die Erhebung von Ausgleichsbeträgen vorsehen. Die Grundstückseigentümer bleiben so von der entwicklungsbedingten Wertsteigerung ihres Grundstücks ausgeschlossen. Ziel ist es dabei, dass durch die Verkaufserlöse, die der Gemeinde entstandenen Kosten vollständig ausgeglichen[178] werden.

---

167 Vgl. im Überblick: Kment, in: Finkelnburg/Ortloff/Kment (Hrsg.), Öffentliches Baurecht Band I, Bauplanungsrecht, 6. Aufl., München 2011, § 31 Rn. 2; Gerstinger, ZfBR 1998, 65 ff.

168 Baugesetzbuch (BauGB), v. 8. Dezember 1986 – (BGBl. I S. 2253).

169 Zum Überleitungsrecht, vgl. BVerwG, Urt. v. 19.04.1999 – 4 BN 10.99 – NVwZ 1999, 634.

170 Art. 2 des Gesetzes zur Erleichterung des Wohnungsbaus im Planungs- und Baurecht sowie zur Änderung mietrechtlicher Vorschriften vom 17. Mai 1990 (BGBl. I S. 926), v. 28. April 1993 (BGBl. I S. 623).

171 Investitionserleichterungs- und Wohnbaulandgesetz, v. 22. April 1993 (BGBl. I S. 466).

172 Siehe hierzu: Krautzberger, WiVerw 1993, 85, 93 ff.; Schmidt-Eichstaedt, BauR 1993, 38 ff. sowie Leisner, NVwZ 1993, 935 ff.

173 Sie kann diese Aufgabe aber auch auf einen Entwicklungsträger oder einen Planungsverband übertragen (vgl. § 167 sowie § 166 Abs. 4 BauGB).

174 Ebenfalls räumliche (§ 165 Abs. 5 und 6 BauGB), sachliche (§ 165 Abs. 2 und 3 BauGB) und zeitliche Begrenzung (§ 169 Abs. 1 Nr. 8 i. V. m. § 162 ff. BauGB) des Anwendungsbereiches. Auch: Keine abschließenden bodenrechtlichen Regelungen.

175 In der Bundesrepublik Deutschland sind seit Beginn der 70er-Jahre ca. 40 solcher Maßnahmen durchgeführt worden, z. B. das Berliner Regierungsviertel.

176 Vgl. § 169 Abs. 1 BauGB, wonach zahlreiche Vorschriften des Sanierungsrechts auch bei der städtebaulichen Entwicklungsmaßnahme entsprechend anwendbar sind.

177 Dazu schon oben B.II.1.3.

178 Problem: Stagnierende oder noch schlimmer, fallende Bodenpreise.

2.2 Anwendungsbereich

Nach § 165 Abs. 2 BauGB dienen städtebauliche Entwicklungsmaßnahmen dazu, Ortsteile und andere Teile des Gemeindegebiets erstmalig zu entwickeln oder sie im Rahmen einer städtebaulichen Neuordnung einer neuen Entwicklung zuzuführen.[179] Folglich bestimmen zwei Fallgestaltungen[180] den Anwendungsbereich:

- Die erstmalige Entwicklung eines Gebiets.
- Die Neuordnung eines Gebiets.

Der Begriff des Ortsteils[181] verdeutlicht, dass die jeweilige Maßnahme zwar nicht alle Funktionen, aber jedenfalls Wesentliche[182] des bestehenden oder künftigen Ortes übernehmen muss. Sie muss für die Entwicklung der Gesamtgemeinde von Bedeutung sein.[183] Daher muss die vorgesehene Entwicklungsmaßnahme ein solches Eigengewicht besitzen, das dieses, auch innerhalb des Gesamtgefüges der Gemeinde noch erkennbar und wahrnehmbar werden lässt.[184] Die ebenfalls in § 165 Abs. 2 BauGB angesprochenen „anderen Teile des Gemeindegebiets" sind im Vergleich dazu kleinteiligere Gebiete, die zwar nicht die Funktionen eines Ortes oder Teile dieser übernehmen müssen, aber ebenfalls ein solches Gewicht besitzen, dass sie als Teil des Gemeindegebiets wahrgenommen werden können. Infolgedessen sind die beiden Begriffe „Ortsteil" und „andere Teile des Gemeindegebiets" relativ und angesichts der jeweiligen Gemeindegröße und der Struktur ihres bebauten Gemeindebereiches zu bestimmen.[185] Sowohl die Ortsteile als auch die anderen Teile des Gemeindegebiets müssen eine besondere stadtentwicklungspolitische Bedeutung[186] für die Entwicklung in der Gemeinde oder auch überörtlich haben,[187] so dass städtebauliche Entwicklungsmaßnahmen auch für die Verwirklichung der Ziele der Raumordnung[188] eingeleitet werden können.

---

179 Die städtebauliche Neuordnung von Ortsteilen oder anderen Teilen des Gemeindegebiets kann, soweit die Voraussetzungen des § 136 BauGB vorliegen, auch mit den Mitteln des Sanierungsrechts erfolgen. Die Entscheidung hierüber trifft die Gemeinde.

180 Mischformen sind insoweit nicht ausgeschlossen, vgl. Runkel, ZfBR 1991, 91, 93.

181 Vgl. OVG Bremen, Urt. v. 12.04.1983 – 1 N 1.82 – NVwZ 1983, 749.

182 Z. B. Wohnen oder Versorgung.

183 Z. B. die Ansiedlung von Wohnen oder einer bestimmten Anlage oder Einrichtung des Gemeinbedarfs.

184 Krautzberger, a. a. O. (Fn. 15), § 165 Rn. 8; Runkel, a. a. O. (Fn. 163), 91, 92.

185 Busse, BayVBl. 1993, 193, 196.

186 Krautzberger, a. a. O. (Fn. 15), § 165 Rn. 9.

187 Vgl. OVG Rheinland-Pfalz, Urt. v. 6.12.2001 – 1 C 10.195.00 – NVwZ-RR 2002, S. 816 ff.

188 Krautzberger, a. a. O. (Fn. 15), § 165 Rn. 7.

2.3 Voraussetzungen

Wegen des sehr stark in das Grundeigentum eingreifenden Instrumentariums werden an die Durchführung einer städtebaulichen Entwicklungsmaßnahme strenge Voraussetzungen geknüpft. Diese sind in § 165 Abs. 3 BauGB enthalten. Danach kann eine städtebauliche Entwicklungsmaßnahme nur durchgeführt werden, wenn

- sie den Zielen und Zwecken[189] des § 165 Abs. 2 BauGB entspricht,
- das Wohl der Allgemeinheit ihre Durchführung erfordert, insbesondere zur Deckung eines erhöhten Bedarfs an Wohn- und Arbeitsstätten, zur Errichtung von Gemeinbedarfs- und Folgeeinrichtungen oder zur Wiedernutzung von brachliegenden Flächen,
- die angestrebten Ziele und Zwecke durch städtebauliche Verträge nicht erreicht werden können oder die Eigentümer der betroffenen Grundstücke nicht bereit sind[190], ihr Grundstück an die Gemeinde oder den Entwicklungsträger zu veräußern[191],
- die zügige Durchführung innerhalb eines absehbaren Zeitraums[192] gewährleistet ist.

Weiterhin liegen sie nach § 165 Abs. 1 BauGB im öffentlichen Interesse und sollen einheitlich vorbereitet und zügig durchgeführt werden. Die Entscheidung darüber, inwieweit die Voraussetzungen für die Durchführung einer städtebaulichen Entwicklungsmaßnahme vorliegen, zu treffen, steht nach § 165 Abs. 3 S. 2 BauGB unter der Maßgabe des Abwägungsgebots, wonach die öffentlichen und privaten Belange gegeneinander und untereinander gerecht abzuwägen sind.

---

189 Pauschale Absichtsbekundungen reichen nicht aus. Vgl. Bayerischer VGH, Urt. v. 23.10.1995 – 15 N 95112 – BayVBl 1996, 271 sowie Anmerkung von Schäfer, ZfBR 1997, S. 125 ff.

190 Es ist von der Gemeinde nachzuweisen, dass mit den gebräuchlichen Bodenordnungsmaßnahmen das Ziel nicht erreicht werden kann. In Frage kommen z. B. die unterschiedlichen Arten der Umlegung, städtebauliche Verträge, vorhabenbezogene Bebauungspläne und insbesondere auch Sanierungsmaßnahmen. Siehe auch: BVerwG, Urt. v. 3.07.1998 – 4 CN 5.97 – NVwZ 1999, 407, 410.

191 Es besteht eine Verhandlungspflicht auf Seiten der Gemeinde. Vgl. BVerwG, Urt. v. 16.02.2001 – 4 BN 56.00 – NVwZ 2001, 1050, 1053 ff.

192 Nicht abstrakt festlegbar. Umfang und Problematik der städtebaulichen Entwicklungsmaßnahme sowie das städtebauliche Entwicklungskonzept sind maßgeblich. Entscheidend bei der Prüfung ist der Zeitpunkt der Beschlussfassung der Gemeinde über den Entwicklungsbereich, mit der Folge, dass nachträgliche Veränderungen in den die städtebauliche Entwicklungsmaßnahme bestimmenden Rahmenbedingungen außer Acht bleiben. Vgl. BVerwG, a. a. O. (Fn. 190), 407, 412. Gegebenenfalls ist die Satzung dann aufzuheben (BVerwG, a. a. O. (Fn. 192), NVwZ 2001, 1050.

2.4 Bedeutung der städtebaulichen Entwicklungsmaßnahme für die Innenentwicklung

Schon der Anwendungsbereich für städtebauliche Entwicklungsmaßnahmen weist auf einen eindeutigen Bezug zur innenentwicklungsorientierten städtebaulichen Entwicklung hin. Gleichwohl erweist es sich als sinnvoll, hinsichtlich der erstmaligen Entwicklung und der Neuordnung eines Gebiets einschließlich ihrer Mischformen einerseits der Sache nach und andererseits nach ihrer Bedeutung für die Innenentwicklung zu differenzieren. In diesem Sinne können zwar auch Maßnahmen zur erstmaligen Entwicklung eines Gebiets auch dem Leitbild der Innenentwicklung entsprechen, wie dies etwa bei der Wiedernutzung von Truppenübungsplätzen der Fall ist. Allerdings handelt es sich in diesen Fällen meistens um Maßnahmen, die einer Baulanderschließung im umfassenden Sinne bedürfen, wie etwa Maßnahmen der Stadterweiterung, wo landwirtschaftliche Flächen in Siedlungsflächen umgewandelt werden.

Demgegenüber sind Maßnahmen, die die Neuordnung eines Gebiets betreffen, für die Innenentwicklung ohne weiteres heranziehbar. Die in § 165 Abs. 3 S. 1 Nr. 2 BauGB nicht abschließend aufgelisteten[193] Voraussetzungen für die Festlegung eines Entwicklungsbereiches, wie die Deckung eines erhöhten Bedarfs an Wohn- und Arbeitsstätten, die Errichtung von Gemeinbedarfs- und Folgeeinrichtungen sowie insbesondere die Wiedernutzung brachliegender Flächen stellen[194] wichtige Zielsetzungen der Innenentwicklung dar. Selbst die Beseitigung von Großgemengelagen kann insoweit von einer städtebaulichen Entwicklungsmaßnahme erfasst werden. Auch größere Rückbau- und Umgestaltungsmaßnahmen in Bereichen mit vielen Leerständen und anschließende Neunutzung der betreffenden Flächen[195] im Sinne eines Stadtumbaus kann Gegenstand einer städtebaulichen Entwicklungsmaßnahme sein und der Innenentwicklung dienen. Schließlich ist noch darauf hinzuweisen, dass sich Entwicklungsmaßnahmen nicht zwingend auf eine bauliche Nutzung des entsprechenden Gebiets einschränken lassen, vielmehr kann auch die Ausgestaltung von Grün-, Frei- und Erholungsflächen oder sonstigen auch klimatisch bedeutsamen Flächen innerhalb des bebauten Siedlungsbereiches, Gegenstand der Neuordnung von Gebieten sein.

Für eine Orientierung der städtebaulichen Entwicklungsmaßnahme am städtebaulichen Leitbild der Innenentwicklung anzuführen ist auch die Verpflichtung in § 166 Abs. 2 BauGB, wonach die Gemeinde durch die städtebauliche Entwicklungsmaßnahme die Voraussetzungen für einen „funktionsfähigen städtebaulichen Bereich" zu schaffen hat. Zwar enthält sich der Bundesgesetzgeber zu dem insoweit zugrunde liegenden städtebaulichen Leitbild, doch führt er einige Merkmale an, wodurch eine Kennzeichnung erfolgen kann:

---

193 Krautzberger, a. a. O. (Fn. 15), § 165 Rn. 19.

194 Insbesondere Militär-, Infrastrukturbrachen von Bahn und Post, aber auch Industrie- und Gewerbebrachen.

195 BVerwG, Beschl. v. 8.07.1998 – 4 BN 22.98 – NVwZ 1998, 1298.

- Ausgewogenheit der Zusammensetzung der Bevölkerung.
- Tragfähiges wirtschaftliches Gefüge.
- Ordnungsgemäße und zweckentsprechende Versorgung der Bevölkerung mit Gütern und Dienstleistungen.

In einigen deutschen Städten liegt heute – anders als noch vor wenigen Jahren – der für die Inanspruchnahme des Instrumentariums der städtebaulichen Entwicklungsmaßnahmen erforderliche Druck insbesondere auf dem Wohnungsmarkt vor, so dass dieses Planungsinstrument künftig für die Bereitstellung von Wohnbauflächen wieder an Bedeutung gewinnen kann.[196] Denn hier dürften die Anforderungen, die das „Wohl der Allgemeinheit" an die Anwendbarkeit der städtebaulichen Entwicklungsmaßnahme für die Schaffung von Wohnbauflächen stellt, erfüllt sein. Die Frage eines „erhöhten Bedarfs an Arbeitsstätten"[197] ist auf den Bedarf an Wohnstätten ohne weiteres übertragbar.[198] Allerdings enthält das Entwicklungsmaßnahmenrecht keine dem Sanierungsrecht vergleichbare Regelung zur Möglichkeit der Durchführung eines vereinfachten Sanierungsverfahrens.[199] Hier könnte dem Leitbild der Innenentwicklung Rechnung tragenden Maßnahmen, eine Erleichterung geschaffen werden, wenn insbesondere kleinteilige Maßnahmen vorgesehen sind.

3. Neuere Formen

Durch das EAG Bau 2004 fand mit den §§ 171a bis f BauGB eine Erweiterung des althergebrachten Instrumentariums des Besonderen Städtebaurechts statt. Angesprochen sind insoweit die Bestimmungen zum Stadtumbau (§§ 171a bis d BauGB), zur Sozialen Stadt (§ 171e BauGB) sowie die zu Privaten Initiativen der Stadtentwicklung (§ 171f BauGB). Auch sie können am Leitbild der Innenentwicklung orientiert werden, weisen allerdings anders als die klassischen Instrumente des Besonderen Städtebaurechts eine deutlich geringere formale Struktur auf.

---

196 Beispielsweise soll in der Stadt Potsdam gegenwärtig eine ehemalige Kasernenfläche durch eine städtebauliche Entwicklungsmaßnahme für die wohnbauliche Nutzung umgewandelt werden. Aber auch im Eigentum von Privatpersonen stehende Industriebrachen kommen für die Heranziehung als Wohnbauflächen oder Infrastruktureinrichtungen in Betracht. Vgl. hierzu: Krautzberger, a. a. O. (Fn. 15), § 165 Rn. 19.

197 BVerwG, a. a. O. (Fn. 190), 407, 410 ff. Hiernach ist ein erhöhter Bedarf an Arbeitsstätten dann gegeben, wenn die Nachfrage nach Flächen zur Errichtung von Arbeitsstätten das verfügbare Angebot aus strukturellen Gründen auf längerfristige Sicht deutlich übersteigt.

198 BVerwG, Urt. v. 12.02.2003 – 4 BN 54.03 – ZFBR 2004, 375 ff.; Urt. v. 12.12.2002 – 4 CN 7.01 – BVerwGE 117, 248.

199 Vgl. § 142 Abs. 4 BauGB.

3.1 Stadtumbaumaßnahmen

a. Besonderheiten der Stadtumbaumaßnahme

Die Bestimmungen über den Stadtumbau sind in den §§ 171a bis d BauGB enthalten und erst durch das EAG Bau 2004 neu ausgestaltet sowie durch die Klimaschutz-Novelle 2011[200] klimaschutzorientiert ergänzt worden. Mit ihnen wird das Ziel verfolgt, strukturellen Veränderungen[201] der Städte und Gemeinden, die angesichts der demographischen[202] und wirtschaftlichen Entwicklungen bereits eingetreten oder noch zu erwarten sind, zu begegnen. Beim Stadtumbau handelt es sich daher in erster Linie um einen planerisch-strategischen Ansatz, mit dem unter Zuhilfenahme von zielorientierten Stadtumbaumaßnahmen die Auswirkungen der vorangehend angeführten veränderten Rahmenbedingungen aufgefangen und im Sinne einer nachhaltigen Stadtentwicklung gesteuert werden sollen.[203] Der in § 171a Abs. 2 S. 1 BauGB definierte Begriff der Stadtumbaumaßnahmen als solche, durch die „in von erheblichen städtebaulichen Funktionsverlusten betroffenen Gebieten Anpassungen zur Herstellung nachhaltiger städtebaulicher Strukturen vorgenommen werden", korrespondiert mit dieser Aufgabe. Stadtumbaumaßnahmen sollen – wenn möglich – durch städtebauliche Verträge, aber ohne Kontrahierungszwang[204], mit den beteiligten Eigentümern umgesetzt werden (vgl. § 171c BauGB). Dadurch wird die Bedeutung des konsensualen Zusammenwirkens zwischen Gemeinde und Eigentümer hervorgehoben. Können die Ziele des Stadtumbaus nicht anders erreicht werden, besteht für die Gemeinde die Möglichkeit, eine Stadtumbausatzung (§ 171d BauGB) zu erlassen und darin eine Genehmigungspflicht für die Durchführung von Vorhaben und Maßnahmen im Sinne von § 14 Abs. 1 BauGB einzuführen.

b. Anwendungsbereich

Räumlich betrachtet, kommen für die Durchführung von Stadtumbaumaßnahmen nach § 171a Abs. 1 BauGB Stadt- und Ortsteile[205] in Betracht.[206] Nicht entschei-

---

200 Vgl. Krautzberger, a. a. O. (Fn. 160), 63, 68.

201 Vgl. BT-Drs. 15/2250, 60.

202 Insbesondere schrumpfende Einwohnerzahlen und gleichzeitig älter und immobiler werdende Bevölkerung.

203 Mitschang, in: Spannowsky/Uechtritz (Hrsg.), Öffentliches Baurecht, § 171a Rn. 1.

204 Allerdings besteht kein Kontrahierungszwang. Vgl. Krautzberger, a. a. O. (Fn. 15), § 171c Rn. 1.

205 Der in § 171a Abs. 1 BauGB verwendete Ortsteilbegriff unterscheidet sich von dem in § 165 Abs. 2 BauGB im Zusammenhang mit städtebaulichen Entwicklungsmaßnahmen enthaltenen Begriff. Stadtumbaumaßnahmen stellen auf konsensuale Lösungen ab und eignen sich nicht für die Durchführung von großflächigen Maßnahmen. Der Begriff des Ortsteils im Sinne von Stadtumbaumaßnahmen ist daher in einem räumlich engeren Sinne zu verstehen. Vgl. zu Recht: Roeser, in: Schlichter/Strich/Driehaus/Paetow (Hrsg.) Berliner Kommentar zum BauGB, Loseblattsammlung Stand: Juni 2012, 3. Aufl., Köln 2002, § 171a Rn. 4.

dend ist dabei die Größe eines Gebiets, sondern vielmehr die vorzufindende städtebauliche Situation. Erforderlich ist die Festlegung des Stadtumbaugebiets durch gemeindlichen Beschluss (vgl. § 171b Abs. 1 BauGB). Dem Beschluss ist ein städtebauliches Entwicklungskonzept zugrunde zu legen, das – in schriftlicher Form – die wesentlichen Maßnahmen zur Umsetzung der Stadtumbauziele enthält und auf der Grundlage einer planerischen Abwägungsentscheidung aufgestellt wurde.[207]

Im Übrigen können auch Stadtumbaumaßnahmen kumulativ oder alternativ zu städtebaulichen Sanierungs- und Entwicklungsmaßnahmen durchgeführt[208] oder auch mit Maßnahmen der sozialen Stadt kombiniert werden.[209] Da aber § 171a Abs. 1 BauGB lediglich von sonstigen Maßnahmen spricht, kommen grundsätzlich alle im Rahmen des Städtebaurechts geregelten Maßnahmen und insoweit sogar die Aufstellung von Bebauungsplänen[210] in Betracht.

c. Voraussetzungen

Wie städtebauliche Sanierungs- und Entwicklungsmaßnahmen sind auch Stadtumbaumaßnahmen städtebauliche Gesamtmaßnahmen.[211] Sie sollen ebenso einheitlich und zügig sowie im öffentlichen Interesse liegend durchgeführt werden[212] und dienen dem Wohl der Allgemeinheit[213]. Ebenfalls Voraussetzung für die Durchführung von Stadtumbaumaßnahmen ist das Vorliegen von städtebaulichen Funktionsverlusten (vgl. § 171a Abs. 2 S. 1 BauGB). Wann erhebliche städtebauliche Funktionsverluste[214] vorliegen, lässt sich § 171a Abs. 2 S. 2 BauGB entnehmen. Die Bestimmung ist offen ausgestaltet, führt aber beispielhaft ein bestehendes oder zu erwartendes „dauerhaftes Überangebot an baulichen Anlagen für bestimmte Nutzungen, namentlich für Wohnzwecke“[215] sowie die Nichterfüllung von „Anforderungen an den Klimaschutz und die Klimaanpassung“ an. Erheblich sind die Funktionsverluste dann, wenn mehr als eine nur unwesentliche oder vorübergehende Beeinträchtigung gegeben ist.[216] Erhebliche städtebauliche Funktionsverluste müssen noch nicht eingetreten sein, es reicht vielmehr aus, wenn diese zu erwarten

---

206 Stadtumbaumaßnahmen dürfen nicht zur erstmaligen Erschließung von unbebauten Flächen des Außenbereichs herangezogen werden.

207 Vgl. hierzu: Spangenberger, UPR 2007, S. 211.

208 Vgl. § 171a Abs. 1 BauGB.

209 Zu den einzelnen Möglichkeiten, vgl. insbesondere Krautzberger, DVBl. 2008, S. 334, 335 ff.

210 Mitschang, in: Spannowsky/Uechtritz (Hrsg.), Öffentliches Baurecht, § 171a Rn. 6.

211 Vgl. oben B.II.1.3 sowie B.II.2.1.

212 Hierzu auch: Schmidt-Eichstaedt, in: Brügelmann (Hrsg.), BauGB und BauNVO, Loseblattsammlung Stand: Februar 2012, Stuttgart, § 171a Rn. 5.

213 Auch hier in einem dem Sanierungsrecht vergleichbaren programmatischen Sinne verstanden.

214 Städtebauliche Missstände im Sinne des Sanierungsrechts müssen nicht vorliegen

215 Zum Leerstandsbegriff, vgl. hierzu auch: Schmidt-Eichstaedt, in: Brügelmann (Hrsg.), a. a. O. (Fn. 212), § 171a Rn. 14.

216 Mitschang, in: Spannowsky/Uechtritz (Hrsg.), Öffentliches Baurecht, § 171a Rn. 11.

sind. Erforderlich ist insoweit eine prognostische Aussage. Auch treten die städtebaulichen Funktionsverluste in der Regel nicht isoliert, sondern als Bündel, das sich aus mehreren Funktionsverlusten zusammensetzt, auf.

Eine dritte Voraussetzung enthält § 171b Abs. 2 BauGB. Grundlage für den Beschluss zur Festlegung eines Stadtumbaugebiets ist danach ein von der Gemeinde aufzustellendes städtebauliches Entwicklungskonzept, in dem die mit dem Stadtumbau verfolgten Zielsetzungen dargelegt werden. Dies dient dazu, dass sich die Gemeinde vor dem Beschluss des Stadtumbaugebiets über das Vorliegen der Voraussetzungen für den Stadtumbau im Klaren ist.

d. Bedeutung für die Innenentwicklung

Stadtumbaumaßnahmen lassen sich uneingeschränkt am Leitbild der Innenentwicklung orientieren. Dies ergibt sich aus den mit ihnen verfolgten städtebaulichen Zielsetzungen, ihrem Anwendungsbereich sowie aus ihrer Definition. Zwar ist die in § 171a Abs. 3 S. 2 BauGB enthaltene Auflistung von Zielsetzungen des Stadtumbaus nicht abschließend, doch handelt es sich bei den dort angeführten Beispielen insgesamt auch um innenentwicklungsrelevante Zielsetzungen, wie die Anpassung der Siedlungsstruktur an die Erfordernisse der Entwicklung von Bevölkerung und Wirtschaft sowie den allgemeinen Anforderungen an den Klimaschutz und die Klimaanpassung oder die Stärkung von innerstädtischen Bereichen und auch die Zuführung brachliegender oder freigelegter Flächen einer nachhaltigen Zwischennutzung.[217]

Was den Anwendungsbereich und die Definition von Stadtumbaumaßnahmen angeht, so können die Gemeinden in Stadt- und Ortsteilen mit erheblichen städtebaulichen Funktionsverlusten ergänzend oder flankierend zu sonstigen städtebaulichen Maßnahmen Stadtumbaumaßnahmen durchführen und dadurch Anpassungen zur Herstellung nachhaltiger städtebaulicher Strukturen vornehmen. Da der Begriff der „städtebaulichen Funktionsverluste" offen gehalten ist, bedarf es zunächst der Klärung, welche städtebauliche Funktion das betreffende Gebiet schon bislang zu gewährleisten hatte.[218] Werden bei einem Vergleich zwischen der einem Gebiet zugedachten Funktion und der tatsächlich ausgeübten Funktion Fehlentwicklungen festgestellt, so weist dies auf städtebauliche Funktionsverluste hin. Die Funktion eines Gebiets lässt sich regelmäßig aus einer vorhandenen städtebaulichen Planung ableiten, einer Bauleitplanung, aber auch informellen Planungen wie einer Rahmen- oder Strukturplanung, einem Masterplan oder sonstigen städtebaulichen Entwicklungsplanungen. Dies kennzeichnet die Bedeutung städtebaulicher Planungen für den Stadtumbau. Aus diesem Grund sieht § 171b Abs. 2 S. 1 BauGB als Grundlage für den Beschluss des Stadtumbaugebiets vor, dass ein von der Gemeinde aufzu-

217 Vgl. § 171a Abs. 3 S. 2 Nr. 1, 3 und 6 BauGB.

218 Hier tauchen inhaltliche Parallelen zum Sanierungsrecht auf. Denn auch die Funktionsschwächensanierung gründet darauf, dass ein Gebiet die ihm zugewiesene städtebauliche Funktion nicht mehr erfüllt.

stellendes städtebauliches Entwicklungskonzept[219] erstellt werden muss, in dem die Ziele und Maßnahmen des Stadtumbaus als Ergebnis einer planerischen Abwägungsentscheidung dargestellt sind.

Um der großen Bedeutung des Stadtumbaus für die Bewältigung der strukturellen Veränderungen, die durch die demographische Entwicklung sowie die Wirtschaft hervorgerufen werden, Rechnung tragen zu können, wurde der in § 1 Abs. 6 Nr. 4 BauGB enthaltene Planungsgrundsatz durch das EAG Bau 2004 auch auf die „Anpassung und den Umbau vorhandener Ortsteile" erstreckt und durch die Innenentwicklungs-Novelle im Jahr 2007 noch einmal in Bezug auf die „Erhaltung und Entwicklung zentraler Versorgungsbereiche" erweitert. Angesichts des hier Dargelegten sind Maßnahmen des Stadtumbaus als Umsetzungsmaßnahmen der Innenentwicklung zu charakterisieren.

3.2 Soziale Stadt

a. Allgemeines

Maßnahmen der Sozialen Stadt[220] sind in § 171e BauGB geregelt. Sie sind im öffentlichen Interesse einheitlich und zügig durchzuführen, und wie alle anderen Maßnahmen des Besonderen Städtebaurechts als Gesamtmaßnahmen[221] zu qualifizieren. Es handelt sich bei ihnen um Maßnahmen zur Stabilisierung und Aufwertung von durch soziale Missstände benachteiligten Ortsteilen oder anderen Teilen des Gemeindegebiets, in denen ein besonderer Entwicklungsbedarf besteht.[222] Das jeweilige Maßnahmengebiet ist durch gemeindlichen Beschluss[223] festzulegen (vgl. § 171e Abs. 3 S. 1 BauGB). Maßnahmen der Sozialen Stadt sind in erster Linie das Ergebnis von Beratungen durch eine, ggf. von der Gemeinde einzurichtenden Koordinierungsstelle, können aber durch den Abschluss von städtebaulichen Verträgen, etwa zur Regelung von Kostentragungen oder zur Übernahme von sonstigen Maßnahmen, flankiert werden. Wie bei der städtebaulichen Sanierung finden auch die §§ 164a und b BauGB mit ihren Anforderungen zur Städtebauförderung Anwendung.

219 Zur herausgehobenen Bedeutung informeller Konzepte für die Umsetzung des Leitbilds der Innenentwicklung, vgl. unten III.

220 Zur Entstehungsgeschichte, Notwendigkeit und zu Inhalten, vgl. ausführlich: Löhr, Soziale Stadt – ein neuer Ansatz in der Stadtentwicklung und im Städtebaurecht, in: Festschrift für Michael Krautzberger, München 2008, S. 295 ff.

221 Ausführlich hierzu sowie zum Programm „Soziale Stadt" insgesamt: Löhr, in: Battis/Krautzberger/Löhr, BauGB, 11. Aufl., München 2009, § 171e Rn. 1 ff.

222 Vgl. Krautzberger/Stüer, DVBl. 2004, S. 781, 785.

223 Aber nicht durch Satzungsbeschluss, so dass eine Normenkontrollklage nicht möglich ist.

b. Anwendungsbereich

In Bezug auf den Anwendungsbereich stellt § 171e Abs. 1 S. 1 BauGB klar, dass Maßnahmen der Sozialen Stadt – wie auch Stadtumbaumaßnahmen – alternativ oder flankierend zu städtebaulichen Sanierungs- oder Entwicklungsmaßnahmen[224] durchgeführt werden können. Räumlich erstrecken sich Maßnahmen der Sozialen Stadt nach dem gesetzlichen Wortlaut in § 171e Abs. 1 BauGB zwar auf „Stadt- und Ortsteile", also auch auf Bereiche in kleineren Gemeinden. Sie stellen aber angesichts ihrer Ziel- und Zweckrichtung in erster Linie auf Städte mit ihren sozialen Problembereichen ab. Das Gebiet, in dem Maßnahmen durchgeführt werden sollen, ist durch gemeindlichen Beschluss festzulegen. Dabei ist jedoch zu berücksichtigen, dass gerade auch nicht-investive Maßnahmen, die für die Umsetzung der Maßnahmen der Sozialen Stadt eine maßgebliche Rolle spielen, sozial- und funktional-räumliche Verflechtungen mit anderen, direkt benachbarten, aber auch weiter entfernt liegenden Stadtteilen aufweisen, nicht nur den integrativen Charakter von Maßnahmen der Sozialen Stadt deutlich machen, sondern auch deren Einbettung in ein gesamträumliches Konzept erforderlich machen[225], um soziale Segregations- und Polarisationsprozesse nach Möglichkeit auszuschließen. Dies verdeutlicht, dass es bei der Festlegung des Maßnahmengebiets nicht um administrative Abgrenzungen von Stadtteilen oder um Areale politischer Zuständigkeit, sondern vielmehr um die durch soziale Missstände hervorgerufenen Probleme und die für deren Bewältigung erforderlichen Raumansprüche[226] geht. § 171e Abs. 2 S. 3 BauGB konkretisiert den Gebietsbezug dergestalt, dass ein besonderer Entwicklungsbedarf insbesondere vorliegt, wenn es sich um benachteiligte innerstädtische oder innenstadtnah gelegene Gebiete oder verdichtete Wohn- und Mischgebiete handelt, in denen es einer aufeinander abgestimmten Bündelung von investiven und sonstigen Maßnahmen bedarf, ohne allerdings Maßnahmen der Sozialen Stadt für andere Stadträume auszuschließen.

c. Voraussetzungen

Voraussetzungen für die Durchführung von Maßnahmen der Sozialen Stadt bestehen darin, dass soziale Missstände in Ortsteilen oder in anderen Teilen des Gemeindegebiets gegeben sind. Soziale Missstände, durch die ein Stadtteil benachteiligt werden kann, liegen insbesondere dann vor, wenn ein Gebiet aufgrund der Zusammensetzung und wirtschaftlichen Situation der darin lebenden und arbeitenden Menschen erheblich benachteiligt ist. Außerdem muss ein besonderer Entwicklungsbedarf bestehen. Was darunter zu verstehen ist, wird in § 171e Abs. 2 S. 2 und 3 BauGB durch die Auflistung von Beispielen konkretisiert. Ein besonderer Entwicklungsbedarf liegt insbesondere vor, wenn es sich um benachteiligte innerstädti-

---

224 Sie können auch ergänzend zu einer Erhaltungssatzung durchgeführt werden.

225 Zur Notwendigkeit der Aufstellung eines städtebaulichen Entwicklungskonzeptes, vgl. unten C.

226 Nach § 171e Abs. 3 S. 2 BauGB müssen sich die Maßnahmen zweckmäßig durchführen lassen.

sche oder innenstadtnah gelegene Gebiete oder verdichtete Wohn- und Mischgebiete handelt, in denen es einer aufeinander abgestimmten Bündelung von investiven und sonstigen Maßnahmen bedarf.

Für die Festlegung des Maßnahmengebiets ist außerdem nach § 171e Abs. 4 BauGB die Aufstellung eines Entwicklungskonzepts erforderlich, an dem insbesondere die Betroffenen sowie die öffentlichen Aufgabenträger zu beteiligen sind.

d. Bedeutung für die Innenentwicklung

Mit der in § 171e BauGB ausgestalteten Bestimmung über Maßnahmen der Sozialen Stadt, die in ihrer Struktur im Wesentlichen den Vorschriften über den Stadtumbau gleicht und ebenfalls als am Leitbild der Innenentwicklung ausgerichtet betrachtet werden kann, wird inhaltlich und auch rechtlich[227] ein anderer Weg eingeschlagen. So geht es dabei anders als bei den anderen Maßnahmen des Besonderen Städtebaurechts nicht um bestimmte Anforderungen an die Inanspruchnahme von Grund und Boden oder die zulässige Bodennutzung, sondern allein um die Behebung sozialer Missstände.[228] Die soziale Situation der Bevölkerung in einem aufgrund des Vorliegens sozialer Missstände benachteiligten Ortsteils steht im Mittelpunkt. Neben investiven bedarf es daher auch nicht-investiven Maßnahmen zur Erreichung der Zielsetzungen. Die beispielhafte Auflistung, wann soziale Missstände vorliegen, ist sehr abstrakt gehalten.[229] Auch dies bringt zum Ausdruck, dass es bei Maßnahmen der Sozialen Stadt um eine integrative Vorgehensweise geht, die durch eine Bündelung städtebaulicher Aufgaben und Ressourcen aus unterschiedlichen politischen Ressorts und – auch privaten – Akteuren einer Stadt gekennzeichnet ist. Aus diesem Grund ist vor der Beschlussfassung über das Gebiet, in dem die Maßnahmen der Sozialen Stadt durchgeführt werden sollen, ein städtebauliches Entwicklungskonzept zu erstellen, bei dem sowohl die Betroffenen als auch die öffentlichen Aufgabenträger umfassend und intensiv zu beteiligen[230] sind, um durch deren Akzeptanz auch eine Umsetzung erfolgreich angehen zu können. Mit den inhaltlichen Vorgaben für ein solches Stadtentwicklungskonzept werden gleichzeitig auch Zielsetzungen der Innenentwicklung angesprochen. Insoweit werden in § 171e Abs. 2 S. 2 BauGB insbesondere Maßnahmen gefordert, die der Verbesserung der Wohn- und Arbeitsverhältnisse sowie der Schaffung und Erhaltung sozial stabiler Bewohnerstrukturen dienen.

---

227 Sicherungsmaßnahmen, wie sie in § 171d BauGB für den Stadtumbau vorgesehen sind, fehlen für Maßnahmen der Sozialen Stadt. Auch muss die Maßnahme nicht dem Wohl der Allgemeinheit in irgendeiner Form Rechnung tragen. Insoweit ähnelt das Verfahren der Sozialen Stadt eher dem vereinfachten Sanierungsverfahren nach § 142 Abs. 3 BauGB.

228 Roeser, a. a. O. (Fn. 205), § 171e Rn. 8.

229 Stemmler, ZfBR 2004, 128, 132.

230 Insbesondere die Öffentlichkeit, aber auch Verbände, Kirchen sowie sonstige soziale und kulturelle Einrichtungen.

Zusammengenommen besteht damit auch ein anderer Handlungsbedarf als bei den übrigen Maßnahmen des Besonderen Städtebaurechts. Nicht unmittelbar die planerische Konzeption im Sinne von Vorbereitung, Durchführung und Finanzierung von Baumaßnahmen steht im Zentrum, sondern vielmehr eine an der Verbesserung der sozialen Verhältnisse orientierte städtebauliche Aufgabe, mit der versucht wird, der seit vielen Jahren zunehmenden sozialräumlichen Polarisierung in den Städten, insbesondere in den Ballungsräumen entgegen zu wirken. Für die ebenfalls am Nachhaltigkeitsgrundsatz orientierte Innenentwicklung ist auch dies ein wichtiger Baustein. Als städtebauliche Aufgabe wird sie mittelbar durch die städtebaulichen Zielsetzungen in § 1 Abs. 5 BauGB[231] sowie durch die Anforderungen des diese konkretisierenden Grundsatzkatalogs in § 1 Abs. 6 BauGB[232] aufgeworfen und mitgetragen. Speziell für Maßnahmen der Sozialen Stadt kommt dies durch den besonderen Entwicklungsbedarf eines Ortsteils oder anderer Teile des Gemeindegebiets im Sinne von § 171e Abs. 1 S. 1 BauGB zum Ausdruck. Räumlich sind diese Gebiete regelmäßig innerstädtisch oder jedenfalls innenstadtnah zu verorten, also in den benachteiligten städtischen Kristallisationskernen mit ihren Überlagerungen von wirtschaftlichen und sozialen Problemen. Zwar können sich Maßnahmen der Sozialen Stadt auch auf verdichtete Wohn- und Mischgebiete erstrecken, allerdings sind diese räumlich auch eher regelmäßig im innerstädtischen Bereich zu finden und insoweit wichtiger Bestandteil der Innenentwicklung in den Städten.

3.3 Private Initiativen

a. Allgemeines

Private Initiativen zur Stadtentwicklung[233] wie sie heute in § 171f BauGB normiert sind, gehen auf die erste Innenentwicklungs-Novelle im Jahr 2007 zurück. Inhaltlich trifft die Bestimmung keine spezifischen Vorgaben und Anforderungen für die Ausgestaltung von städtebaurechtlichen Bestimmungen zur Stadtentwicklung sondern enthält eine Öffnungsklausel für die Länder[234] zur Festlegung von Gebieten[235], die mit Hilfe von Privaten Initiativen gestärkt und entwickelt werden sollen.[236] So können Gebiete festgelegt werden, in denen in privater Verantwortung standortbezogene Maßnahmen durchgeführt werden, die auf der Grundlage eines mit den

---

231 Vgl. hierzu § 1 Abs. 5 S. 1 BauGB: „... nachhaltige städtebauliche Entwicklung, die die sozialen, wirtschaftlichen, umwelt- und klimaschützenden Anforderungen miteinander in Einklang bringt.“.

232 Vgl. § 1 Abs. 6 Nr. 1 – 4 sowie Nr. 8 BauGB.

233 Siehe genauer: Schink, UPR 2012, S. 132 ff.; Kersten, UPR 2007, S. 121 ff.; Wahlhäuser, BauR 2008, S. 1238 ff; Ingold, UPR 2009, S. 431 ff. mit Ansätzen zur Weiterentwicklung zu Climate Improvement Districts.

234 Z. B. in Bremen, Hessen, Nordrhein-Westfalen, Schleswig-Holstein oder dem Saarland.

235 Im Vordergrund steht die kompetenzrechtliche Absicherung der Landesgesetzgebung.

236 Im Einzelnen: Krautzberger, in: Ernst/Zinkahn/Bielenberg/Krautzberger (Hrsg.), BauGB, Loseblattsammlung, Stand: September 2007, § 171f Rn. 10 ff.

städtebaulichen Zielen der Gemeinde abgestimmten Konzepts der Stärkung und Entwicklung von Bereichen der Innenstädte, Stadtteilzentren, Wohnquartiere und Gewerbezentren sowie von sonstigen für die städtebauliche Entwicklung bedeutsamen Bereichen dienen (§ 171f S. 1 BauGB). Durch landesrechtliche Vorschriften kann auch geregelt werden, wie die Maßnahmen zu finanzieren[237] sind und wie eine Verteilung des Aufwands ihrer Durchführung erfolgen soll (§ 171f S. 2 BauGB).

b. Anwendungsbereich

Soweit die Länder von der in § 171f BauGB enthaltenen Öffnungsklausel Gebrauch machen, können sie auf landesrechtlicher Grundlage Gebiete festlegen, in denen in privater Verantwortung und in Abstimmung mit den städtebaulichen Zielen der Gemeinde standortbezogene Maßnahmen durchgeführt werden. Tatsächlich in Frage kommen für die Durchführung von standortbezogenen Maßnahmen zur Stärkung oder Entwicklung insbesondere Bereiche der Innenstädte, Stadtteilzentren, aber auch davon entfernt liegende Wohnquartiere und Gewerbezentren sowie sonstige für die städtebauliche Entwicklung bedeutsame Bereiche, die einer Aufwertung[238] zugeführt werden sollen.

c. Voraussetzungen

Private Initiativen zur Stadtentwicklung müssen mit der Gemeinde abgestimmt sein. Sie dürfen anderen Maßnahmen des Besonderen Städtebaurechts sowie sonstigen anderen Planungsinstrumenten nicht entgegenstehen. Besondere Bedeutung für das praktische Funktionieren von Maßnahmen nach § 171f BauGB haben die Regelungen zur Finanzierung der Maßnahmen.[239] Der entstehende Aufwand muss gerecht verteilt werden. Auch diesbezügliche Regelungen sind den Ländern vorbehalten.

d. Bedeutung für die Innenentwicklung

§ 171f BauGB kann zu einer Stärkung der Innenentwicklung beitragen, muss dies aber nicht zwangsläufig. Die Bestimmungen über Private Initiativen zur Stadtentwicklung können auch jenseits einer innenentwicklungsbezogenen Zielrichtung[240] getroffen werden. Möglich sind insoweit auch beispielsweise umweltbezogene Maßnahmen, die weder räumlich noch inhaltlich mit Innenentwicklung in Verbin-

---

237 Ausführlich zur Finanzierung und Abgabenerhebung: Lackner, DVBl. 2011, S. 1520, 1523 ff.

238 Sparwasser/Schober, Business Improvement Districts, in: Mitschang (Hrsg.), Innenentwicklung – Fach- und Rechtsfragen, Berliner Schriften zur Stadt- und Regionalplanung, Band 6, Frankfurt am Main 2008, S. 53, 58.

239 Siehe z. B. aktuell zur Abgabenerhebung: Bremisches OVG, Beschl. v. 18.04.2011 – 1 B 177.10 – BauR 2011, 1539; Hamburgisches OVG, Urt. v. 27.08.2010 – 1 Bf 149.09 – ZfBR 2011, 53.

240 Krautzberger, a. a. O. (Fn. 15), § 171f Rn. 2.

dung zu bringen sind. Gleichwohl wird mit § 171f BauGB das Ziel verfolgt, private Initiativen der Stadtentwicklung zu stärken und dadurch einen Beitrag zur städtebaulichen Verbesserung in einzelnen Stadtbereichen, und zwar in funktionaler sowie auch in gestalterischer Hinsicht beizutragen.[241] Im Vordergrund steht dabei die Verbesserung der städtebaulichen Qualität. Aus diesem Grund muss bei Privaten Initiativen zur Stadtentwicklung wie bei Maßnahmen der Sozialen Stadt nicht die Zulässigkeit einer bestimmten Bodennutzung im Vordergrund stehen, sondern es können vielmehr auch wirtschaftliche (z. B. ein gemeinsames Marketingmanagement), gestalterische (z. B. Wohnumfeldverbesserungen) oder nur gebietsorganisatorische Maßnahmen (z. B. Veranstaltungsaktivitäten) erfasst werden. Im Grunde genommen geht es bei Maßnahmen nach § 171f BauGB um die Festlegung eines Gebiets, in dem private Maßnahmenträger gemeinschaftliche Maßnahmen und Handlungen der in diesem Gebiet ansässigen Gewerbetreibenden oder der Wohnbevölkerung vorbereiten, durchführen, organisieren und koordinieren.

Aufgrund ihres heterogenen Anwendungsbereiches werden Private Initiativen zur Stadtentwicklung in der planerischen Praxis in sehr vielfältiger Form[242] zum Einsatz gebracht. Letztlich bestimmen die Länder die Zielsetzungen und Aufgaben[243] von Privaten Initiativen zur Stadtentwicklung. Sie regeln die Anforderungen, die an den Maßnahmenträger zu stellen sind, das Verfahren zur Festlegung der Gebiete sowie der Quoren für die Zustimmung der Beteiligten, die Dauer der Gebietsfestlegung sowie die Umsetzung und Kontrolle der Aufgabenerfüllung.[244] Bei Maßnahmen nach § 171f BauGB darf es sich nicht um isolierte Maßnahmen handeln, sondern räumliche und funktionale Verflechtungen, insbesondere mit benachbarten Stadtbereichen, müssen berücksichtigt werden. Dies verlangt auch § 171f S. 1 BauGB, denn danach müssen, Private Initiativen zur Stadtentwicklung mit der Gemeinde abgestimmt sein. Insoweit kann eine Notwendigkeit zur Koordination dieser Maßnahmen mit solchen, die ausschließlich im Aufgabenbereich der Gemeinde gelegen sind, im gleichen Gebiet oder in benachbarten Stadtbereichen stattfinden, erforderlich sein. Demnach ergibt sich die Möglichkeit, Maßnahmen nach § 171f BauGB konzeptionell in vorhandene kommunale Stadtentwicklungskonzepte zu integrieren und ein abgestimmtes Vorgehen zu gewährleisten. Dadurch kann vermieden werden, dass private Initiativen und von der öffentlichen Hand vorbereitete und durchgeführte Maßnahmen zu gegenseitigen Beeinträchtigungen führen. Insoweit kann insbesondere der flankierende Einsatz von Privaten Initiativen zur Stadtent-

---

241 Ausführlich: Schink, a. a. O. (Fn. 233), 132, 134 ff.

242 Als BID´s (Business Improvement Districts), HID´s (Housing Improvement Districts), NID´s (Neighbourhood Improvement Districts) oder als Immobilien- und Standortgemeinschaften.

243 Z. B. die erforderliche Ausarbeitung von planerischen Konzepten einschließlich ihrer Finanzierung, die Bewirtschaftung der Grundstücke, gemeinschaftliche Werbemaßnahmen, die Organisation, Vereinbarungen mit öffentlichen Stellen, Betrieben und Einrichtungen über die Durchführung oder die Vorbereitung und Durchführung von Anhörungsverfahren.

244 Krautzberger, a. a. O. (Fn. 15), § 171f Rn. 3.

wicklung, deren Ziel ebenfalls in der funktionalen und gestalterischen Verbesserung der städtebaulichen Qualität eines bestimmten Stadtbereichs liegt, einen wichtigen Beitrag zur Innenentwicklung leisten.

3.4 Erhaltungssatzungen

§ 172 BauGB gibt den Gemeinden die Möglichkeit, durch Satzung Gebiete festzulegen, in denen der Rückbau, die Änderung oder die Nutzungsänderung sowie in bestimmten Fällen auch die Errichtung baulicher Anlagen der Genehmigung bedürfen. Über die Erhaltung von baulichen Anlagen wird dann in zwei Stufen – zunächst auf der Grundlage einer Satzung und dann der Genehmigung[245] – entschieden.[246]

a. Allgemeines

Mit dem Erlass der Erhaltungssatzung wird ein Genehmigungsvorbehalt für bestimmte Maßnahmen ausgestaltet. Von ihm erfasst werden

- der Rückbau (Abbruch sowie Teilabbruch),
- die Änderung[247] oder die Nutzungsänderung[248] von baulichen Anlagen,
- in den Fällen von § 172 Abs. 1 Nr. 1 BauGB auch die Errichtung[249] von baulichen Anlagen,
- in den Fällen von § 172 Abs. 1 Nr. 2 BauGB auch die Bildung von Wohnungs- und Teileigentum[250].

245 Zu den Genehmigungsvoraussetzungen, vgl. § 172 Abs. 3 bis 5 BauGB.

246 Vgl. BVerwG, Urt. v. 3.7.1987 – 4 C 26.85 – NVwZ 1988, 357, 358. Krautzberger, a. a. O. (Fn. 15), § 172 Rn. 17 bezeichnet dies als „zweistufiges Ablaufprogramm." Auch Stock, in: Ernst/Zinkahn/Bielenberg/Krautzberger (Hrsg.), BauGB, Loseblattsammlung, Stand: März 2006, § 172 Rn. 128.

247 Nicht nur der äußeren Gestalt, sondern auch der baulichen Inneneinrichtung. Auch der Umbau, Ausbau oder die Erweiterung sowie die Modernisierung, aber nicht die Instandhaltung von baulichen Anlagen werden erfasst.

248 Insbesondere zur Verhinderung von schleichenden Umwidmungen, z. B. von Wohnungen in Büros oder von Wohnungen in Vergnügungsstätten.

249 Dadurch können vor allem Vorhaben mit gebietsuntypischen Gestaltmerkmalen von städtebaulicher Bedeutung verhindert und Auflagen für die Bauausführung erreicht werden. Vgl. Krautzberger, a. a. O. (Fn. 15), § 172 Rn. 10.

250 Nach § 172 Abs. 1 S. 4 BauGB sind die Landesregierungen ermächtigt, durch Rechtsverordnung mit einer Geltungsdauer von höchstens 5 Jahren zu bestimmen, dass die Begründung von Wohnungs- und Teileigentum an Gebäuden, die ganz oder teilweise Wohnzwecken zu dienen bestimmt sind, einer Genehmigung bedarf. Der Genehmigungsvorbehalt kann aber auch auf nur einzelne Milieuschutzgebiete beschränkt werden.

Andere, nicht-bauliche Maßnahmen[251] werden nur in den Fällen der Milieuschutzsatzung erfasst. Im Gebiet der Erhaltungssatzung (sog. „Erhaltungsgebiet“) unterliegen alle in § 172 Abs. 1 BauGB bezeichneten Vorhaben der Genehmigungspflicht. Die förmliche Festlegung des Erhaltungsgebiets kann durch einen Bebauungsplan[252] oder durch eine sonstige Gemeindesatzung[253] erfolgen.

b. Anwendungsbereich

Nach § 172 Abs. 1 S. 1 BauGB kann die Gemeinde Gebiete festlegen, in denen der Abbruch, die Änderung, die Nutzungsänderung oder die Errichtung baulicher Anlagen sowie nach Maßgabe einer Rechtsverordnung des Landes die Begründung von Wohnungs- bzw. Teileigentum der Genehmigung bedürfen (sog. „Erhaltungsgebiete“). Ziel der Gebietsfestlegung ist es,

- die städtebauliche Eigenart eines Gebiets aufgrund der städtebaulichen Gestalt[254], zu erhalten (§ 172 Abs. 1 Nr. 1 BauGB),
- die Zusammensetzung der Wohnbevölkerung zu erhalten (sog. „Milieuschutzsatzung“, vgl. § 172 Abs. 1 Nr. 2 BauGB),
- städtebauliche Umstrukturierungen hinsichtlich eines sozialgerechten Ablaufs zu sichern (§ 172 Abs. 1 Nr. 3 BauGB).

Erhaltungssatzungen können außerdem mit städtebaulichen Sanierungsmaßnahmen[255] verknüpft werden. Ihre Anwendung kommt auch in Frage, wenn eine städtebauliche Sanierung nicht erforderlich ist. Soweit die Gemeinde von § 142 Abs. 4 BauGB Gebrauch gemacht und die Anwendung der Verfügungs- und Veränderungssperre nach § 144 BauGB ausgeschlossen hat, kann sie hinsichtlich der gebietsbezogenen Erhaltungsziele eine Erhaltungssatzung erlassen. Im Übrigen kann der Erlass auch insoweit Bedeutung erlangen, als die Verfügungs- und Veränderungssperre nur für den Zeitraum der förmlichen Festlegung des Sanierungsgebiets Geltung beansprucht und eine langfristige Sicherung der stadterhaltungsdienlichen Ziele erforderlich ist. Da nach § 173 Abs. 4 BauGB die landesrechtlichen Vorschriften über den Schutz und die Erhaltung von Denkmälern unberührt bleiben, ist es möglich, in Gebieten nach § 172 Abs. 1 Nr. 1 BauGB neben der Erhaltungssatzung grundsätzlich auch einen denkmalrechtlichen Schutz, sowohl für einzelne

251 Z. B. Begründung von Rechten nach dem WEG.

252 Erfolgt die Festlegung des Erhaltungsgebiets durch Bebauungsplan, gelten auch die Vorschriften über die Aufstellung eines Bebauungsplans, so dass ergänzend Regelungen auf der Grundlage von § 9 Abs. 1 bis 3 BauGB getroffen werden können. Regelmäßig erfolgt die Festlegung aber isoliert im Rahmen einer sonstigen Gemeindesatzung.

253 In Berlin und Hamburg als Rechtsverordnung.

254 Z. B. Schutz des Ortsbilds, der städtebaulichen Gestalt des Gebiets und der sie prägenden baulichen Anlagen. Vgl. Krautzberger, a. a. O. (Fn. 15), § 172 Rn. 1.

255 Vgl. OVG Berlin, Urt. v. 10.10.1995 – 2 S 7.95 – NVwZ 1996, 920.

Gebäude als für mehrere Anlagen (Ensembleschutz) auf der Grundlage landesrechtlicher Regelungen mit zusätzlichen Anforderungen vorzusehen.

c. Voraussetzungen

Zur Ermittlung, ob die Aufstellung einer Erhaltungssatzung gerechtfertigt ist, bedarf es regelmäßig vorausgehender Untersuchungen, jedenfalls in den Fällen, in denen hinreichendes Datenmaterial nicht schon vorliegt[256], wie dies beispielsweise in der Form von städtebaulichen Rahmen- oder Entwicklungsplanungen durchaus der Fall sein kann. Zwingend vorgeschrieben sind vorausgehende Untersuchungen nicht[257], gleichwohl aber im Einzelfall erforderlich.

d. Bedeutung für die Innenentwicklung

Grundsätzlich kann die Erhaltungssatzung im Sinne von § 172 Abs. 1 BauGB auch für die Zielsetzungen der Innenentwicklung herangezogen werden. Für die von diesem Planungsinstrument für die Innenentwicklung ausgehenden Wirkungen gilt es allerdings drei wichtige Gesichtspunkte zu berücksichtigen. Sie betreffen:

- Die Zweistufigkeit des Ablaufprogramms.
- Die unterschiedlichen Zielsetzungen der Satzungen.
- Den gebietlichen Umgriff.

Das Ablaufprogramm der Erhaltungssatzung ist zweistufig.[258] Das bedeutet, dass durch den Erlass zunächst der flächenbezogene Umgriff des Erhaltungsgebiets (erste Stufe) bezeichnet und die Erhaltungswürdigkeit des Gebiets festgestellt werden sowie dann die Genehmigungspflicht in Bezug auf bauliche Veränderungen begründet wird.[259] Erst im Rahmen der Entscheidung über einen Genehmigungsantrag (zweite Stufe) werden die Voraussetzungen zur Erhaltungswürdigkeit in Bezug auf das beantragte Vorhaben geprüft. Die Satzung selbst trifft also noch keine rechtsgültige Nutzungsregelung für die Grundstücke in ihrem Geltungsbereich, sondern nur ein präventives Verbot mit Genehmigungsvorbehalt.[260] Die Umsetzung der Zielsetzungen der Erhaltungssatzung erfolgt also durch Mitwirkungsbereitschaft der Eigentümer des Erhaltungsgebiets. Auch vor diesem Hintergrund erweist es sich in praktische Anwendung als sinnvoll, im Rahmen von Voruntersu-

256 Insbesondere in den Anwendungsfällen von § 172 Abs. 1 Nr. 2 und 3 BauGB dürften möglichst zeitnahe Datenerfassungen erforderlich sein.

257 Kment, a. a. O. (Fn. 167), § 33 Rn. 8.

258 Vgl. oben B.II.3.4.

259 Ergänzend zum Genehmigungsvorbehalt erhält die Gemeinde bei Erlass der Erhaltungssatzung die Möglichkeit vom gesetzlichen Vorkaufsrecht nach § 24 Abs. 1 Nr. 4 BauGB Gebrauch zu machen.

260 Vergleichbar dem Sanierungs- oder Entwicklungsmaßnahmenrecht in den §§ 144 und 145 BauGB.

chungen diese Bereitschaft mit den Eigentümern im Erhaltungsgebiet abzuklären.[261]

Angesichts des unterschiedlichen Anwendungsbereichs der Erhaltungssatzung ist auch im Hinblick auf ihre Bedeutung für die Umsetzung des Leitbilds der Innenentwicklung zu differenzieren. So kann die Erhaltung der städtebaulichen Qualität, wie sie sich aus der vorhandenen Bebauung eines Gebiets ergibt, durch die Aufstellung einer Erhaltungssatzung im Sinne von § 172 Abs. 1 Nr. 1 BauGB erreicht werden. Mit ihnen kann nämlich verhindert werden, dass die (erhaltenswerte) städtebauliche Eigenart in einem bestimmten Teil des Siedlungsbereichs gestört wird, denn sowohl der Rückbau als auch die Änderung oder Nutzungsänderung sowie in diesen Fällen auch die Errichtung von baulichen Anlagen ist genehmigungspflichtig. Auch durch die Erhaltung der städtebaulichen Eigenart eines Gebiets kann ein Beitrag zur Innenentwicklung geleistet werden. Dabei kann es um bau- oder siedlungsstrukturelle Gesichtspunkte wie ein sich schon positiv darstellendes und deshalb zu schützendes Verhältnis von bebauten Flächen zu Freiraumflächen gehen, ebenso können das Straßenbild, das Orts- und Landschaftsbild Anlass für die Erhaltung geben, denn Innenentwicklung ist nicht nur quantitativ, sondern auch qualitativ zu betrachten.[262]

Bei der Milieuschutzsatzung geht es demgegenüber nicht um die Verhinderung von auf die städtebauliche Eigenart eines Gebiets einwirkenden Störungen, sondern um die Erhaltung der Zusammensetzung der Bevölkerung[263]. Insoweit angesprochen ist die Bevölkerungszusammensetzung im städtebaulichen Sinne. In einem funktionierenden Gebiet, welches durch eine intakte Bevölkerungszusammensetzung[264] gekennzeichnet und in häufigen Fällen in Innenstadtnähe gelegen ist, soll der dort lebende Anteil der Stadtbevölkerung vor Veränderungen geschützt[265] und das Gebiet in seiner Bedeutung für die Bevölkerungszusammensetzung erhalten und gesichert werden. Dies kann sich auf die bereit gestellte Infrastruktur beziehen, aber ebenso auf die Versorgung mit Wohnraum oder die Bereitstellung von Bauflächen.[266] Dass damit eine Orientierung am Leitbild der Innenentwicklung stattfindet, ergibt sich von selbst.

Aber auch die gewollte städtebauliche Umstrukturierung vor dem Hintergrund von sozialplanerischen Zielsetzungen[267], die Gegenstand von § 172 Abs. 1 Nr. 3 BauGB ist, kann für die Innenentwicklung eingesetzt werden, allerdings nur als flankieren-

261 Zu Notwendigkeit von Voruntersuchungen schon oben B.II.3.4.c.
262 Vgl. oben A.
263 Gemeint ist jede Art von Wohnbevölkerung, vgl. Stock, a. a. O. (Fn. 246), § 172 Rn. 40.
264 Z. B. Studentenquartier, Gebiete mit einer bestimmten Mieterstruktur.
265 Z. B. durch Umwandlung von Mietwohnungen in Eigentumswohnungen oder infolge von umfangreichen Erneuerungsmaßnahmen explodierende Mietpreisentwicklungen.
266 Krautzberger, a. a. O. (Fn. 15), § 172 Rn. 19.
267 Im Einzelnen: Stock, a. a. O. (Fn. 246), § 172 Rn. 54 f.

des Element.[268] Durch sie soll nämlich nur gewährleistet werden, dass der Ablauf der städtebaulichen Umstrukturierungsprozesse sozialverträglich stattfindet.

Für die Umsetzung der Innenentwicklung kann die Erhaltungssatzung einen Beitrag leisten. Für ihren gebietlichen Umgriff steht der Gemeinde zwar ein Ermessensspielraum[269] zu. Die unterschiedlichen Anwendungs- und Aufgabenbereiche einer Satzung nach § 172 Abs. 1 BauGB unterliegen jedoch auch unterschiedlichen Ausgangssituationen, so dass z. B. Erhaltungssatzungen im Sinne von Nr. 1 eine besondere städtebauliche Eigenart[270] voraussetzen, die nicht überall in dem für die Innenentwicklung zur Verfügung stehenden bebauten Siedlungsbereich gegeben sind. Ähnliches gilt für die Satzungen nach Nr. 2 und 3. Auch wird es sich eine Gemeinde heute infolge des personellen und finanziellen Aufwandes[271] regelmäßig nicht leisten können, den für die Innenentwicklung insgesamt in Frage kommenden bebauten Siedlungsbereich durch Aufstellung einer wie auch immer inhaltlich ausgestalteten Erhaltungssatzung zu überplanen.

III. Erforderlichkeit eines Innenentwicklungskonzepts

Städtebauliche Planungen werden nicht aus sich selbst heraus geschaffen, sondern aus einem städtebaulichen Erfordernis. Dieses Erfordernis besteht vorliegend in der Innenentwicklung. Eine am Leitbild der Innenentwicklung orientierte nachhaltige städtebauliche Entwicklung bedarf der Steuerung. Erforderlich ist ein strategisches Gesamtkonzept im Sinne eines Innenentwicklungskonzeptes, welches perspektivisch Maßnahmen zur Umsetzung des Leitbilds der Innenentwicklung aufzeigt und dies mit einer umfassenden Qualifizierung des Siedlungsbestandes verbindet.

Gleichwohl ist die Aufstellung eines Innenentwicklungskonzeptes an keiner Stelle des Städtebaurechts normiert, doch wird es ohne planerisch-konzeptionelle Grundlage nicht möglich sein, kommunale Zielsetzungen der Innenentwicklung am Nachhaltigkeitsgrundsatz und an den Grundsätzen der städtebaulichen Entwicklung und Ordnung ausgerichtet umzusetzen. Der dabei zur Verfügung stehende Gestaltungsspielraum ist sehr weit. Die Gemeinde kann ihn nutzen, um eine kom-

268 § 171d BauGB orientiert sich mit seiner Satzung zur Sicherung von Durchführungsmaßnahmen des Stadtumbaus an § 172 Abs. 1 Nr. 3 BauGB.

269 Krautzberger, a. a. O. (Fn. 15), § 172 Rn. 26.

270 Es handelt sich hierbei nicht um eine zwingende Vorgabe, sondern um eine kommunalpolitische Entscheidung zu den städtebaulichen Entwicklungsvorstellungen in der Gemeinde. Das bedeutet, dass die den Erhaltungsschutz erfordernde besondere städtebauliche Eigenart auch irgendwie feststellbar sein muss. In diesem Sinne wohl OVG Nordrhein-Westfalen, Beschl. v. 10.04.2007 – 10 A 305.05 – ZfBR 2007, 485, 486.

271 Bei Satzungen nach § 172 Abs. 1 Nr. 1 BauGB kann der Eigentümer bei Versagung einer Genehmigung von der Gemeinde die Übernahme seines Grundstücks verlangen (vgl. § 40 Abs. 2 BauGB). Vgl. neuerdings Hmb. OVG, Urt. v. 12.12.2007 – 2 Bf 10.02 – ZfBR 2008, 383, 385.

munale Städtebaupolitik der Innentwicklung nach ihren Vorstellungen zur städtebaulichen Entwicklung im Gemeindegebiet zu betreiben. Formelle städtebauliche Planungen setzen ein planerisches Grundgerüst zur Bestimmung des städtebaulichen Erfordernisses voraus, auf dessen Grundlage die Innenentwicklung umsetzungsbezogen gesteuert werden kann. Dies betrifft beispielsweise die Festsetzungen eines Bebauungsplans, denn diese bedürfen der städtebaulichen Rechtfertigung.

Unabdingbare Voraussetzung einer planerisch-konzeptionellen Grundlage ist eine aussagekräftige Analyse des bebauten Stadtbereichs unter Verdeutlichung der bestehenden Innenentwicklungspotenziale. Vor dem Hintergrund des hier Dargelegten ergeben sich zumindest die Anforderungen, die an ein solches Konzept zu stellen sind:

- Das Konzept muss schlüssig[272] sein und auf einer Gesamtbetrachtung des bebauten Siedlungsbereichs, aber auch seiner Schnittfelder mit dem Freiraum beruhen.
- GIS-gesteuerte Plangrundlage in der Form eines Flächenkatasters.[273]
- Die Innenentwicklung muss an Qualitätskriterien ausgerichtet sein. Erforderlich ist eine Auseinandersetzung mit der Freiraumstruktur (z. B. Grün- und Freiflächen, Flächen für den Klimaschutz und die Erholung, Wohnumfeld) und insbesondere mit den Anforderungen des Immissionsschutzes.
- Die Handlungsfelder Wohnen, Handel und Infrastruktur müssen mit konkreten Maßnahmen untersetzt sein.
- Die heranzuziehenden städtebaulichen Instrumente müssen identifiziert und in Bezug auf ihre kombinierte Anwendung geprüft werden.
- Der kommunale Kostenrahmen muss geprüft und die Einsatzfelder privater Investitionen müssen ausgelotet werden.

Bei Innenentwicklungskonzepten handelt es sich um informelle Planungen im Sinne von § 1 Abs. 6 Nr. 11 BauGB. Dies setzt allerdings voraus, dass sie auch von der Gemeinde beschlossen sind.[274] Auf ihrer Grundlage[275] können dann die entsprechenden Bebauungspläne aufgestellt werden.[276]

---

272 Vgl. insbesondere BVerwG, Urt. v. 17.12.2002 – 4 C 15.01 – NVwZ 2003, 733; Urt. v. 21.10.2004 – 4 C 2.04 -, ZfBR 2005, 195.

273 Sinnvoller Weise sollte das Flächenkataster auch auf den Freiraum (Außenbereich) erstreckt werden, da für die städtebauliche Entwicklung auch flächenbezogene Daten des Freiraums (z. B. für die Durchführung von Ausgleichs- und Ersatzmaßnahmen) benötigt werden.

274 Regelmäßig dürfte hierfür ein Ratsbeschluss erforderlich sein.

275 BVerwG, Urt. v. 26.03.2009 – 4 C 21.07 – NVwZ 2009, 1228.

276 Ihnen kommt insoweit eine „vorbereitende" Funktion zu. Zu möglichen Abweichungen von einem bereits erstellten Konzept, vgl. BVerwG, Urt. v. 29.01.2009 – 4 C 16.07 –

D. Ergebnis der Bewertung

Die Aufgabe, die sich aus der Umsetzung des Leitbilds der Innenentwicklung für die Städte und Gemeinden stellt, ist komplex und berührt nicht nur Aspekte der Bodennutzung, sondern greift gleichsam auch in andere Handlungsfelder der städtebaulichen Entwicklung ein und wirft insoweit Fragen gesellschaftlicher, sozialer, finanzieller, wirtschaftlicher und auch umweltbezogener[277] Natur auf. Deshalb wird eine Bewältigung dieser Aufgabe nicht allein auf der Grundlage von städtebaulichen Planungen erfolgen können, sondern zusätzlicher flankierender Instrumente, etwa aus den Feldern der städtebaulichen Verträge, des Mietrechts oder des Steuerwesens, bedürfen. Gleichwohl stellt sich auch die Frage, inwieweit auch das Instrumentarium der städtebaulichen Planungen in der gegenwärtigen Form dazu geeignet ist, die Umsetzung innenentwicklungsbezogener Maßnahmen zu bewerkstelligen.

Im Ergebnis haben sich – nicht unerwartet – bei den einzelnen Planungsinstrumenten Unzulänglichkeiten aufgetan, die eine isolierte und ausschließliche Anwendung ausschließen. Auf den Nenner gebracht, konnten vier klare Erkenntnisse gewonnen werden:

- Im Bereich der formellen Planungsinstrumente ist der vorhabenbezogene Bebauungsplan herauszuheben, mit dem gerade in indifferenten Bereichen bei der Bestimmung der Art der baulichen Nutzung schon auf der bestehenden Rechtsgrundlage problemorientiert gearbeitet werden kann.

- Im Bereich des Besonderen Städtebaurechts ist der städtebaulichen Entwicklungsmaßnahme die wohl größte Durchsetzungskraft einzuräumen, so dass es zu einer Renaissance dieses städtebaulichen Instruments kommen kann.

- Die eigentliche Stärke der städtebaulichen Planungsinstrumente liegt aber in ihrer kombinierten Anwendung. Fast alle weichen Instrumente des Besonderen Städtebaurechts erlauben eine zusätzliche Anwendung formeller Planungsinstrumente, so dass einer solchen Kombination in ihrer additiven Wirkung bei der Wahl des Planungsinstruments große Bedeutung beigemessen werden sollte.

- Schließlich hat die Betrachtung aber auch gezeigt, dass eine Bewältigung der Anforderungen der Innenentwicklung nicht gelingen kann, wenn eine planerisch-konzeptionelle Grundlage nicht vorhanden ist. Deshalb ist die Aufstellung eines informellen Innenentwicklungskon-

NVwZ 2009, 1103; auch VGH Baden-Württemberg, Beschl. v. 27.07.1995 – 3 S 1288.93 – NVwZ 1996, 920. Keine Selbstbindung des Planungsermessens.

277 Etwa in Bezug auf die zu erreichende Lärmsituation.

zeptes Grundvoraussetzung für eine nachhaltige Umsetzung des Leitbilds der Innenentwicklung.

Die Gebote im BauGB: Taugliche Instrumente zur Durchsetzung der Innenentwicklung?

Gerd Schmidt-Eichstaedt

I. Einführung

Warum stehen die städtebaulichen Gebote des BauGB (§§ 175 bis 179 BauGB) in dem Ruf, unpraktikabel zu sein?[1] Sind sie zu kompliziert? Man wird nicht bestreiten können, dass der Ausspruch eines Gebots einigen Verwaltungsaufwand auslöst und auch komplizierte Rechtsfragen aufwerfen kann – aber das ist kein zureichender Grund für die seltene Anwendung. Auch das Umlegungsrecht des BauGB mit dem Ziel der Bodenordnung ist sehr kompliziert, wird aber dennoch sehr erfolgreich angewendet.

Der Unterschied besteht in folgendem Sachverhalt: Aus einer Umlegung gehen die meisten Beteiligten mit einem ökonomischen Gewinn und neuen Handlungsmöglichkeiten hervor. Die Gemeinde schafft neues oder besser nutzbares Bauland. Daher sind die Bodeneigentümer zur Mitwirkung am Verfahren bereit. Die Gebote erzeugen dagegen keine „WIN-WIN-Situation" – sie sind selten oder nie willkommen. Der Grund für ihre Anwendung liegt gerade darin, dass der oder die betroffenen Grundeigentümer nicht freiwillig mitarbeiten.

Im Kern enthalten die Gebote eine Drohung: Wenn die freiwillige Mitwirkung ausbleibt, wird die Gemeinde den Widerspenstigen zwingen, ihrem Wunsche zu folgen.

Jeder weiß: Drohungen sind nur dann erfolgreich, wenn sie glaubwürdig sind.

Deshalb lautet die Grundvoraussetzung für die erfolgreiche Anwendung eines Gebots: Wer die städtebaulichen Gebote erfolgreich anwenden will, muss eine glaubwürdige Drohkulisse aufbauen.

Zu einer glaubwürdigen Drohkulisse gehören wiederum:

1. Ein überzeugendes, nach außen vermittelbares und auch vermitteltes Konzept, aus dem sich die Notwendigkeit des Gebots schlüssig ergibt. Wenn Gebote zur Innenentwicklung eingesetzt werden, sollte es einen Innenentwicklungsplan geben.

1 Vgl. schon Stüer, Baugebot nach § 176 BauGB – Ein „stumpfes Schwert"?, DÖV 1988, 337; Schröer, Warum städtebauliche Gebote in der Praxis nichts bewirken, NZBau 2007, 234.

2. Die Sicherung der Mitwirkung aller beteiligten Ämter (nach innen) und zuständigen Behörden (nach außen). Der Ausspruch von Geboten kann Übernahmeansprüche oder Entschädigungsansprüche des Adressaten auslösen – daher muss der Kämmerer mitziehen. Bei nachteiligen Auswirkungen auf Bewohner muss ein Sozialplan aufgestellt werden – damit wird die Zuständigkeit eines weiteren Dezernats berührt. Wenn die Bauaufsicht einschreiten soll, muss der Landkreis eingeschaltet werden, wenn die Gemeinde nicht selbst Bauordnungsbehörde ist. Und wenn am Ende eines Baugebots eine Enteignung zwecks Durchsetzung stehen könnte, sollten auch Vorgespräche mit der Enteignungsbehörde geführt werden. Wenn mehrere Gebote im Rahmen einer Gesamtstrategie ausgesprochen werden sollten, kann sich die Gründung eines behördenübergreifenden Arbeitskreises empfehlen.

3. Ein konsequentes und fehlerloses Vorgehen, wenn die Drohung nicht hilft. Der Ausspruch von Geboten ist an bestimmte rechtlich vorgegebene Verfahrensschritte gebunden – Fehler rächen sich vor Gericht. Die Anordnung jedes einzelnen Gebots setzt gemäß § 175 Abs. 2 BauGB voraus, dass die „alsbaldige Durchführung der Maßnahme aus städtebaulichen Gründen erforderlich“ ist. Diese Voraussetzung muss im Streitfall – der im Regelfall vorprogrammiert ist – vor Gericht nachgewiesen werden.

Wer fehlerlos handeln will, muss die Vorschriften und alternativen Wege der Zielansteuerung kennen. Dazu sollen die nachfolgenden Ausführungen beitragen.

II. Der Einsatzbereich der Gebote zum Zweck der Innenentwicklung

1. Das Bau- und Anpassungsgebot

Im Rahmen des Ziels der Innenentwicklung können die Gebote - insbesondere das Baugebot nach § 176 BauGB – für folgende Zwecke eingesetzt werden:

- Schließung von vorhandenen Baulücken durch Neubau;
- Verdichtung durch Aufstockung oder Änderung vorhandener Gebäude;
- Abriss von nicht genutzten Gebäuden, Neubau an gleicher Stelle;
- Abriss von Gebäuden mit Flächenverschwendung, Neubau an gleicher Stelle.

Für alle diese Zwecke kann das Baugebot nach § 176 Abs. 1 und 2 BauGB sowohl im Geltungsbereich eines Bebauungsplans als auch innerhalb eines unbeplanten im Zusammenhang bebauten Ortsteils eingesetzt werden.

Baugebot nach § 176 BauGB

> *(1) Im Geltungsbereich eines Bebauungsplans kann die Gemeinde den Eigentümer durch Bescheid verpflichten, innerhalb einer zu bestimmenden angemessenen Frist*
>
> *1. sein Grundstück entsprechend den Festsetzungen des Bebauungsplans zu bebauen*
> ...
>
> *(2) Das Baugebot kann außerhalb der in Absatz 1 bezeichneten Gebiete, aber innerhalb im Zusammenhang bebauter Ortsteile angeordnet werden, um unbebaute oder geringfügig bebaute Grundstücke entsprechend den baurechtlichen Vorschriften zu nutzen oder einer baulichen Nutzung zuzuführen, insbesondere zur* ***Schließung von Baulücken.***

Durch das Baugebot nach § 176 Abs. 1 Nr. 2 BauGB kann der Eigentümer auch verpflichtet werden, innerhalb einer zu bestimmenden angemessenen Frist:

> *2. ein vorhandenes Gebäude oder eine vorhandene sonstige bauliche Anlage den Festsetzungen des Bebauungsplans anzupassen.*

Über § 176 Abs. 5 BauGB ist die Kombination von Beseitigungsverpflichtung und Aufforderung zum Neubau oder zur Anpassung möglich. § 176 Abs. 5 BauGB lautet nämlich:

> *(5) Ist die Durchführung eines Baugebots nur möglich, wenn zuvor eine bauliche Anlage oder Teile davon beseitigt werden, ist der Eigentümer mit dem Baugebot* ***auch zur Beseitigung verpflichtet****. § 179 Abs. 2 und 3 Satz 1, § 43 Abs. 2 und 5 sowie § 44 Abs. 3 und 4 BauGB sind entsprechend anzuwenden.*

Über den zitierten zweiten Satz wird durch die Verweisung auf § 179 Abs. 2 BauGB allerdings angeordnet, dass bei der Anordnung der Beseitigung von noch benutzten Räumlichkeiten Ersatzräume zur Verfügung gestellt werden müssen. Möglicherweise müssen auch bestehende Miet- und Pachtverhältnisse von Amtswegen beendet werden. Dies ist nach den §§ 182 bis 185 BauGB möglich. Auch nach diesen Vorschriften wird die Bereitstellung von Ersatzwohnraum als Muss-Vorschrift und von Ersatzgeschäftsraum als Soll-Vorschrift gefordert. Zu den Formalien der Bereitstellung von Ersatzwohnraum ist die Rechtsprechung nicht einheitlich. Nach dem OVG Lüneburg muss der Ersatzwohnraum zum Zeitpunkt des Erlasses der Aufhebungsverfügung **noch nicht konkret und rechtlich abgesichert** verfügbar sein.[2] Erst zum Zeitpunkt der tatsächlichen Beendigung des

---

2 Vgl. OVG Niedersachsen, Beschl. v. 23.12.2003 – 1 ME 303/03 – BauR 2004, S. 654 zu § 182 (2).

Miet- bzw. Pachtverhältnisses müsse der Ersatzwohnraum voraussichtlich vorhanden sein. Nach dem Verwaltungsgericht Stade muss der Ersatzwohnraum aber zwingend **schon bei Erlass des Gebots** rechtlich gesichert sein.[3]

Durch die Verweisung auf § 179 Abs. 3 Satz 1 BauGB wird angeordnet, dass der Eigentümer für die mit der Beseitigung möglicherweise entstehenden Vermögensnachteile (z. B. Mietausfall) entschädigt werden muss. Dadurch verursachte Vorteile (z. B. eine bessere Ausnutzbarkeit des geräumten Grundstücks) sind aber entsprechend § 93 Abs. 3 Satz 1 BauGB anzurechnen: „Vermögensvorteile, die dem Entschädigungsberechtigten infolge der Maßnahme entstehen, sind bei der Festsetzung der Entschädigung zu berücksichtigen."

Das Baugebot darf insgesamt nur ausgesprochen werden, wenn es sich wirtschaftlich trägt. Das Gesetz unterscheidet hier die objektive wirtschaftliche Zumutbarkeit und die subjektive wirtschaftliche Zumutbarkeit. Ein Baugebot ist objektiv wirtschaftlich zumutbar, wenn es von einem Eigentümer „mittlerer Art und Güte" – also einem normal kreditfähigen und nicht von besonderen Umständen gehinderten Eigentümer – mit Aussicht auf marktüblichen Mindestertrag vollzogen werden könnte. Wenn diese Voraussetzung gegeben ist, darf das Gebot angeordnet werden. Wenn nicht, muss das Gebot unterbleiben. Ein rechtmäßiges Bau- oder Anpassungsgebot muss also per definitionem wirtschaftlich tragfähig sein.

Die subjektive wirtschaftliche Zumutbarkeit kann sich von der objektiven unterscheiden, wenn der konkrete Eigentümer bereits überschuldet ist oder eine Erbengemeinschaft darstellt, die über mehrere Erdteile verstreut ist. In diesem Fall hat der Eigentümer einen Übernahmeanspruch gegen die Gemeinde, wenn das Gebot dennoch ausgesprochen wird – möglicherweise an einen gemäß § 207 BauGB von Amtswegen durch das Betreuungsgericht bestellten Vertreter. Wenn die Gemeinde die objektive Wirtschaftlichkeit richtig beurteilt hat, läuft sie dadurch nicht in eine Verlustgefahr – sie muss aber an Stelle des Eigentümers handeln und die Maßnahme ggf. zwischenfinanzieren (wenn sie das Grundstück nicht veräußern kann).

2. Das Modernisierungs- und Instandsetzungsgebot

Soweit vorhandene Gebäude zwar Missstände oder Mängel aufweisen, aber insgesamt noch sinnvoll weitergenutzt werden können, ist die Instandsetzung und Modernisierung häufig die bessere Variante des Geschehens. Über § 177 BauGB kann die Beseitigung von Missständen oder Mängeln angeordnet werden. **Missstände** liegen insbesondere vor, wenn die bauliche Anlage nicht den allgemeinen Anforderungen an gesunde Wohn- und Arbeitsverhältnisse entspricht. **Mängel** liegen insbesondere vor, wenn durch Abnutzung, Alterung, Witterungseinflüsse oder Einwirkungen Dritter

3 Vgl. VG Stade, Urt. v. 15.10.2003 – 1 B 982/03 – Juris.

1. die bestimmungsgemäße Nutzung der baulichen Anlage nicht nur unerheblich beeinträchtigt wird,
2. die bauliche Anlage nach ihrer äußeren Beschaffenheit das Straßen- oder Ortsbild nicht nur unerheblich beeinträchtigt oder
3. die bauliche Anlage erneuerungsbedürftig ist und wegen ihrer städtebaulichen, insbesondere geschichtlichen oder künstlerischen Bedeutung erhalten bleiben soll.

Kann die Behebung der Mängel einer baulichen Anlage nach landesrechtlichen Vorschriften auch aus Gründen des Schutzes und der **Erhaltung von Baudenkmälern** verlangt werden, darf das Instandsetzungsgebot nur mit Zustimmung der zuständigen Landesbehörde erlassen werden. In dem Bescheid über den Erlass des Instandsetzungsgebots sind die auch aus Gründen des Denkmalschutzes gebotenen Instandsetzungsmaßnahmen besonders zu bezeichnen (so der Text des § 177 Abs. 2 BauGB).

Das „Gefährliche" am Modernisierungs- und Instandsetzungsgebot liegt in der Kostenregelung. Denn nach § 177 Abs. 3 BauGB hat der Eigentümer die **Kosten** der von der Gemeinde angeordneten Maßnahmen nur **insoweit** zu tragen, **als er sie durch eigene oder fremde Mittel decken** und die sich daraus ergebenden Kapitalkosten sowie die zusätzlich entstehenden Bewirtschaftungskosten aus Erträgen der baulichen Anlage aufbringen kann. **Sind dem Eigentümer Kosten entstanden, die er nicht zu tragen hat, hat die Gemeinde sie ihm zu erstatten**, soweit nicht eine andere Stelle einen Zuschuss zu ihrer Deckung gewährt. Dies gilt nicht, wenn der Eigentümer auf Grund anderer Rechtsvorschriften verpflichtet ist, die Kosten selbst zu tragen, oder wenn er **Instandsetzungen unterlassen hat** und nicht nachweisen kann, dass ihre Vornahme wirtschaftlich unvertretbar oder ihm nicht zuzumuten war. Die Gemeinde kann mit dem Eigentümer den Kostenerstattungsbetrag unter Verzicht auf eine Berechnung im Einzelfall als **Pauschale** in Höhe eines bestimmten **Vonhundertsatzes** der Modernisierungs- oder Instandsetzungskosten vereinbaren.

Das ist eine sicherlich gerechte Regelung – aber sie ist zugleich sehr streitanfällig. Man muss bedenken, dass der Eigentümer vorleistungspflichtig auch im Hinblick auf nicht rentierliche Kosten ist, denn er hat nur einen Erstattungsanspruch (vgl. § 177 Abs. 5 BauGB: Der vom Eigentümer zu tragende Kostenanteil wird **nach der Durchführung** der Modernisierungs- oder Instandsetzungsmaßnahmen unter Berücksichtigung der Erträge ermittelt, die für die modernisierte oder instandgesetzte bauliche Anlage bei ordentlicher Bewirtschaftung nachhaltig erzielt werden können).

Keine Bank wird dem Eigentümer im Hinblick auf den Erstattungsanspruch ein Darlehen ausreichen – denn die Erstattung steht unter dem Vorbehalt, dass der Eigentümer die Instandsetzung nicht pflichtwidrig unterlassen hat. Grundsätzlich gehört es zu den Pflichten jedes Eigentümers, seine Sachen instandzuhalten – jedenfalls dann, wenn er sie an Dritte vermietet. Die schuldlose Unterlassung der Instandhaltung war in den alten Bundesländern eigentlich nur in den Zeiten der Mietpreisbindung vor und nach dem zweiten Weltkrieg bis zur Aufhebung der „schwarzen Kreise“ mit Mietpreisbindung in den späten 1960er Jahren möglich. Also wird der „klamme Eigentümer“ gar nicht handeln können. Das zeigt, dass das Gebot für Zeiten der öffentlichen Zuschüsse gedacht war. Auch der Hinweis auf die Möglichkeit einer Modernisierungsvereinbarung zeigt in diese Richtung. Es ist kein Zufall, dass die jüngste (und wohl erste) Entscheidung des Bundesverwaltungsgerichts zum Umfang des Erstattungsanspruchs nach § 177 Abs. 3 BauGB im Rahmen der Entscheidung über die Angemessenheit einer Modernisierungsvereinbarung ergangen ist. Hierzu hat das Bundesverwaltungsgericht entschieden:[4]

> *„In Bezug auf die Kosten, die der Eigentümer nach § 177 Abs. 4 Satz 1 BauGB für die von der Gemeinde angeordneten Modernisierungs- und Instandsetzungsmaßnahmen zu tragen hat, kann von den Erträgen eine „angemessene Verzinsung“ nicht abgezogen werden.*
>
> *Liegt den Modernisierungs- und Instandsetzungsmaßnahmen keine Anordnung der Gemeinde, sondern eine vertragliche Regelung („Modernisierungs- und Instandsetzungsvertrag“) als städtebaulicher Vertrag nach § 11 Abs. 1 BauGB zugrunde, kann in ihr auch eine von § 177 Abs. 4 BauGB abweichende Kostentragung vereinbart werden, und zwar sowohl zugunsten als auch zu Lasten des betroffenen Eigentümers.“*

Im Schrifttum findet sich ein triumphierender Hinweis auf den erfolgreichen Einsatz eines Modernisierungs- und Instandsetzungsgebots in den neuen Ländern.[5] In den neuen Ländern gibt es in der Tat noch die „schuldlos unterlassene Instandsetzung“ von Immobilien, insbesondere von rückerstattetem ehemaligen „Eigentum des Volkes“. Aber auch dort dürfte der Einsatz des Gebots nach § 177 BauGB auf sehr seltene Einzelfälle beschränkt bleiben. Nicht uninteressant ist die vom Hess. VGH[6] gebilligte Kombination eines Instandsetzungsgebots nach § 177 BauGB mit einem bauordnungsrechtlichen Abrissgebot als Alternative. Dies ist nach § 175 Abs. 5 BauGB zulässig, weil die landesrechtlichen Vorschriften vom Einsatz der städtebaulichen Gebote unberührt bleiben.

---

4 Vgl. BVerwG, Beschl. v. 20.11.2012 – 4 B 7.12 – ZfBR 2013, 177.

5 Vgl. Schütte/Horstkotte/Schubert, Städtebauliche Erneuerung eines Ostseebads – Erstmalige Durchsetzung eines Instandsetzungsgebots nach § 177 BauGB in Mecklenburg-Vorpommern, LKV 2003, 216.

6 Vgl. Hess. VGH, Beschl. v. 11.06.2008 - 3 A 880/08.Z - openJur 2012, 30355, BauR 2008, 1668.

3. Das Pflanzgebot nach § 178 BauGB

Nach § 178 BauGB kann die Gemeinde den Eigentümer durch Bescheid verpflichten, sein Grundstück innerhalb einer zu bestimmenden angemessenen Frist entsprechend den nach § 9 Abs. 1 Nr. 25 BauGB getroffenen Festsetzungen des Bebauungsplans zu bepflanzen. Diese Möglichkeit erinnert daran, dass die Innenentwicklung nicht nur aus Baumaßnahmen besteht, sondern auch dazu dienen sollte, die Lebensqualität in den Städten zu verbessern. Dazu können auch Pflanzmaßnahmen gehören. Über § 178 BauGB können solche Pflanzmaßnahmen auf privaten Grundstücken angeordnet werden, wenn sie im Bebauungsplan festgesetzt sind. Allein die Festsetzung im Bebauungsplan führt noch nicht zu einer dauernden Pflanzpflicht. Der Eigentümer eines Grundstücks muss nur anlässlich der erstmaligen Bebauung auf der Grundlage des Bebauungsplans nachweisen, dass er neben den gebäudebezogenen Festsetzungen des Bebauungsplans auch die Pflanzfestsetzungen vollzogen hat. Alles weitere bleibt ihm überlassen – und wenn durch einen Bebauungsplan der Innenentwicklung erstmals Pflanzmaßnahmen innerhalb des baulichen Bestands angeordnet werden, kann der Vollzug nur mit Hilfe von Pflanzgeboten erzwungen werden. Jeder Bebauungsplan ist seiner Rechtsnatur nach ein „Angebotsplan", seine Festsetzungen lösen als solche keine unmittelbaren Handlungspflichten aus (anderenfalls wäre auch das Bau- und Anpassungsgebot im Geltungsbereich eines Bebauungsplans überflüssig).

4. Das Rückbauduldungsgebot nach § 179 BauGB

Wenn ein Gebäude endgültig nicht mehr instandsetzungsfähig ist, bleibt nur der Abriss – aber auch dazu sind die Eigentümer recht häufig nicht bereit. Kann die Gemeinde dann auf das „Rückbau- und Entsiegelungsgebot" zurückgreifen, um den Abriss zu erzwingen? Wenn die Gemeinde den Abriss selbst bezahlen möchte und wenn das Gebäude im Geltungsbereich eines Bebauungsplans liegt – dann ja. Das gilt nach dem OVG Lüneburg sogar dann, wenn der Bebauungsplan eine öffentliche Grünfläche festsetzt und das Grundstück demzufolge auch nach § 85 Abs. 1 Nr. 1 BauGB enteignet werden könnte. Das OVG Lüneburg hat dazu wie folgt entschieden:

> *„Auch wenn sich ein Rückbaugebot nach § 179 Abs. 1 Satz 1 Nr. 1 BauGB weniger als ein Enteignungsverfahren dafür eignet, Festsetzungen eines Bebauungsplanes für öffentliche Grün- und Gemeinbedarfsflächen umzusetzen, kann es im Einzelfall rechtmäßig sein."*[7]

Es ging hier um den Abriss von Wohnblocks, die der britischen Rheinarmee als Unterkünfte gedient hatten, zugunsten einer öffentlichen Grünanlage. Die Wohnblocks waren nach dem Abzug der Briten in Eigentumswohnungen aufgeteilt worden, so dass der Zugriff auf die Eigentümer außerordentlich schwierig war. Die

7 OVG Niedersachsen, Beschl. v. 15.04.2008 – 1 LA 86/07 – BauR 2008, 1861.

Übernahme der Abrisskosten war relativ unproblematisch, weil die Fläche am Ende zu einer öffentlichen Grünanlage werden sollte. Das Rückbaugebot stellte hier die einfacher anzuordnende und einfacher durchzusetzende Maßnahme dar.

In der Regel möchten die Gemeinden jedoch, dass der Eigentümer den Abriss bezahlt, und dazu bot der § 179 BauGB bis zur Novellierung 2013 keine Handhabe.

Das Problem sollte auf Antrag der Hansestadt Bremen im Bundesrat im Rahmen der Novellierung durch folgende Änderung des § 179 BauGB gelöst werden:

§ 179 BauGB (Rückbau- und Entsiegelungsgebot)

(1) Die Gemeinde kann den Eigentümer verpflichten zu dulden, dass eine bauliche Anlage ganz oder teilweise beseitigt wird, wenn sie den Festsetzungen des Bebauungsplans nicht entspricht und ihnen nicht angepasst werden kann.

(2) Weist eine bauliche Anlage Missstände oder Mängel im Sinne des § 177 Abs. 2 und 3 S. 1 auf, die auch durch eine Modernisierung oder Instandsetzung nicht behoben werden können, kann die Gemeinde die Beseitigung der Missstände durch Rückbau auf Kosten des Eigentümers anordnen.

(3) Dies gilt auch, soweit die Kosten einer Modernisierung oder Instandsetzung von dem Eigentümer nach § 177 Abs. 4 S. 1 nicht zu tragen wären.

(4) § 177 Abs. 2 bis 4 sind anzuwenden.

Durch die Verweisung in § 179 Abs. 4 BauGB auf § 177 Abs. 2 bis 4 BauGB wäre man wieder bei der relativ unpraktikablen Regelung der Kostenerstattung in § 177 Abs. 3 BauGB angelangt. Bei der Anordnung eines Abriss auf Kosten des Eigentümers wird man zwar vielleicht damit rechnen können, dass der verpflichtete Eigentümer die Kosten zunächst selbst aufbringen kann – aber wie hoch wird sein Erstattungsanspruch sein? Wird sich der mitzeichnungsberechtigte Kämmerer auf derartige Ungewissheiten einlassen? Der Kämmerer wird fragen, warum die Gemeinde denn überhaupt etwas zuzahlen soll, wenn der Eigentümer und/ oder seine Vorgänger eine Immobilie verkommen ließen, die nun aus Rücksicht auf die Umgebung beseitigt werden soll. Wenn das Gebäude endgültig baufällig wird, darf es ja auch auf Kosten des Eigentümers beseitigt werden (zu den Grenzen unten mehr). Der Stadtplaner wird vielleicht antworten: Nach dem jetzigen Modell des § 179 BauGB – dem Abbruchduldungsgebot - muss doch die Gemeinde alles bezahlen – ist es dann nicht besser, die Kosten wenigstens anteilig (im rentierlichen Umfang) auf den Eigentümer abwälzen zu können? Der Kämmerer könnte antworten: Das Abbruchduldungsgebot sollte nach dem Städtebauförderungsgesetz zwar zunächst als Ordnungsmaßnahme auf Kosten der Gemeinde vollzogen werden – die Gemeinde sollte sich dann aber aus den Ausgleichsbeträgen refinanzieren. Und nach dem in das Baugebot integrierten Abbruchgebot nach § 176 Abs. 5 BauGB muss der Eigentümer den bauvorbereitenden Abriss voll bezahlen. Sollte das nicht auch für den „Schrottimmobilienabriss“ gelten?

In der Tat: Es leuchtet nicht ein, dem Schrottimmobilieneigentümer einen Kostenerstattungsanspruch gegen die Gemeinde an den Abrisskosten einzuräumen. Aber um dies zu erreichen, muss man die Problemlösung dort ansiedeln, wo sie hingehört – nämlich im Bauordnungsrecht.

III. Die Abrissverfügung nach dem Bauordnungsrecht

1. Die Ermächtigungsgrundlagen für eine Beseitigungsverfügung

Es gehört seit jeher zu den Möglichkeiten der **Bauaufsichtsbehörden**, bei Gefahr im Verzug die Beseitigung einer baulichen Anlage auf Kosten des Eigentümers anzuordnen und – bei Ungehorsam – eine solche Abrissverfügung auch im Wege der Ersatzvornahme selbst vollziehen zu können.[8] Die Kosten der Ersatzvornahme fallen dann dem Eigentümer des Grundstücks zu. Er muss die Abrisskosten grundsätzlich auch dann bezahlen, wenn er sie aus den Erträgen des Grundstücks nicht begleichen kann – denn Eigentum verpflichtet und der Eigentümer darf mit seinem Eigentum nicht das Leben, die Gesundheit und das Eigentum anderer gefährden.

Das große „ABER“ besteht darin, dass ein Abriss nach dem klassischen Baupolizeirecht nur dann gefordert werden darf, wenn eine unmittelbare Gefahr besteht und andere (kostengünstigere) Möglichkeiten der Gefahrenabwehr nicht zur Verfügung stehen. Wenn es also ausreicht, Fenster und Türen des maroden Gebäudes zuzumauern und für herabfallenden Putz ein Auffanggitter anzubringen, dann ist die Beseitigungsanordnung nach der Gefahrenabwehrklausel des Baupolizeirechts nicht möglich. Die Spezialermächtigungen der Bauordnungen zur Anordnung der Beseitigung von baulichen Anlagen, *„die im Widerspruch zu öffentlich-rechtlichen Vorschriften errichtet oder geändert werden“*[9], helfen nur bedingt weiter, denn sie beziehen sich auf die Beseitigung von formell und materiell rechtswidrigen Anlagen. Ungenutzte und vom Verfall bedrohte Anlagen sind aber nicht ohne weiteres rechtswid-

---

8 Zur Reichweite der Beseitigungsanordnung siehe OVG Lüneburg, Beschl. v. 28.07.2011 – 1 LA 239/10 – Juris, „Beseitigung" im Sinne des § 89 Abs. 1 Nr. 4 NBauO bedeutet die vollständige Entfernung der baulichen Anlage einschließlich der durch den Abbruch entstehenden Substanzen von dem Grundstück und ggf. die Verfüllung verbliebener Bodenvertiefungen, d. h. eine Wiedereinebnung des „Bauplatzes“ (zu NBauO § 89 I 2 Nr. 4).

9 Vgl. z. B. § 79 BauO Bln: Werden Anlagen im Widerspruch zu öffentlich-rechtlichen Vorschriften errichtet oder geändert, kann die Bauaufsichtsbehörde die teilweise oder vollständige Beseitigung der Anlagen anordnen, wenn nicht auf andere Weise rechtmäßige Zustände hergestellt werden können. Werden Anlagen im Widerspruch zu öffentlich-rechtlichen Vorschriften genutzt, kann diese Nutzung untersagt werden.

rig – sie wurden zumeist ordnungsgemäß mit einer Baugenehmigung errichtet. Sind sie dennoch im Stadium des Verfalls materiell rechtwidrig?

Zur materiellen Illegalität einer (zunächst genehmigten) baulichen Anlage hat sich der VGH Hessen in seiner Entscheidung vom 11.06.2008 – 3 A 880/08.Z wie folgt geäußert:

> *„Dazu hat der Senat nach einer Ortsbesichtigung des Berichterstatters bereits in seinem Beschluss vom 24. März 2006 – 3 TG 1214/05 – festgestellt, der schon jahrelang unfertig vorhandene Anbau als weiß-grau-schwärzlicher fensterloser Rohbau ab Oberkante Kellerdecke sei materiell illegal, weil er entgegen § 34 Abs. 1 Satz 2 BauGB an der Hauptdurchfahrtsstraße von L. das Ortsbild beeinträchtige. Entgegen dieser Vorschrift wahre der Gebäudetorso in der vorhandenen Form auch nicht die Anforderungen an gesunde Wohn- und Arbeitsverhältnisse. An dieser Auffassung wird festgehalten. Hinzu kommt, dass der in optisch-ästhetischer Hinsicht als Schandfleck anzusehende Gebäudetorso des Anbaus entgegen § 9 Abs. 2 HBO auch geeignet ist, das Straßenbild der ...Straße in der betreffenden Umgebung zu verunstalten.“*

Hier ging es offenbar um einen als Torso unvollendet gebliebenen Rohbau, dessen Baugenehmigung nur unvollständig ausgenutzt wurde. So, wie er nun stand, war dieser Bau formell nicht genehmigt und materiell illegal. Kann man diese Beurteilung auf ein ehedem formell und materiell rechtmäßiges, nun allmählich verfallendes Gebäude übertragen? Das ist nicht zweifelsfrei. Deshalb täte der Gesetzgeber gut daran, eine spezielle Eingriffsgrundlage zu schaffen.

Einige Länder haben dies schon getan und folgende Regelung in ihre Bauordnungen eingefügt:

> *Die Bauaufsichtsbehörde kann die Beseitigung einer baulichen Anlage anordnen, soweit sie nicht genutzt wird und zu verfallen droht, es sei denn, dass ein öffentliches oder ein schutzwürdiges privates Interesse an ihrer Erhaltung besteht.*

Mit dieser Regelung sollte es eigentlich möglich sein, schon im Vorfeld des physischen Einsturzes zu handeln, auch und gerade im Interesse der Grundstücksnachbarn, deren Immobilien erhebliche Wertminderungen erleiden können, wenn sie sich im Dunstkreis einer verwahrlosten und vermüllten (wenn auch noch standfesten) baulichen Anlage befinden.[10] Der Anspruch der Bauaufsichtsbehörde auf Kostenerstattung aus einer Ersatzvornahme verjährt erst in dreißig Jahren; er kann über eine Zwangshypothek auf dem geräumten Grundstück gesichert werden. Problematisch wird das Ganze, wenn die Beseitigung objektiv unrentabel ist – dazu unten mehr.

---

10 Zur Verwahrlosung vgl. OVG Hamburg, Beschl. v. 9.11.2006 – 2 Bf 156/06 – Juris; Eine bauliche Anlage ist verwahrlost, wenn ihre Erhaltung auch einem minderen Standard an ortsüblicher Pflege und Erhaltung über einen längeren Zeitraum hinweg nicht mehr genügt und sie deshalb offenbare Zeichen eines Verfalls ausweist.

Die Kostenüberwälzung an den Schrotteigentümer kann schon von Anfang an schwierig werden, wenn der Eigentümer praktisch nicht mehr auffindbar ist. Die Gemeinde kann zwar gemäß § 207 BauGB für die Bestellung eines „rechts- und sachkundigen Vertreters" des oder der Eigentümer sorgen – aber auch dies hilft nicht weiter, wenn der oder die Eigentümer so klug waren, ihr Eigentum am Grundstück gemäß § 928 BGB durch Erklärung gegenüber dem Grundbuchamt aufzugeben (zu derelinquieren, wie die Juristen sagen). Die Eigentumsaufgabe ist an keine Voraussetzung gebunden, sie kann nach wohl herrschender Meinung auch in der Absicht erfolgen, sich anderenfalls eintretenden Pflichten zu entziehen. Nach einer Eigentumsaufgabe ist der Fiskus des Bundeslandes berechtigt, auf das herrenlose Grundstück zuzugreifen. Wenn der Fiskus verzichtet, darf jedermann nach dem Windhundprinzip das Eigentum an dem Grundstück beanspruchen – also auch die Gemeinde. Wenn die Gemeinde vom Fiskus als erste benachrichtigt wird, hat sie de facto den ersten Zugriff auf das herrenlose Grundstück. Aber auch hier wird der Kämmerer möglicherweise abraten, wenn und weil die Kosten des Abrisses höher sein können als der (gegenwärtige) Wert des Grundstücks. Hier muss strategisch gehandelt werden. In der Regel dürfte es wichtiger sein, den Schandfleck zu beseitigen und damit möglicherweise das Image einer Straße zu retten als über die Kosten zu jammern. Irgendwann wird das Grundstück seinen Wert wiedergewinnen (sollte man hoffen).

2. Die Reichweite des Bestandschutzes bei einem rechtmäßig errichteten, aber nicht mehr genutzten Gebäude

Die Bauaufsichtsämter sind mit Beseitigungsverfügungen sehr zurückhaltend. Man beruft sich a) auf den Bestandsschutz der Baugenehmigung und b) auf den grundgesetzlich garantierten Eigentumsschutz. Der nur drohende Verfall wird – trotz gesetzlicher Ermächtigung zum Handeln auch schon bei drohender Gefahr – oftmals nicht als zureichender Grund für eine Beseitigungsverfügung angesehen. Was ist davon zu halten?

a) Zur Beantwortung der Reichweite des durch eine **Baugenehmigung** vermittelten Bestandsschutzes muss auf den Inhalt einer Baugenehmigung zurückgegriffen werden. Baugenehmigungen haben einen deklaratorisch feststellenden und zugleich einen verfügenden Inhalt. Der feststellende Inhalt der Baugenehmigung besteht darin, dass bescheinigt wird, dass dem im Bauantrag beschriebenen Vorhaben **auf der Grundlage der im Zeitpunkt des Bescheids geltenden Rechtslage** keine öffentlich-rechtlichen Vorschriften entgegenstehen. Der verfügende Teil besteht in der Freigabe der Bautätigkeit ab Empfang des Bauscheins.

Der feststellende Teil einer Baugenehmigung ist offensichtlich an den Zeitpunkt der Erteilung der Baugenehmigung gebunden. Er löst als solcher keinen Bestandsschutz aus. Der verfügende Teil erledigt sich mit dem Abschluss der Bauarbeiten.[11]

b) Daraus folgt, dass von der Baugenehmigung als solcher kein Bestandsschutz ausgeht. Der Bestandsschutz beruht vielmehr auf der mit dem Inhalt der Baugenehmigung bescheinigten **Eigentumsgarantie** des Art. 14 GG. Auf der Grundlage der ursprünglichen Baugenehmigung hat der Eigentümer sein in Art. 14 GG verankertes Recht zur Bebauung seines Grundstücks im Rahmen der Gesetze rechtmäßig wahrgenommen. Das Gebäude (im Sinne des physischen Gebäudes) und seine beantragte und verwirklichte Nutzung sind zum rechtmäßigen Bestandteil seines grundrechtlich geschützten Eigentums geworden.

Das gilt grundsätzlich auch dann, wenn sich die materiellen Vorschriften über die Zulässigkeit des Vorhabens später ändern.[12] Wenn die Nutzung aufgegeben wird, reduziert sich der Bestandsschutz auf das legal errichtete Gebäude. In der Aufgabe der Nutzung liegt keine genehmigungspflichtige Nutzungsänderung im Sinne des Bauordnungsrechts. Erst eine nicht genehmigte neue Nutzung wäre zumindest formell illegal. Das bedeutet: Auch nach einer Nutzungsaufgabe gehört noch „jeder Stein, jede Mauer" auf dem Grundstück zum Grundeigentum; denn nach der Konzeption des deutschen Sachenrechts im BGB können Grundeigentum und damit verbundene bauliche Anlagen (mit Ausnahme des Erbbaurechts) nicht getrennt werden. Der Schutz des physischen Gebäudebestands als Bestandteil des Grundeigentums besteht – jedenfalls im beplanten und unbeplanten Innenbereich[13] – un-

---

11 Vgl. Mampel, Formelle und materielle Illegalität? Zu den Voraussetzungen von Abbruchverfügungen, in: BauR 1996, 13 (15): „Nach ganz herrschender Meinung ist mit der Fertigstellung des zugelassenen Vorhabens der verfügende Teil der Baugenehmigung verbraucht. Daraus folgt, dass ein Bauwerk der formalrechtlichen Rechtfertigung nur für die Phase seiner Errichtung, d. h. vom Beginn der Bauausführung bis zur endgültigen Fertigstellung, bedarf. Mit der Vollendung eines Bauvorhabens entfällt die Notwendigkeit formeller Legalisierung."

12 Vgl. Mampel begründet dies mit einem Fortwirken der Feststellungswirkung der Baugenehmigung: „Im Unterschied zu dem mit dem Begriff der formellen Legalität bezeichneten verfügenden, das genehmigte Vorhaben zur Ausführung freigebenden Teil ist die in der Baugenehmigung weiterhin getroffene Feststellung der Übereinstimmung mit dem materiellen Recht mit der Fertigstellung des Bauwerks nicht verbraucht. Der feststellende Regelungsteil einer – wirksamen Baugenehmigung wirkt über den Abschluss der Bauarbeiten hinaus." Diese Aussage ist zwar richtig, rechtfertigt aber nicht den Bestandsschutz. Der Bestandsschutz fußt allein auf der Eigentumsgarantie – unbeschadet der Tatsache, dass der Eigentümer im Streitfall nachweisen muss, dass das Gebäude auf der Grundlage einer Baugenehmigung errichtet wurde und unbeschadet der Tatsache, dass die Feststellungswirkung der Baugenehmigung nach deren Bestandskraft nicht mehr angegriffen werden kann.

13 Das Sächs.OVG, Beschl. v. 29.06.2012 – 1 A 68/11 – Juris; vertritt bei Nutzungsaufgabe eines genehmigten Gebäudes **im Außenbereich** folgende Auffassung: „Wird die Nutzung eines Gebäudes aufgegeben, die nach § 35 Abs. 1 BauGB zur privilegierten Zulässigkeit der Anlage im Außenbereich führt, so stellt dies regelmäßig auch eine Änderung der Anlage i. S. v. § 80 Satz 1 SächsBO dar, mit der Folge, dass eine Beseitigungsanordnung in Be-

abhängig von der Aufgabe der Nutzung.[14] Nur eine massive ungenehmigte Änderung des Gebäudes beseitigt den eigentumsrechtlichen Bestandsschutz.[15]

Aus dem auf der Eigentumsgarantie beruhenden Bestandsschutz folgt, dass allein aus der Nutzungsaufgabe keine Pflicht zur Änderung oder gar zur Beseitigung des Gebäudes abgeleitet werden kann. Jeder Änderungs- oder Beseitigungsanspruch bedarf einer gesonderten, eigenen Rechtsgrundlage (z. B. Gefahr für die Sicherheit wegen drohenden Einsturzes, Verunstaltung der Landschaft, Bodenschutz, vertragliche Zusage usw.). Ohne spezielle Eingriffsgrundlage kann ein Beseitigungsanspruch nicht geltend gemacht werden. Allein aus einer zwischenzeitlich erfolgten Änderung der Rechtslage oder auch aus dem Auslaufen einer zunächst wirksamen Baugenehmigung ergibt sich grundsätzlich kein Beseitigungsanspruch der Bauaufsicht - auch nicht bei nicht mehr genutzten Gebäuden.[16]

Die Bauaufsichtsbehörden befinden sich also im Recht, wenn sie die bloße Nutzungsaufgabe und den Leerstand eines Gebäudes - wie lange er auch dauern mag – nicht als Rechtfertigungsgrund für eine Beseitigungsverfügung ausreichen lassen. Es sei wiederholt: **Jeder Beseitigungsanspruch bedarf einer gesonderten, eigenen Rechtsgrundlage** – ohne eine spezielle Eingriffsgrundlage kann ein Beseitigungsanspruch nicht geltend gemacht werden. Aber:

Die oben zitierten neuen Vorschriften in den Bauordnungen der Länder Brandenburg, Bremen, Hamburg, Niedersachsen, Rheinland-Pfalz, Saarland, und Schleswig-Holstein enthalten exakt jene ausdrückliche Ermächtigung zur Beseitigungsanordnung schon vor der physischen Einsturzgefahr. Die das Eingreifen rechtfertigende Gefahr besteht hier in der aktuellen Verunstaltung und der drohenden Abwertung eines ganzen Quartiers. Die Belange des Eigentümers können und müssen anlässlich der Entscheidung über die Beseitigungsanordnung gewürdigt werden. Wenn sie weniger gewichtig sind als das öffentliche Interesse an der Beseitigung, ist die Beseitigungsverfügung gerechtfertigt. Sie konkretisiert dann die Eigentumsbindung im

---

tracht kommt." Diese Aussage ist mit Art. 14 GG wohl nur dann vereinbar, wenn man die Auffassung vertritt, dass das Recht zum Bauen im Außenbereich verliehen wird und nicht zum Grundeigentum gehört.

14 Bei baulichen Maßnahmen des Bundes oder der Länder, die gemäß § 37 BauGB abweichend von den Vorschriften des Baugesetzbuchs genehmigt worden sind, besteht nach Aufgabe der contra legem genehmigten Nutzung ein Beseitigungsanspruch – so mit Recht das BVerwG, Entsch. v. 21.11.2001 – 4 B 36.00 – ZfBR 2001, 200.

15 Vgl. OVG Sachsen-Anhalt, Beschl. v. 27.12.2006 – 2 L 66/05 – LS 3. Ein Bauwerk verliert seine (bestandsschutzrechtliche) Identität, wenn der Eingriff in den vorhandenen Bestand so intensiv ist, dass er die Standfestigkeit des gesamten Gebäudes berührt und eine statische Nachberechnung des gesamten Gebäudes erforderlich macht, oder wenn die für die Instandsetzung notwendigen Arbeiten den Aufwand für einen Neubau erreichen oder gar übersteigen, oder wenn die Bausubstanz ausgetauscht oder das Bauvolumen wesentlich erweitert wird (vgl. BVerwG, Beschl. v. 21.03.2001 – 4 B 18.01 – NVwZ 2002, 92).

16 Missverständlich insoweit Johlen, der eine Rechtspflicht zur Beseitigung endgültig nicht mehr genutzter, insbesondere nicht mehr nutzbarer baulicher Anlagen annimmt, in: BauR 2010, 1680.

Sinne des Art. 14 Abs. 1 Satz 2 GG und enthält jedenfalls so lange keine (unzulässige) Enteignung, wie sie zumindest mittelfristig aus den Erträgen des geräumten und ggf. wieder bebaubaren Grundstücks oder aus ersparten Erhaltungsaufwendungen finanziert werden kann.

Wenn der Eigentümer der Beseitigungsanordnung nicht nachkommt, kann die Verfügung auf der Rechtsgrundlage der Verwaltungsvollstreckungsgesetze vollstreckt werden;[17] dies dürfte in aller Regel durch Ersatzvornahme geschehen. Anschließend werden die Kosten beigetrieben. Nicht ganz klar ist, ob in den Fällen der Nichtrentabilität der Beseitigung auch der Zugriff auf sonstiges Vermögen des Eigentümers zum Kostenersatz zulässig ist. Dies erscheint grundsätzlich gerechtfertigt, weil jeder Schuldner öffentlicher Abgaben mit seinem gesamten Vermögen haftet – auch der Eigentümer als Zustandsstörer.[18] Manche Juristen sehen die auf das sonstige Vermögen übergreifende Zahlungspflicht jedoch als problematisch an, weil die Beseitigungspflicht sich auf ein ganz konkretes Grundstück bezieht und damit gleichsam an der Sache hängt und nicht an der Person. Die Sachbezogenheit der Beseitigungsverfügung wirkt sich jedoch bei zutreffender Würdigung nicht im Sinne einer Verschonung des sonstigen Vermögens des Eigentümers aus, sondern dadurch, dass eine Beseitigungsanordnung auch für den Rechtsnachfolger gilt.[19]

Dessen ungeachtet sollte aus Gründen der Verhältnismäßigkeit und mit Rücksicht auf die Eigentumsgarantie bei der Vollstreckung des Kostenerstattungsanspruchs aus einer Ersatzvornahme[20] auf die aktuelle Ertragslage des Grundstücks und auf die Zahlungsfähigkeit des Schuldners Rücksicht genommen werden. Wo derzeit, aber nur zeitweise nichts zu holen ist, sollte gestundet werden. Wenn vorauszusehen ist, dass die Kosten des Abrisses den Verkehrswert des geräumten Grund-

---

17 Näheres dazu bei Rasch, Die zwangsweise Durchsetzung von baurechtlichen Beseitigungsanordnungen, in: BauR 1988, 266.

18 Vgl. VG Darmstadt, Beschl. v. 12.09.2011 – 2 L 795/11.DA – Juris; Bauaufsichtliche Verfügung gegen Eigentümer: 1. Der Eigentümer einer baulichen Anlage ist als Zustandsstörer für eine den materiellrechtlichen Vorschriften entsprechende Nutzung dieser Anlage verantwortlich und kann daher von der Behörde auch dann in Anspruch genommen werden, wenn Handlungen Dritter für die Störung der öffentlichen Ordnung verantwortlich sind. In diesem Falle hat er grundsätzlich die rechtliche Möglichkeit und Pflicht, auf die rechtmäßige Nutzung seiner baulichen Anlage hinzuwirken.

19 Vgl. OVG Berlin-Brandenburg, Entsch. v. 13.01.2006 – 10 S 25.05 – Juris, Nach § 64 Abs. 5 Bbg BO i. d. F. vom 25. März 1998 (GVBl. I S. 82) - ebenso wie nunmehr nach § 52 Abs. 5 Bbg BO vom 16. Juli 2003 (GVBl. I S. 209) – wirkt eine Beseitigungsanordnung auch gegenüber einem Rechtsnachfolger. Mit dieser Regelung trägt der Gesetzgeber dem Umstand Rechnung, dass mit der Anordnung der Beseitigung von baulichen Anlagen die Zustandsverantwortlichkeit für das Baugrundstück konkretisiert wird. Die Beseitigungsverpflichtung hat somit eine dingliche Wirkung. Sie tritt unabhängig davon ein, ob der Rechtsvorgänger als Zustands- oder als Handlungsstörer in Anspruch genommen worden ist.

20 Zum Umfang vgl. Sächsisches OVG, Entsch v. 20.08.2008 – 1 B 186/07 – Juris, „Wird eine baurechtliche Beseitigungsverfügung im Wege der Ersatzvornahme vollstreckt, so gehören die Kosten für eine ordnungsgemäße Entsorgung des entstehenden Abbruchmaterials grundsätzlich zu den erstattungsfähigen Kosten der Einsatzvornahme."

stücks deutlich überschreiten, sollte bei einem im Übrigen vermögenslosen Schuldner die Vollstreckung der Geldforderung ausgesetzt werden. Denn eine Zwangsversteigerung des Grundstücks würde bei einem im Übrigen vermögenslosen Schuldner für diesen unvermeidlich zu einer Enteignung des Grundstücks führen. Man sollte es dann bei der Eintragung einer Zwangshypothek auf dem Grundstücke belassen und im Übrigen auf bessere Zeiten und auf die Geldentwertung warten.

Zum Abschluss sei noch auf ein Urteil des VG Mainz hingewiesen.

Nach dem VG Mainz, Urt. vom 25.01.2012 – 3 K 401/11.MZ – kommen als Rechtsgrundlage für ein Eingreifen bei unmittelbarer Gefahrenlage auch die Vorschriften des Polizei- und Ordnungsbehördengesetzes über die Sicherstellung, Verwahrung und Verwertung von Sachen in Frage. Diese Vorschriften beziehen sich nach dem VG Mainz auch auf unbewegliche Sachen. Das VG führte in den Leitsätzen weiter aus:

„2. Die Sicherstellung eines in erheblichem Maße gegen Vorschriften des Baurechts verstoßenden Hausgrundstücks nach den Vorschriften des Polizei- und Ordnungsbehördengesetzes wird durch die Eingriffsermächtigungen in der Landesbauordnung nicht verdrängt, wenn mit der Sicherstellung nicht die Schaffung oder der Erhalt baurechtmäßiger Zustände, sondern die Abwehr gegenwärtiger Gefahren für die öffentliche Sicherheit (hier: Leib oder Leben von Bewohnern) beabsichtigt ist.

3. Die Eintragung eines Vermerks über Anordnung die Zwangsversteigerung im Grundbuch steht einer ordnungsbehördlichen Anordnung der Verwertung durch den Zwangsversteigerungsgläubiger nicht entgegen.“

IV. Nachbemerkung

Am 20. September 2013 ist die BauGB-Novelle zur Förderung der Innenentwicklung in den Städten und Gemeinden in Kraft getreten. § 179 BauGB wurde hinsichtlich der Kosten für den Abriss von baulichen Anlagen mit Missständen oder Mängeln, die auch durch Modernisierung oder Instandsetzung nicht behoben werden können (§ 179 Abs. 1 Nr. 2 BauGB) wie folgt ergänzt:

> *(4) Im Falle des Absatzes 1 Satz 1 Nummer 2 sind die Beseitigungskosten vom Eigentümer bis zur Höhe der ihm durch die Beseitigung entstehenden Vermögensvorteile zu tragen. Der Kostenerstattungsbetrag kann durch Bescheid geltend gemacht werden, sobald die bauliche Anlage ganz oder teilweise beseitigt ist. Der Betrag ruht als öffentliche Last auf dem Grundstück.*

Damit hat der Gesetzgeber eine gute Lösung gefunden. Die Gemeinde darf die Beseitigung selbst veranlassen – die manchmal störrische Bauaufsichtsbehörde muss nicht mitwirken. Die Kosten darf sie beim Grundstückseigentümer beitreiben – vergleichbar den Kosten einer bauaufsichtlichen Ersatzvornahme. Aus Gründen des Eigentumsschutzes ist die Höhe des Erstattungsanspruchs der Gemeinde auf die dem Eigentümer erwachsenden Vermögensvorteile begrenzt. In der Regel dürften diese Kosten identisch sein mit den rentierlichen Kosten, denn etwaige Einnahmen oder ein Veräußerungserlös dürften sich mit dem Grundstück nur in geräumten Zustand erzielen lassen. Mit der Qualifizierung als „öffentliche Last" wird der Erstattungsanspruch dinglich gesichert.

Renaissance des besonderen Wohngebiets?

Arno Bunzel

I. Rahmenbedingungen für eine Neubewertung des besonderen Wohngebiets

Grundlegende Rahmenbedingungen der Stadtentwicklung sind heute u. a. die demographische Entwicklung (Alterung, räumlich differenzierte „Schrumpfung"), der wirtschaftlichen Strukturwandel, der Klimaschutz und die Folgenbewältigung des Klimawandels, die nachhaltige Umstellung des Umgangs mit den nicht vermehrbaren natürlichen Ressourcen (u. a. die Energiewende) sowie ein sich weiter ausdifferenzierendes Spektrum unterschiedlicher Lebensstile und Ansprüche. Der wirtschaftliche Strukturwandel aber auch der Abzug der alliierten Streitkräfte sowie die Umstrukturierung der Bundeswehr haben zahllose Flächen innerhalb der Siedlungsgebiete freigegeben. Stadtwirtschaftliche und städtebauliche Erwägungen machen eine vorrangige Erschließung dieser Wiedernutzungsoptionen genauso erforderlich, wie das ökologische Ziel, Flächen zu sparen, das etwa in der Nachhaltigkeitsstrategie der Bundesregierung seinen Ausdruck gefunden hat.[1] Der Strukturwandel in der Wirtschaft (Maßstabsvergrößerung, Konzentration, fortschreitende Technisierung und Automatisierung, Logistikkonzepte etc.) hat zu einer Entflechtung von Nutzungen im Nutzungsgefüge der Städte beigetragen.[2] Angesichts dessen stehen die Städte vor der Herausforderung, die ökonomischen, ökologischen und sozialen Vorteile gemischter Nutzungsstrukturen wieder besser zur Geltung zu bringen und diese in eine Strategie der vorrangigen Innenentwicklung einzubinden.

II. Gründe für die Einführung des besonderen Wohngebiets

Mit der Einführung des besonderen Wohngebiets im Rahmen der Novellierung der Baunutzungsverordnung 1977 hat sich der Verordnungsgeber dem Leitbild der behutsamen Stadterneuerung entsprechend für den Erhalt einer am Bestand orientierten Nutzungsmischung in überwiegend vom Wohnen geprägten Gebieten ausgesprochen. Zugleich stellt dieser Schritt eine Abkehr vom Gedanken der flächenhaf-

1 Die Bundesregierung (Hrsg.), Perspektiven für Deutschland. Unsere Strategie für eine nachhaltige Entwicklung, S. 287, unter: http://www.bundesregierung.de/Content/DE/_Anlagen/Nachhaltigkeit-wiederhergestellt/perspektiven-fuer-deutschland-langfassung.pdf?__blob=publicationFile&v=2 (Zugriff am 26.4.2013).

2 Hierzu ausführlich Bunzel/Sander et al., in: Wüstenrot Stiftung (Hrsg.), Nutzungswandel und städtebauliche Steuerung, Ludwigsburg 2003, S. 31-139.

ten Sanierung unter funktionaler und räumlicher Entflechtung von Nutzungen dar. Es ging um den Erhalt der besonderen Qualität dieser Gebiete, die sich unter Begriffen wie „Kreuzberger Mischung“ oder „Bockenheimer Mischung“ in der Fachdiskussion Ausdruck verschaffen konnten.[3]

Dies kommt auch in der Begründung des damaligen Gesetzentwurfs zum Ausdruck:

> *„In der Praxis des Städtebaues haben sich in der Vergangenheit besonders in mittleren und größeren Gemeinden bebaute Gebiete entwickelt, die sich vom Typ her nicht in die in der geltenden BauNVO enthaltenen Kategorien der Baugebiete einordnen lassen. Gekennzeichnet sind diese bebauten Gebiete dadurch, dass sie überwiegend von einer Wohnnutzung geprägt sind, dass dort aber auch bestimmte, mit der Wohnnutzung noch verträgliche gewerbliche Nutzungen vorhanden sind. Von den Aufgaben und dem Charakter her, den diese Gebiete haben, ist es nicht angezeigt, sie zu einem allgemeinen Wohngebiet zu entwickeln. Auch die Ausübung gewerblicher Nutzungen ist dort aus städtebaulicher Sicht durchaus sinnvoll. Diese Gebiete sind nicht auf Citybereiche beschränkt, häufig auch nicht mit diesen vergleichbar. In der öffentlichen Diskussion ist allerdings häufig von Citywohngebieten die Rede. Auf den Sachverhalt trifft aber eher die Bezeichnung „Innerstädtisches Wohngebiet“ zu. Der Entwurf verwendet diese Bezeichnung nicht, weil sie zu rechtlichen Zweifelsfragen bei der Abgrenzung führen kann und die Gebiete nicht unbedingt innerstädtisch zu sein brauchen […] Die Gemeinde ist nicht genötigt, diese Gebiete in die Kategorie einerseits des allgemeinen Wohngebiets oder andererseits des Mischgebiets hineinzuzwängen. Dieser Eigenart soll für die entsprechenden Gebiete durch eine besondere Festsetzungsmöglichkeit Rechnung getragen werden. Bestimmend und prägend für diese Gebiete ist die Wohnnutzung, sie gilt es zu erhalten und dort fortzuentwickeln“*[4]

Vor allem zielte die Einführung des besonderen Wohngebiets auf historisch gewachsene Gemengelagen, die nach ihrer Eigenart weder dem Charakter eines allgemeinen Wohngebietes noch dem eines Mischgebietes entsprechen, deren Erhalt allerdings städtebauliche gewünscht ist. Die Sicherung gesunder Wohnverhältnisse sowie der Erhalt und die Stärkung der Wohnfunktionen sollte erreicht werden, ohne dass die auch durch gewerbliche und sonstige wohnverträgliche Nutzungen geprägte Nutzungsstruktur verändert werden muss.[5] Man könnte auch sagen, dass es dem Verordnungsgeber um die Rettung der Gemengelage ging.

Das allgemeine Wohngebiet erweist sich bei entsprechenden Nutzungsstrukturen häufig als ungeeignet, weil auch Gewerbetriebe und Handwerksbetriebe anzutreffen sind, die aufgrund ihres Störgrads in einem allgemeinen Wohngebiet nicht zulässig wären. Auch ist an Gebiete zu denken, in denen Läden, Schank- und Speisewirt-

---

3 Vgl. Klinge, in: Bleicher et al. (Hrsg.), Baurecht – Bauplanungsrecht: BauGB – Baunutzungsverordnung, Loseblattsammlung, Kronach 2012, § 4a BauGB Anm. 1.1.

4 BR-Drucks. 261/77, S. 24 f.

5 BR-Drucksache 261/77, S. 13.

schaften sowie Handwerksbetriebe vorhanden sind, die nicht lediglich der Versorgung des Gebiets dienen und die deshalb in allgemeinen Wohngebieten nicht zulässig sind. Auch das Mischgebiet ist vielfach ungeeignet, wenn es sich um Gebiete mit Umnutzungsdruck in Richtung Gewerbe handelt, in denen der Bestand an Wohnungen erhalten werden soll, die also weiterhin überwiegend dem Wohnen dienen sollen. Wird die Wohnnutzung aufgrund einer schleichenden Umnutzung in gewerbliche Nutzungen (z. B. Arztpraxen, Rechtsanwaltsbüros, andere Büroflächen) nach und nach verdrängt, wäre die Festsetzung als Mischgebiet verfehlt.

III. Zweckbestimmung und Prägung des besonderen Wohngebietes

Besondere Wohngebiete sind geprägt durch die bereits vorhandenen Nutzungen. Sie sind bereits überwiegend bebaut (hierzu unten). Prägend ist nach § 4a BauNVO die ausgeübte Wohnnutzung sowie andere Nutzungen, die nach § 4a Abs. 2 BauNVO im besonderen Wohngebiet allgemein zulässig sind (Läden, Betriebe des Beherbergungsgewerbes, Schank- und Speisewirtschaften, sonstigen Gewerbebetriebe, Geschäfts- und Bürogebäude sowie Anlagen für kirchliche, kulturelle, soziale, gesundheitliche und sportliche Zwecke). Nicht alle der zahlreichen in Absatz 2 genannten Anlagen müssen in dem Gebiet anzutreffen sein.[6] Die von diesen Anlagen ausgehende Wirkung muss aber zumindest mit prägend wirken. Diese „besondere" Nutzungsstruktur bringt eine vom allgemeinen Wohngebiet sowie vom Mischgebiet abweichende eigene Eigenart des Gebiets mit sich.

Die Eigenart besonderer Wohngebiete kann je nach vorhandener Nutzungsstruktur im Einzelfall variieren. Dies wirkt sich auch auf die Zweckbestimmung besonderer Wohngebiete aus. Sie wird bestimmt von dem Planungsziel, die Wohnungen in dem Gebiet unter Berücksichtigung der im Einzelfall variierenden besonderen Eigenart des Gebietes zu erhalten und weiterzuentwickeln. Die vorgegebene Prägung des Gebietes ist damit Ausgangspunkt für die Bestimmung der Zweckbestimmung des Gebietes.[7] Hierin unterscheidet sich das besondere Wohngebiet von den Seitens des Verordnungsgebers bereits abschließend in der Zweckbestimmung und im Nutzungskanon bestimmten Baugebieten. Die Zweckbestimmung ergibt sich also einzelfallabhängig nach dem vorgefundenen Bestand und den angestrebten Planungszielen. Aus der individuellen Prägung der Eigenart im Einzelfall folgt eine größere Bandbreite zulässiger und ausnahmsweise zulässiger Nutzungen, als es in den anderen Baugebieten der Fall ist. Zu beachten bleibt allerdings die Notwendigkeit der Wohnnutzungsverträglichkeit.

---

6 OVG Münster, Urt. v. 27.11.2006 – 7 D 118/05.NE – ZfBR 2007, 351.

7 Vgl. Stock, in: Ernst/Zinkahn/Bielenberg/Krautzberger (Hrsg.), Baugesetzbuch Kommentar, Loseblattsammlung, München 2011, § 4a BauNVO Rn. 18.

Besondere Wohngebiete sind häufig geprägt durch Wohnhäuser, in denen sich in der Erdgeschosszone Ladengeschäfte befinden und in den darüber liegenden Geschossen gewohnt wird. In alten gründerzeitlichen Gebieten befinden sich zudem häufig in Seiten- und Hintergebäuden Gewerbegeschosse oder Remisen, in denen Handwerksbetriebe untergebracht sind bzw. waren und die heute weiter gewerblich genutzt werden.

Vor allem in gründerzeitlich geprägten Gebieten ist regelmäßig eine vergleichsweise hohe Bebauungsdichte vorzufinden. Der Verordnungsgeber hat dies bei der Festlegung der Obergrenzen für das Maß der baulichen Nutzung berücksichtigt und die Obergrenze für die GFZ bei 1,6 und für die GRZ bei 0,6 angesetzt. Im Vergleich liegen die GFZ-Obergrenzen im allgemeinen Wohngebiet und im Mischgebiet bei 1,2 und die GRZ-Obergrenzen im allgemeinen Wohngebiet bei 0,4. Gleichwohl weisen historische Innenstadtquartiere häufig noch höhere Dichten auf, so dass von der Möglichkeit einer Überschreitung der Maßobergrenzen Gebrauch gemacht werden muss.

Besondere Wohngebiete dienen neben dem „vorwiegenden" Wohnen auch der Unterbringung von Gewerbebetrieben und sonstigen Anlagen. Diese müssen nach der besonderen Eigenart des Gebiets mit der Wohnnutzung vereinbar sein. Die Wohnnutzung muss nicht zwingend quantitativ überwiegen. Der Begriff „vorwiegend" bezieht sich auf die Prägung des Gebietes. Es kommt also darauf an, welches Gewicht der Wohnnutzung bei der Prägung des Gebietes zukommt.

Der Charakter eines besonderen Wohngebietes wird zudem durch den Umstand mitbestimmt, dass anders als im allgemeinen Wohngebiet Beschränkungen der gewerblichen und sonstigen Nutzungen auf die Funktion der Gebietsversorgung (der Versorgung des Gebietes dienend) nicht vorgesehen sind. Das besondere Wohngebiet kann somit auch Versorgungsfunktionen für andere Baugebiete übernehmen.

Aus der besonderen Eigenart des besonderen Wohngebietes ergibt sich auch, dass eine generelle Gleichsetzung hinsichtlich der Beurteilung von zumutbaren Lärmbelastungen weder mit einem allgemeinen Wohngebiet noch mit dem Mischgebiet möglich ist.[8] Welcher Lärm noch zumutbar ist, richtet sich nach den Umständen des Einzelfalles, insbesondere nach der durch die Gebietsart und die tatsächlichen Verhältnisse bestimmten Schutzwürdigkeit und Schutzbedürftigkeit.[9] Aus diesem Grund sehen sowohl die Verkehrslärmschutzverordnung als auch die Sportanlagenlärmschutzverordnung anstelle bestimmter Richt- bzw. Grenzwerte eine Beurteilung entsprechend der Schutzbedürftigkeit im Einzelfall vor.[10] Auch in der Technischen Anleitung zum Schutz gegen Lärm (TA Lärm) findet sich kein Immissions-

---

8 BVerwG, Beschl. v. 24.1.1992 – 4 B 228.91 – Juris.

9 Ebenda unter Bezugnahme auf BVerwG, Beschl. v. 18.10.1990 – 4 N 6.88 – UPR 1991, 151.

10 Vgl. § 2 Abs. 2 Satz 2 16. BImSchV, § 2 Abs. 6 Satz 2 18. BImSchV.

richtwert für besondere Wohngebiete, so dass auch hier die Schutzbedürftigkeit im Einzelfall maßgeblich ist.[11]

IV. Festsetzungsvoraussetzungen

Nach der Rechtsprechung ist der Anwendungsbereich als Folge des Gebietstypenzwangs (§ 1 Abs. 3 BauNVO) deutlich eingeschränkt. Charakteristisch für ein nach § 4a Abs. 1 BauNVO festgesetztes besonderes Wohngebiet seien besondere tatsächliche Verhältnisse, die eine anderweitige Festsetzung des Gebiets, beispielsweise als allgemeines Wohngebiet oder als Mischgebiet, gerade nicht erlauben.[12] Ausgangspunkt der Beurteilung sind danach die in dem Gebiet ausgeübte Wohnnutzung und die vorhandenen sonstigen in § 4a Abs. 2 BauNVO genannten Anlagen, aus denen sich die besondere Eigenart ergeben muss. Hieraus ergibt sich für die Festsetzung besonderer Wohngebiete eine höhere Hürde als für die Festsetzung anderer Baugebiete im Bestand.[13] Unerheblich ist es, ob das Plangebiet schon überplant und z. B. als allgemeines Wohngebiet, als Misch- oder Kerngebiet festgesetzt ist. Auch eine hiervon ausgehende Änderung der Gebietsausweisung in ein besonderes Wohngebiet ist bei Vorliegen der entsprechenden Prägung im Sinne von § 4a Abs. 1 BauNVO möglich.

Ob die von der oben genannten Formel ausgehende Begrenzung der Anwendungsmöglichkeiten des besonderen Wohngebietes insbesondere in Abgrenzung von der Möglichkeit, ein Mischgebiet festzusetzen, rechtlich zwingend und in praktischer Hinsicht sachgerecht ist, wird zu Recht u. a. von *Stock* in Zweifel gezogen.[14] Die für das besondere Wohngebiet durch eine gemischte Nutzungsstruktur geprägte besondere Eigenart wird in den meisten Fällen zwanglos auch mit der Nutzungsstruktur eines Mischgebietes in Einklang zu bringen sein. Erst durch die in § 4a Abs. 1 Satz 2 BauNVO zum Ausdruck gebrachte andere Zweckbestimmung, nicht jedoch unbedingt durch die vorgefundene Nutzungsstruktur wird der Unterschied zum Mischgebiet deutlich. Während Mischgebiete gleichberechtigt dem Wohnen und der Unterbringung von Gewerbebetrieben dienen sollen, dienen besondere Wohngebiete „vorwiegend" dem Wohnen und daneben auch der Unterbringung von Gewerbebetrieben. Diese Zweckbestimmung wird zusätzlich durch das Ziel unterstrichen, Wohnungen zu erhalten und zu entwickeln. Es spricht deshalb viel dafür, dass Gebiete, welche (noch) unter die allgemeine Zweckbestimmung des

11 Technische Anleitung zum Schutz gegen Lärm (TA Lärm) v. 26.8.1998 (GMBl Nr. 26/1998 S. 503), Ziffer 6.6 Satz 2.

12 BVerwG, Beschl. v. 24.01.1992 – 4 B 228/91 – Juris; OVG Berlin-Brandenburg, Urt. v. 20.09.2006 – 2 A 12.05 – Juris; OVG Münster, Urt. v. 27.11.2006 – 7 D 118/05.NE – Juris; OVG Lüneburg, Beschl. v. 5.04.2000 – 1 K 4846/98 – Juris; OVG Lüneburg, Urt. v. 5.04.2000 – 1 K 2245/99 – Juris.

13 Vgl. Stock, a. a. O. (Fn. 7), § 4a BauNVO Rn. 18.

14 Vgl. Stock, a. a. O. (Fn. 7), § 4a BauNVO Rn. 20.

Mischgebiets subsumiert werden könnten, auch als besonderes Wohngebiet festgesetzt werden dürfen, wenn damit das Ziel verfolgt wird, die Wohnnutzung zu erhalten und zu stärken.[15]

Der Festsetzung eines besonderen Wohngebietes steht nicht entgegen, dass einzelne Nutzungen im Gebiet anzutreffen sind, die nach § 4a Abs. 3 BauNVO nur ausnahmsweise oder als Fremdkörper gar nicht zulässig sind. Solche Nutzungen dürfen jedoch nicht für die Prägung des Gebietes maßgeblich sein.[16] Da die sich aus den tatsächlichen Verhältnissen ableitende Prägung des Gebietes grundlegende Anwendungsvoraussetzung für die Festsetzung eines besonderen Wohngebiets ist, bedarf es einer Bestandsermittlung, welche eine Beurteilung der besonderen Eigenart des Gebiets und der Folgen für die künftige Entwicklung zulässt.[17]

Eine weitere Einschränkung des Anwendungsbereichs ergibt sich aus dem Umstand, dass besondere Wohngebiete grundsätzlich bereits überwiegend bebaut sein müssen. [18] Der Begriff „überwiegend bebaut" wird mit entsprechender Bedeutung auch bei § 1 Abs. 10 und bei § 17 Abs. 3 Satz 1 BauNVO verwendet und ist in gleicher Weise auszulegen.[19] Nicht zulässig ist die Festsetzung eines besonderen Wohngebietes, wenn es um die Erschließung neuer Bauflächen geht. Auch bei vormals baulich genutzten und mittlerweile brachgefallenen Flächen kann ein besonderes Wohngebiet nicht festgesetzt werden. Dies gilt auch dann, wenn das Gebiet weiterhin bebaut ist, die Bebauung aber leer steht. Denn die Verordnung verlangt nicht nur, dass es sich um ein bereits überwiegend bebautes Gebiet handelt. Darüber hinaus muss das Gebiet durch ausgeübte Nutzungen geprägt werden, wobei der Wohnnutzung ein besonderes Gewicht (vorwiegend) beizumessen ist. Es muss sich deshalb auch um ein zum Zeitpunkt der Planung noch genutztes Gebiet handeln.

Das Gebiet muss zudem durch ausgeübte Wohnnutzung mitgeprägt sein. Bei der Beurteilung dieser Voraussetzung bleiben dauerhaft leerstehende Wohnungen genauso unberücksichtigt wie Wohnraum, der zweckwidrig freiberuflich oder gewerb-

---

15 Wie hier Ziegler, in: Brügelmann (Hrsg.), Baugesetzbuch Kommentar, Loseblattsammlung, Stuttgart, Stand August 2006, § 4a BauNVO Rn. 14; vgl. Jäde, in: Jäde/Dirnberger/Weiß (Hrsg.), BauGB BauNVO Kommentar, Stuttgart, § 4a BauNVO Rn. 6; vgl. Stock, in: König/ Roeser/Stock (Hrsg.), BauNVO Kommentar, München 2003, § 4a BauNVO Rn. 7; vgl. Stock, a. a. O. (Fn. 7), § 4a BauNVO Rn. 20.

16 Vgl. Ziegler, a. a. O. (Fn. 15), § 4a BauNVO Rn. 13; vgl. Fickert/Fieseler, BauNVO Kommentar, § 4a Rn. 8.1; vgl. Förster, BauR 1978, 439; vgl. Boeddinghaus, BauNVO, § 4a Rn. 9; vgl. Stock, a. a. O. (Fn. 7), § 4a BauNVO Rn. 25.

17 OVG Berlin-Brandenburg, Urt. v. 20.09.2006 – 2 A 12.05 – Juris; OVG Lüneburg, Urt. v. 30.06.1986 – 1 C 5/86 – Juris; OVG Münster, Urt. v. 18.06.1996 – 10a D 61/92 NE – Juris; OVG Münster, Urt. v. 8.03.1993 – 11a NE 53/89 – Juris.

18 Hierzu im Einzelnen Klinge, a. a. O (Fn. 3), § 4a Anm. 1.2; vgl. Stock, a. a. O. (Fn. 7), § 4a BauNVO Rn. 15-17 m.w.N.

19 Vgl. Stock, a. a. O. (Fn. 7), § 4a BauNVO Rn. 13.

lich genutzt wird.[20] Zum Zeitpunkt der Aufstellung des Bebauungsplans muss die Wohnnutzung einen zumindest mitprägenden Einfluss auf das Gebiet haben; sie muss jedoch zu diesem Zeitpunkt nicht zwingend „vorwiegend“ sein.[21] Erfasst werden deshalb auch „umkippende“ Wohngebiete, also Gebiete, in denen in einem schleichenden Prozess Wohnungen für andere Nutzungen umgenutzt werden und ab einem bestimmten Punkt nicht mehr quantitativ überwiegen.[22] Das Gebiet muss in der allgemeinen Wahrnehmung aber (noch) als Wohngebiet gelten.

Schließlich kommt die Ausweisung eines besonderen Wohngebietes nur dann in Betracht, wenn die Gemeinde die vorhandene Wohnnutzung erhalten und fortentwickeln will und zwar unter Berücksichtigung der besonderen Eigenart des Gebiets. Wie dieses Ziel erreicht werden soll, muss in der Begründung des Bebauungsplans ausgeführt werden. Dabei sind in der Regel zusätzliche Festsetzungen insbesondere auf der Basis von § 4a Abs. 4 BauNVO, zur Erhaltung der Bevölkerungsstruktur nach § 172 Abs. 1 Nr. 2 BauGB oder zur Verbesserung des Wohnumfeldes erforderlich.[23]

Es geht allerdings nur um den Erhalt und die Entwicklung der Wohnnutzung und nicht um die Fortentwicklung der gewerblichen Nutzung.[24] Letzteres wäre mit der zwingend anzustrebenden Stärkung des Wohngebietscharakters unvereinbar. Unzulässig wäre es auch, wenn ein besonderes Wohngebiet mit dem Ziel festgesetzt würde, die höhere immissionsschutzrechtliche Schutzbedürftigkeit eines allgemeinen Wohngebietes und damit Beschränkungen für emissionsrelevante sonstige Nutzungen außerhalb des Baugebietes zu vermeiden.[25]

V. Ergänzende Feinsteuerung zur Erhaltung und Entwicklung der Wohnnutzung

Das mit der Ausweisung eines besonderen Wohngebiets zwingend verbundene Ziel, die Wohnnutzung zu erhalten und zu entwickeln, erfordert es regelmäßig, dass ergänzende Festsetzungen getroffen werden. Besonders wirksam zur Erreichung dieses Planungsziels sind die in § 4a Abs. 4 BauNVO zugelassenen wohnungsbezogenen Festsetzungen. Durch diese Festsetzungen kann der (schleichenden) Umnutzung und Zweckentfremdung von Wohnraum entgegenwirkt werden. § 4a Abs. 4

---

20 Vgl. Stock, a. a. O. (Fn. 7), § 4a BauNVO Rn. 21.

21 Vgl. Fickert/Fieseler, a. a. O. (Fn. 16), § 4a Rn. 9; vgl. Ziegler, a. a. O. (Fn. 15), § 4a Rn. 10; vgl. Jäde, a. a. O. (Fn. 15), § 4a Rn. 7; vgl. Stock, a. a. O. (Fn. 15), § 4a Rn. 8; vgl. Stock, a. a. O. (Fn. 7), § 4a BauNVO Rn. 22.

22 Vgl. Stock, a. a. O. (Fn. 7), § 4a BauNVO Rn. 22 unter Verweis auf die Motive des Verordnungsgebers.

23 Vgl. Fickert/Fieseler, a. a. O. (Fn. 16), § 4a Rn. 11.1.

24 Vgl. OVG Münster, Urt. vom 18.06. 1996 – 10a D 61/92.NE – DÖV 1997, 39.

25 Vgl. OVG Berlin-Brandenburg, Urt. v. 20.09.2006 – 2 A 13/05 – Juris.

BauNVO enthält mehrere Festsetzungsvarianten, mit denen der Anteil an Wohnungen in dem Baugebiet beeinflusst werden kann.[26] Es kann festgesetzt werden, dass

- oberhalb eines im Bebauungsplan bestimmten Geschosses nur Wohnungen zulässig sind,
- in Gebäuden ein im Bebauungsplan bestimmter Anteil der zulässigen Geschossfläche oder
- eine bestimmte Größe der Geschossfläche für Wohnungen zu verwenden ist.

Diese Festsetzungen können kombiniert werden z. B. mit der Festsetzung einer zwingenden Zahl an Vollgeschossen oder der Festsetzung eines Mindestmaßes für die Geschossfläche. Sie können auf Teile des Wohngebiets beschränkt werden, wenn ein Erfordernis zu einer räumlichen Differenzierung besteht. Gemeinsam ist diesen Festsetzungen, dass sie den Vorrang des Wohnens im Baugebiet sichern, indem sie für eine „Durchmischung der Baugebiete mit Wohnungen" sorgen.[27]

Die Wirkung der Festsetzung ist dabei durchaus unterschiedlich. Soweit festgesetzt wird, dass oberhalb eines bestimmten Geschosses nur Wohnungen zulässig sind, sind alle anderen Nutzung ausgeschlossen. Ausgeübte Nutzungen genießen allerdings Bestandsschutz. Die Festsetzung wirkt sich als Umnutzungssperre zugunsten vorhandener Wohnungen aus. Andere vertikale Gliederung der Nutzungen auf der Grundlage von § 1 Abs. 7 BauNVO sind in diesen für Wohnnutzung vorbehaltenen Geschossen nicht möglich. Allerdings kann gestützt auf § 1 Abs. 7 BauNVO die Nutzung unterhalb der ausschließlich dem Wohnen vorbehaltenen Geschosse eingeschränkt werden,[28] in dem z. B. vorgeschrieben wird, dass im Erdgeschoss Wohnungen nicht zulässig sind. So kann z. B. der Charakter einer durch Ladengeschäfte geprägten Straße erhalten bleiben.

Weniger einschränkend und mehr Spielraum für unterschiedliche Umsetzungsoptionen belassend, ist die Festsetzung von Mindestanteilen und Mindestflächen für Wohnungen nach § 4a Abs. 4 Nr. 2 BauNVO. Die Festsetzungen beziehen sich auf das Baugrundstück, obwohl der Wortlaut das Gebäude in Bezug setzt.[29] Dies eröffnet zusätzliche Umsetzungsspielräume bei Grundstücken mit mehreren selbständigen Gebäuden.

Die Festsetzung eines bestimmten Mindestanteils an der Geschossfläche nach der ersten Alternative der Nummer 2 kann im Einzelfall zu unzweckmäßigen Ergebnis-

26 Hierzu vgl. Klinge, a. a. O. (Fn. 3), § 4a BauNVO Anm. 4.
27 Vgl. BVerwG, Beschl. vom 4.06. 1991 – 4 NB 35.89 – Juris.
28 Vgl. z. B. Boeddinghaus, BauNVO, § 4a Rn. 30; Stock, a. a. O. (Fn. 7), § 4a BauNVO Rn. 83.
29 Stock, a. a. O. (Fn. 7), § 4a BauNVO Rn. 84.

sen führen, da die Grundrissgestaltung der Gebäude im Bestand nicht immer geeignet ist[30]. *Stock* verweist deshalb zu Recht darauf, dass die ohnehin erforderliche Bestandsaufnahme auch die tatsächliche Größe der Geschossflächen einschließen sollte, jedenfalls wenn die Gemeinde Festsetzungen zum Mindestflächenanteil für Wohnungen in Erwägung zieht.[31]

Wie bei § 1 Abs. 4 bis 10 BauNVO müssen die Festsetzungen nach § 4a Abs. 4 BauNVO durch besondere städtebauliche Gründe gerechtfertigt sein. Die besonderen, eine solche Festsetzung rechtfertigenden Gründe ergeben sich bei § 4a BauNVO in aller Regel bereits aus der mit der Ausweisung des Gebiets zwingend verbundenen Zielsetzung, Wohnungen im Plangebiet zu erhalten und fortzuentwickeln.[32] Bei einer vertikalen Differenzierung bedarf es deshalb regelmäßig einer Begründung, welche die Differenzierung innerhalb der Gebäude und der Abwägung zu den Festsetzungen nach § 4 Abs. 4 Nr. 2 BauNVO zum Gegenstand hat.

Neben oder ergänzend zu den Festsetzungen nach § 4a Abs. 4 BauNVO kommen auch weitere Regelungen im Bebauungsplan in Betracht. Zu denken ist hier zum einen an die Erhaltungssatzung nach § 172 Abs. 1 Nr. 2 BauGB, mit der zur Erhaltung der Zusammensetzung der Wohnbevölkerung ein Genehmigungsvorbehalt für den Rückbau, die Änderung und die Nutzungsänderung baulicher Anlagen begründet werden kann. Auch auf diesem Weg kann der Verdrängung der Wohnnutzung durch eine schleichende Umnutzung entgegengewirkt werden.

Zudem kommen Festsetzungen in Betracht, die der Verbesserung der Wohn- und Lebensbedingungen dienen. Zu denken ist etwa an Maßnahmen zur Verkehrsberuhigung und zur Aufwertung des Wohnumfeldes (Grün-, Spiel- und Erholungsflächen, Festsetzung von Anpflanzungen). Auch sonstige Maßnahmen, welche nicht im Bebauungsplan festgesetzt werden, können zu diesem Zweck vorgesehen werden.[33]

VI. Anwendungsfälle des besonderen Wohngebiets – ein Blick in die Praxis

Häufig ergeben sich Anwendungserfordernisse für das besondere Wohngebiet aus den im städtebaulichen Bestand stattfindenden Veränderungsprozessen. Diese können ganz unterschiedliche Ursachen und Ausprägungen haben und sind beeinflusst durch die eingangs angesprochenen Rahmenbedingungen und übergreifenden Trends. Ausgehend von der durch den Verordnungsgeber vorgegebenen Ziel-

---

30 Vgl. Fickert/Fieseler, a. a. O. (Fn. 16), § 4a Rn. 33.
31 Vgl. Stock, a. a. O. (Fn. 7), § 4a BauNVO Rn. 88.
32 Vgl. BVerwG, Beschl. v. 4.6.1991 – 4 NB 35.89 – Juris.
33 Vgl. Stock, a. a. O. (Fn. 7), § 4a BauNVO Rn. 32.

setzung, das Wohnen als städtebauliche Funktion zu erhalten und fortzuentwickeln, kommt das besondere Wohngebiet immer dann in Betracht, wenn diese Funktion durch Veränderungsprozesse gefährdet wird, gleichwohl aber die historisch gewachsene und vom allgemeinen Wohngebiet abweichende gemischte Nutzungsstruktur erhalten werden soll.

Eine Stichprobe in einigen deutschen Großstädten zeigt, dass von der Möglichkeit, besondere Wohngebiete in Bebauungsplänen festzusetzen, in den letzten Jahren in einigen Städten eher selten Gebrauch gemacht wurde. So konnte etwa in Leipzig kein einziger Fall und in Dortmund[34] und Stuttgart[35] nur Einzelfälle aufgespürt werden, bei denen von der Festsetzungsmöglichkeit nach § 4a BauGB Gebrauch gemacht wurde. Ein wesentlicher Grund hierfür dürfte darin bestehen, dass der gewerbliche Immissionsschutz aufgrund des Strukturwandels in der Wirtschaft (Maßstabsvergrößerung, Konzentrationsprozesse) und des technischen Fortschritts bei Betriebsabläufen kaum mehr ein Belastungsfaktor in nutzungsgemischten Wohngebieten darstellt. Einer der klassischen Anwendungsfälle ist damit entfallen. Als städtebauliches Ziel könnte daneben die Sicherung eines Mindestanteils der Geschossfläche für Wohnungen durch entsprechende Festsetzungen nach § 4a Abs. 4 BauNVO für die Festsetzung eines besonderen Wohngebietes sprechen. Solche Verdrängungsprozesse etwa durch Anwaltsbüros, Arztpraxen und andere hochwertige Büronutzungen haben in den meisten Städten allerdings über längere Zeit allenfalls an den „prominentesten Adressen" (Kurfürstendamm in Berlin) eine Rolle gespielt.[36]

In Potsdam und Berlin kann in letzter Zeit beobachtet werden, dass das Instrument vermehrt eingesetzt wird. In Potsdam handelt es sich primär um Sanierungsbebauungspläne, die mit der vorgefundenen spezifischen Nutzungsstruktur umgehen mussten.[37] In Berlin hat vor allem der Bezirk Mitte eine Reihe von Bebauungsplänen mit WB-Festsetzung aufgestellt und damit erkennbar auf die dynamischen Veränderungsprozesse in einigen „angesagten" innerstädtischen Wohngebieten reagiert.[38] Solchen Gebiete haben für die Kreativwirtschaft, andere Büronutzung und freie Berufe eine hohe Attraktivität, so dass der hierdurch veranlassten Verdrängung von Wohnnutzung begegnet werden soll. Solche durch sorgfältige Bestandsaufnahme festzustellenden Gefährdungen der Funktion als Wohngebiet sind ein

34 Bebauungsplan InO 105/2 der Stadt Dortmund (Rechtskraft 1998).

35 Bebauungsplan Renzwiesen/Fellnerstraße (Herma-Areal) Wangen (WA 77) der Landeshauptstadt Stuttgart.

36 Vgl. Bebauungsplan IX-B163 des Bezirks Charlottenburg-Wilmersdorf in Berlin für den Bereich des oberen (westlichen) Kurfürstendamms vom Lehniner Platz bis Westfälische Straße.

37 So z. B. der Bebauungsplan San-B01 A "Webergasse" und andere Sanierungsbebauungspläne der Landeshauptstadt Potsdam, unter http://www.potsdam.de/ (Zugriff am 27.04.2013).

38 So etwa die Bebauungspläne I-B5ca, I-B5k, I-B24b und I-B5v in der Spandauer Vorstadt im Bereich Alte Schönhauser Straße, Oranienburgerstraße, Hackescher Markt, Rosenthaler Straße in Berlin Mitte.

tragfähiger Grund für die Ausweisung eines besonderen Wohngebiets.[39] Neben der Festlegung auf den durch vorwiegende Wohnnutzung geprägten Charakter des Gebiets wird in diesen Fällen vor allem die Festsetzung nach § 4a Abs. 4 BauNVO genutzt. Im Übrigen bestehen daneben auch die Gestaltungsmöglichkeiten nach § 1 Abs. 5 bis 9 BauNVO, so dass etwa festgesetzt werden kann, dass im Erdgeschoss Wohnungen unzulässig oder nur ausnahmsweise zulässig sind, um diesen Bereich für andere Nutzungen wie Läden, Gaststätten und andere Dienstleistungsbetriebe vorzuhalten.

Ebenfalls ein aktueller Anwendungsfall für das besondere Wohngebiet könnte die Entwicklung zu sogenannten Vergnügungsviertel sein. Zudenken ist dabei an Wohngebiete, deren Erdgeschossbereich historisch durch Ladengeschäfte geprägt war, die als Folge eines Umnutzungsprozesses aber mehr und mehr ausschließlich für Kneipen, Restaurants und ähnliche Lokale genutzt werden. Soweit in diesen Gebieten weiter vorwiegend gewohnt werden soll, bietet sich an, ein besonderes Wohngebiet festzusetzen. Die typischerweise vor allen Dingen bei nächtlichen Betriebszeiten in solchen „Kneipenvierteln" auftretenden Nutzungskonflikte sind damit zwar nicht gelöst. Hier ist das Gewerberecht gefordert. Die durchaus wünschenswerte Nutzungsmischung kann mit dem besonderen Wohngebiet jedoch sachgerecht aufgegriffen werden, da anders als im allgemeinen Wohngebiet keine funktionale Bindung der Betriebe an das Gebiet („… die der Versorgung des Gebiets dienenden …") besteht.

Neuerdings ist insbesondere in Berlin aber auch in anderen Großstädten ein neues Phänomen zu beobachten, nämlich die Umwandlung von Wohnungen zu Ferienwohnungen, die an Touristen vermietet werden. Auch von dieser Entwicklung sind im besonderen Maße innerstädtische Wohngebiete betroffen. In von derartigen Entwicklungen betroffenen Gebieten bietet das besondere Wohngebiet einen praktikablen Handlungsansatz, wenn ein Mindestanteil für Wohnnutzungen festgesetzt und zugleich die Nutzung als Ferienwohnung ausgeschlossen werden soll. Andere Instrumente, wie eine Zweckentfremdungsverordnung oder die Ausweisung eines Sanierungsgebiets oder eines Milieuschutzgebietes nach § 136 bzw. nach § 172 Abs. 1 Nr. 2 BauGB dürften hier allerdings eine effektivere Steuerung bewirken.

VII. Fazit

Wenn kleinräumig nutzungsgemischte Strukturen ein wesentliches Element dessen sind, was die besondere Qualität der historisch gewachsenen (west-)europäischen Innenstädte ausmacht, ist das besondere Wohngebiet ein außerordentlich aktuelles Gebiet. Man besinnt sich der sozialen, wirtschaftlichen und stadträumlichen Vorteile einer kompakten und nutzungsgemischten Stadt und macht dies zum vorherr-

39 Stock, a. a. O. (Fn. 7), § 4a BauNVO Rn. 22.

schenden städtebaulichen Leitbild. In besonderen Wohngebieten geht die Vorstellung auf, dass Wohnhäuser, Ladengeschäfte, Dienstleistungsbetriebe und kleine Handwerksbetriebe, die in überwiegend dem Wohnen dienenden Gebieten eingeflochten sind, funktional wie stadtstrukturell aber auch im Sinne einer hochwertigen sozialen Vernetzung zum allseitigen Nutzen miteinander kombiniert werden können.

Das besondere Wohngebiet ist ein wichtiger Baustein für eine bestandsorientierte Entwicklung der Städte. Der klassische Anwendungsfall einer Gemengelage aus Wohnen und in allgemeinen Wohngebieten nicht mehr zulässigem Gewerbe und Handwerk ist allerdings eher seltener geworden. Gemischt genutzte Wohngebiete unterliegen zum Teil neuen Verdrängungsprozessen zulasten der Wohnnutzung. Vor allem bei ungewollten Entwicklungen Richtung Misch- oder Kerngebiet (Kneipen, Vergnügungsstätten etc.) wird das besondere Wohngebiet weiterhin gebraucht. Auch die Festsetzung von Mischgebieten oder allgemeinen Wohngebieten in Kombination mit einer vertikalen Differenzierung kann abhängig von der Ausgangslage und Zielsetzung ein geeigneter Steuerungsansatz sein.

Man kann zu Recht von einer Renaissance innerstädtischer Wohngebiete in nutzungsgemischten Strukturen sprechen. Der Begriff „Urbane Milieus“ erfährt eine hohe Wertschätzung. Dies führt zu teilweise sehr dynamisch verlaufenden Veränderungsprozessen dieser Gebiete. Die Ausweisung eines besonderen Wohngebietes wird dabei vor allem dann in Betracht zu ziehen sein, wenn es darum geht, die Wohnnutzung gegenüber anderen Nutzungen vor Verdrängung zu schützen. Deshalb von einer Renaissance des besonderen Wohngebietes zu sprechen, liefe allerdings auf eine Überbewertung dieses Instrumentes hinaus.

Angesichts der sich häufig stellenden Aufgabe, neue Entwicklungen auf innerstädtischen Brachflächen einzuleiten, erweist sich das auf überwiegend bebaute Gebiete beschränkte besondere Wohngebiet als untauglich. Es fehlt ein Gebietstyp, der wie das besondere Wohngebiet die historisch gewachsenen, bewährten gemischten Nutzungsstrukturen auch für Neuentwicklungen auf Brachflächen aufgreift. Hilfreich könnte zu diesem Zweck auch eine Ausdehnung der im besonderen Wohngebiet geltenden Möglichkeit der Festsetzung von Mindestanteilen für Wohnen auch in anderen Baugebieten und auch für andere Nutzungen sein.

Förderung der Innenentwicklung durch Sanierung und Stadtumbau

Michael Krautzberger

I. Ziele der Innenentwicklung

1. Stadterneuerung als Oberbegriff

Sanierung und Stadtumbau sind Facetten der Aufgaben der Stadterneuerung. Die städtebauliche Sanierung ist eine im Baugesetzbuch in den §§ 136 ff. BauGB geregelte städtebauliche Maßnahme, bei der es in der Sache um Stadterneuerung geht. Stadtumbau ist ein seit Anfang des Jahrhunderts immer mehr verbreiteter Begriff, der inzwischen auch im Baugesetzbuch Eingang gefunden hat: §§ 171a ff. BauGB. Auch hier geht es in der Sache um Stadterneuerung. Deshalb wird im Folgenden der Begriff „Stadterneuerung" vorgezogen.

2. Worum geht es heute bei der Stadterneuerung?

Deutschland gehört – gemeinsam mit der Mehrzahl der europäischen Staaten – zu den Staaten der Erde, in denen die Menschen ganz überwiegend in Städten oder verstädterten Siedlungsformen leben. An den europäischen Städten lassen sich ganz unmittelbar die Situation, die Bedürfnisse, die Entwicklung der Gesellschaft ablesen: der wirtschaftliche und kulturelle Standard ebenso wie die Problemzonen der gesellschaftlichen Entwicklung – die Situation der Armen, der gesellschaftlich ausgegrenzten Personen, der sozialen Spannungen.

Nirgendwo anders als in den Städten spiegelt sich der Umgang des Menschen mit den natürlichen Ressourcen so unmittelbar wider: Flächenverbrauch, Verbrauch von Energie und anderen Ressourcen, Emissionen.

Diese nur schlagwortartige Kennzeichnung des Phänomens Stadt für den deutschen und europäischen Raum stellt unmittelbar die Brücke zum Kernbereich der Stadterneuerungsaufgaben dar: Wenn sich die Wirklichkeit und Dynamik einer Gesellschaft in Städten ausdrückt oder widerspiegelt, so bedeutet dies einen ebenso unmittelbaren Anpassungs- und Veränderungsdruck auf die städtebaulichen Strukturen. Die gebaute Umwelt soll sich neuen Nutzungsbedürfnissen anpassen. Veränderte Nutzungsbedürfnisse, insbesondere aufgrund demografischer Veränderungen, schlagen in andere städtebauliche Strukturen um – Nutzungen von Flächen und Gebäuden verändern sich, bisherige Nutzungen (Wohnungen, Gewerbe,

Dienstleistungen, Bildung, Kultur, Sport- und Freizeiteinrichtungen usw.) können in wechselseitige Konkurrenzen geraten. Gebäude, Straßenführungen und Erschließung der Infrastruktur, die erforderlichen oder erwünschten Nutzungsänderungen im Wege stehen können, bedürfen der Anpassung oder Veränderung. Konflikte zwischen bisherigen und künftigen Nutzungsformen und Nutzern können eintreten. Die Bewahrung bestehender baulicher oder infrastruktureller Gegebenheiten können stadtentwicklungspolitisch wünschenswert sein, sie können aber auch einem notwendigen und angestrebten Wandel und damit der Stadtentwicklung im Wege stehen.

Hier setzt der politische Auftrag der Stadterneuerungspolitik an:

Die bauliche und sonstige Nutzung der einzelnen Flächen im Stadtgebiet ist Angelegenheit der jeweiligen privaten und öffentlichen Akteure, also der Eigentümer, Pächter und Mieter, der öffentlichen und privaten Erschließungsträger und Bauherren.

- Wie sollen aber die vielfältigen und zum Teil kontroversen Interessen unter den Hut eines gemeinsamen, aufeinander abgestimmten und sozialverträglichen Vorgehens gebracht werden?
- Wie kann die Erneuerung der Infrastruktur eines Stadtgebiets, die Sicherung oder Entwicklung von Arbeitsplätzen, von Handel oder von kultureller oder sozialer Infrastruktur in Einklang gebracht werden mit privaten Bau- und Nutzungsinteressen?
- Hieran setzen zwei elementare Aufgaben der öffentlichen Hand – und bei der Stadtentwicklung und Stadterneuerung damit der Städte und Gemeinden – an:
- Die integrierte Planung der Stadtentwicklung einerseits, d. h. eine dem Gemeinwohl verpflichtete Zusammenschau und Voraussicht, und
- der soziale Ausgleich andererseits, d. h. die sozialstaatliche Verantwortung.

Eine besondere Verantwortung der öffentlichen Seite für die Stadtentwicklung kennzeichnet das deutsche und europäische Verständnis von Stadtpolitik.

Europäische und deutsche Städte zeichnen sich seit Jahrhunderten dadurch aus, dass bestehende Standorte fortentwickelt, umgenutzt, umgebaut, zum Teil auch erheblich erweitert, aber doch in ihrer Substanz bewahrt werden.

Im amerikanischen Städtesystem ist eine andere Tendenz zu beobachten: Die Entwicklung der Siedlungsfläche wird in einem viel stärkeren Maße dem freien Spiel der Kräfte überlassen mit der Folge einer dramatischen Zersiedelung der Fläche, einem Verlust von zentralen Funktionen, der Herausbildung von – nach europäischen Maßstäben – eher amorphen Siedlungsstrukturen.

Will man dies in den wesentlich dichter besiedelten europäischen Staaten vermeiden, so bleibt nur der Weg einer planmäßigen und damit städtebaulich und strukturell geordneten Revitalisierung der vorhandenen Städte als Kernbereich einer kommunalen Stadterneuerungspolitik: Sie kann einen Rahmen schaffen für die Modernisierung der Stadtstrukturen, der Gebäude ebenso wie der Infrastruktur, der Sicherung und Entwicklung von Freiflächen, der Umwidmung von städtischen Flächen für zeitgemäße Nutzungen, der Balance zwischen wirtschaftlichen, sozialen und ökologischen Anforderungen.

Es ist Aufgabe der Stadterneuerungspolitik, den Bedürfnissen und Veränderungen der städtischen Gesellschaft einen die unterschiedlichen Interessenlagen ausbalancierenden Gestaltungsraum zu geben.

3. Gegenwarts- und Zukunftsaufgaben der Stadterneuerung

Ungeachtet der Erfolge der Stadterneuerungspolitik seit 1971/1990 wird es in der fachlichen und politischen Diskussion für notwendig erachtet, die Ziele der Stadterneuerungspolitik im Hinblick auf neue Aufgaben und notwendige Veränderungen von Strategien zu überdenken. Mit der Weltsiedlungskonferenz der Vereinten Nationen – HABITAT II – im Juni 1996 in Istanbul ist eine weltweite Verständigung auf Ziele einer nachhaltigen Stadtentwicklungspolitik deutlich geworden. Mit der Leipzig Charta 2007 ist die Brücke zur europäischen Entwicklung gelungen. Es ist eine erhebliche Weiterentwicklung und Konkretisierung einer europäischen Stadtentwicklungspolitik erreicht worden, die in die nationale Stadtentwicklungspolitik umzusetzen ist:

- Es wird die Notwendigkeit gesehen, von einem Flächenverbrauch überzugehen in eine Kreislaufwirtschaft auch bei der Flächeninanspruchnahme. Dies ist nur möglich, wenn es eine gemeinsam finanzierte Mobilisierung von bereits besiedelten Flächen gibt.
- Die Erhaltung oder Schaffung kompakter Stadtstrukturen, die Vermeidung von Zersiedelung und disperser Siedlungsstrukturen – in diesen Aufgaben liegt ein Alleinstellungsmerkmal der Stadterneuerung in den existenziellen Fragen des Klimaschutzes und der Reduktion des Energieverbrauchs.
- Wichtige Voraussetzung für die nachhaltige Existenzfähigkeit der Städte ist ihre Multifunktionalität. Dies zeigt sich nirgendwo deutlicher als in den Innenstädten und Ortsteilzentren: eine ausgewogene Mischung von attraktiven Wohnstandorten, öffentlichen Funktionen,

Freizeitmöglichkeiten und einem vitalen Handel kennzeichnen die Funktionen der Stadt.

- Die demografischen Veränderungen wirken sich schleichend, aber drastisch auf städtische Strukturen aus: Flächenbedarfe und Infrastruktur. Die Anpassung der städtischen Siedlungen ist eine gemischte privat-öffentlichen Aufgabe: Die Anpassung bei den Beständen und den Nutzungen obliegt überwiegend dem privaten Sektor – die erforderlichen städtebaulichen Planungen und die infrastrukturellen Anpassungen obliegen den Städten und Gemeinden.
- Städtebauförderung wird als zentrales Instrument für eine nachhaltige Stadtentwicklung gesehen. Die Lebensfähigkeit der Städte und Gemeinden verlangt einen integrativen Gesamtansatz, der die Einzelstrategien der Kommunal-, der Bau- und der Sozialpolitik mit Grundsätzen der Nachhaltigkeit einschließlich der Wirtschafts-, Bildungs- und Beschäftigungspolitik zusammenführt.
- Stadterneuerung leistet einen zentralen Beitrag für eine langfristig angelegte örtliche Klimaschutzpolitik. Die städtebauliche Dimension des Klimaschutzes lässt sich beziehen auf: Klimaschonende und -schützende Stadtstrukturen, Anpassung an topographische Gegebenheiten, Vermeidung der Zersiedelung, Schonung des Naturkreislaufes und der Landschaft, Verkehrsverminderung und damit – im Kern – auf die Bewahrung oder Wiedergewinnung kompakter Stadt- und Siedlungsstrukturen.
- Die öffentliche Aufgabe liegt in der planerischen Konzeption, der Verantwortung für den sozialgerechten Ablauf der Stadterneuerung und der Sicherung der Gemeinwohlbelange der örtlichen Gemeinschaft.

4. Fazit: Stadterneuerung ist der Schlüssel für eine Politik der Innenentwicklung

Der Stadterneuerungspolitik kommt damit eine Schlüsselrolle zu, Prinzipien der nachhaltigen Stadt- und Siedlungsentwicklung durchzusetzen. Dem Ausufern der Städte in die Landschaft sind entgegenzustellen:

- Konzentration, Nutzungsmischung, höhere Dichten.
- Sozialer Ausgleich.
- Nachhaltigkeit und Stadterneuerung sind für die Siedlungspolitik weiterhin identische Ziele.

Das verlangt intelligente, vorausschauende und integrierende Planung und bedarf des öffentlichen Diskurses. Integrierte Stadtentwicklungsplanung ist die Schlüsselfrage für die Vorbereitung und Sicherung einer nachhaltigen Stadtentwicklung und für die Wahrnehmung der sozialen Ausgleichsaufgabe.

II. Zielkonflikte in Zeiten des Klimaschutzes

Klimaschutz, Klimavorsorge und Innenentwicklung stellen an die Planung und Umsetzung von Zielen der Stadterneuerung hohe und z. T. widersprüchliche Aufgabenstellungen:

- Konzentration der Siedlungsentwicklung auf die vorhandenen Stadt- und Ortskerne einerseits und Schaffung von innerörtlichen Ausgleichsräumen andererseits
- Klimaschutz und Klimavorsorge können unterschiedliche Anforderungen an Flächen hervorrufen.
- Der demographische Wandel führt zu einer steigenden Nachfrage nach Wohnungen und Wohnbauland in den Verdichtungsräumen.
- In vielen ländlichen und peripheren Räumen führt der demographische Wandel zu Leerständen und Schrottimmobilien.

III. Instrumente der städtebaulichen Sanierung nach §§ 136 bis 164b BauGB

1. Überblick

Das Stadterneuerungsrecht des BauGB ist „breit aufgestellt" bzw. aufgefächert für unterschiedlichste städtebauliche Maßnahmen.

Das Sanierungsrecht des BauGB enthält ein sachlich, räumlich und zeitlich begrenztes Sonderrecht. Es findet in rechtlicher Hinsicht auf städtebauliche Sanierungsmaßnahmen Anwendung, deren einheitliche und zügige Durchführung im öffentlichen Interesse liegt. Es schafft für die in § 136 Abs. 1 BauGB definierten und in § 136 Abs. 2 und Abs. 3 BauGB näher bezeichneten städtebaulichen Maßnahmen ein Sonderrecht.

Das Sanierungsrecht stellt in seinem sachlichen Anwendungsbereich ein Sonderrecht gegenüber dem Allgemeinen Städtebaurecht dar. Die übrigen Vorschriften des BauGB finden aber auch auf städtebauliche Sanierungsmaßnahmen Anwendung, soweit sich aus dem Sanierungsrecht oder den sonstigen Bestimmungen des BauGB nichts anderes ergibt.

Was die weiteren Maßnahmen betrifft, die im Besonderen Städtebaurecht (Zweites Kapitel des BauGB) geregelt sind (wie das städtebauliche Entwicklungsrecht oder der Stadtumbau), sind sie in ihrer Struktur dem städtebaulichen Sanierungsrecht in wesentlichen Beziehungen nachgebildet: Das gilt für die besonderen Anwendungserfordernisse („öffentliches Interesse“) und der dem Gemeinwohl dienende Charakter ebenso wie die Struktur der Maßnahmen: städtebauliche Gesamtmaßnahmen, die durch einheitliche Vorbereitung und Durchführung gekennzeichnet sind.

2. Der sachliche Anwendungsbereich

Das Sanierungsrecht ist für die **Vorbereitung, Planung und Durchführung** bestimmter, im BauGB näher bezeichneter städtebaulicher Maßnahmen bestimmt. Das Sanierungsrecht ist danach nur auf solche städtebaulichen Sanierungsmaßnahmen anwendbar, deren einheitliche Vorbereitung und zügige Durchführung im öffentlichen Interesse liegt (§ 136 Abs. 1 BauGB). Dieses öffentliche Interesse, d. h. ein qualifiziertes städtebauliches Interesse, ist Voraussetzung für die Anwendung des Gesetzes. In dem qualifizierten öffentlichen Interesse kommt der Sondercharakter der Maßnahmen zum Ausdruck. Er bezieht sich auf das Ziel, städtebauliche Missstände, die in § 136 Abs. 2 BauGB näher umrissen sind, zu beseitigen, und zum anderen darauf, dies in einem Vorgang zu bewirken, der von der Vorbereitung der Maßnahmen bis zu ihrer Beendigung tatsächlich und rechtlich eine Einheit bildet.

Im **öffentlichen Interesse** müssen sowohl die einheitliche Vorbereitung als auch die zügige Durchführung liegen. Für die betreffende Maßnahme muss es sich als notwendig erweisen, dass zum einen eine einheitliche Planungskonzeption für das Sanierungsgebiet aufzustellen ist, zum anderen auch, dass die Maßnahme mit Nachdruck in einem überschaubaren Zeitraum abzuwickeln ist. Eine städtebauliche Sanierungsmaßnahme kann dabei nur dann sinnvoll vorbereitet und durchgeführt werden, wenn für die Sanierungsmaßnahme eine städtebauliche Gesamtkonzeption besteht. Diese erfordert insbesondere Klarheit über die Funktion der Gemeinde und ihr Verhältnis zum Umland, aber auch über die Grundzüge ihrer städtebaulichen Gliederung, die bauliche Nutzung, die innerörtlichen Beziehungen sowie über zeitliche Reihenfolgen (Dringlichkeiten) und die Realisierbarkeit der erforderlichen Maßnahmen.

Die sich hieraus ergebenden Einschränkungen für die Anwendung des Sanierungsrechts tragen dem Umstand Rechnung, dass dieses Recht für die Dauer der Maßnahmen zu stärkeren Beschränkungen und vermehrten Pflichten der Betroffenen führt; zu nennen sind z. B. die Genehmigungspflicht nach § 144 BauGB, das sanierungsrechtliche Vorkaufsrecht nach § 24 Abs. 1 Satz 1 Nr. 3 BauGB, bei Durchführung der Sanierung im herkömmlichen Sanierungsverfahren die Einschränkung für die Preisgestaltung (Preisprüfung) sowie die Belastung mit Ausgleichsbeträgen und die Beschränkung bei Entschädigungsleistungen (vgl. im einzelnen §§ 153 ff. BauGB). Die besonderen Beschränkungen und Verpflichtungen erfordern einmal eine sachgerechte, dem Zweck der Maßnahme entsprechende Abgrenzung zu den übrigen städtebaulichen Maßnahmen, bei denen diese besonderen Beschränkungen und Verpflichtungen nicht bestehen, und zum anderen, dass die Beschränkungen und Verpflichtungen nicht länger aufrechterhalten werden dürfen, als es zur ordnungsgemäßen Verwirklichung der Sanierungsziele erforderlich ist (§§ 162 und 163 BauGB).

Die Gemeinde hat daher, um Verzögerungen zu vermeiden, die vom Gesetz gegebenen Befugnisse, sobald und soweit es erforderlich ist, auszuüben und überhaupt für eine zügige Abwicklung im Rahmen ihrer Gesamtverantwortung für die Sanierung zu sorgen.

3. Verhältnis zum Stadtumbau, zur Sozialen Stadt und zu privaten Initiativen zur Stadtentwicklung

Was den **Stadtumbau** betrifft, enthält § 171a Abs. 1 BauGB eine ausdrückliche Klarstellung zum Verhältnis zu anderen Maßnahmen des BauGB. Danach lässt die gesetzliche Regelung des Stadtumbaus die Aufgaben und Einsatzmöglichkeiten sonstiger Maßnahmen des BauGB grundsätzlich unberührt.

Für den Stadtumbau kommen anstelle oder ergänzend zu den §§ 171a ff. BauGB u. a. in Betracht: städtebauliche Sanierungs- oder Entwicklungsmaßnahmen (§§ 136 ff. BauGB, §§ 165 ff. BauGB), Umstrukturierungssatzungen (§ 172 Abs. 1 Satz 1 Nr. 3 BauGB), städtebauliche Verträge (§ 11 Abs. 1 Satz 2 Nr. 1, 2 und 3 BauGB), vorhabenbezogene Bebauungspläne (§ 12 BauGB), städtebauliche Gebote (§§ 175 ff. BauGB). Die Durchführung von Stadtumbaumaßnahmen nach §§ 171a ff. BauGB ist sowohl anstelle als auch ergänzend zu diesen Instrumenten, immer dann zulässig, wenn die Gemeinde dies für zweckmäßig erachtet und die in den jeweiligen Vorschriften genannten Aufgaben und Ziele dies erfordern. Was namentlich das Verhältnis zum städtebaulichen Sanierungsrecht betrifft, stellt sich auch nicht die Frage einer etwaigen subsidiären Anwendung des Stadtumbaurechts gegenüber dem städtebaulichen Sanierungsrecht (oder umgekehrt). In rechtlicher Hinsicht ist vielmehr darauf abzustellen, ob die Anwendung der unterschiedlichen Maßnahmen (Sanierung, Erhaltungssatzung oder städtebauliche Gebote usw.) jeweils aus sich heraus gerechtfertigt sind. Die Überschneidung der Anwendungsbereiche der unterschiedlichen Instrumente ist offenkundig. Es liegt in der städtebaupolitischen Verantwortung der Gemeinde, über die Wahl des Instrumentariums zu entscheiden, und zwar im Rahmen der rechtlichen Zulässigkeit des jeweiligen Verfahrens.

Was das Verhältnis zum Verfahren und den Maßnahmen der Sozialen Stadt betrifft enthält § 171e Abs. 1 BauGB eine gesetzliche Klarstellung zum Anwendungsbereich der Vorschrift im Verhältnis zu anderen Maßnahmen nach dem BauGB. Maßnahmen zur Behebung sozialer Missstände können danach „anstelle oder ergänzend" zu sonstigen Maßnahmen nach dem BauGB durchgeführt werden. Das Sanierungsrecht kommt also – nicht anders als bei den Maßnahmen des Stadtumbaus – ergänzend, kumulierend, für Teilbereiche oder für weitergehende Gebiete in Betracht, d. h. beide Maßnahmen kommen ggf. ergänzend nach Maßgabe der jeweiligen gesetzlichen Bestimmungen zur Anwendung.

Nach § 171f Satz 1 BauGB können „unbeschadet sonstiger Maßnahmen nach diesem Gesetzbuch" Gebiete festgelegt werden, in denen in **privater Verantwortung standortbezogene Maßnahmen** durchgeführt werden, die auf der Grundlage eines mit den städtebaulichen Zielen der Gemeinde abgestimmten Konzepts der Stärkung oder Entwicklung von Bereichen der Innenstädte, Stadtteilzentren, Wohnquartiere und Gewerbezentren sowie von sonstigen für die städtebauliche Entwicklung bedeutsamen Bereichen dienen. Die privaten Initiativen – Vorbild sind entsprechende Erfahrungen in den USA u. a. Staaten – können einen Beitrag zur städtebaulichen Verbesserung von Stadtquartieren in funktionaler und gestalterischer Hinsicht leisten. Im Vordergrund steht die funktionale und gestalterische Hebung der städtebaulichen Qualitäten. Auch hierbei kann es sich im Einzelfall um städtebauliche Fragestellungen handeln, für deren Lösung – ohne die private Initiative – auch an ein Vorgehen nach §§ 136 ff. BauGB, zu denken ist, d. h. es kann sich bei den Maßnahmegebieten im Einzelfall um potenzielle Sanierungsgebiete handeln.

4. Bewertung

Die Stadterneuerung ist im BauGB in verschiedenen Instrumenten geregelt. In seiner Grundstruktur ist es aber einheitlich, namentlich was die Bereiche betrifft:

- Vorbereitung
- Beteiligung
- Soziale und ökonomische Flankierung
- Durchsetzung
- Förderung

Für die Aufgaben der Innenentwicklung steht den Gemeinden damit ein weitreichendes und aufeinander abgestimmtes Instrumentarium zur Verfügung.

IV. Finanzierung der Stadterneuerung

1. Neue Siedlungen versus Bestand

Das Städtebaurecht hat die Frage der Finanzierung städtebaulicher Maßnahmen nur für den Neubau selbst gelöst: Mit dem Erschließungsbeitrag und mit dem städtebaulichen Vertrag können sich Städte sehr weitreichend die Kosten für Planung und Erschließung, Infrastruktur und Folgekosten refinanzieren.

Für den Bestand und damit der zentralen Gegenwarts- und Zukunftsaufgabe der Kommunen, gibt es kein solches Instrumentarium. Der Ausgleichsbetrag hatte – wenn überhaupt – eine Bedeutung für Flächensanierungen. Für Bestandsmaßnahmen sind die Städte und Gemeinden auf Städtebauförderungsmittel, also Finanzhilfen angewiesen. Für diese gemeindliche Dauer- und Pflichtaufgabe ist das im Grunde ein verfehlter Ansatz.

2. Alternativen

Entweder werden Kommunen mit ausreichenden Mitteln ausgestattet, um die Stadterneuerung als kommunale Pflichtaufgabe zu erfüllen oder man erlaubt ihnen – wie etwa in den USA – ein auskömmliches Grundsteuersystem zur Refinanzierung der Aufgaben oder man garantiert ihnen von Bund und Ländern die Finanzierung. Das Städtebauförderungsgesetz von 1971 war auch da schon etwas weiter: Für die ersten 3 Jahre garantierte das Gesetz eine Mindestsumme des Bundes zur Finanzierung der Stadterneuerung. Dass die Förderung auch des Bundes, die ja verfassungsrechtlich seit der Föderalismusreform I als solche unangefochten ist, durch Kürzungen eines Ressortministers derart massiv in kommunale Aufgaben eingreifen kann, zeigt wie unangemessen die Situation heute ist. Die „richtige" Lösung könnte in einer Erhöhung des kommunalen Steueraufkommens insgesamt liegen oder in einer Einbeziehung der Stadterneuerung in eine langfristige Förderung des Bundes und der Länder (langjährige Finanzhilfen oder Gemeinschaftsaufgabe).

V. Was bringen die Novellen 2011 und 2013 Neues für die Innenentwicklung?

1. Städtebauliche Sanierung

Die Novellen 2011 und 2013 konzentrieren sich beim Besonderen Städtebaurecht auf die Fragen von Klimaschutz und Klimavorsorge. Bereits der Gesetzentwurf der Bundesregierung zur Klimaschutznovelle 2011 sah eine Ergänzung des städtebaulichen Sanierungsrechts um Aufgaben des Klimaschutzes und der Klimavorsorge vor. Nach der Begründung des Regierungsentwurfs sollte deshalb in § 136 BauGB vorgesehen werden, dass auch Defizite in der zeitgemäßen energetischen Erneuerung als städtebauliche Missstände angesehen werden, sei es wegen der unzureichenden Gebäudesubstanz, sei es wegen einer unzureichenden energetischen Infrastruktur. Der Bundestag ist dem nicht gefolgt. Dabei wurde einerseits auf die vorgesehene Änderung des Stadtumbaus hingewiesen, andererseits eine Überprüfung dieser Entscheidung zu einem späteren Zeitpunkt angekündigt. Dass die städtebauliche Sanierungsmaßnahme nach §§ 136 BauGB auch über das Einzelgebäude hinausgehende, gebietsbezogene energetische Maßnahmen zulässt (z. B. Blockheizkraftwerke, Photovoltaik für ein Gebiet oder für Freiflächen im Gemeindegebiet, Fernheizungen u. a.), ist rechtlich schon bisher anerkannt.

Die 2011 vorgesehenen und aus koalitionspolitischen Erwägungen zurückgestellten Änderungen des Sanierungsrechts werden in der Innenentwicklungsnovelle 2013 in § 236 BauGB (Gesetzentwurf) nachgeholt, insbesondere:

- Die Berücksichtigung der Belange des Klimaschutzes und der Klimaanpassung bei der Beurteilung, ob in einem Gebiet städtebauliche Missstände vorliegen.
- Klimaschutz und Klimaanpassung finden insoweit auch bei der städtebaulichen Sanierung ihren Anwendungsbereich als ein Bestandteil der städtebaulichen Gesamtmaßnahme.
- Als Sanierungskriterium wird genannt: Die energetische Beschaffenheit, die Gesamtenergieeffizienz der vorhandenen Bebauung und der Versorgungseinrichtungen des Gebiets unter Berücksichtigung der allgemeinen Anforderungen an den Klimaschutz und die Klimaanpassung.

Bereits die Klimaschutznovelle hatte mit einer Änderung des § 148 Abs. 2 Nr. 5 BauGB über die sanierungsrelevanten Baumaßnahmen den Klimaschutz in die Sanierungsaufgaben einbezogen. Danach zählen auch die Errichtung oder Erweiterung von Anlagen und Einrichtungen zur dezentralen und zentralen Erzeugung, Verteilung, Nutzung oder Speicherung von Strom, Wärme oder Kälte aus erneuerbaren Energien oder Kraft-Wärme-Kopplung zu den Maßnahmen i.S. des Sanierungsrechts.

2. Stadtumbau

Die Novelle 2011 enthielt mehrere Änderungen zum Recht des Stadtumbaus. Bereits nach dem bisher geltendem Recht sollen die Stadtumbaumaßnahmen auch die Umwelt verbessern (vgl. § 171a Abs. 3 Satz 2 Nr. 2 BauGB). Die Ergänzung in § 171a Abs. 2 Satz 2, Abs. 3 Satz 2 Nr. 1, Nr. 6 und Nr. 7 BauGB öffnete den Anwendungsbereich des Stadtumbaus nach dem BauGB hin zu den Aufgaben der klimagerechten Stadtentwicklung. Mit diesen Änderungen können in den städtebaulichen Entwicklungskonzepten (§ 171b Abs. 2 BauGB) durch die Gemeinde unter Beteiligung der Betroffenen (§ 137 BauGB) und der öffentlichen Aufgabenträger (§ 139 BauGB) Handlungsstrategien erarbeitet werden, wie energetische und klimatische Belange mit sonstigen städtebaulichen Belangen in Ausgleich zu bringen sind. Stadtumbaumaßnahmen kommen nach der Neuregelung ausdrücklich auch in Gebieten in Betracht, wenn die allgemeinen Anforderungen an den Klimaschutz und die Klimaanpassung nicht erfüllt werden.

Beispiele:

- Funktionsverluste eines Gebiets wegen steigender Energiekosten für Gebäude oder wegen zunehmender Hitze, Schwüle und Dürre im Sommer,
- z. B. fehlende Frischluftschneisen und Vegetation zur Beeinflussung des Mikroklimas oder
- wegen Starkregen- und Hochwassergefahren sowie -schäden zu Funktionsverlusten von Gebieten führen.

Eine wichtige Zukunftsaufgabe dürfte in der Sicherung und Entwicklung brachliegender und freigelegter Flächen liegen, die ein großes Potential für eine klimagerechte Stadtentwicklung darstellen: z. B. klimatisch sinnvolle bauliche Nutzungen einschließlich Anlagen zur Erzeugung erneuerbarer Energien oder auch ökologisch und für das Stadtklima wertvolle Grünflächen (z. B. als Frischluftschneisen): § 171a Abs. 3 Satz 2 Nr. 7 BauGB.

VI. Was könnte eine spätere Novelle des Städtebaurechts für die Innenentwicklung bedeuten

Für die Stadtentwicklung werden sich z. B. auf Grund des demographischen Wandels spezifische Fragen stellen.

- Reicht das geltende Städtebaurecht dafür aus?
- Kann man die Fragen aus der Zunahme brachliegender Flächen, von Wüstungen und Schrottimmobilien dem letztlich aufwendigem Rückbaugebot des § 179 BauGB überlassen?
- Oder müsste über den Rückbau in gebietsbezogenem Zusammenhang nachgedacht werden?

- Sind dafür die Instrumente des städtebaulichen Entwicklungsrechts – etwa wegen der „Abschöpfung“ – zu weitreichend und die Sanierungsmaßnahme (u. a. wegen des besonderen Bodenrechts, wie z. B. den Ausgleichbetrag) zu aufwendig?
- Wegen der erheblichen Veränderungen der Städte bedarf es dabei Regelungen entsprechend dem Besonderen Städtebaurecht, um die Aufgaben der Gemeinden zu bündeln, treffsichere Instrumente (wie §§ 144 BauGB) nutzen zu können und zugleich die Beteiligung der Öffentlichkeit sowohl zu gewährleisten als auch aktiv zu unterstützen.

Nachverdichtung und Wiedernutzung von Brachflächen Berichte und Konzeptionen aus der Planungspraxis: Leipzig

Martin zur Nedden

Um die nachfolgenden Ausführungen zu verstehen ist es erforderlich, zunächst einen kurzen Blick in die Geschichte der Leipziger Stadtentwicklung zu werfen.

Aufgrund insbesondere der Messe und der sich dadurch ergebenden weltweiten Handelsbeziehungen aber auch u. a. der Funktion als Zentrum des deutschen Verlagswesens war Leipzig früh eine Stadt von erheblicher Bedeutung und unter damaligem Blickwinkel globaler Vernetzung. Ab Mitte des 19. Jahrhunderts wurde die Stadt aber auch ein bedeutender Industriestandort. So „explodierte" die Bevölkerungszahl in der „Gründerzeit" zwischen ca. 1850 und 1910 und erreichte um 1930 mit ca. 730.000 Einwohnern ihren Höchststand. Leipzig galt vor dem ersten Weltkrieg darüber hinaus als eine der reichsten Städte des Deutschen Kaiserreichs.

Ab ca. 1933 folgte eine erste Phase des Rückgangs der Bevölkerung, wesentlich verursacht durch die Vertreibung und später Ermordung der Mitglieder der jüdischen Bevölkerungsgruppe, die in Leipzig traditionell von ihrer Zahl her aber auch im Hinblick auf Handel, Wirtschaft und Wissenschaft von erheblicher Bedeutung war. Nach dem Zweiten Weltkrieg war nach einer kurzen Erholungsphase Ende der 40er Jahre während der Zeit der DDR eine weitere kontinuierliche Bevölkerungsabnahme zu verzeichnen, die zwischen 1989 und 1995 noch einmal an Dynamik zunahm mit einem Tiefpunkt von knapp 470.000 Einwohnern Mitte der 90er Jahre. Ab diesem Zeitraum kann wieder eine Bevölkerungszunahme konstatiert werden. Beruhte diese zunächst auf den Ergebnissen einer Gemeindestrukturreform in Sachsen und der damit verbundenen Eingemeindung ehemaliger Stadtrandgemeinden nimmt seit ca. 2000 die Einwohnerzahl aufgrund von positiven Wanderungssalden, inzwischen auch mit den „alten" Bundesländern, und einem abnehmenden Geburtendefizit stetig zu. Zurzeit hat Leipzig ca. 530.000 Einwohner.

Die Phase zwischen 1990 und 1995 war darüber hinaus gekennzeichnet durch einen wirtschaftlichen Strukturbruch. In dieser Zeitspanne gingen zum Beispiel von ca. 120.000 Industriearbeitsplätzen ca. 110.000 verloren. Große Industrieareale fielen brach.

Hinzu kam eine infolge der vernachlässigten Bauunterhaltung in der Zeit der DDR überwiegend desolate Gebäudesubstanz. Diese und zunächst zahlreiche ungeklärte Eigentumsverhältnisse sowie eine schwache Regionalplanung führten zu zahlreichen neuen Wohnsiedlungen jenseits der Stadtgrenze. Gleiches galt im Übrigen für den Einzelhandel, dessen neue „Zentren“ auf der „Grünen Wiese“ gebaut wurden. Hierdurch wurde baulicher Leerstand in der Stadt befördert.

Schließlich war Leipzig auch bis Anfang der 90er Jahre ein Militärstandort von erheblicher Bedeutung sowohl für die NVA als auch die russischen Truppen. Große bereits zu Zeiten des sächsischen Königreichs entstandene Kasernenareale im Norden der Stadt wurden nicht mehr gebraucht.

Angesichts dieser Entwicklungen ist Leipzig zum einen ein Beispiel dafür, dass sich Stadtentwicklung bei der Änderung großräumiger Rahmenbedingungen heute im Vergleich zu früher in sehr viel kürzeren Intervallen von Wachstum und Schrumpfung vollziehen kann als in früheren Zeiten (von Ausnahmen wie den „Goldgräberstädten“ zum Beispiel in den USA einmal abgesehen) und zum anderen für eine Vielfalt von Brachflächentypen, die in ihrer Gesamtheit eine besondere Herausforderung darstellen. So wurde auch nicht unbegründet Anfang der 90er Jahre vom MDR ein Film unter dem Titel „Ist Leipzig noch zu retten“ ausgestrahlt, in dem der damalige Stadtarchitekt die These vertrat, dass wohl ein nicht unerheblicher Teil von Quartieren in Leipzig abgerissen werden müsste.

Vergleichsweise früh setzte sich in Leipzig aber die Erkenntnis durch, dass nur mit strategisch angelegten Stadtentwicklungskonzepten die Chance bestand, die Probleme erfolgreich anzugehen. Als Beispiele solcher Konzepte seien genannt der Stadtentwicklungsplan „Wohnungsbau und Stadterneuerung“ und der Stadtentwicklungsplan „Verkehr und öffentlicher Raum“. Bei diesen Konzepten spielte gerade auch der Umgang mit den Brachflächen eine bedeutende Rolle. Ziel war es, auch sie zu nutzen, um in der Stadt neue Qualitäten zu entwickeln, die sie so attraktiv machten, dass die noch verbliebenen Einwohner keinen Grund mehr sahen, eine Wohnung außerhalb von Leipzig zu suchen und sie gleichzeitig für Zuzügler sowohl als Arbeits- als auch als Wohnort interessant wurde.

Ein wesentlicher Aspekt in dieser Hinsicht war die Schaffung neuer wohnungsnaher Freiräume. Angesichts des in erheblichem Umfang erhalten gebliebenen Gebäudebestandes aus der Zeit zwischen 1850 und 1914 hatte Leipzig hier in der Kernstadt ein Defizit. Dabei war es auch Anliegen, diese innerstädtischen Freiräume in ein Grünsystem einzubinden, das das gesamte Stadtgebiet und den daran anschließenden regionalen Freiraum beinhaltete. So wurde ein „Grüner Ring“ um Leipzig konzipiert, von dem radiale Finger bis in das Stadtzentrum ausstrahlen. Wesentliches Element dieses großräumigen Grünsystems ist selbstverständlich die Auenlandschaft entlang der Elster.

In den Stadtteilen entstanden zahlreiche kleinere Grünflächen von „Pocket-Parks“ auf brach gefallenen Hausparzellen bis hin zu Stadtteilparks zum Beispiel auf ehemaligen Bahnflächen. So wurde für den „Leipziger Osten“ das Konzept „Grünes Rietzschkeband“ erarbeitet mit dem Stadtteilpark „Rabet“ als zentralem Element oder in Plagwitz der Stadtteilpark zwischen Karl-Heine-Kanal und Industriestraße auf einem ehemaligen Bahngelände.

Während diese Flächen auf Dauer angelegt sind wurden auch zahlreiche temporäre Grünflächen, insbesondere auf Abrissflächen geschaffen. Hierzu wurden mit den Eigentümern Gestattungsvereinbarungen für 10 oder 15 Jahre abgeschlossen, die für die Eigentümer nach Ablauf dieser Frist das Baurecht gewährleisten, gleichzeitig für die Stadt sich aber die Möglichkeit bietet für die Dauer der Vertragslaufzeit Zwischennutzungen zu realisieren. Auf diesen Flächen wurden Bürgergärten, kleine Grünflächen und Ähnliches geschaffen aber auch durch Kunstaktionen wie zum Beispiel im Rahmen der Aktion „Stadthalten" neue Impulse in den Quartieren gesetzt.

Neben diesen neuen Arten der „Freiräume" im physischen Sinne boten und bieten die Leerstände aber auch „Freiräume" im übertragenen Sinne. So konnten neue Herangehensweisen entwickelt werden um jungen Familien mit begrenzten finanziellen Möglichkeiten die Bildung von Eigentum zu ermöglichen. Mit dem Projekt „Selbstnutzer.de" gab die Stadt Hilfestellung bei der Bildung von Bauherrengemeinschaften, die sanierungsbedürftige Gebäude erwarben und diese auch unter erheblichem Einsatz von „Selbsthilfe" sanierten. Der Erfolg war Anlass, das Aufgabenspektrum von „Selbstnutzer.de" auch auf Neubauprojekte vor allem im Stadthausbereich auszudehnen. Auf diese Weise entstanden in den letzten Jahren ca. 450 Wohneinheiten vor allem in den Stadtumbauquartieren. Sie gaben damit der Entwicklung in diesen Quartieren wichtige Impulse und trugen dazu bei, dass diese Gebiete in der Kernstadt einen überdurchschnittlich hohen Anteil junger Bewohner aufweisen.

Die brach gefallene ehemals gewerblich genutzte Bausubstanz aus der Zeit des Historismus bot auch die Möglichkeit, das dem Zeitgeist entsprechende „Loftwohnen" zu günstigen Konditionen zu realisieren. Gerade die in allen Städten umworbenen „Kreativen" finden diesbezüglich in Leipzig günstige Möglichkeiten, ein Umstand, der angesichts solcher Ausbildungsstätten wie der Hochschule für Grafik und Buchkunst oder der Hochschule für Technik, Wirtschaft und Kultur von besonderer Bedeutung ist. Das wohl bekannteste Projekt in diesem Zusammenhang ist die „Baumwollspinnerei". Sie war zu Zeiten der DDR Europas größter Betrieb dieser Art, ging aber Mitte der 90er Jahre in Konkurs. In der Folge erwarb ein privater Investor die Immobilien und entwickelt sie seitdem schrittweise zu einem Zentrum unterschiedlicher, überwiegend kultureller Angebote, vor allem Künstlerateliers und Galerien. Dabei war ohne Zweifel der Entwicklung förderlich, dass einige wesentliche Vertreter der „Neuen Leipziger Schule" mit ihren Galerien hier ihren Standort haben. Aber auch andere ehemals gewerblich genutzte Immobilien wie das „Tapetenwerk" an der Lützener Straße oder das „Westwerk" an der Karl-Heine-Straße haben eigene Standortprofile erfolgreich entwickeln können. Damit sind auch diese Orte wichtige Antriebsfedern einer neuen erfolgreichen Entwicklung der Stadt.

Sie haben damit neben einer Reihe weiterer Faktoren, die aber an dieser Stelle nicht weiter vertieft werden können, dazu beigetragen, dass Leipzig sowohl bei der Arbeitsplatzentwicklung als auch im Wechselspiel damit bei der Bevölkerungsentwicklung positive Tendenzen zu verzeichnen hat. Dieser erfreuliche Umstand war Veranlassung, die vorhandenen strategischen Konzepte mit dem „Integrierten Stadtentwicklungskonzept Leipzig 2020“ (SEKO) weiter zu entwickeln. Auch das SEKO kann hier nicht weiter ausgeführt werden. Wesentliche Zielsetzung bei der Erarbeitung war eine noch stärkere Verzahnung der unterschiedlichen Handlungsfelder der Stadt miteinander, um noch stärkere Synergie-Effekte zu generieren und im Zuge dessen auch themenübergreifende räumliche und inhaltliche Schwerpunkte zu definieren. Mit dem Ratsbeschluss 2009 stellt das SEKO die Handlungsgrundlage dar.

Im Hinblick auf die räumliche Entwicklung ist es nach wie vor das Bestreben, soweit möglich brachgefallene Flächen wieder in Wert zu setzen und damit auch weiterhin der Innenentwicklung den Vorrang vor der Außenentwicklung zu geben. Dabei geraten neue Areale in das Blickfeld. Von besonderer Bedeutung in diesem Zusammenhang sind zum einen die ehemaligen Kasernenareale und zum anderen ehemalige Bahnflächen.

Wie schon eingangs erwähnt nehmen ehemals militärisch genutzte Bereiche in Leipzig aufgrund der Geschichte erheblichen Raum insbesondere im Norden der Stadt ein. Sie sind in der Regel sowohl für den Individualverkehr als auch durch den öffentlichen Personennahverkehr gut erschlossen, so dass ihre Wiedernutzung sowohl vorhandene Infrastruktur besser auslastet als auch trotz der Mobilisierung neuer Flächen für die Siedlungsentwicklung zusätzliche Versiegelungen vermieden werden können ja vielmehr bei entsprechender Konzeptentwicklung eine den Zielen der klimagerechten Stadtentwicklung genügende Siedlungs- und Freiraumstruktur geschaffen werden kann.

Einige Kasernen haben sich infolgedessen inzwischen zu attraktiven neuen Standorten entwickelt. Die Hauptnutzung stellt dabei das „Wohnen“ dar. Von besonderer Bedeutung ist angesichts der Entstehungszeit der vorhandenen Gebäudesubstanz der Umgang mit den Belangen des Denkmalschutzes. Aufgrund des bereits relativ langen Leerstandes und der auch in den Jahrzehnten davor unterbliebenen Gebäudeinstandhaltung sind Substanzverluste leider nicht völlig zu vermeiden. Das wird auch in Zukunft nicht gänzlich auszuschließen sein, da nach wie vor ehemalige Militärgebäude in erheblichem Ausmaß ungenutzt sind und eine Wiedernutzung nur schrittweise in Angriff genommen werden kann, um den nach wie vor von einem Angebotsüberhang gekennzeichneten Leipziger Immobilienmarkt nicht zu überfordern. In diesem Zusammenhang wäre es mehr als wünschenswert wenn die Bundesanstalt für Immobilienaufgaben (BIMA) einen intensiveren Kontakt zur Kommune pflegen würde. So führen die nur sporadischen Kontakte nicht selten dazu, dass Erwerber mit Entwicklungsvorstellungen auf die Stadt zukommen, die nicht oder nicht in ausreichendem Maße strukturverträglich sind mit der Folge, dass komplizierte und nicht immer konfliktfreie Gespräche erforderlich sind um nach einer gemeinsamen Lösung zu suchen.

Gleiches gilt teilweise für die neue Nutzung von Bahnflächen. Relativ häufige Eigentumswechsel, neue Beteiligungsverhältnisse bei Gesellschaften und eine überdurchschnittliche Personalfluktuation erschweren eine kontinuierliche Arbeit an der Entwicklung dieser häufig schon aufgrund ihrer räumlichen Lage aber auch ihrer Flächengröße für die Stadtentwicklung bedeutsamen Potenziale.

Ungeachtet der nicht immer einfachen Rahmenbedingungen ist es trotzdem in einigen Fällen der Stadt Leipzig gelungen, mit der Deutschen Bahn oder aber auch der AURELIS bei Projekten gemeinsame Entwicklungsvorstellungen zu erarbeiten. So zum Beispiel für ein Areal westlich angrenzend an den Hauptbahnhof, das in der Vergangenheit wesentlich dem Güterverkehr diente. Nach intensiven Diskussionen über die zukünftige Funktion dieses Bereiches wurde gemeinsam vom Grundstückseigentümer AURELIS und der Stadt ein konkurrierendes Verfahren mit mehreren Planungsbüros durchgeführt. Aus dem Verfahren ging das Kölner Büro ASTOC als Sieger hervor, dessen Entwurf eine schrittweise Entwicklung ermöglicht und eine Nutzungsmischung von Gewerbe und Wohnen sowie einen potentiellen Schulstandort enthält und mit der Freihaltung eines Grünbereiches entlang der das Gebiet im Nordwesten begrenzenden Parthe auch einen Beitrag zur Weiterentwicklung eines nördlich der Innenstadt angedachten Grünzuges vom Grünraum des Rosentales nordwestlich der Innenstadt nach Abtnaundorf/ Schönefeld im Nordosten leisten kann.

Sehr viel wichtiger noch im Hinblick auf seine Bedeutung für die Gesamtstadt ist der Bereich des Bayerischen Bahnhofs südöstlich der Innenstadt. In Folge einer erheblichen Reduzierung von früher dem Bahnbetrieb dienenden Flächen sowie des City-Tunnels-Leipzig, dessen südliches Ausgangsbauwerk sich hier befindet. werden Entwicklungsflächen in großem Ausmaß in einem dicht besiedelten urbanen Umfeld zur Verfügung stehen. Die Potenziale und Zielsetzungen für den Bereich sind vielfältig. Zum einen stellt er eine wichtige Frischluftschneise im Süden der Stadt bis in die Innenstadt dar was zwar einerseits der Bebauung Grenzen setzt, aber andererseits die Möglichkeit bietet einen attraktiven Grünraum in der südlichen Kernstadt zu schaffen und damit die Attraktivität dieses Bereiches noch einmal zu erhöhen. Außerdem kann er in Zukunft ein wichtiges Element einer guten Verbindung aus der Innenstadt bis in die zurzeit am Südrand von Leipzig entstehende Seenlandschaft als Nachfolgenutzung des Braunkohlenbergbaus darstellen. Mit der Entwicklung des Gebietes wird außerdem die Zäsur zwischen der in der Gründerzeit entstandenen „Südvorstadt“ und dem im industriellen Wohnungsbau entstandenen Siedlungsbereich an der „Straße des 18. Oktober“ beseitigt. Als Grundlage der Entwicklung des Gebietes dient der städtebauliche Entwurf der Berliner Arbeitsgemeinschaft Wessenberger/ Loidl, der als Sieger aus einem städtebaulichen Wettbewerb, den DBImm als Eigentümer und Stadt Leipzig gemeinsam ausgelobt hatten. Der Entwurf verspricht einen interessanten Grünraum, der die oben skizzierten Funktionen in hervorragender Weise erfüllt. An den Rändern dieses Grünraumes werden die bestehenden Siedlungsbereiche sensibel ergänzt indem die Grundstrukturen des jeweils angrenzenden Gebietes aufgenommen aber auch heutigen Erfordernissen entsprechend weiterentwickelt werden. Auch bei diesem Projekt ist die Realisierung in Abschnitten vorgesehen, die gewährleisten, dass der Leipziger Immobilienmarkt nicht überfordert wird. Es ist beabsichtigt die Realisierung in Städtebaulichen Verträgen mit dem Eigentümer festzulegen. Zur Wahrung der Rechtspositionen der Stadt Leipzig hat der Rat allerdings auch vorsorglich die Einleitung einer Entwicklungsmaßnahme gem. BauGB beschlossen, verbunden mit der Aufforderung an die Verwaltung, parallel die Verhandlungen zum Abschluss der vorgenannten städtebaulichen Verträge zu führen.

In der Dimension kleiner aber aufgrund ihrer Lage und ihrer zukünftigen Funktion für Stadt- und Stadtteilentwicklung nicht weniger bedeutsam sind zwei Brachflächenwiedernutzungen im Leipziger Westen. Dabei handelt es sich bei dem Projekt „Lindenauer Hafen“ um die Wiedernutzung einer Gewerbebrache während das Projekt „Plagwitzer Bahnhof“ wie der Name unschwer erkennen lässt die Wiedernutzung einer Bahnbrache zum Ziel hat.

Vor ca. 100 Jahren hatte ein Leipziger Industrieller, Karl Heine, die „Vision“, Leipzig über die Saale an die Elbe und damit die Nordsee anzubinden. Zu diesem Zweck sollte ein Kanal von der Elster zur Saale errichtet werden. Das Projekt überforderte letztendlich seine finanziellen Möglichkeiten, er konnte nur ein relativ kurzes Kanalstück, den heutigen sogenannten „Karl-Heine-Kanal“ errichten. Es wurde aber im „Dritten Reich“ wieder aufgenommen. In diesem Zusammenhang wurde ein Teil des Elster-Saale-Kanals gebaut sowie im Westen der Stadt mit dem Bau eines Kanalhafens begonnen. Auch dieser Bau wurde im II. Weltkrieg eingestellt. Zurück blieben ein begonnenes Hafenbecken und einige Speicherbauten. In diesem Umfeld entwickelte sich ein Gewerbegebiet, das aber auch Anfang der 90er Jahre in weiten Teilen brach fiel. Bereits im Zuge der Olympiabewerbung der Stadt Leipzig bestand die Absicht diesen an sich auch landschaftlich reizvollen Bereich wieder zu nutzen durch den Bau des Olympiadorfes. Bekanntermaßen hatte Leipzig mit seiner Bewerbung letztendlich keinen Erfolg, so dass zunächst eine mehrjährige Pause eintrat.

Schließlich ergab sich in der zweiten Hälfte des letzten Jahrzehnts die Möglichkeit, das Projekt erneut anzugehen. Vor allem zwei Aspekte sprachen dafür: zum einen die Möglichkeit, die Verbindung vom Hafenbecken zum Karl-Heine-Kanal und damit über die Elster an das in der Region im Entstehen befindliche so genannte „touristische Wasserstraßennetz“ herzustellen und zum anderen die Verknüpfung der Stadtteile Neulindenau und Grünau attraktiver zu gestalten mit der Folge, das häufig eher als isoliert liegend wahrgenommene Grünau besser mit der Kernstadt zu vernetzen. Auch bei diesem Projekt wurde ein konkurrierendes Verfahren durchgeführt um ein möglichst qualifiziertes städtebauliches Konzept als Basis für die Weiterentwicklung zu ermitteln. Sieger war auch in diesem Verfahren das Büro ASTOC aus Köln, das wiederum ein schrittweise realisierbares multifunktionales Quartier entworfen hat, das sowohl die oben genannten Intentionen umsetzt als auch in sich eine eigene Identität erwarten lässt und damit das Potenzial hat, ein wichtiger „Stadtbaustein" im Leipziger Westen zu werden.

Das Projekt befindet sich in der Realisierung. Zurzeit werden der so genannte „Durchstich", d. h. die Verbindung zwischen Hafenbecken und Karl-Heine-Kanal und die öffentliche Erschließung für den ersten Bauabschnitt hergestellt. Außerdem läuft zurzeit ein kombinierter Investoren-/ Architektenwettbewerb für diesen ersten Bauabschnitt.

Bei dem Projekt „Plagwitzer Bahnhof" liegt der Schwerpunkt auf der Freiraumentwicklung. Teile des Bahngeländes sollen genutzt werden um diesen aufgrund seiner Historie als Industriestandort hoch verdichteten Stadtteil mit zusätzlichen Freiflächen zu versehen und diese mit dem Umland zu verbinden. Die geplante Bebauung hat eher Arrondierungscharakter. Sie nimmt dabei historische Baustrukturen der ehemaligen Bahnhofsnutzung auf. Die Aushandlung des Verhältnisses von Freiraum zu Baufläche mit dem Eigentümer, der DBImm, war ein wesentlicher Grund, der den Planungsprozess verzögerte. Inzwischen sind aber die entsprechenden Absprachen getroffen und vertragliche Regelungen im Hinblick auf die Umsetzung des Projektes erstellt, sodass die Realisierung in Angriff genommen werden kann.

Fazit

Die Wiedernutzung von Brachflächen bietet die Möglichkeit der Beseitigung oder zumindest Verringerung von funktionalen und gestalterischen Defiziten der Stadt. Sie bietet weiterhin die Chance, das Ziel der „kompakten Stadt" und damit der „Stadt der kurzen Wege" zu unterstützen. Leipzig nutzt diese Möglichkeit. Im Zuge der zur Zeit im Verfahren befindlichen Fortschreibung des Flächennutzungsplans werden knapp 500 ha Bauland nicht mehr dargestellt, die aufgrund unterschiedlichster Faktoren, zum Beispiel der Beeinträchtigung naturräumlicher Belange oder schlechter bzw. gar nicht herstellbarer Anbindung an den ÖPNV, als nicht oder nur gering geeignet für eine bauliche Entwicklung eingestuft werden. Damit bieten Brachflächen auch die Möglichkeit, trotz Bevölkerungswachstums ein Ausufern der Siedlungsfläche zu vermeiden und so eine „nachhaltige Stadtentwicklung" substantiell zu unterstützen.

Angesichts dieser positiven Effekte wird es auch in Zukunft der intensiven Auseinandersetzung mit inhaltlichen Aspekten der Wiedernutzung aber auch mit der Frage der zur Verfügung stehenden Planungs- und Umsetzungsinstrumente wie zum Beispiel dem Planungs- und Ordnungsrecht bedürfen damit die Städte die Potenziale auch Realität werden lassen können.

Nachverdichtung und Wiedernutzung von Brachflächen Berichte und Konzeptionen aus der Planungspraxis: Bonn

Werner Wingenfeld

Grunddisposition 1: Bonn wächst.

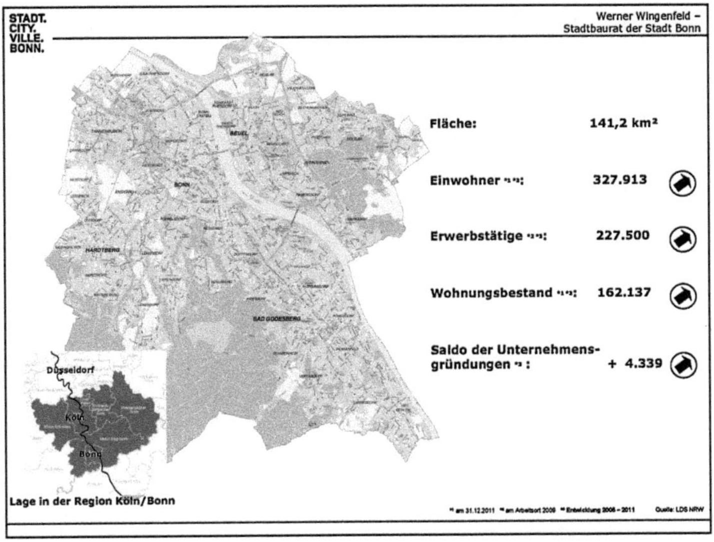

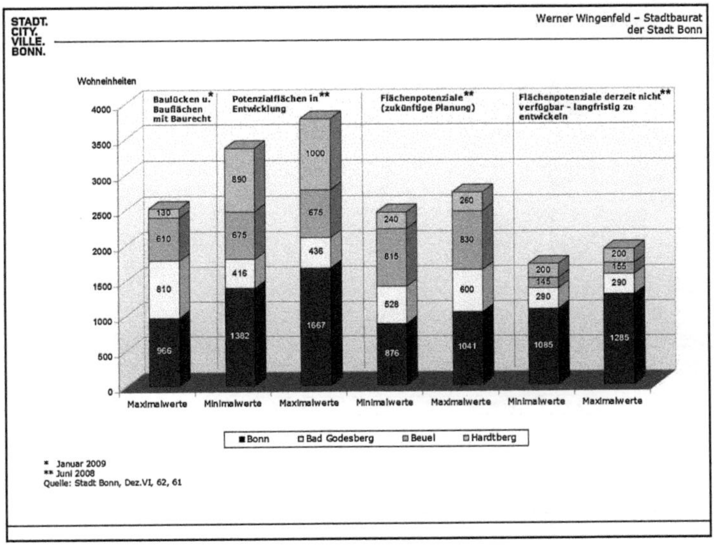

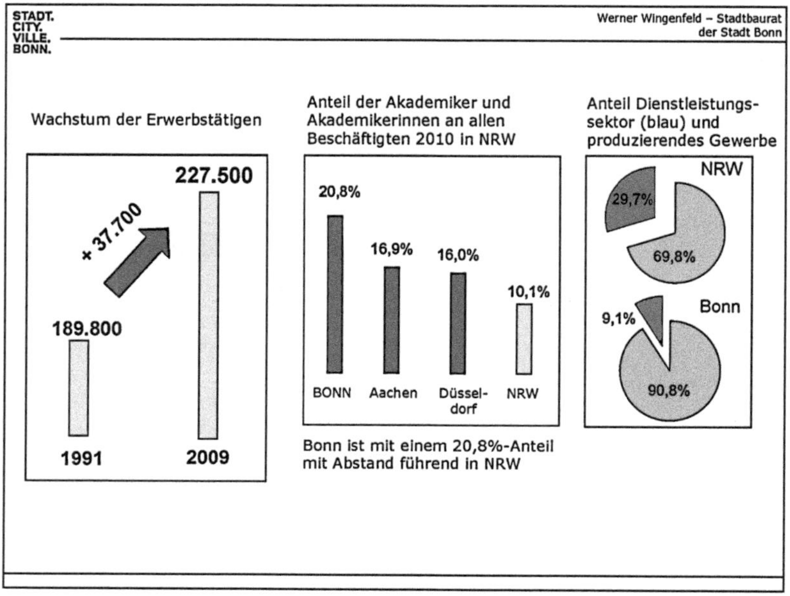

Gunddisposition 2: Bonn läuft voll.

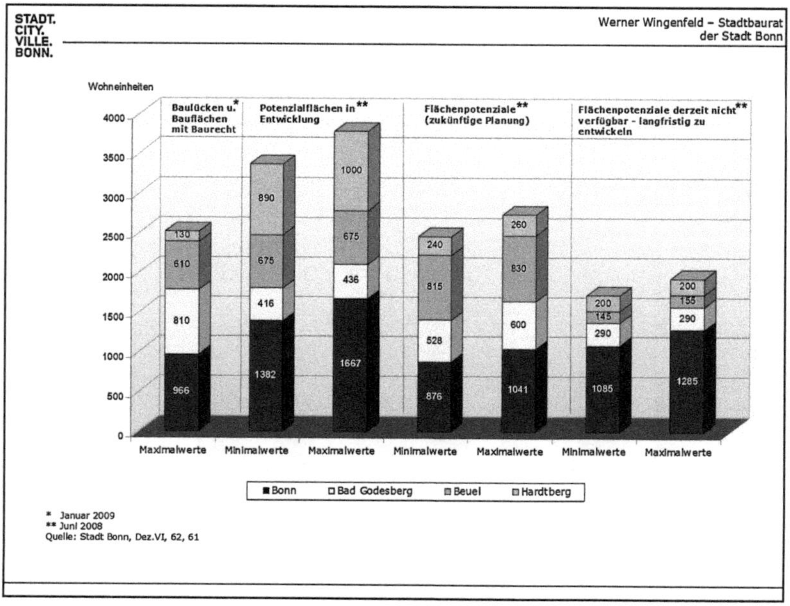

Werner Wingenfeld – Stadtbaurat
der Stadt Bonn

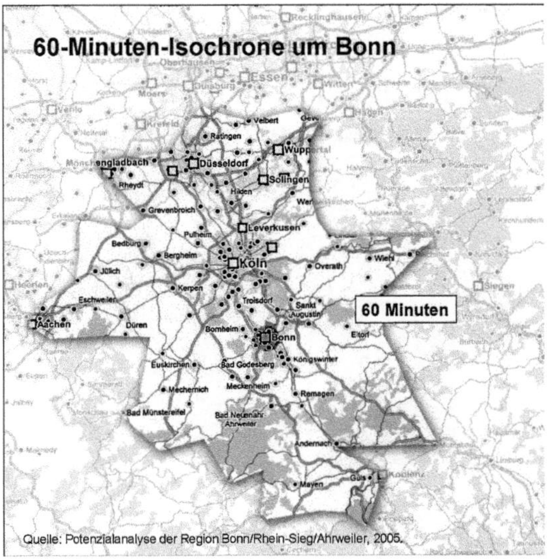

Werner Wingenfeld – Stadtbaurat
der Stadt Bonn

Eine Zukunftssicherung unserer Städte ist die Zukunftsplanung als Region

Regionale Zusammenarbeit

Bundesstadt Bonn, Amt 61-1, April 1999

Die Konsequenz: Die Prioritätensetzung im Leitbild

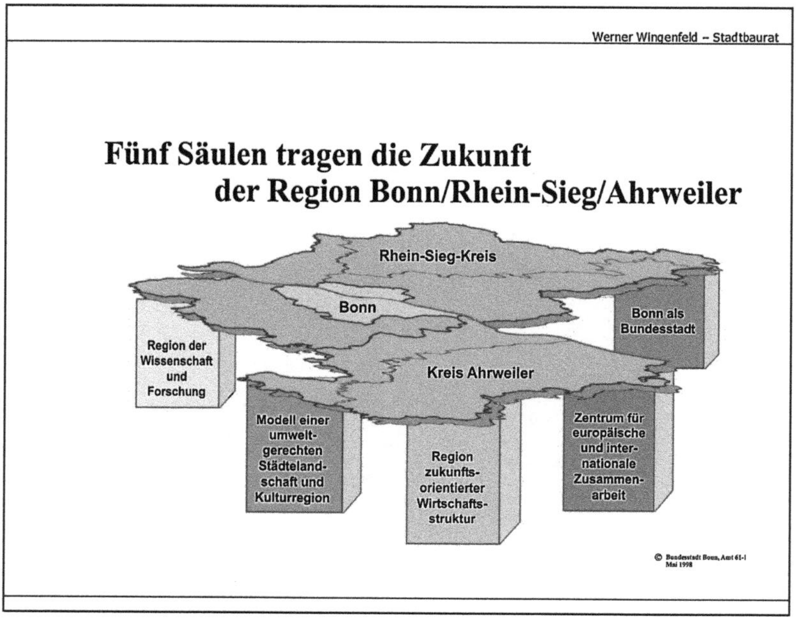

Die Übersetzung: Konzentration auf die Kernkompetenzen

STADT.
CITY.
VILLE.
BONN.

Werner Wingenfeld – Stadtbaurat
der Stadt Bonn

Entwicklungspotenziale und Kernkompetenzen in Bonn

- UN-Stadt
- Kongressstadt
- Dienstleistungsstadt
- Wissenschaftsstadt
- Gesundheitsstadt
- Wohnstadt mit Charme, Kulisse u. kurzen Wegen

Rahmenbedingungen künftiger Entwicklung und Investitionen in Bonn

- begrenzte Flächenressourcen, keine abseitigen Lagen
- hohe städtebauliche und architektonische Ansprüche, verletzbare Stadtsilhouette
- hohe Ansprüche der Nutzer
- geringe Leerstandsquoten – hochkarätiges Angebot bei Büroimmobilien
- Etablierung und Ausbau des Kongressstandortes

Die Hausaufgaben: 1. Traditionelles Brot und Butter nachhaltiger Stadtentwicklung

Werner Wingenfeld – Stadtbaurat
der Stadt Bonn

Was haben wir also zu tun?

1) Städtebauliche Qualität fördern, einfordern, falls erforderlich auch erkämpfen!

❒ **Einforderung architektonischer Qualitäten** ❒ **Einpassung in städtebaulichen Kontext**

2) Integrative Konzepte verfolgen!

❒ **ganzheitliche Betrachtung des städtebaulichen Raums**

❒ **Einbindung der Nutzer und Akteure vor Ort in Planung und Entscheidungsfindung**

3) Nachhaltigkeit gegen kurzlebige nicht anpassungsfähige Konzepte einfordern!

❒ **Energieeffizienz** ❒ **zukunftsfähige Gebäudeorganisation für sich ändernde Rahmenbedingungen**

4) Rollenverteilung deutlich machen und einfordern!

❒ **gemeinsame Ziele - unterschiedliche Rollen** ❒ **Engagement einfordern**

❒ **Anerkennung und Abstimmung zwischen Investoren, Behörden und Politik**

5) Transparenz und Kommunikation zur Maxime machen!

❒ **transparente Handlungsrahmen durch klare, von der Politik mitverantwortete Konzepte**

❒ **Verwaltung organisiert Kommunikation - evtl. externe Moderation**

Die Hausaufgaben: 2. Der Leistungskurs

Werner Wingenfeld – Stadtbaurat
der Stadt Bonn

Themen auf der künftigen Agenda:

- Zukunftsaufgabe Klimawandel (Schaffung widerstandsfähiger Strukturen)
- Weiterer Ausbau des selbstverwalteten und organisierten Quartiersmanagement (z.B. auch Housing Improvement Districts)
- Innovative Info- und Infrastruktur, immer auch angepasst an die im Alter besonders bedeutenden Faktoren
  - Einfachheit
  - Lesbarkeit und Zugänglichkeit
  - Sicherheit
- Mobilität:
  - Sichere Rad-und Fußwege
  - Ausleuchtung von Wegen und Haltestellen
  - Vereinfachung und Qualitätsverbesserung im ÖPNV (auch Sicherheit)
  - übersichtliche Wegweisung und Beschilderung für IV
  - angepasste Stellplatzkonzepte
  - Ausbau Carsharing-Angebote
- Quartiersanalyse, Umstrukturierung und Modernisierung im Bestand (Problem z. B. 50er-Jahre Siedlungen / Vermeidung monostrukturierter Quartiere
- vermehrte Begleitung und Initiierung von selbstorganisiertem Quartiersmanagement und Bürgerbeteiligungsformen als Artikulationsplattformen

Die Hausaufgaben 3: Die Berücksichtigung neuer Herausforderungen

Werner Wingenfeld – Stadtbaurat Stadt Bonn

Problemfelder

- Probleme am Wohnungsmarkt quantitativer, aber auch qualitativer Natur
  - ⇨ Beispiel: 50er/60er Jahre Siedlungen passen nicht ins Nachfrageschema der über 60jährigen (gleich welchen Lebensstils)
  - ⇨ Beispiel: Wohnungsbestand (auch Gründerzeitviertel und 50er/60er Jahre Siedlungen) weitgehend nicht barrierefrei
- angespannte Haushaltslage der öffentlichen Hand verursachen Verzögerungen, Aussetzung oder Streichung von öffentlich finanzierten Infrastrukturmaßnahmen
  - ⇨ Wichtig: Definition und Kommunikation von als Pflichtaufgabe der Daseinsvorsorge / Kommunikation als Investition in Zukunftsattraktivität und künftige Konsumenten
- finanzielle Grenzen des „Fürsorgestaates"
  - ⇨ Wichtig: Zulassung und Förderung von bürgerschaftlicher Selbstorganisation
- Pflege öffentlicher Räume, z.B. Ausleuchtungsbedarf und Wegeinstandhaltung
  - ⇨ Energiekosten wie auch Unterhaltungskosten stehen angesichts angespannter Haushaltslage in den Kommunen immer wieder auf dem Prüfstand bzw. Mittel stehen nicht im benötigten Umfang zur Verfügung

Die Konsequenz: Das Management des Wandels

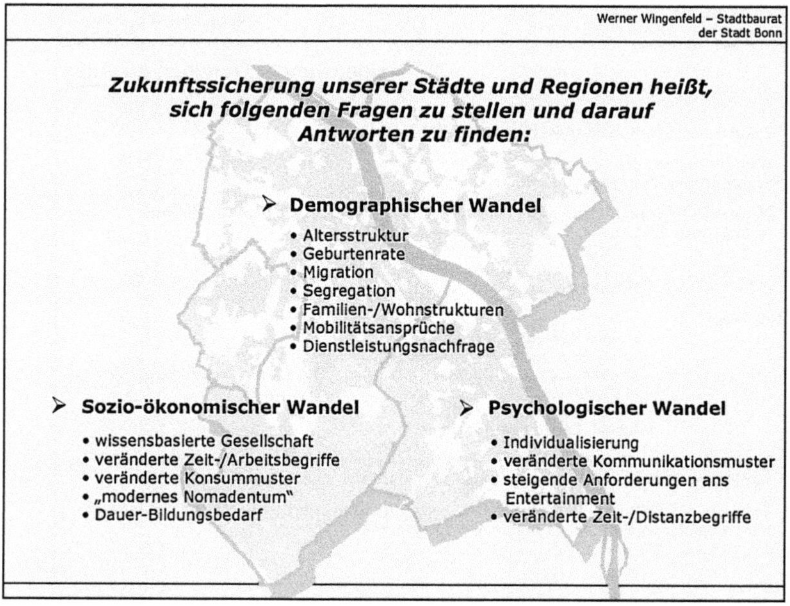

Die Handlungsmaxime: Innen vor Außen

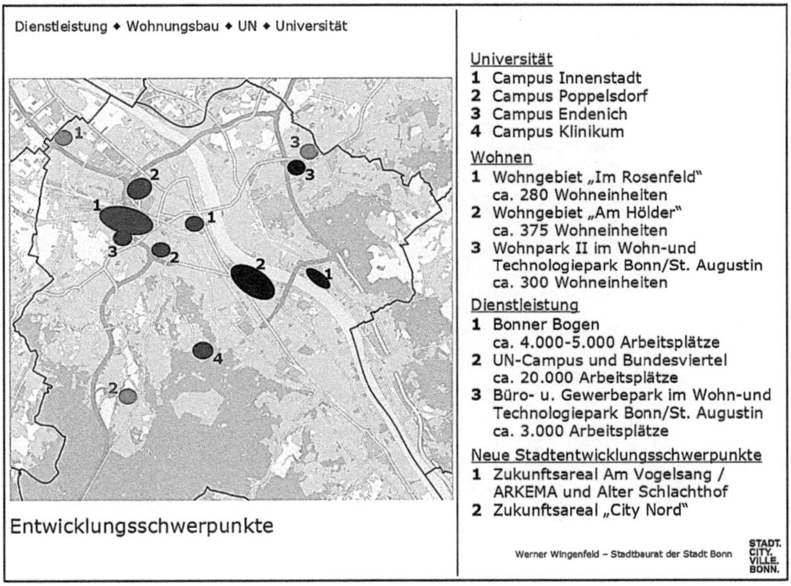

Die Operationalisierung: Der Masterplan Innere Stadt

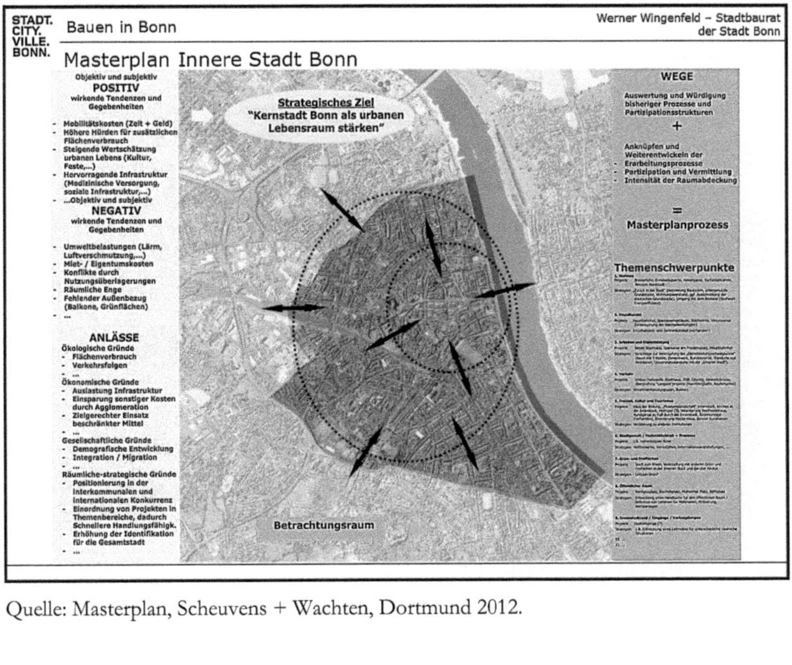

Quelle: Masterplan, Scheuvens + Wachten, Dortmund 2012.

Die Herangehensweise: Beispielhafte Zukunftsfragen

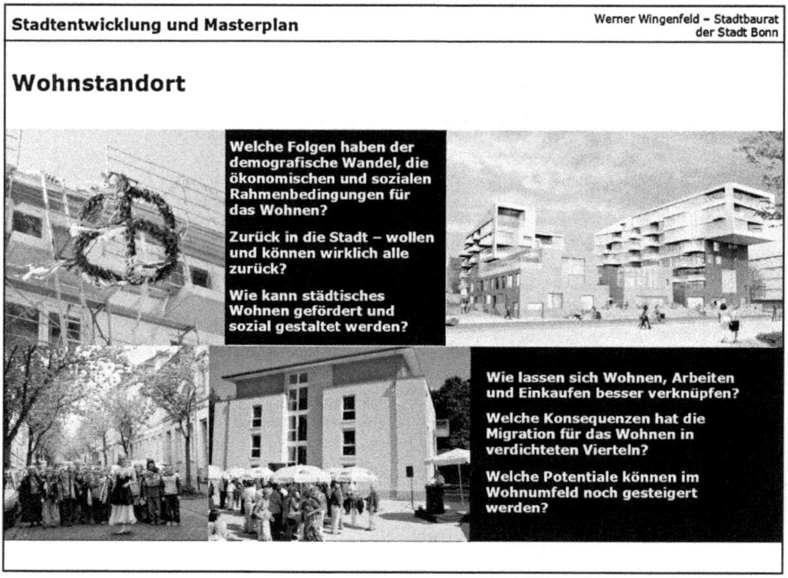

Quelle: Masterplan, Scheuvens + Wachten, Dortmund 2012.

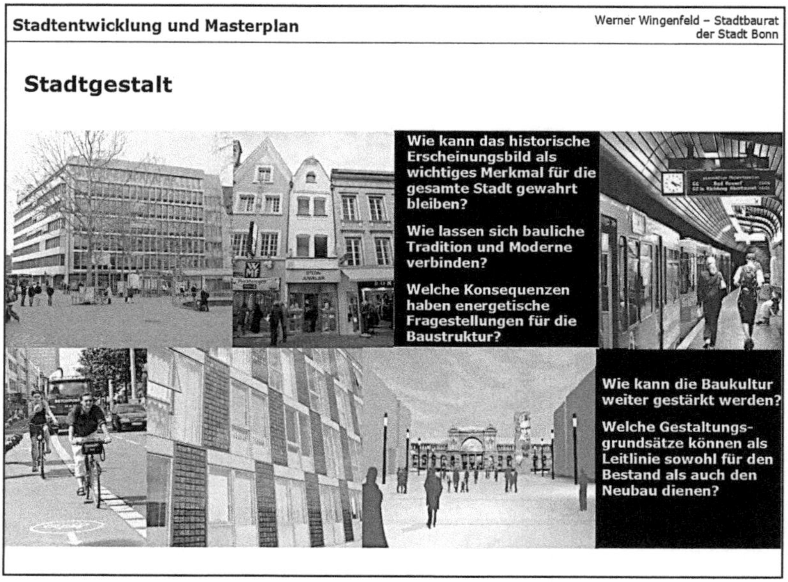

Quelle: Masterplan, Scheuvens + Wachten, Dortmund 2012.

Das Arbeitsprogramm:

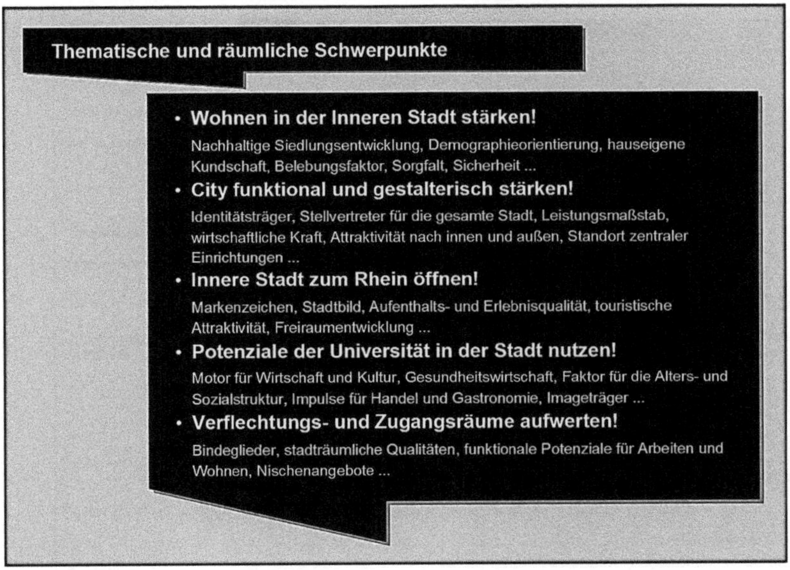

Quelle: Masterplan, Scheuvens + Wachten, Dortmund 2012.

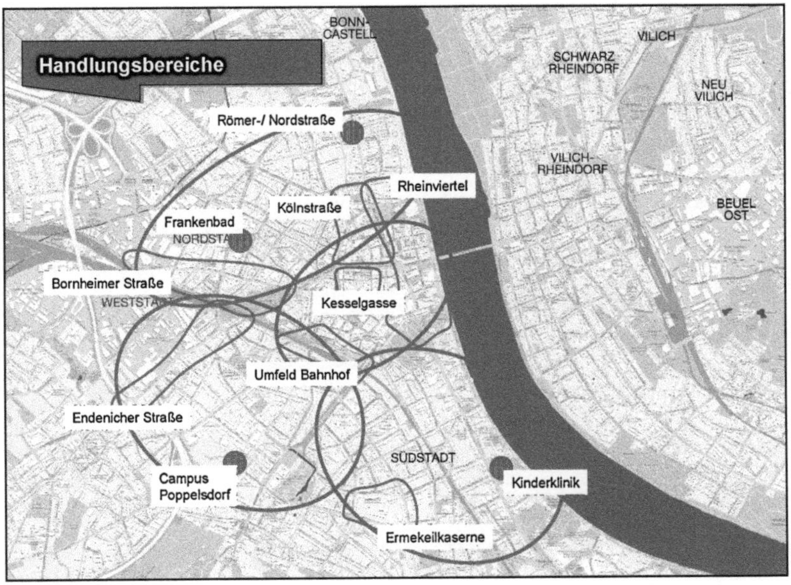

Quelle: Masterplan, Scheuvens + Wachten, Dortmund 2012.

Die Ergebnisse:

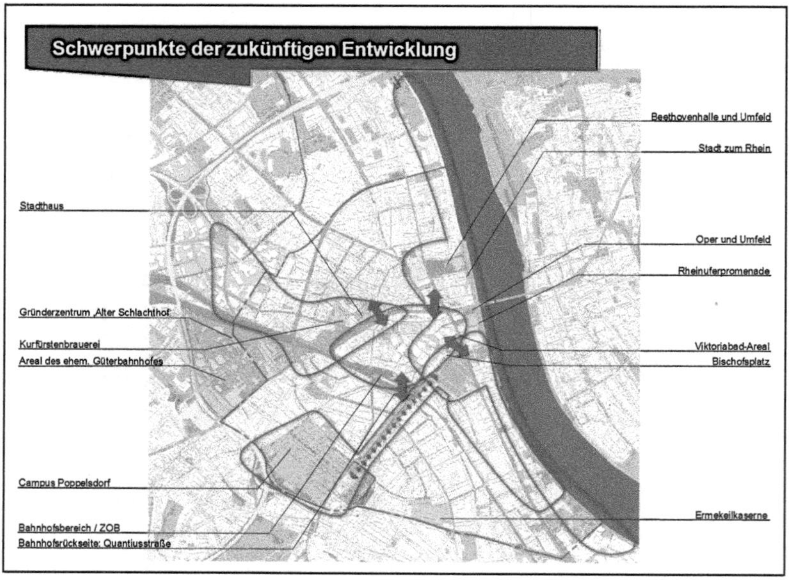

Ein Beispiel für viele:

Die Umsetzungsschwerpunkte:

1. Konversionsflächen

- Das Areal der ehemaligen Kurfürstenbrauerei: Ein aufgelassener Produktionsstandort in bester Citylage, dessen Eigentümer das Gelände weit unter dem städtebaulichen Wert nutzt und nicht entwickeln will, weil er sich eine bessere Wertschöpfung erhofft, als es die Stadt mit der Entwicklungsperspektive (bezahlbarer) Wohnraum anstrebt: Fatalistische Haltung: Seine Zeit ist noch nicht gekommen.
- Das Gelände der Ermekeilkaserne in bester Südstadtlage: Verpflichtung der öffentlichen Hände (Bund und Stadt) zur Realisierung von stadtstrukrurellen Verbesserungen (öffentlicher Raum, soziale Infrastruktur und bezahlbarer Wohnraum)
- Das Gelände der aufgegebenen Poliklinik in hochwertiger Innenstadtlage: Verpflichtung von Land NRW und Stadt zur Konversion in bezahlbaren Wohnraum

2. Nachverdichtung

- Wohnbebauung am Brassertufer: Kalkulierter Maßstabssprung in der ehemals hochverdichteten Altstadt unmittelbar am Rhein in Assimilation der traditionellen Gassenstruktur
- Nachnutzung von Botschaftsarealen: Kompakte neue Wohnbebauungen in unter moderater Belastung der angestammten Nachbarschaft
- Arrondierung denkmalgeschützter Nachkriegssiedlungen in behutsamer, gleichwohl substanziell die Kernsubstanz verändernder Hinzufügung

3. Schaffung neuer resilienter Stadtstrukturen

- Projekt „Masterplan Äußere Stadt“: Diskurs über eine Renaissance der „aufgelockerten und gegliederten Stadt“ in größerer Dichte und mit wohnungsnaher Versorgung
- Programm Soziale Stadt Tannenbusch Nord: Diskurs über eine Renaissance der Großsiedlung im Grünen
- Bauen an großzügigen Freiräumen: Diskurs über bauliche Dichte und Grünäquivalenz

4. Der regionale Diskurs

- Die Einforderung der „dezentralen Konzentration“ von Siedlungsstrukturen
- Die Einforderung der sozialen Ausgewogenheit von Siedlungsstrukturen

Nahtstellen zur Äußeren Stadt:

MASTERPLAN ÄUSSERE STADT ODER INNNERE REGION

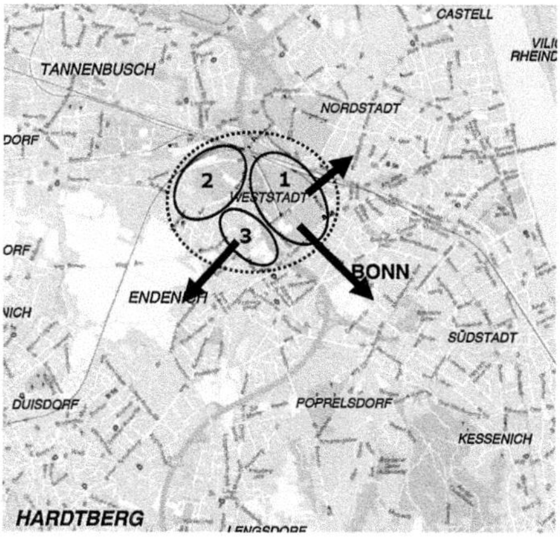

Zukunftsareal „City West“

Neuer Stadtentwicklungs-schwerpunkt im Westen der City

1 : Areal rund um den Alten Schlachthof

2 : Quartier Am Vogelsang / Nachnutzung ARKEMA

3 : Universitäts-Campus Endenich

➢ Aktuelle Diskussion: Tieferlegung „Tausendfüßler“?

Werner Wingenfeld – Stadtbaurat der Stadt Bonn
September 2012

STADT. CITY. VILLE. BONN.

Die Vision: Der „Regionale Masterplan Innere Städte"

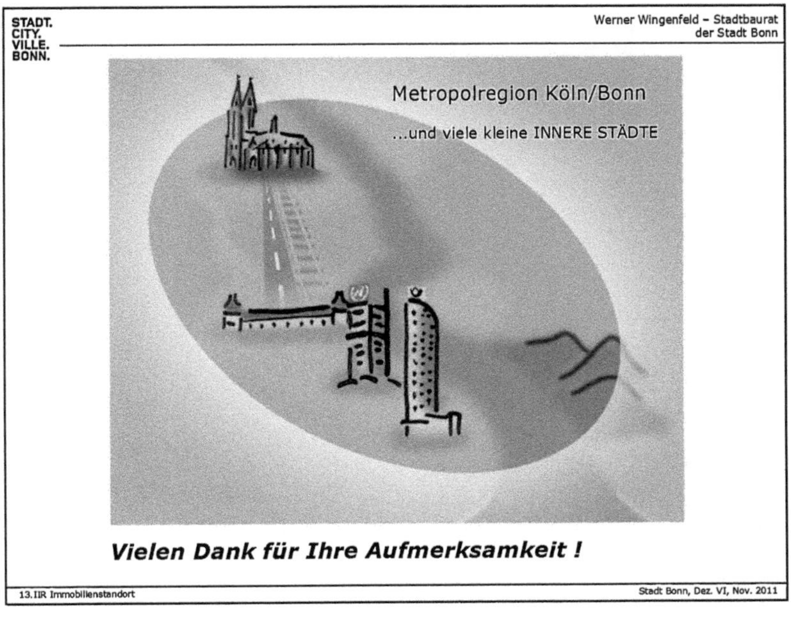

Nachverdichtung und Wiedernutzung von Brachflächen Berichte und Konzeptionen aus der Planungspraxis: Ulm

Alexander Wetzig

I. Drei Phasen der Ulmer Innenstadtentwicklung

Ulm nach 1945: Wiederaufbau und „Autogerechte Stadt"

Wie die meisten deutschen Großstädte wurde Ulm durch die Bombardements im Zweiten Weltkrieg vor allem in der Innenstadt ganz erheblich zerstört. Über 80 % der über Jahrhunderte gewachsenen altdeutschen Bürger- und ehemals freien Reichsstadt lagen in Trümmern. Und wie in vielen anderen deutschen Städten sah man beim Neuanfang nach 1945 in der Zerstörung auch eine Chance – nämlich die alte Enge und Kleinteiligkeit von Stadtgrundriss und Stadtkörper den Bedürfnissen und Funktionen der neuen Zeit anzupassen, insbesondere denen des Verkehrs.

Und so geriet der Wiederaufbau der kriegszerstörten Altstadt zu ihrer „zweiten Zerstörung": mit der Aufweitung der Straßenräume, der Aufgabe der fein abgestimmten Parzellenstruktur der Ulmer Bürgerhauskultur in den neuen Grundstücksumlegungen, all den Begradigungen und „Bereinigungen" der historischen Unregelmäßigkeiten des alten Stadtkörpers, die den großen Reichtum des Stadtbildes der Vorkriegszeit ausmachten, schließlich mit der weiträumigen Planierung der bombardierten Stadtquartiere, in denen sich noch so viele wertvolle Fassaden und Bauteile der alten Stadt erhalten hatten. Die Stadt der Moderne im Gegenentwurf zur tradierten Europäischen Stadt war immer wieder durchscheinendes und nicht immer reflektiertes Leitbild, das im Wiederaufbau auf das Trümmerfeld Ulms projiziert wurde.

Die Strategie war leider erfolgreich.

Nach rund zweieinhalb Jahrzehnten war der sogenannte Wiederaufbau abgeschlossen. Im Konflikt zwischen dem städtebaulichen Modernisierern und den bürgerschaftlichen Pragmatikern eines Bauens „wo es war und wie es war" entschied man sich für nur einige wenige, dann aber radikale Eingriffe in den Stadtkörper und ansonsten für kleinere, vermeintlich moderne im Ergebnis aber banalisierende Korrekturen. Einig war man sich freilich immer in der planerischen Dominanz des motorisierten Verkehrs. Und so mutierte Ulm wie andernorts auch zur autogerechten Stadt, die Stadtplätze degenerierten zu bloßen Parkplätzen und die Stadtgassen zu Autotrassen.

Erhaltende Stadterneuerung ab 1975: Sanierung der historischen Stadtquartiere

Stadtumbau und Stadtmodernisierung ab 1985: „Die Rückeroberung des Stadtraumes“

Zunehmend erkannte die Stadt jedoch die stadtentwicklungspolitische Sackgasse, in die man sich hineinmanövriert hatte. Im Verein mit der seit Mitte der 70er Jahre aufgekommenen städtebaulichen Erneuerung noch erhalten gebliebener historischer Bereiche entwickelte sich ab den 80er Jahren ein grundlegender Strategiewechsel. Unterstützt wurde dieses Vorgehen durch die tiefgreifende und anhaltende Strukturkrise der Ulmer Industrie und damit der Stadtwirtschaft insgesamt zu Anfang der 80er Jahre, die eine stadtpolitische Neuausrichtung erzwang. Die griffige Markenbotschaft der modernen „Wissenschaftsstadt“ beschreibt seither den erfolgreichen Umbau der alten Industriestadt Ulm zur Stadt der Forschung und Entwicklung, Bildung und Dienstleistung. Neben dem Ausbau der Ulmer Universität rückte in diesem Zusammenhang als weiterer Schwerpunkt der Stadtentwicklung die Innenstadt in den Fokus – und ist es über drei Jahrzehnte hinweg bis heute geblieben. In einer wohl ziemlich beispiellosen Konzentration der Kräfte auf eine umfassende Umgestaltung des Ulmer Stadtzentrums unter neuen Leitthemen wurde ein anhaltender Prozess in Gang gesetzt, der der Innenstadt in der Zwischenzeit ein vollkommen neues, attraktives Gepräge mit einem in hohem Maße identitätsstiftendem neuen Stadtbild verschafft hat. Diese städtebauliche Modernisierung der Innenstadt ist untrennbar verbunden mit einer kritischen Auseinandersetzung mit den Prinzipien und erst recht den Ergebnissen der Wiederaufbauzeit. Die alten Leitbilder der städtebaulichen Moderne in der „gegliederten und aufgelockerten Stadt“ mit ihrer Entdichtung und Entmischung der Baustrukturen und ihren offenen Räumen werden von einer Neuinterpretation der Kategorien der traditionellen Europäischen Stadt abgelöst. Dabei geht es beileibe nicht um einen städtebaulich rekonstruierenden Rückbau hin zu den Vorkriegsstrukturen des alten Ulms – wie es etwa manche verfehlte Retroarchitekturtendenz anderenorts in letzter Zeit formuliert – sondern um eine Weiterentwicklung der Strukturprinzipien der alten Stadt mit zeitgemäßen modernen Mitteln. Es geht um das moderne Weiterbauen der alten Stadt. Der Bogen dieses konsequenten Stadtumbaus spannt sich von der Neugestaltung des Münsterplatzes ab Mitte der 80er Jahre mit dem überregional beachteten Paukenschlag des Stadthauses von Richard Meier N.Y. bis zum ebenso bundesweit wahrgenommenen und ausgezeichneten Rückbau der „Neuen Straße“ zur „Neuen Mitte Ulm“. Zwischen diesen beiden großen Projekten entfaltet sich eine Vielzahl von städtebaulich-architektonischen Interventionen und stadtfunktionalen Aufwertungen.

Was sind die großen inhaltlichen Handlungslinien dieser Stadtbaupolitik? Drei Leitthemen, drei Leitmotive stadtplanerischen Handelns, die immer auch in unterschiedlicher Weise das Erbe der alten Europäischen Stadt reflektieren, prägen überwölbend das strategische Ulmer Konzept:

- **„Neue Urbanität“ und Wiedergewinnung des Stadtraumes**;
- **Integration zeitgemäßer Architektur;**

- **„Städtebau im Bürgerdiskurs“.**

„Neue Urbanität“ und Wiedergewinnung des Stadtraumes beschreibt zusammenfassend die seit den 80er Jahren immer konsequenter verfolgte grundlegende Abkehr und Umkehr von den Prinzipien der Wiederaufbauplanungen. Es geht um neue, höhere Dichten, Intensivierung der Innenstadtnutzungen, kompakte Baustrukturen, klare Räume und Rückbesinnung auf die gemischte Stadt als Grundlage jeder Urbanität. Neben der früheren einseitigen Betonung der traditionellen Handels- und Dienstleistungsfunktionen wird besonderer Wert auf das innerstädtische Wohnen und die Kultur als Urbanitätsfaktor gelegt. Allerwichtigster Aspekt ist jedoch sicherlich die Abkehr vom autoverkehrsgerechten Ausbau des Stadtkerns zugunsten von Verkehrsberuhigung und stadtverträglicher Mobilitätsentwicklung. Die Rückeroberung des Stadtraumes für den Fußgänger und seine vielfältigen urbanen Funktionen nach der vorausgegangenen totalen Besitzergreifung durch den motorisierten Individualverkehr ist der größte Gewinn, den die Innenstadt aus den veränderten Leitbildern gezogen hat.

Die **Integration zeitgemäßer Architektur** als „Versöhnung der Moderne mit der Europäischen Stadt“ steht als plakatives Motto für das für jeden Besucher wohl auffälligste Element Ulmer Innenstadtstrategie: nämlich das unbeirrbare Eintreten für eine zeitgemäße Architektursprache bei den neuen Bauaufgaben. Neue Programme fordern neue Lösungen – auf diesen schlichten Nenner kann man die Ulmer Haltung bringen. Der formale Rückgriff auf historische Stilformen verbietet sich dabei. Auch und gerade in unmittelbarer Nachbarschaft zu bedeutenden Baudenkmälern wird das moderne Bauen eingefordert. Freilich eine weiterentwickelte Moderne: nicht nur im Hinblick auf ihr stilistisches Repertoire, sondern vor allem im Hinblick auf ihre städtebauliche Funktion. Anders als die traditionelle Moderne des Wiederaufbaues mit ihrer Negation stadträumlicher Bezüge wird der entschiedene städtebauliche Bezug zur Umgebung eingefordert: nach dem Prinzip des „jedes Haus baut Stadt“ muss sich das moderne Haus auch der Prüfung seines Beitrags zum Stadtraum unterziehen. Die neue Ulmer Moderne zeigt eindrucksvoll, dass die Kunst des städtebaulichen Einfügens sehr wohl mit eindeutig zeitgemäßer Formensprache geleistet werden kann – insoweit „Moderne“ und „Europäische Stadt“ kein Widerspruch zu sein brauchen.

Solche Veränderungen lassen sich erfolgreich nicht von oben verordnen. Das alte Wechselspiel von Politik und Verwaltung, Gemeinderat und Fachleuten mit eingespielten planungstechnokratischen Abläufen wurde in Ulm schon früh zugunsten intensiver und engagiert geführter bürgerschaftlicher Beteiligung aufgebrochen.

„Städtebau im Bürgerdiskurs“ ist seitdem ein zentrales Leitmotiv stadtentwicklungspolitischer Meinungsbildung und Entscheidungsfindung. Schon die Neugestaltung des Münsterplatzes Ende der 80er Jahre gelang nur durch eine engagiert geführte bürgerschaftliche Diskussion über Ziele und Mittel, ebenso wie die gläserne Bibliothekspyramide neben dem historischen Rathaus und der Rückbau der

Neuen Straße zur Neuen Mitte – um die herausragendsten Beispiele zu nennen – nur auf der Grundlage eines intensiv geführten stadtgesellschaftlichen Dialoges erfolgreich realisiert werden konnten. Städtebau ist eine öffentliche Angelegenheit, die Alle angeht. Nirgendwo anders als in einer ehemaligen freien Reichsstadt, in der die Bürger immer schon ihre ureigensten Dinge selbst in die Hand genommen und verantwortet haben, könnte man solches Postulat überzeugender und selbstverständlicher umsetzen. Es geht um das Grundverständnis, dass Stadtplanung immer auch ein Kommunikationsprozess ist, wenn nicht sogar von vorneherein nur als solcher zu verstehen und zu organisieren ist. In einer Zeit überschießender Modediskussion zu Bürgerbeteiligung und gesteigerter öffentlicher Erregung über jedwede Veränderung durch räumliche Planung setzt die seit langem praktizierte Ulmer Linie von Transparenz der Planung, frühzeitiger öffentlicher Zieldiskussion und klarer Verortung von Verantwortung im stadtpolitischen Prozess eine feste und nüchterne, gleichwohl engagierte Dialogposition ein.

II. Methodik, Verfahren und Instrumente der Ulmer Innenstadtentwicklung

Die entscheidendste Voraussetzung für den Erfolg der Ulmer Innenstadtpolitik ist zweifellos die traditionelle langfristig **vorausschauende Ulmer Bodenpolitik**. Die seit vielen Jahrzehnten betriebene aktive Liegenschaftspolitik, welche die Stadt zum größten Grundeigentümer im Stadtgebiet gemacht hat, wirkt nicht nur bodenpreisregulierend und spekulationsverhindernd, sondern ermöglicht über den Erwerb und Zugriff auf betroffene Areale und Flächen eine aktive, eigenständig agierende und konkret gestaltende Stadtentwicklungspolitik, die nicht von den Investitionsinteressen Dritter abhängig ist. An die Stelle bloß hoheitlich-rechtssetzenden Verhaltens tritt die Stadt selbst in der Rolle als unternehmerischer Akteur auf: **Grundeigentum schlägt Baurecht!**

Damit verharrt die Stadt nicht in der bloßen Definition stadtentwicklungspolitischer Zielsetzungen, die oftmals in der Umsetzung durch Dritte hängen bleiben, sondern nimmt die Dinge „selbst in die Hand". In der **städtebaulichen Projektentwicklung** als **„Public Management"** hat die Stadt die Möglichkeit verstanden, über den gesamten Entwicklungsprozess hinweg als Grundeigentümer die bestimmende Rolle einzunehmen und so die Durchsetzung der Stadtziele zu sichern.

Von daher gewinnt auch die **informelle Planung** über Rahmenpläne, Masterpläne und sonstige Vereinbarungen und Festlegungen größeres Gewicht, da ihre größere Flexibilität und zielorientierte Treffsicherheit als überwiegendes Steuerungsinstrument eingesetzt werden kann; die formelle Planung rückt demgegenüber in den Hintergrund und dient letztlich schwerpunktmäßig nur der formalrechtlichen Absicherung von Vorhaben. Als unverzichtbares komplementäres Element begleitet der

öffentliche Kommunkationsprozess die Planung über den gesamten Verfahrensweg.

Die Rolle der Stadt in der Steuerung der Innenstadtentwicklung geht so weit über den üblichen hoheitlich-rechtssetzenden Status im Vollzug des Bau- und Planungsrechts hinaus. Der Schlüssel zum Verständnis des Ulmer Stadtumbaues liegt in dieser Kombination von Bodenpolitik, stadtunternehmerischem Handeln und informeller Planungspraxis im bürgerschaftlichen Dialog.

III. Erfahrungen aus drei Jahrzehnten Innenstadtentwicklung: Probleme und Konflikte

Aus der Fülle von Problemen, mit denen eine Stadt bei einem so umfassenden Umbau ihrer innerstädtischen Strukturen wie die Stadt Ulm zu kämpfen bzw. diese zu bewältigen hat, ragen einige besonders schwierige und hemmende Faktoren besonders heraus: An erster Stelle ist das aus heutiger Sicht **veraltete und schwerfällige** bundesrepublikanische **Planungs- und Baurecht** zu nennen. Immer neue Verfeinerungen bzw. Novellierungen des räumlichen Planungsrechtes haben nicht wirklich zu einem praxisgerecht handhabbaren Instrumentarium zur Umsetzung geänderter stadtentwicklungspolitischer Zielsetzungen geführt. Insbesondere die **Baunutzungsverordnung** greift im Hinblick auf Baugebietstypologie und Dichtekriterien schon lange nicht mehr bei der Innenentwicklung – in der Zwischenzeit haben die Ausnahme- und Befreiungstatbestände im Planungsprozess regelmäßig größeres Gewicht und Bedeutung als die originären Grundaussagen der BauNVO. Die **Landesbauordnung** mit ihrem überholten schematischen **Abstandsflächenregelwerk** ist nicht viel anders zu beurteilen – im Innenbereich ist eine angemessene räumliche Dichte nur durch Aufhebung der bauordnungsrechtlichen Regelstandards zu erreichen. Gleichzeitig verliert das – ganzheitlich angelegte – Städtebaurecht schon seit langem an Bedeutung gegenüber den immer weiter sich verschärfenden fachgesetzlichen Regelungen wie dem Immissionsschutz-, Naturschutz- und Denkmalschutzrecht, um nur einige wesentlich raumrelevante Rechtsbereiche zu nennen.

Im Grunde hat das methodische Instrumentarium der Stadtentwicklung den seit längerem sich verfestigenden politischen **Paradigmenwechsel von der Außenentwicklung zur Innenentwicklung** nicht wirklich nachvollzogen. Letztlich bestimmen die traditionellen Leitbilder des Städtebaus der klassischen Moderne, wie sie im Leitbild der „gegliederten und aufgelockerten Stadt“ der Nachkriegszeit formuliert wurden, nach wie vor das Planungssystem. Die als gesellschaftliche Errungenschaft gefeierten Ziele der Entdichtung und Entmischung schimmern immer noch im Regelapparat durch; Innenentwicklung als verantwortungsbewusste ressourcenschonende Planungspolitik mit Verdichtung und Mischung muss im

Grundsatz **gegen** die normierten alten, immer noch geltenden Standards durchgesetzt werden. Und wo bitte können etwa mithilfe eines Flächennutzungsplanes Innenentwicklungsprozesse gesteuert werden? Das gesamte System der räumlichen Planung hat sich im Fokus auf die in der Wiederaufbauzeit notwendige Außenentwicklung organisiert; der instrumentelle Systemumbau von der Stadtwachstumssteuerung zur Stadtumbauorganisation ist unterblieben.

Seine Entsprechung findet das rückständige planungsmethodische Instrumentarium häufig im stadtgesellschaftlichen **Status-Quo-Denken** und dem **Festhalten an überkommenen Sehgewohnheiten.** Beide Aspekte bauen zusammen und sich gegenseitig ergänzend die größten Hürden im Umbauprozess auf – wenn beispielsweise die als „Licht, Luft, Sonne“ propagierend verstandenen Dichtegrenzwerte der BauNVO sich als bindender Maßstab in den Köpfen festgesetzt haben. Gerade im partizipativen Prozess erweist es sich im Innenbereich immer wieder als schwierig, die notwendigen höheren städtebaulichen Dichten als im früheren Regelfall des Außenbereich-Bebauungsplanes durchzusetzen. Solche tradierten Seh- und Denkgewohnheiten können nur durch konsequente und geduldige transparente Planungspraxis überwunden werden. Freilich bedarf es dazu auch eines **veränderten Rollenverständnisses der Akteure im Planungsprozess:** das alte planungstechnokratische System im Zusammenspiel von Rat und Verwaltung ist schon lange aufgebrochen durch den bürgerschaftlichen Mitwirkungs- und Mitgestaltungsanspruch; die daraus resultierenden Konsequenzen im Hinblick auf Öffentlichkeit, Offenheit und Veränderungsbereitschaft wurden jedoch nicht immer durchgängig vollzogen. Dass solche veränderten Bedingungen insbesondere auch die Verwaltung in ganz besonderem Maße herausfordern, liegt auf der Hand – und hier existieren vielfach nach wie vor ebenso sehr bewusstseinsmäßige wie **organisatorische Defizite**. Der im Bürgerdialog agierende moderne städtische Projektentwickler als „urban manager“ kann sich nicht wie sein überwiegend hoheitlich agierender Vorgänger hinter dem Bollwerk des dem Bürger undurchdringlich erscheinenden Planungsrechts und darauf aufbauenden Zuständigkeiten verschanzen. Er benötigt eine integrierte, flexibel strukturierte Verwaltungsorganisation, die ganzheitliche Prozesssteuerung von Projekten ermöglicht. Die Handlungsfähigkeit der Kommune in der Innenentwicklung wird daher auch wesentlich mitbestimmt vom Zuschnitt ihrer administrativen Struktur und der daraus resultierenden Aktions- wie Reaktionsgeschwindigkeit.

Hinter allen Einzelfragen und -themen der Innenentwicklung in den Städten steht am Ende die Frage nach der Baukultur. So gern diese Frage außerhalb von Sonntagsreden auch vermieden und umgangen wird, sie wird unvermeidlich im Alltag des Planens und Bauens jedes Mal neu gestellt und durch das Ergebnis planenden Handelns beantwortet – der Spiegel der gebauten Stadt ist keineswegs blind, sondern manchmal von erschreckender Schärfe. Das konkrete Handeln im Weiterbauen der Stadt bedarf daher zwingend der Leitbilder und grundsätzlichen Wertvorstellungen, die Baukultur überhaupt erst definieren und entstehen lassen. Ulmer Baukultur definiert sich über drei Kategorien: Baukultur in Ulm ist **Planungskul-**

tur. Qualitätvolle Ergebnisse haben qualitätsorientierte Methoden und Verfahren zur Voraussetzung; vom systematischen Planungshandeln bis zum Architektenwettbewerb und ganzheitlicher Prozessorganisation. Baukultur in Ulm ist **Wertkultur**: Das einzelne Bauen ist immer auch Bauen am Stadtganzen; im Vordergrund stehen Werthaltigkeit und -beständigkeit der Bauwerke, ganz im Sinne der alten Vitruv`schen „Firmitas“ oder der modernen „Nachhaltigkeit“. Die kompakte urbane Stadt in der Fortführung alter europäischer Stadtbautradition ist durchgängiges planerisches Leitbild. Ohne eine ausgeprägte öffentliche **Dialogkultur** freilich scheitern beste Planungsmethodik und noch so anspruchsvolle Konzepte des Stadtbauens – Städtebau ist „res publica“; nur im Bürger- und stadtgesellschaftlichen Kommunkationsprozess bewährt und behauptet auch in der Umsetzung das engagierte fachliche Ziel.

Es ist diese Trias baukultureller Kriterien, gleichsam das magische Dreieck Ulmer Baukultur, die in enger Wechselwirkung zueinander den Umbau der Ulmer Innenstadt prägen. Die Stadt weiterbauen – mit zeitgemäßer Architektur und in der großen Tradition der Europäischen Stadt – ist die Botschaft der alten und immer wieder neuen Bürgerstadt Ulm.

Informelle Konzepte zur Bewältigung der Anforderungen der Bodenschutzklausel

Tim Schwarz

1. Einleitung

Die aktuelle Novellierung des Baugesetzbuchs verfolgt die Zielsetzung der Innenentwicklung durch eine Stärkung der Urbanität und Attraktivität der Städte und Gemeinden und die Vermeidung der Neuinanspruchnahme von Flächen auf der „Grünen Wiese".[1] Diese beiden Ansätze verdeutlichen das Zusammenwirken von Innenentwicklung und Bodenschutz, denn eine auf Innenentwicklung ausgerichtete Stadtplanung trägt gleichzeitig auch dem Bodenschutz Rechnung, wenn hierdurch weniger Freiflächen in Anspruch genommen werden. Maßgeblich für den Bodenschutz in der Bauleitplanung sind die Bestimmungen der Bodenschutzklausel in § 1a Abs. 2 BauGB.[2] Diese wurde im Rahmen der Innenentwicklungsnovelle 2013 ergänzt um eine besondere Begründungspflicht für die Umwandlung landwirtschaftlich oder als Wald genutzter Flächen. Zur Bewältigung dieser – aber auch der bereits bestehenden Anforderungen aus der Bodenschutzklausel – bieten sich informelle Konzepte an. Mit diesen können die Städte und Gemeinden neben der Erfassung der Innenentwicklungspotenziale ihre städtebaulichen Zielsetzungen konkretisieren,[3] bevor diese über die formellen Instrumente der Bauleitplanung umgesetzt werden.[4]

2. Stand und Perspektiven des Flächenverbrauchs in Deutschland

Im Rahmen ihrer nationalen Nachhaltigkeitsstrategie hat die Bundesregierung das Ziel formuliert, den täglichen Zuwachs der Siedlungs- und Verkehrsfläche bis zum

1 Gesetzentwurf der Bundesregierung, Entwurf eines Gesetzes zur Stärkung der Innenentwicklung in den Städten und Gemeinden und weiteren Fortentwicklung des Städtebaurechts (BR-Drs. 474/12 v. 10.8.12), S. 1.

2 Baugesetzbuch (BauGB), in der Fassung der Bekanntmachung vom 23. September 2004 (BGBl. I S. 2414), zuletzt geändert durch Artikel 1 des Gesetzes vom 11. Juni 2013 (BGBl. I S. 1548).

3 Mitschang, in: Schlichter/Stich/Driehaus/Paetow (Hrsg.), Berliner Kommentar zum Baugesetzbuch, 3. Auflage, Köln 2002, Loseblattsammlung Stand: 11. Lfg. Oktober 2008, § 1a Rn. 47.

4 Krautzberger, Die Bodenschutzklausel des § 1a Abs. 1 BauGB: Regelungsgehalt und Wirkungen, ZUR Sonderheft 2002, S. 135 (136).

Jahr 2020 auf 30 ha pro Tag zu reduzieren.[5] Angestrebt wird dabei eine vorrangig auf Innenentwicklung ausgerichtete städtebauliche Entwicklung in einem Verhältnis von Innen- zu Außenentwicklung von drei zu eins.[6] Anhand von Indikatoren erfolgt eine regelmäßige Überprüfung der Zielerreichung, die alle vier Jahre in einem Fortschrittsbericht und alle zwei Jahre in einem Indikatorenbericht veröffentlicht wird.[7]

2.1 Bezugsgröße Siedlungs- und Verkehrsfläche

Die maßgebliche Bezugsgröße für die statistische Erfassung des Flächenverbrauchs ist die Siedlungs- und Verkehrsfläche. Diese setzt sich zusammen aus Gebäude-, Frei- und Betriebsflächen, Verkehrsflächen sowie Erholungsflächen und Friedhöfen.[8] Gerade die Erholungsflächen „beanspruchten – zumindest statistisch – seit Mitte des letzten Jahrzehnts fast durchgängig den größten Teil der Flächenneuinanspruchnahme".[9] Diese tragen damit gleichfalls zur Verfehlung des Flächensparziels bei,[10] wobei deren grundsätzliche Anrechnung als Flächenneuinanspruchnahme in der Literatur auch kritisch bewertet wird.[11] Unabhängig von dieser Anrechnung muss aber festgestellt werden, dass die Landwirtschaft der große Verlierer beim Flächenverbrauch ist, da die Umwandlung von Ackerflächen regelmäßig den dauerhaften Verlust der landwirtschaftlichen Nutzung mit sich bringt.[12] Hinzu kommt, dass es durch den Ausbau der erneuerbaren Energien auch zu Nutzungskonkurrenzen auf den landwirtschaftlichen Produktionsflächen kommt, was den „Flächendruck" nochmals erhöht.

2.2 Flächenverbrauch

Nach wie vor kommt es in Deutschland zu einem hohen Flächenverbrauch durch Umwandlung von Freiflächen zu Siedlungs- und Verkehrsflächen. Lag die Flächenneuinanspruchnahme im Zeitraum von 2003 bis 2006 bei 113 ha pro Tag und im Zeitraum von 2007 bis 2010 bei durchschnittlich 87 ha pro Tag, wurden 2011

5 Bundesregierung (Hrsg.), Perspektiven für Deutschland, Berlin 2002, S. 289.

6 Presse- und Informationsamt der Bundesregierung (Hrsg.), Nationale Nachhaltigkeitsstrategie, Fortschrittsbericht 2008, Berlin 2008, S. 45.

7 Vgl. ebenda, S. 19.

8 Statistisches Bundesamt (Hrsg.), Nachhaltige Entwicklung in Deutschland, Daten zum Indikatorenbericht 2012, Wiesbaden 2012, S. 13.

9 Im Jahr 2012 sind das 36 % oder 28 ha pro Tag; vgl. BBSR (Hrsg.), Trends der Siedlungsflächenentwicklung, Bonn 2012, S. 4.

10 Vgl. ebenda, S. 18.

11 Runkel, Raumordnungsplanung zur Begrenzung der Siedlungsflächenentwicklung – neue und alte Instrumente und deren juristische Bewertung, in Steger/Bunzel (Hrsg.), Raumordnungsplanung quo vadis?, Wiesbaden 2012, S. 84 (86).

12 BBSR (Hrsg.), Raumordnungsbericht 2011, Bonn 2012, S. 121; vgl. BBSR (Hrsg.), a. a. O. (Fn. 9), S. 3.

täglich immer noch 77 ha Freiflächen pro Tag in Anspruch genommen.[13] Der Rückgang in jüngster Zeit lässt sich in erster Linie auf die schwache Konjunktur zurückführen.[14] Räumlich verteilt sich der Flächenzuwachs unterschiedlich. Der Raumordnungsbericht 2011 führt hierzu aus, dass insbesondere kleinere Gemeinden ohne zentralörtliche Funktionen ein überdurchschnittliches Wachstum der Siedlungs- und Verkehrsfläche aufweisen, die neu ausgewiesenen Siedlungsflächen nur gering in den Siedlungsbestand integriert sind, während in den Ortskernen ländlicher Gemeinden Leerstände zunehmen.[15]

Für den Zeitraum von 2026 bis 2030 wird eine tägliche Flächenneuinanspruchnahme von ca. 51 ha prognostiziert.[16] Die erkennbare Tendenz zur Verringerung der Flächenneuinanspruchnahme wird sich damit voraussichtlich fortsetzen, ist aber immer noch deutlich von dem Ziel 30 ha der nationalen Nachhaltigkeitsstrategie entfernt.[17] Im Hinblick auf den Flächenverbrauch bzw. die Flächenneuinanspruchnahme kommt die Studie „30-ha-Ziel realisiert" zu dem Ergebnis, dass das oben genannte Flächensparziel ohne zusätzliche Regulierung nur bei einem dauerhaft schwachen Wirtschaftswachstum und einer niedrigen Zuwanderung aus dem Ausland erreicht werden kann.[18] In der Konsequenz sind daher weitere Steuerungseingriffe notwendig.[19] Auch die Fortschrittsberichte zur nationalen Nachhaltigkeitsstrategie kommen zu diesem Schluss und betonen darüber hinaus die Bedeutung der ökonomischen Aspekte, die eine Reduzierung des Flächenverbrauchs steuern können.[20] Neben der Reduzierung des Flächenverbrauchs wird dabei auch eine Mobilisierung von Innenentwicklungspotenzialen, insbesondere in den Kernstädten und dem verdichteten suburbanen Raum gefordert, um eine Verknappung von Bauland zu vermeiden.[21]

2.3 Reduzierung der Flächeninanspruchnahme in der Raumplanung

Die Reduzierung der Flächeninanspruchnahme ist im Zusammenhang mit den Themenfeldern Klima, Energie und Demografie ein seit mehreren Jahren aktuelles Kernthema der Raumplanung. Die Veröffentlichungen zur Reduzierung der Flächeninanspruchnahme aus Forschung und Praxis in der Fachliteratur sind mittlerweile nahezu unüberschaubar. Beispielhaft sei hierbei auf den Förderschwerpunkt „Forschung für die Reduzierung der Flächeninanspruchnahme und ein nachhaltiges

13 Vgl. Presse- und Informationsamt der Bundesregierung (Hrsg.), a. a. O. (Fn. 6), S. 194.
14 Vgl. BBSR (Hrsg.), a. a. O. (Fn. 12), S. 121; vgl. BBSR (Hrsg.), a. a. O. (Fn. 9), S. 120.
15 Vgl. BBSR (Hrsg.), a. a. O. (Fn. 12), S. 124.
16 Vgl. BBSR (Hrsg.), a. a. O. (Fn. 9), S. 9.
17 Vgl. Bundesregierung (Hrsg.), a. a. O. (Fn. 5), S. 289.
18 Vgl. BBSR (Hrsg.), a. a. O. (Fn. 12), S. 120; BBSR (Hrsg.), 30-ha-Ziel realisiert, Bonn 2011, S. 69.
19 Vgl. BBSR (Hrsg.), a. a. O. (Fn. 12), S. 125 f.; vgl. BBSR (Hrsg.), a. a. O. (Fn. 18), S. 69.
20 Vgl. Presse- und Informationsamt der Bundesregierung (Hrsg.), a. a. O. (Fn. 6), S. 149 und S. 196
21 Vgl. BBSR (Hrsg.), a. a. O. (Fn. 6), S. 72; vgl. BBSR (Hrsg.), a. a. O. (Fn. 12), S. 119.

Flächenmanagement (REFINA)" verwiesen, der als Teil der nationalen Nachhaltigkeitsstrategie von 2006 bis 2012 mit über 110 Projekten bundesweit durchgeführt wurde.[22] Im Rahmen des Experimentellen Wohnungs- und Städtebaus ExWoSt wurden bereits seit 2005 in dem Forschungsfeld „Fläche im Kreis" Projekte für eine Kreislaufwirtschaft in der städtischen/ stadtregionalen Flächennutzung initiiert.[23] Die hier durchgeführten Studien und Projekte haben maßgeblich dazu beigetragen, dass sich zumindest in der fachlichen Diskussion die Notwendigkeit einer stärker auf die Innenentwicklung bezogene Siedlungsentwicklung und damit verbunden einer Reduzierung der Flächeninanspruchnahme weitestgehend durchgesetzt haben.

Dieser planungsfachlichen Einschätzung gegenüber steht das unter Wachstumsvorzeichen jahrzehntelang eingespielte System der Siedlungsflächenerweiterungen in den Städten und Gemeinden,[24] das sich in dem nach wie vor anhaltenden Flächenverbrauch wiederspiegelt, wenngleich dieser regional unterschiedlich ausfällt.[25] Gerade auf der kommunalen Ebene erfordert dies vor dem Hintergrund des demografischen Wandels und einer sich weiter verschlechternden finanziellen Ausstattung der Städte und Gemeinden vor allem ein Umdenken bei den politischen Entscheidungsträgern. Hinzu kommt eine geringe gesellschaftliche Akzeptanz im Hinblick auf Maßnahmen zur Verknappung von Bauland, da dies mit Befürchtungen eines Anstiegs der Wohnungspreise einhergeht.[26] Die aktuell bereits bestehenden Wohnungsmarktengpässe in den Kernstädten der wirtschaftsstarken Räume fördern darüber hinaus die noch immer anhaltende Suburbanisierung. Das Ausweichen in das Umland wird dabei nicht zwangsläufig von den Wohnungssuchenden präferiert, die auch in den Kernstädten bleiben würden, wenn ein finanzierbares Wohnungsangebot besteht.[27] Dies unterstreicht die Bedeutung einer Aktivierung vorhandener Innenentwicklungspotenziale in den Städten und Gemeinden, die mit der Reduzierung der Flächenneuinanspruchnahme zum Schutz des Bodens einhergehen muss. Gleichzeitig wird dabei das Spannungsfeld zwischen regulatorischen Ansätzen zur Begrenzung des Flächenverbrauchs auf der einen Seite und den sozioökonomischen Auswirkungen einer Flächenverknappung auf der anderen Seite deutlich. Aufgabe der Raumplanung ist es dabei, diese Aspekte bei der Siedlungsentwicklung zu berücksichtigen und zu einem Ausgleich zu bringen.

---

22 Informationen zu REFINA unter: http://www.refina-info.de, Zugriff am 5.3.2013.

23 Bundesamt für Bauwesen und Raumordnung (Hrsg.), Fläche im Kreis, ExWoSt-Informationen 25/2, Bonn 2005, S. 2.

24 Molder/Müller-Herbers, Neue Instrumente der Innenentwicklung, fub 6/2009, S. 264 (267).

25 Vgl. BBSR (Hrsg.), a. a. O. (Fn. 12), S. 124.

26 So bereits Runkel, Nachverdichtung und Baulandmobilisierung als städtebauliche Aufgaben, in: Spannowsky/Mitschang (Hrsg.), Fach- und Rechtsprobleme der Nachverdichtung und Baulandmobilisierung, Köln 2002, S.1 (2); vgl. Bundesinstitut für Bau-, Stadt- und Raumforschung (Hrsg.), a. a. O. (Fn. 18), S. 18.

27 Vgl. BBSR (Hrsg.), a. a. O. (Fn. 12), S. 116. f.

3. Städtebaurecht und Bodenschutz

Der Boden stellt, wie andere Umweltmedien auch, einen Regelungsgegenstand dar, der viele Rechtsbereiche berührt.[28] Aufgrund seines originären Bezugs zur Bodennutzung berücksichtigt das Städtebaurecht über das BauGB auch die planungsrechtlichen Aspekte des Bodenschutzes,[29] während das BBodSchG[30] die fachlichen Aspekte des Bodenschutzes regelt.[31] Soweit Aspekte des Bodenschutzes nicht abschließend im BauGB bestimmt werden, ist gemäß § 3 Abs. 2 Nr. 9 BBodSchG das Bundes-Bodenschutzgesetz anzuwenden.[32] Dies ist zum Beispiel der Fall bei der Bestimmung des Bodenbegriffs oder bei der Bewertung von Auswirkungen auf das Schutzgut Boden im Rahmen der Umweltprüfung in der Bauleitplanung.[33] Hierzu erfolgt regelmäßig ein Rückgriff auf die Bodenwerte der Bundes-Bodenschutz- und Altlastenverordnung (BBodSchV),[34] die auf der Grundlage des BBodSchG erlassen wurde.[35] Im Baugesetzbuch ist der Bodenschutz verankert

- als Teil der nachhaltigen städtebaulichen Entwicklung in den Oberzielen der Bauleitplanung in § 1 Abs. 5 BauGB.
- als zu berücksichtigender Belang nach § 1 Abs. 6 Nr. 7 lit. a BauGB.
- als spezieller Umweltbelang in § 1a Abs. 2 BauGB.
- als Schutzgut der Umweltprüfung in der Bauleitplanung nach § 2 Abs. 4 BauGB.
- über die Darstellungs- und Festsetzungsmöglichkeiten in den §§ 5 und 9 BauGB.
- über die Bebauungspläne der Innenentwicklung, die im beschleunigten Verfahren nach § 13a BauGB aufgestellt werden können.

---

28 Übersicht in: Lee/Bückmann/Schmidt-Eichstaedt/Mitschang, Länderberichte – Stand des Bodenschutzrechts in sechs Mitgliedstaaten und Anforderungen an eine europäische Bodenschutz-Rahmenrichtlinie, in: Mitschang (Hrsg.), Soil Protection Law in the EU – Bodenschutzrecht in der EU, Frankfurt am Main 2208, S. 227 (229 ff.).

29 Salzwedel/Scherer-Leydecker, Bodenschutzrecht, in: AKUR (Hrsg.), Grundzüge des Umweltrechts, 3. Auflage, Berlin 2007, Rn. 26.

30 Bundes-Bodenschutzgesetz (BBodSchG) vom 17. März 1998 (BGBl. I S. 502), zuletzt geändert durch Art. 5 Abs. 30 des Gesetzes vom 24. Februar 2012 (BGBl. I S. 212).

31 Krautzberger, in: Ernst/Zinkahn/Bielenberg/Krautzberger (Hrsg.), Baugesetzbuch Kommentar, Loseblattsammlung, München, Stand: 95. Lfg. April 2010, § 1a Rn. 6.

32 Krautzberger, in: Battis/Krautzberger/Löhr, BauGB Kommentar, 11. Auflage, München 2009, § 1a Rn. 2.

33 Vgl. Krautzberger, a. a. O. (Fn. 31), § 1a Rn. 48.

34 Bundes-Bodenschutz- und Altlastenverordnung (BBodSchV) v. 12.7.1999 (BGBl. I S. 1554).

35 Mitschang, a. a. O. (Fn. 3), § 1a Rn. 143.

- als zu prüfender öffentlicher Belang nach § 35 Abs. 3 Nr. 5 BauGB sowie in den speziellen Anforderungen des § 35 Abs. 5 BauGB an ein Vorhaben im Außenbereich.
- im Sanierungs- und Entwicklungsrecht nach §§ 136 ff. BauGB und §§ 165 ff. BauGB.
- im Stadtumbau nach §§ 171a bis d BauGB.
- über das Rückbau- und Entsiegelungsgebot des § 179 BauGB und
- den Schutz des Mutterbodens in § 202 BauGB.[36]

Die zentrale Vorschrift für den Bodenschutz durch eine Begrenzung der Flächeninanspruchnahme bildet die Regelung des § 1a Abs. 2 BauGB, die auch als Bodenschutzklausel bezeichnet wird und im Rahmen der anstehenden Novellierung ergänzt wurde.

4. Die Bodenschutzklausel

Im Rahmen der Bauleitplanung entscheiden die Gemeinden über „die Vorbereitung und Leitung der gesamten Bebauung in Stadt und Land, der zu ihr gehörigen baulichen Anlagen und Einrichtungen sowie der mit der Bebauung in Verbindung stehenden Nutzung des Bodens."[37] Oberziel der Bauleitplanung ist eine nachhaltige städtebauliche Entwicklung entsprechend § 1 Abs. 5 S. 1 BauGB. Die Bodenschutzklausel leistet einen Beitrag zum Schutz und zur Entwicklung der natürlichen Lebensgrundlagen nach § 1 Abs. 5 S. 2 BauGB, in dem sie die Belange des Umweltschutzes, einschließlich des Naturschutzes und der Landschaftspflege, insbesondere der Auswirkungen auf den Boden berücksichtigt.[38] Zielsetzung der Bodenschutzklausel ist ein flächenbezogener, vorsorgender Bodenschutz, der durch eine vorrangig auf Innenentwicklung ausgerichtete Bauleitplanung sowie eine flächensparende Bauweise erreicht werden soll.[39] Ihr Grundprinzip basiert auf einem sparsamen und schonenden Umgang mit Grund und Boden und beinhaltet einen qualitativen und einen instrumentellen Aspekt.[40] Der qualitative (wertende) Aspekt zielt auf die Berücksichtigung des Bodenschutzes in der bauleitplanerischen Abwägung nach § 1 Abs. 7 BauGB ab.[41] Der instrumentelle Aspekt der Bodenschutzklausel

---

36 Vgl. Krautzberger, a. a. O. (Fn. 31), § 1a Rn. 49.

37 BVerfG, Gutachten v. 16.6.1954 – 1 PBvV 2/52 – JURIS, Rn. 72.

38 Vgl. Krautzberger, Bodenschutz im städtebaulichen Planungsrecht, in: fub 3/2008, S. 4.

39 Vgl. Krautzberger, Die Bodenschutzklausel des § 1a Abs. 1 BauGB: Regelungsgehalt und Wirkungen, ZUR Sonderheft 2002, 135 (135); vgl. Krautzberger, a. a. O. (Fn. 31), § 1a Rn. 36.

40 Vgl. Krautzberger, a. a. O. (Fn. 38), S. 4; Dirnberger, in Spannowsky/Uechtritz (Hrsg.), Baugesetzbuch Kommentar, 1. Auflage, München 2009, § 1a BauGB, Rn. 7.

41 Vgl. Krautzberger, a. a. O. (Fn. 38), S. 4.

stellt auf die Umsetzung des Bodenschutzes über die Darstellungs- und Festsetzungsmöglichkeiten in den Bauleitplänen nach §§ 5 und 9 BauGB ab[42] und wird durch die Einführung des beschleunigten Verfahrens nach § 13a BauGB ergänzt.

4.1 Entwicklung der Bodenschutzklausel

Eingeführt wurde die Bodenschutzklausel in das BauGB (1987)[43] mit der Zielsetzung der Reduzierung des Flächenverbrauchs und einer damit verbundenen Stärkung der Innenentwicklung,[44] durch Ausschöpfung von Möglichkeiten der innerörtlichen Entwicklung sowie des flächensparenden Bauens.[45] Mit dem BauROG (1998)[46] erfolgte eine Bündelung der Bodenschutzklausel mit anderen umweltschützenden Vorschriften in § 1a BauGB unter der Überschrift „Ergänzende Vorschriften zum Umweltschutz". Hiermit sollte sichergestellt werden, dass die Städte und Gemeinden auch dem vorsorgenden Bodenschutz im Rahmen der Bauleitplanung entsprechend Rechnung tragen.[47] Die Bodenschutzklausel wurde dabei um den Aspekt der „Begrenzung der Bodenversiegelung auf das notwendige Maß" ergänzt.[48] Mit dem EAG Bau 2004[49] erfolgt eine weitere inhaltliche Ergänzung durch Bezugnahme auf die Innenentwicklung und das Flächenrecycling als planerische Möglichkeiten zur Umsetzung des Bodenschutzes, wobei die Zielsetzung der Reduzierung des Flächenverbrauchs unverändert blieb.[50] Darüber hinaus erfolgte eine Zusammenführung mit der Umwidmungssperrklausel in einer einheitlichen Vorschrift zur Reduzierung der Flächeninanspruchnahme.[51] Durch das Gesetz zur Erleichterung von Planungsvorhaben für die Innenentwicklung[52] aus dem Jahr 2007 erfolgte keine Änderung der Bodenschutzklausel bzw. der Umwidmungssperrklausel. Mit der im Rahmen dieser Novelle verbundenen Einführung des Bebauungsplans der Innenentwicklung, der in dem beschleunigten Verfahren nach § 13a BauGB aufgestellt werden kann, erfolgt aber eine instrumentelle Stärkung der In-

42 Vgl. Ebenda.
43 Baugesetzbuch (BauGB), v. 8. Dezember 1986 (BGBl. I S. 2191).
44 Vgl. Mitschang, a. a. O. (Fn. 3), § 1a Rn. 37.
45 Vgl. Krautzberger, a. a. O. (Fn. 31), § 1a Rn. 15.
46 Gesetz zur Änderung des Baugesetzbuchs und zur Neuregelung des Rechts der Raumordnung (BauROG), v. 18. August 1997 (BGBl. I S. 2081).
47 Vgl. Mitschang, a. a. O. (Fn. 3), § 1a Rn. 37.
48 Vgl. Krautzberger, a. a. O. (Fn. 31), § 1a Rn. 15.
49 Gesetz zur Anpassung des Baugesetzbuchs an EU-Richtlinien (EAG Bau), v. 24. Juni 2004 (BGBl. I S. 1359).
50 Vgl. Mitschang, a. a. O. (Fn. 3), § 1a Rn. 38; vgl. Dirnberger, a. a. O. (Fn. 40), § 1a Rn. 7; vgl. Krautzberger, a. a. O. (Fn. 31), § 1a Rn. 51.
51 Vgl. Mitschang, a. a. O. (Fn. 3), § 1a Rn. 39; vgl. Dirnberger, a. a. O. (Fn. 40), § 1a Rn. 7; vgl. Krautzberger, a. a. O. (Fn. 31), § 1a Rn. 36.
52 Gesetz zur Erleichterung von Planungsvorhaben für die Innenentwicklung, v. 21. Dezember 2006 (BGBl. I S. 3316).

nenentwicklung und damit auch des Bodenschutzes.[53] Denn durch die Koppelung der Innenentwicklung an den Anwendungsbereich dieses Bebauungsplans, können auch bodenschützende Ziele umgesetzt werden.[54] Vor dem Hintergrund, dass sich der Bebauungsplan der Innenentwicklung in der Planungspraxis etabliert hat,[55] ist dieser instrumentelle Ansatz des Bodenschutzes deutlich erfolgreicher zu werten, als die bisherigen (qualitativen) Ansätze zur Reduzierung des Flächenverbrauchs in der Bodenschutzklausel, deren Wirksamkeit in der Literatur zumindest in Bezug auf ihre Anwendung in der Praxis als relativ gering eingeschätzt wird.[56]

Die Innenentwicklungs- und Klimaschutznovelle des BauGB wurde aufgrund der Ereignisse in Japan im März 2011 bekanntlich zweigeteilt.[57] Während mit der vorgezogenen Novelle 2011[58] die klimagerechte Entwicklung der Städte und Gemeinden gestärkt wurde, bildet die Innenentwicklung den Fokus der Novellierung im Jahr 2013. Die Begründung des Regierungsentwurfs weist explizit darauf hin, dass „zur Unterstützung der nationalen Nachhaltigkeitsstrategie, die Flächenneuinanspruchnahme auf 30 Hektar pro Tag zu reduzieren, und vor dem Hintergrund des demografischen Wandels [...] auch die Bauleitplanung einen Beitrag zu leisten" hat.[59] Für den Bodenschutz in der Bauleitplanung von Bedeutung ist dabei die Einführung eines Vorrangs der Innenentwicklung in § 1 Abs. 5 S. 3 BauGB, die Erweiterung der Bodenschutzklausel in § 1a Abs. 2 S. 4 BauGB und die Berücksichtigung der naturschutzrechtlichen Agrarklausel in § 1a Abs. 3 S. 5 BauGB in Verbindung mit § 15 Abs. 3 BNatSchG[60].

---

53 Vgl. Mitschang, a. a. O. (Fn. 3), § 1a Rn. 43; vgl. Krautzberger, a. a. O. (Fn 31), § 1a Rn. 16a.

54 Vgl. Krautzberger, a. a. O. (Fn. 31), § 1a Rn. 51b.

55 So ergab eine Erhebung in Baden-Württemberg, dass zwischen 2007 und 2009 rund 40 % aller Bebauungspläne im beschleunigten Verfahren nach § 13a BauGB aufgestellt wurden. Vgl. hierzu: Siedentop/Krause-Junk/Junesch/Fina, Nachhaltige Innenentwicklung durch beschleunigte Planung? Analyse der Anwendung von § 13a BauGB in baden-württembergischen Kommunen, Stuttgart 2010, S. 62.

56 Vgl. Krautzberger, a. a. O. (Fn. 38), S. 1 (1); vgl. Krautzberger, 20 Jahre Bodenschutzklausel im Städtebaurecht, in: Ipsen/Stüer (Hrsg.), Europa im Wandel, Festschrift für Hans-Werner Rengeling, München 2008, S. 149; vgl. Umweltbundesamt (Hrsg.), Effektivierung des raumbezogenen Planungsrechts zur Reduzierung der Flächeninanspruchnahme, Berlin 2007, S. 23.

57 Vgl. Battis/Krautzberger/Mitschang/Reidt/Stüer (Hrsg.), Gesetz zur Förderung des Klimaschutzes bei der Entwicklung in den Städten und Gemeinden in Kraft getreten, NVwZ 2011, S. 897 (897).

58 Gesetz zur Förderung des Klimaschutzes bei der Entwicklung in den Städten und Gemeinden, v. 22. Juni 2011 (BGBl. I S. 1509).

59 Gesetzentwurf der Bundesregierung, Entwurf eines Gesetzes zur Stärkung der Innenentwicklung in den Städten und Gemeinden und weiteren Fortentwicklung des Städtebaurechts, Bundesrat Drs. 474/12 v. 10.8.2012, S. 16.

60 Gesetz über Naturschutz und Landschaftspflege (Bundesnaturschutzgesetz – BNatSchG), v. 29. Juli 2009 (BGBl. I S. 2542), zuletzt geändert durch Art. 2 Abs. 24 Gesetz v. 6. Juni 2013 (BGBl. I S. 1482).

4.1 Regelungsinhalte

§ 1a Abs. 2 BauGB setzt sich zusammen aus der Bodenschutzklausel in § 1a Abs. 2 S. 1 BauGB, der Umwidmungssperrklausel in § 1a Abs. 2 S. 2 BauGB und der Berücksichtigung beider Anforderungen im Rahmen der bauleitplanerischen Abwägung nach § 1 Abs. 7 BauGB. Die Bodenschutzklausel bestimmt einen sparsamen und schonenden Umgang mit Grund und Boden. Einen planerischen Bezug stellt die Regelung dadurch her, dass zur Verringerung der zusätzlichen Inanspruchnahme von Flächen für bauliche Nutzungen die Möglichkeiten der Entwicklung der Gemeinde insbesondere durch Wiedernutzbarmachung von Flächen, Nachverdichtung und andere Maßnahmen zur Innenentwicklung zu nutzen und Bodenversiegelungen auf das notwendige Maß zu begrenzen sind.[61] Die Umwidmungssperrklausel in § 1a Abs. 2 S. 2 BauGB stellt darauf ab, dass landwirtschaftlich, als Wald oder für Wohnzwecke genutzte Flächen nur im notwendigen Umfang umgenutzt werden sollen.

4.1.1 Grund und Boden

Für den Begriff Boden ist das BBodSchG heranzuziehen, da dieser nicht im BauGB definiert wird. Hiernach stellt der Boden die obere Schicht der Erdkruste dar, und erfüllt als Umweltmedium bestimmte natürliche, historische und nutzungsbezogene Funktionen.[62] Ausdrücklich ausgenommen vom Bodenbegriff werden Grundwasser und Gewässerbetten, die dem Wasserrecht unterliegen.[63] Der Begriff Grund wird weder im BBodSchG, noch im BauGB legaldefiniert. Umgangssprachlich wird dieser in der Regel synonym zu dem Begriff Boden verwendet und bezieht sich auf einen räumlich abgrenzbaren Teil der Erdoberfläche zum Beispiel in Form eines Baugrundstücks oder einer Ackerfläche.[64]

4.1.2 Sparsamer Umgang mit Grund und Boden

Der in der Bodenschutzklausel geforderte sparsame Umgang mit Grund und Boden bedeutet eine Reduzierung der erstmaligen Inanspruchnahme unversiegelten Bodens.[65] Dabei wird zum einen darauf abgestellt, dass ein Flächenbedarf im Rahmen der Bauleitplanung begründet werden muss.[66] Zum anderen sollen sich die Städte und Gemeinde damit auseinandersetzen, inwiefern neben der Neuinanspruchnahme von Flächen auch Innenentwicklungspotenziale zur Verfügung ste-

---

61 Vgl. Mitschang, a. a. O. (Fn. 3), § 1a Rn. 51.

62 § 2 Abs. 1 und 2 BBodSchG.

63 Vgl. Salzwedel/Scherer-Leydecker, a. a. O. (Fn. 29), Rn. 38.

64 Dudenredaktion (Hrsg.), Duden Das Synonymwörterbuch, 4. Auflage, Mannheim 2007, S. 465.

65 Dirnberger, in: Jäde/Dirnberger/Weiß, Baugesetzbuch Baunutzungsverordnung Kommentar, 5. Auflage Stuttgart 2007, § 1a BauGB Rn. 9.

66 Vgl. Mitschang, a. a. O. (Fn. 3), § 1a Rn. 64, mit Verweis auf VGH München, Urt. v. 28.6.2011 – 15 N 08.3388 – JURIS, Rn. 37.

hen, um einen nachgewiesenen Flächenbedarf zu decken.[67] Insbesondere durch die Nutzung bereits baulich in Anspruch genommener Flächen in Form des Flächenrecyclings soll eine Neuinanspruchnahme von Flächen verringert werden. Bei dem in der Bodenschutzklausel verwendeten Begriff der Innenentwicklung handelt es sich um einen planungsfachlichen Begriff, der nicht im Baugesetzbuch legaldefiniert ist.[68] Beispielhaft wird in der Bodenschutzklausel auf die Wiedernutzbarmachung von Flächen in Form des Brachflächenrecyclings und die Nachverdichtung abgestellt und außerdem mit dem Begriff der anderen Maßnahmen zur Innenentwicklung ein Auffangtatbestand geschaffen,[69] unter den zum Beispiel auch Zwischennutzungen fallen.[70] Eine Abgrenzung im Hinblick auf den Innenbereich nach §§ 30 und 34 sowie dem Außenbereich nach § 35 BauGB ist dabei nicht zielführend. Vielmehr stellt die Innenentwicklung auf eine städtebauliche Entwicklung ab, die sich auf den bestehenden Siedlungsbereich einer Stadt oder Gemeinde bezieht.[71] In diesem Kontext kann sich eine Innenentwicklung neben der (Wieder-) Nutzung von Brachflächen, Baulücken oder der Nachverdichtung nach bestehenden Baurechten auch auf die erstmalige Inanspruchnahme von Grund und Boden beziehen, für die noch kein Baurecht besteht bzw. dieses erst geschaffen werden muss. In Abgrenzung hierzu fällt die erstmalige Inanspruchnahme von land- oder forstwirtschaftlich genutzten Flächen im Außenbereich grundsätzlich nicht darunter.[72]

4.1.3 Schonender Umgang mit Grund und Boden

Ist eine Inanspruchnahme von Grund und Boden erforderlich, hat diese möglichst schonend zu erfolgen, um die damit verbundenen Beeinträchtigung auf den Boden so gering wie möglich zu halten und die Bodenfunktionen zu erhalten.[73] Der in der Bodenschutzklausel geforderte schonende Umgang mit Grund und Boden bedeutet dabei zum einen die Nutzung von Ausgleichsflächen im Falle der Vorbereitung der Inanspruchnahme von Flächen durch eine entsprechende Planung und zum anderen die Begrenzung der Bodenversiegelung im Rahmen der Planung durch entsprechende Regelungsinhalte der Bauleitpläne.[74] Die im Rahmen der städtebaulichen

67 Vgl. Mitschang, a. a. O. (Fn. 3), § 1a Rn. 62; vgl. Krautzberger, a. a. O. (Fn. 31), § 1a Rn. 50.

68 Robl, Das beschleunigte Verfahren für Bebauungspläne der Innenentwicklung, Frankfurt am Main 2010, S. 75.

69 Vgl. Mitschang, a. a. O. (Fn. 3), § 1a Rn. 68.

70 Vgl. Spannowsky, Planerische Instrumente zur Durchsetzung der Nachverdichtung, in: Spannowsky/Mitschang (Hrsg.), Fach- und Rechtsprobleme der Nachverdichtung und Baulandmobilisierung, Köln 2002, S. 45 (45).

71 Söfker, Rechtsfragen beim Bebauungsplan der Innenentwicklung, in: Mitschang (Hrsg.), Innenentwicklung – Fach- und Rechtsfragen, Frankfurt am Main 2008, S. 1 (1).

72 Jaeger, in: Spannowsky/Uechtritz (Hrsg.) BauGB Kommentar, München 2009, § 13a Rn. 8.

73 Vgl. Mitschang, a. a. O. (Fn. 3), § 1a Rn. 69; vgl. Dirnberger, a. a. O. (Fn. 65), § 1a BauGB Rn. 10.

74 Vgl. Krautzberger, a. a. O. (Fn. 38), S. 1 (6).

Eingriffsregelung ermöglichte räumliche Entkoppelung von Eingriff und Ausgleich nach § 1a Abs. 3 S. 3 BauGB erleichtert dabei die Innenentwicklung, indem der notwendige Ausgleich in den Außenbereich verlagert wird.[75] Regelungen zur Begrenzung der Bodenversiegelung sind in den Darstellungsmöglichkeiten des Flächennutzungsplans und den Festsetzungsmöglichkeiten des Bebauungsplans in Verbindung mit den Regelungen der Baunutzungsverordnung[76] enthalten.[77]

4.1.4 Umwidmungssperrklausel

Die Umwidmungssperrklausel hebt den besonderen Schutz von Flächen gegenüber anderen Nutzungen hervor, die tatsächlich landwirtschaftlich, als Wald oder für Wohnzwecke genutzt werden.[78] Der Begriff der Landwirtschaft ergibt sich aus § 202 BauGB. Der Waldbegriff wird über das Bundeswaldgesetz[79] bzw. die Waldgesetze der Länder konkretisiert.[80] Eine für Wohnzwecke genutzte Fläche bestimmt sich anhand der tatsächlichen Nutzung.[81] Zielsetzung der Regelung ist insbesondere die Erhaltung der land- und forstwirtschaftlichen Produktionsbasis,[82] da diese Flächen weiterhin Zulasten von Siedlungserweiterungen in Anspruch genommen werden.[83] Die Umwidmungssperrklausel bezieht sich aber auch auf Wohnnutzungen, die vor einer Umwandlung zu anderen Nutzungen geschützt werden sollen. Hiervon ausgenommen ist allerdings der Stadtumbau über § 171a Abs. 2 S. 2 BauGB und § 171a Abs. 3 S. 2 Nr. 4 bis 6 BauGB.

4.2 Bedeutung für die bauleitplanerische Abwägung

Nach § 1a Abs. 2 S. 3 BauGB sind die Grundsätze aus der Bodenschutzklausel und der Umwidmungssperrklausel in der Abwägung nach § 1 Abs. 7 BauGB zu berücksichtigen. Die Frage, ob es sich bei der Bodenschutzklausel um ein sogenanntes Optimierungsgebot handelt, dem bereits vom Gesetzgeber ein gewisser Vorrang gegenüber anderen Belangen im Rahmen der Abwägung eingeräumt wird, ist mittlerweile geklärt. Dabei hat sich in der Literatur überwiegend die Auffassung durchgesetzt, dass es sich bei der Bodenschutzklausel eben nicht um ein solches Opti-

---

75 Vgl. Krautzberger, a. a. O. (Fn. 31), § 1a Rn. 9.

76 Baunutzungsverordnung (BauNVO) in der Fassung der Bekanntmachung vom 23. Januar 1990 (BGBl. I S. 132), die durch Art. 2 des Gesetzes vom 11. Juni 2013 (BGBl. I S. 1548) geändert worden ist.

77 Vgl. Krautzberger, a. a. O. (Fn. 31), § 1a Rn. 49.

78 Stüer, Handbuch des Bau- und Fachplanungsrechts, 4. Aufl., München 2009, Rn. 1490; vgl. Krautzberger, a. a. O. (Fn. 31), § 1a Rn. 62c.

79 Bundeswaldgesetz (BWaldG), in der Fassung vom 2. Mai 1975 (BGBl. I S. 1037), zuletzt geändert durch Art. 1 des Gesetzes vom 31. Juli 2010 (BGBl. I S. 1050).

80 Vgl. Krautzberger, a. a. O. (Fn. 31), §1a Rn. 62.

81 Vgl. ebenda, §1a Rn. 62c.

82 Vgl. Mitschang, a. a. O. (Fn. 35), § 1a Rn. 110.

83 Vgl. BBSR (Hrsg.), a. a. O. (Fn. 9), S. 3.

mierungsgebot handelt.[84] Auch das Urteil des BVerwG vom 12.06.2008 verdeutlicht, dass kein genereller Vorrang des Bodenschutzes in der Bauleitplanung besteht, die Zurückstellung aber einer Begründung bedarf, die dem Gewicht dieses hervorgehobenen Belangs Rechnung trägt.[85] Damit, so *Krautzberger*, hat das Bundesverwaltungsgericht „die Bodenschutzklausel in die Abwägungsbelange eingeordnet, dabei jedoch – angesichts der Bedeutung wichtiger anderer Umweltbelange [...] besonders gewichtet“[86]. Somit ist eine qualifizierte Begründung notwendig, wenn von dem Grundsatz des sparsamen und schonenden Umgangs mit Grund und Boden im Rahmen der Bauleitplanung abgewichen wird.[87] Dabei ist neben dem Nachweis, wie der Bodenschutz berücksichtigt wurde, auch der Flächenbedarf zu belegen.[88] Gerade bei der Ausweisung neuer Baugebiete auf der „grünen“ Wiese muss daher auch geprüft werden, ob nicht Alternativen im Hinblick auf eine Innenentwicklung vorhanden sind.[89] Im Umkehrschluss wird hierdurch auch deutlich, dass es sich bei der Bodenschutzklausel und der Umwidmungssperrklausel weder um eine Baulandsperre noch ein Versiegelungsverbot handelt.[90] Vielmehr soll sich die Inanspruchnahme auf das notwendige Maß beschränken und muss entsprechend begründet werden.[91] Die Städte und Gemeinden haben jedoch durch die Hervorhebung des sparsamen und schonenden Umgangs von Grund und Boden in der Bodenschutzklausel einen klaren Auftrag, die Möglichkeiten der Innenentwicklung zu berücksichtigen[92] und diese auch vorrangig in Anspruch zu nehmen.[93] Sind die innerörtlichen Entwicklungsmöglichkeiten ausgeschöpft oder nicht aktivierbar ist eine Flächenneuinanspruchnahme wiederum möglich, wobei auch die rechtlichen, finanziellen und sonstigen Möglichkeiten zu berücksichtigen sind.[94]

---

84 Vgl. Halama, in: Berkemann (Hrsg.), BauGB 2004 – Nachgefragt, 1. Aufl., Berlin 2006, S. 62; vgl. Dirnberger, a. a. O. (Fn. 44), §1a Rn. 10; vgl. Dirnberger, a. a. O. (Fn. 65), BauGB, § 1a Rn. 9; Schrödter, in: Schrödter (Hrsg.), Baugesetzbuch Kommentar, 7. Aufl., München 2006, § 1a Rn. 21; vgl. Krautzberger, a. a. O. (Fn. 31), § 1a Rn. 56; vgl. Mitschang, a. a. O. (Fn. 3), § 1a Rn. 115; Gierke, in: Brügelmann (Hrsg.), Kommentar zum Baugesetzbuch, Loseblattsammlung, Stand: 71. Lfg., Stuttgart August 2009, § 1a Rn. 46; Umweltbundesamt (Hrsg.), Effektivierung des raumbezogenen Planungsrechts zur Reduzierung der Flächeninanspruchnahme, Berlin 2007, S. 32; Bönker, in: Hoppe/Bönker/Grotefels, Öffentliches Baurecht, 4. Aufl., München 2010, § 5 Rn. 114.

85 Vgl. BVerwG, Beschl. v. 12.06.2008 – 4 BN 8.08 – JURIS, Rn. 4.

86 Vgl. Krautzberger, a. a. O. (Fn. 31), § 1a Rn. 55a.

87 Vgl. Dirnberger, a. a. O. (Fn. 40), § 1a Rn. 10.

88 Vgl. Mitschang, a. a. O. (Fn. 3), § 1a Rn. 81.

89 Vgl. Schrödter, in: Berkemann (Hrsg.), BauGB 2004 – Nachgefragt, 1. Auflage, Berlin 2006, S. 62 f.

90 Vgl. Krautzberger, a. a. O. (Fn. 4), S. 135 (137); vgl. Dirnberger, a. a. O. (Fn. 40), § 1a Rn. 10.

91 Vgl. Stüer, a. a. O. (Fn. 78), Rn. 1490.

92 Vgl. Krautzberger, a. a. O. (Fn. 31), § 1a Rn. 57.

93 VGH München, Urt. v. 31.01.2011 – 1 N 09.582 – Juris, Rn. 22.

94 Vgl. Krautzberger, a. a. O. (Fn. 31), § 1a Rn. 57.

5. Änderungen durch die Innenentwicklungsnovelle

Im Rahmen der Novellierung des BauGB haben sich verschiedene Änderungen ergeben, die mit der Zielsetzung der Reduzierung der Flächeninanspruchnahme verbunden sind. Durch § 1a Abs. 2 S. 4 BauGB erfolgt eine Ergänzung der Bodenschutzklausel, die – quasi als Konkretisierung der Umwidmungssperrklausel – eine besondere Begründungspflicht für die Umwandlung landwirtschaftlich oder als Wald genutzter Flächen einführt. Dabei sollen Ermittlungen zu den Möglichkeiten der Innenentwicklung zugrunde gelegt werden, zu denen insbesondere Brachflächen, Gebäudeleerstand, Baulücken und andere Nachverdichtungsmöglichkeiten zählen können. Über diesen Bezug zur Innenentwicklung stellt die Ergänzung der Bodenschutzklausel eine Verbindung zu der Ergänzung der Oberziele der Bauleitplanung in § 1 Abs. 5 S. 3 BauGB her, in der bestimmt wird, dass die städtebauliche Entwicklung vorrangig durch Maßnahmen der Innenentwicklung erfolgen soll.[95] Einen weiteren Beitrag zur Reduzierung der Flächeninanspruchnahme im Hinblick auf Flächen für Ausgleichs- und Ersatzmaßnahmen leistet die naturschutzrechtliche Agrarklausel nach § 15 Abs. 3 BNatSchG, die nach § 1a Abs. 3 S. 5 BauGB in der Bauleitplanung zu berücksichtigen ist.

5.1 Ergänzung der Ziele und Grundsätze der Bauleitplanung

Zur Unterstützung der Reduzierung der Flächeninanspruchnahme erfolgt die Aufnahme der Innenentwicklung als Planungsleitlinie in die Oberziele der Bauleitplanung in § 1 Abs. 5 BauGB. Hierzu wird in § 1 Abs. 5 S. 3 BauGB bestimmt, dass die städtebauliche Entwicklung vorrangig durch Innenentwicklung erfolgen soll. Trotz dieser hervorgehobenen Stellung der Ziele der Bauleitplanung haben diese keinen Vorrang im Rahmen der Abwägung.[96] Entsprechend dieser Systematik ist auch der Vorrang der Innenentwicklung als Abwägungsbelang zu verstehen.[97] Umgesetzt wird dieser über die Berücksichtigung der Auswirkungen auf das Schutzgut Boden in § 1 Abs. 6 Nr. 7 lit. a BauGB und der Bodenschutzklausel in § 1a Abs. 2 BauGB.

5.2 Ergänzung der Bodenschutzklausel

Die Ergänzung der Bodenschutzklausel des § 1a Abs. 2 S. 4 BauGB im Rahmen der Innenentwicklungsnovelle 2013 akzentuiert den Schutz landwirtschaftlicher und als Wald genutzter Flächen, indem eine besondere Begründungspflicht für die Umwandlung dieser Flächen eingeführt wird. Mit dieser Neuregelung trägt der Ge-

95 Vgl. Gesetzentwurf der Bundesregierung, a. a. O. (Fn. 59), S. 16.
96 Vgl. Dirnberger, a. a. O. (Fn. 40), § 1 Rn. 73.
97 Vgl. Deutsches Institut für Urbanistik (Hrsg.), Planspiel zur Novellierung des Bauplanungsrechts, Berlin 2012, S. 15.

setzgeber dem Schutz der landwirtschaftlichen Produktionsbasis Rechnung, die vor dem Hintergrund des Flächenverbrauchs durch Siedlungs- und Verkehrsflächen sowie dem Flächenbedarf der erneuerbaren Energien im Außenbereich immer stärker unter Druck gerät.[98] Durch die Ergänzung erfolgt im Grunde eine Konkretisierung der Umwidmungssperrklausel um eine Begründungspflicht für die Umwandlung landwirtschaftlicher oder als Wald genutzter Flächen. Dieser sollen Ermittlungen zu den Möglichkeiten der Innenentwicklung zu Grunde gelegt werden. Nicht abschließend werden hierbei in § 1 Abs. 2 S. 4 BauGB die Erfassung von Brachflächen, Gebäudeleerstände, Baulücken und andere Nachverdichtungsmöglichkeiten genannt.[99] In der Begründung des Gesetzentwurfs wird hierzu weiter ausgeführt, dass sich in größeren Gemeinden Flächenkataster anbieten, um die Innenentwicklungsmöglichkeiten aufzuzeigen.[100] Neben dieser Erfassung der Möglichkeiten zur Innenentwicklung wird außerdem auf eine „valide Ermittlung des Neubaubedarfs, basierend auf aktuellen Prognosen der Bevölkerungs- und Wirtschaftsentwicklung" zur Begründung abgestellt.[101] Neben den Möglichkeiten der Innenentwicklung muss also auch eine Bedarfsermittlung erfolgen. Eine bestimmte Form zur Erfassung wird dabei nicht vorgegeben.[102] Im Rahmen des Gesetzgebungsverfahrens vorgeschlagene Regelungen zu einer verpflichtenden, systematischen und flächendeckenden Erfassung der Innenentwicklungspotenziale sowie nach einem qualifizierten Nachweis des Neubaubedarfs wurden nicht aufgegriffen.[103] Im Ergebnis geht es also um die grundsätzliche Berücksichtigung der Möglichkeiten der Innenentwicklung in der Bauleitplanung und weniger darum, diese Möglichkeiten durch ein bestimmtes Verfahren zu ermitteln. Die zu ermittelnden Innenentwicklungspotenziale fließen als zu berücksichtigende Belange in die Abwägung nach § 1 Abs. 7 BauGB ein.[104] Bezogen auf die Abwägung als Vorgang ist damit die Ermittlung des Abwägungsmaterials von entscheidender Bedeutung, um den Belang des vorsorgenden Bodenschutzes zu gewichten und abschließend einen Ausgleich zwischen den verschiedenen Belangen unter Berücksichtigung des Gebotes der Verhältnismäßigkeit zu erreichen.[105] Wie der Bodenschutz berücksichtigt wurde, ist in der Begründung zum Bauleitplan darzustellen.[106] Hierbei liegt es nahe, den Bodenschutz im Rahmen der Umweltprüfung bei der Erfassung der Umweltauswirkungen auf das Schutzgut Boden darzustellen. Im Hinblick auf die Berücksichtigung der Mög-

98 Vgl. unter Punkt 2.1.

99 Bundesregierung, Entwurf eines Gesetzes zur Stärkung der Innenentwicklung in den Städten und Gemeinden und weiteren Fortentwicklung des Städtebaurechts (BT-Drs. 17/11468) v. 14.11.2012, S. 16.

100 Vgl. Gesetzentwurf der Bundesregierung, a. a. O. (Fn. 59), S. 24.

101 Vgl. Bundesregierung, a. a. O. (Fn. 99), S. 17.

102 Vgl. Deutsches Institut für Urbanistik (Hrsg.), a. a. O. (Fn. 97), S. 26.

103 Anlage 2, BT-Drs. 17/11468; BT-Drs. 474/1/12 v. 10.9.2012, S. 2 f.

104 Vgl. Deutsches Institut für Urbanistik (Hrsg.), a. a. O. (Fn. 97), S. 25.

105 Vgl. Dirnberger, a. a. O. (Fn. 40), § 1 Rn. 138; vgl. Gaentzsch, in: Schlichter/Stich/Driehaus/Paetow, Berliner Kommentar zum Baugesetzbuch, 3. Aufl., Köln 2002, Stand: 6. Lfg. Dezember 2005, § 1 Rn. 79.

106 Vgl. BVerwG, Beschl. v. 12.06.2008 – 4 BN 8.08 – BauR 2008, 1416.

lichkeiten zur Innenentwicklung bietet sich insbesondere die Alternativenprüfung an. Hier können räumliche Standortalternativen im Innenbereich oder konzeptionelle Alternativen, wie z. B. die Möglichkeiten zur Nutzung von Baulücken oder Brachflächen einfließen. Wie die Innenentwicklung im Rahmen der Entscheidung über den Bauleitplan berücksichtigt wurde, ist dann in der zusammenfassenden Erklärung im Flächennutzungsplan nach § 6 Abs. 5 sowie im Bebauungsplan nach § 10 Abs. 4 BauGB darzustellen.[107]

An der Bedeutung der Bodenschutzklausel für die bauleitplanerische Abwägung ändert sich durch die Ergänzung in § 1a Abs. 2 S. 4 BauGB grundsätzlich nichts. Der Bodenschutz stellt nach wie vor einen Abwägungsbelang dar, der zwar durch die Bodenschutzklausel betont wird, woraus sich jedoch kein absoluter oder relativer Vorrang in der Abwägung ergibt. Der Gesetzgeber verdeutlicht aber durch die Ergänzung in § 1a Abs. 2 Nr. 4 BauGB, dass sich die Städte und Gemeinden im Rahmen der Bauleitplanung zukünftig stärker planerisch mit den Möglichkeiten der Innenentwicklung auseinandersetzen müssen, wenn landwirtschaftliche oder als Wald genutzte Flächen umgenutzt werden sollen. Bleiben die Möglichkeiten der Innenentwicklung unberücksichtigt, besteht die Gefahr, dass ein Abwägungsfehler vorliegt, der vor dem Hintergrund der Ergänzung der Bodenschutzklausel im Sinne des § 214 Abs. 3 S. 2 BauGB offensichtlich und sich auch auf das Abwägungsergebnis auswirkt.

Wie bereits oben angesprochen, liegt der entscheidende Ansatzpunkt zur Berücksichtigung der Möglichkeiten der Innenentwicklung im Rahmen der planerischen Abwägung in der Ermittlung und Zusammenstellung der Belange. Der Umfang und die Methodik der Bedarfsermittlung sowie die Erfassung der Innenentwicklungspotenziale sind dabei vor dem Hintergrund der jeweiligen städtebaulichen Situation sowie den Zielen und Inhalten der Planung zu bestimmen. Unabhängig hiervon gibt es aber bestimmte Faktoren, die Einfluss hierauf haben.

5.2.1 Vorgaben der Raumordnung

Neben den Vorgaben der Bodenschutzklausel sind auch die Erfordernisse der Raumordnung im Rahmen der Bauleitplanung für den Bodenschutz von Bedeutung.[108] Zuvorderst sind hierbei die Ziele der Raumordnung zu nennen, die nach § 1 Abs. 4 BauGB eine Anpassung der Bauleitpläne erfordern. So wird z. B. im Landesentwicklungsplan Schleswig-Holstein die Innenentwicklung vor der Außenentwicklung als Raumordnungsziel festgelegt.[109] Dabei wird ein systematischer Nachweis vorhandener und verfügbarer Flächenpotenziale gefordert. Vor der Neu-

107 Vgl. Gesetzentwurf der Bundesregierung, a. a. O. (Fn. 59), S. 16.

108 Vgl. Umweltbundesamt (Hrsg.), a. a. O. (Fn. 56), S. 100.

109 Vgl. Innenministerium des Landes Schleswig-Holstein (Hrsg.), Landesentwicklungsplan Schleswig-Holstein, Kiel 2010, S. 46; auch der Entwurf des Landesentwicklungsprogramms Bayern aus dem Jahr 2012 enthält das Ziel der vorrangigen Innenentwicklung.

ausweisung von Bauflächen ist von den Gemeinden aufzuzeigen, inwieweit vorhandene Flächenpotenziale ausgeschöpft werden können. Konkret sind dabei Baugrundstücke im Geltungsbereich von Bebauungsplänen nach §§ 30 und 33 BauGB sowie im unbeplanten Innenbereich nach § 34 BauGB zu erfassen.[110] Einen anderen Ansatz bilden z. B. die quantitativen und räumlichen Flächenvorgaben für Siedlungsbereiche sowie Bereiche für Industrie- und Gewerbe in den hessischen Regionalplänen, die gemeindebezogen festgelegt werden.[111] In Verbindung mit städtebaulichen Dichtewerten für Siedlungserweiterungsflächen wird dabei bereits auf der Ebene der Regionalplanung dem vorsorgenden Bodenschutz Rechnung getragen.[112] Als Ziele der Raumordnung erfordern diese Vorgaben eine Anpassung der Bauleitplanung. Soweit ein Vorrang der Innenentwicklung als Grundsatz der Raumordnung festgelegt wird, ist dies wiederum in der Abwägung entsprechend zu berücksichtigen.

5.2.2 Entwicklungsgebot

Einfluss auf den Umfang der Ermittlung von Innenentwicklungsmöglichkeiten hat auch das Entwicklungsgebot im Rahmen der Bauleitplanung. Sind bereits im Rahmen der Flächennutzungsplanung die Siedlungserweiterungsflächen im Hinblick auf Möglichkeiten der Innenentwicklung untersucht, dürfte sich eine Abschichtung für die Bebauungspläne ergeben, die unter Berücksichtigung von § 8 Abs. 2 BauGB aus dem Flächennutzungsplan entwickelt werden.[113] In diesem Fall kann sich der Bodenschutz auf der Ebene der verbindlichen Bauleitplanung auf die Aspekte des schonenden Umgangs mit Grund und Boden beschränken. Voraussetzung für diese abschichtende Wirkung ist natürlich ein aktueller Flächennutzungsplan, der die Möglichkeiten der Innenentwicklung bereits entsprechend berücksichtigt. Dieser Aspekt unterstreicht die Bedeutung des Flächennutzungsplans als gesamtgemeindliches Bodennutzungskonzept. Gerade im Rahmen von Flächenausweisungen im Rahmen der vorbereitenden Bauleitplanung ist der Bodenschutz bzw. die Möglichkeiten der Innenentwicklung aufgrund der gesamtgemeindlichen Betrachtungsebene zum einen besonders wichtig und zum anderen im Hinblick auf die Möglichkeiten der Prüfung von räumlichen Alternativen auch planerisch sinnvoll.

---

110 Vgl. Innenministerium des Landes Schleswig-Holstein (Hrsg.), ebenda, S. 46.

111 Vgl. für die Planungsregion Südhessen: Planungsverband Ballungsraum Frankfurt Rhein-Main/Regierungspräsidium Darmstadt (Hrsg.), Regionalplan Südhessen, Darmstadt 2010, Kap. 3.4.1 und 3.4.2.

112 Vgl. Hessisches Ministerium für Wirtschaft, Verkehr und Landesentwicklung (Hrsg.), Landesentwicklungsplan Hessen 2000, Wiesbaden 2000, Begründung zu 6.3. Siedlungserweiterungen.

113 Vgl. Deutsches Institut für Urbanistik (Hrsg.), a. a. O. (Fn. 97), S. 20.

5.2.3 Planungsziel

Ebenfalls Einfluss auf die Notwendigkeit der Erfassung von Innenentwicklungspotenzialen können die Planungsziele haben, die mit der Bauleitplanung verfolgt werden. Soweit im Rahmen der Aufstellung eines Bebauungsplans bereits die Zielsetzung der Innenentwicklung verfolgt wird, ist die Prüfung von Innenentwicklungspotenzialen grundsätzlich nicht mehr notwendig. Dies gilt insbesondere für die erweiterte Begründungspflicht nach § 1a Abs. 2 S. 4 BauGB, die auch nur dann zum Tragen kommt, wenn landwirtschaftliche oder als Wald genutzte Flächen in Anspruch genommen werden. Grenzwertig stellt sich allerdings der Fall der erstmaligen Inanspruchnahme von Freiflächen im Innenbereich dar, wenn z. B. im Rahmen der Aufstellung eines Bebauungsplans der Innenentwicklung eine Außenbereichsinsel im Innenbereich überplant wird.[114] In diesem Fall ist die Innenentwicklung nicht automatisch mit dem vorsorgenden Bodenschutz gleichzusetzen. Werden in einem solchen Fall landwirtschaftliche oder als Wald genutzte Flächen in Anspruch genommen, müssen die Innenentwicklungsmöglichkeiten im Hinblick auf die Anforderungen in § 1a Abs. 2 S. 4 BauGB erfasst und in der Abwägung berücksichtigt werden.

Umgekehrt erscheint bei der Aufstellung von Bebauungsplänen im planerischen Außenbereich die Berücksichtigung von Innenentwicklungspotenzialen auch bei einer Umwandlung landwirtschaftlich oder als Wald genutzter Flächen nicht immer notwendig. Dies gilt insbesondere für solche Vorhaben, die aufgrund ihrer besonderen Eigenart bzw. den damit verbundenen Auswirkungen auf ihre Umgebung nicht im Innenbereich geplant bzw. realisiert werden können. Anzuführen sind hierbei z. B. Kraftwerke, Windenergieanlagen oder große Tierhaltungsbetriebe. Wird für solche Vorhaben ein Bebauungsplan im Außenbereich aufgestellt, ist eine Erfassung von Möglichkeiten der Innenentwicklung nicht zielführend. Vielmehr müssen hier Maßnahmen zum schonenden Umgang mit dem Boden durch flächensparende Bauweisen oder Verringerung der Versieglung getroffen werden.

Voll zum Tragen kommt die Erfassung von Möglichkeiten der Innenentwicklung dahingegen bei Angebotsbebauungsplänen für Wohnen oder Gewerbe im Außenbereich, wenn hierfür landwirtschaftlich oder als Wald genutzte Flächen umgewandelt werden, da diese Nutzungen auch grundsätzlich im Siedlungsbereich möglich sind.

114 Zur Möglichkeit der Anwendung des beschleunigten Verfahrens nach § 13a BauGB bei Aufstellung eines Bebauungsplans der Innenentwicklung bei der Überplanung einer Außenbereichsinsel, vgl. OVG Rheinland-Pfalz, Urt. v. 24.02.2010 – 1 C 10852/09 – JURIS, Rn. 39.

5.2.4 Gemeindegröße

Auch die Gemeindegröße kann Einfluss auf die Erfassung der Innenentwicklungsmöglichkeiten haben. So kann in kleineren ländlichen Gemeinde die Ortskenntnis der lokalen Baulücken bereits zur Erfassung der Innenentwicklungspotenziale ausreichend sein,[115] während in Großstädten eine EDV-gestützte und regelmäßig aktualisierte Erfassung der Innenentwicklungspotenziale notwendig erscheint, um dem vorsorgenden Bodenschutz in der Bauleitplanung ausreichend Rechnung zu tragen.[116] Hierbei muss aber beachtet werden, dass die personelle oder finanzielle Ausstattung der Gemeinde im Hinblick auf die Erfüllung der Anforderungen aus der Bodenschutzklausel keine Rolle spielt.

5.3 Anwendung der Agrarklausel in der Bauleitplanung

Die Regelung zur Anwendung der naturschutzrechtlichen Agrarklausel nach § 1a Abs. 3 S. 5 BauGB stellt zwar keine Änderung oder Ergänzung der Bodenschutzklausel dar. Über die Verringerung der Flächeninanspruchnahme korrespondiert diese aber mit der Zielsetzung der Bodenschutzklausel. Die naturschutzrechtliche Agrarklausel des § 15 Abs. 3 BNatSchG behandelt die Konkurrenz von Flächenbedarfen für Maßnahmen zum Ausgleich von Eingriffen in Natur und Landschaft und der Land- und Forstwirtschaft.[117] Im Rahmen der Eingriffsregelung muss danach geprüft werden, ob „der gebotene Ausgleich oder Ersatz auch möglich ist, ohne [auf] land- oder forstwirtschaftliche genutzte Flächen zuzugreifen."[118]. War diese Regelung in ihrer Anwendung bislang auf die naturschutzrechtliche Eingriffsregelung beschränkt,[119] ist diese durch die Novellierung nun auch unmittelbar für die Bauleitplanung anwendbar, denn § 1a Abs. 3 S. 5 BauGB bestimmt, dass § 15 Abs. 3 BNatSchG in der planerischen Eingriffsregelung entsprechend gilt. Hervorgehoben wird dadurch der Schutz von Flächen, die für landwirtschaftliche Nutzungen besonders geeignet sind und nur im hierfür notwendigen Umfang für Ausgleichs- oder Ersatzmaßnahmen in Anspruch zu nehmen sind. Dabei muss eine landwirtschaftliche Nutzung nicht unbedingt vorliegen. Vielmehr reicht es aus, dass die Fläche hierfür geeignet ist.[120] § 15 Abs. 3 S. 2 BNatSchG regelt in einer Stufenfolge, dass vorrangig für einen Ausgleich oder Ersatz Maßnahmen zur Entsiegelung, Maßnahmen zur Wiedervernetzung von Lebensräumen oder Bewirtschaftungs- oder Pflegemaßnahmen, die der dauerhaften Aufwertung des Naturhaushalts oder des Landschaftsbildes dienen, erbracht werden können. Dadurch soll einem weiteren Verlust von land- oder forstwirtschaftlichen Nutzungen durch Inan-

---

115 Vgl. Deutsches Institut für Urbanistik, a. a. O. (Fn. 97), S. 25.

116 Vgl. ebenda, S. 24.

117 Vgl. Fischer-Hüftle/Schumacher, in: Schumacher/Fischer-Hüftle, Bundesnaturschutzgesetz Kommentar, 2. Aufl., Stuttgart 2011, § 15 Rn. 91.

118 Vgl. ebenda, § 15 Rn. 92.

119 Vgl. Mitschang, a. a. O. (Fn. 3), § 1a Rn. 107a.

120 Vgl. Mitschang, ebenda, § 1a Rn. 107a.

spruchnahme Flächen für Ausgleichs- oder Ersatzmaßnahmen vorgebeugt werden.[121] Problematisch im Hinblick auf die Behandlung von Ausgleichs- oder Ersatzmaßnahmen im Rahmen der bauleitplanerischen Abwägung erscheint dabei die oben genannten Stufenfolge. Denn diese enthält bereits eine Gewichtung dahingehend, dass funktionale Maßnahmen den flächenbezogenen Maßnahmen vorzuziehen sind. Währenddessen im Rahmen der bauleitplanerischen Eingriffsregelung keine solche Gewichtung besteht. Faktisch ergibt sich hieraus eine Gewichtungsvorgabe für die bauleitplanerische Abwägung.

5.4 Zwischenfazit

Sowohl die Bodenschutzklausel als auch die Umwidmungssperrklausel stellen Abwägungsbelange dar, die nach § 1 Abs. 7 BauGB bei der Aufstellung der Bauleitpläne mit anderen öffentlichen und privaten Belangen gegeneinander und untereinander gerecht abzuwägen sind.[122] Ohne dem Belang des vorsorgenden Bodenschutzes einen generellen oder abstrakten Vorrang einzuräumen, hebt der Gesetzgeber durch die Verankerung des Bodenschutzes in § 1a Abs. 2 BauGB dessen Bedeutung für die Bauleitplanung hervor. Unmittelbar mit dem Bodenschutz in der Bauleitplanung verknüpft ist dabei die Innenentwicklung, die über eine flächensparende Siedlungsentwicklung einen Beitrag zum Verringerung der Flächenneuinanspruchnahme leisten kann. Dieser Zusammenhang wird in der Bodenschutzklausel in § 1a Abs. 2 S. 1 BauGB hergestellt, indem auf die Möglichkeiten der Innenentwicklung verwiesen wird. Die Ergänzung der Bodenschutzklausel in § 1a Abs. 2 S. 4 BauGB unterstreicht dies nochmals in Form einer Pflicht zur Begründung der Umwandlung landwirtschaftlich oder als Wald genutzter Flächen als Konkretisierung der Umwidmungssperrklausel. Dieser Begründung sind entsprechend Möglichkeiten der Innenentwicklung zugrunde zu legen. Dieser Auftrag an die Gemeinden im Rahmen der Bauleitplanung die Möglichkeiten der Innenentwicklung zum Schutz des Boden zu erfassen, ist auch im Zusammenhang mit der Aufnahme des Vorrangs der Innenentwicklung in die Oberziele der Bauleitplanung in § 1 Abs. 5 S. 3 BauGB zu sehen.[123]

Dabei kann zunächst festgehalten werden, dass sich sowohl aus der derzeit gültigen als auch aus der zukünftigen Formulierung der Bodenschutzklausel und der Umwidmungssperrklausel keine Verpflichtung einer systematischen Erfassung der Innenentwicklungspotenziale ergibt. Um den oben genannten Anforderungen des vorsorgenden Bodenschutzes in der bauleitplanerischen Abwägung aber entsprechend Rechnung tragen zu können, erscheint es aus planungspraktischer Sicht unumgänglich eben eine solche systematische Erfassung der Innenentwicklungspo-

121 Vgl. Fischer-Hüftle/Schumacher, a. a. O. (Fn. 117), § 15 Rn. 99.
122 Vgl. unter Kapitel 3.2.2 und 3.3.2.
123 Vgl. Gesetzentwurf der Bundesregierung, a. a. O. (Fn. 95), S. 16.

tenziale im Rahmen der Bauleitplanung vorzunehmen,[124] um eine sachgerechte Abwägung zu gewährleisten. Bezogen auf die einzelnen Schritte der Abwägung ist dabei der erste Schritt der Ermittlung und Zusammenstellung der Belange vor dem Hintergrund der geänderten Anforderungen an die Berücksichtigung bzw. die Erfassung der Möglichkeiten zur Innenentwicklung in der Bodenschutzklausel von Bedeutung. Denn nur die Belange, die auch ermittelt wurden, können in die Abwägung eingestellt werden und bilden damit die Grundlage für die Planungsentscheidung.[125] Die Methode wie dies erfolgen soll, sowie der Umfang der Ermittlungen, bleibt den Städten und Gemeinden überlassen.[126] Grundsätzlich ergeben sich zwei Ansätze zur Zusammenstellung. Die erste ist die Erfassung der Innenentwicklungspotenziale im Rahmen der Bauleitplanung bei der Aufstellung des Flächennutzungsplans oder eines Bebauungsplans. Die zweite Möglichkeit ist eine der Bauleitplanung vorlaufende oder diese begleitende informelle Planung, mit der zum einen eine Erfassung der Innenentwicklungspotenziale erfolgen kann und darüber hinaus auch städtebauliche Ziele im Hinblick auf die Innenentwicklung bestimmt werden.

6. Informelle Konzepte

Informelle Konzepte oder Planungen bilden das Pendant zu den förmlichen Plänen der Raumordnung und der Bauleitplanung.[127] Diese werden auch als „nicht formalisierte Pläne zur Stadtentwicklung insgesamt bzw. für räumliche oder sachliche Teilbereiche“[128] bezeichnet. Abgesehen vom Bereich des besonderen Städtebaurechts, in dem Entwicklungskonzepte zur Konkretisierung von Zielen des Stadtumbaus nach § 171b Abs. 2 BauGB und Maßnahmen der Sozialen Stadt nach § 171e Abs. 3 BauGB verpflichtend aufgestellt werden müssen,[129] besteht in der Bauleitplanung keine Verpflichtung zur Aufstellung.[130] Kennzeichen informeller Konzepte oder Planungen ist zunächst das Fehlen gesetzlicher Vorgaben zu den

124 So im Hinblick auf die ergänzte Umwidmungssperrklausel, aber auch übertragbar auf die Bodenschutzklausel: vgl. Deutsches Institut für Urbanistik (Hrsg.), a. a. O. (Fn. 97), S. 19.

125 Vgl. Schink, Planerische Abwägung bei der Festlegung von Vorranggebieten für die Rohstoffnutzung in der Raumordnung, in: UPR 2012, S. 369 (375).

126 Vgl. Deutsches Institut für Urbanistik (Hrsg.), a. a. O. (Fn. 97), S. 25.

127 Vgl. Pahl-Weber, in: Henckel/von Kuczkowski/Lau/et. al. (Hrsg.), Planen – Bauen – Umwelt, Wiesbaden 2010, S. 227 (227).

128 Vgl. Thiel, Städtebauliche Instrumente zur Reduzierung des Flächenverbrauchs unter besonderer Berücksichtigung der Problematik des Stadtumbaus, UGZ-Bericht Nr. 14/2004, Leipzig 2004, S. 73.

129 Zur Vorbereitung einer städtebaulichen Sanierungsmaßnahme nach § 140 Nr. 4 BauGB und bei Privaten Initiativen zur Stadtentwicklung nach § 171f BauGB können neben formellen Plänen auch Entwicklungskonzepte oder Rahmenpläne zur Konkretisierung der städtebaulichen Ziele aufgestellt werden.

130 Vgl. Thiel, a. a. O. (Fn. 128), S. 72 f.; vgl. Mitschang, a. a. O. (Fn. 3), § 1a Rn. 47.

Inhalten sowie dem Verfahren zur Aufstellung.[131] Darüber hinaus besitzen informelle Konzepte grundsätzlich keine Verbindlichkeit, soweit diese nicht durch die Gemeinde beschlossen wurden. Hieraus resultiert auch die Möglichkeit, diese jederzeit modifizieren oder aufheben zu können.[132] Die Vorteile informeller Planungen werden vor allem in ihrer inhaltlichen und formalen Flexibilität gesehen,[133] mit der eine „flexible, situationsgerechte Planung mit problemspezifischer Intensität der Planaussagen“[134] möglich ist.[135] Hiermit können die Gemeinden „grundlegende Planungsgedanken“[136] entwickeln, bevor diese über die förmlichen Bauleitpläne umgesetzt werden.

Auch die Innenentwicklung bildet ein Aufgabenfeld informeller Konzepte und Planung.[137] Beispielsweise können im Rahmen eines solchen Konzeptes „Entwicklungs- und Nachverdichtungsmöglichkeiten des Stadtgebildes räumlich erfassbar“[138] gemacht werden. Die beiden wichtigsten Grundformen der informellen Planung in der Planungspraxis bilden die kommunale bzw. städtebauliche Entwicklungsplanung und die Rahmenplanung.[139] Entsprechend dem Fehlen einer Legaldefinition können jedoch auch andere Instrumente zu den informellen Konzepten oder Planungen gezählt werden. Wichtig erscheint dabei, dass diese einen städtebaulichen Bezug aufweisen.[140] Im Hinblick auf die Erfassung der Möglichkeiten zur Innenentwicklung zur Erfüllung der Anforderungen aus der ergänzten Bodenschutzklausel sollen daher im Folgenden auch solche Instrumente dargestellt werden, mit denen Grundlagen zur Erfassung und Bewertung von Möglichkeiten der Innenentwicklung planerisch ermittelt werden können.

Den Startpunkt für die Erfassung der Innenentwicklungspotenziale sowie darüber hinaus die Aufstellung von (Innen-)Entwicklungskonzepten bildet regelmäßig ein Grundsatzbeschluss.[141] Hiermit kann die Stadt oder Gemeinde ihre Ziele für die Innenentwicklung zum Beispiel in Form eines Leitbildes oder einer Strategie formulieren und darauf aufbauend Maßnahmen und Instrumente sowie die weitere

131 Vgl. Austermann, Brachflächenreaktivierung als Instrument der Stadterhaltung und nachhaltiger Innenentwicklung, Osnabrück 2012, S. 199; vgl. Spangenberger, Der städtebauliche Rahmenplan – derzeitiger Stand und künftige Perspektiven, in: fub 2002, S. 153 (155).

132 Vgl. Thiel, a. a. O. (Fn. 128), S. 74.

133 Vgl. Albers, Stadtentwicklungsplanung, in: Kommunalpolitik 1993, S. 398 (401); vgl. Krautzberger, Städtebaulicher Rahmenplan, in: BBauBl 1986, S. 210 (213).

134 Vgl. Akademie für Raumforschung und Landesplanung (Hrsg.), Handwörterbuch der Raumordnung, Hannover 2005, S. 466.

135 Vgl. Thiel, a. a. O. (Fn. 128), S. 73.

136 Vgl. Albers, a. a. O. (Fn. 133), S. 398 (406).

137 Vgl. ebenda, S. 398 (404).

138 Vgl. Thiel, a. a. O. (Fn. 128), S. 74.

139 Vgl. Mitschang, Steuerung der städtebaulichen Entwicklung durch Bauleitplanung, Köln 2003, S. 279.

140 Vgl. Dirnberger, a. a. O. (Fn. 40), § 1a Rn. 126.

141 Vgl. z. B. zur Einführung einer Flächenkreislaufwirtschaft, in: Bundesamt für Bauwesen und Raumordnung (Hrsg.), Instrumente und Akteure in der Flächenkreislaufwirtschaft (Expertise), Berlin 2006, S. 76.

Vorgehensweise bestimmen.[142] Zum einen wird hierdurch die Öffentlichkeit informiert, zum anderen muss die Gemeinde das eigene Verwaltungshandeln und damit auch die formelle Bauleitplanung vor dem Hintergrund dieser Selbstbindung überprüfen.[143]

6.1 Instrumente zur planerischen Ermittlung von Grundlagen der Innenentwicklung

Grundlage für eine erfolgreiche Innenentwicklung ist zunächst eine systematische Erfassung des Bestandes sowie des daraus resultierenden Potenzials über Instrumente, mit denen verschiedene Aspekte der Innenentwicklung erfasst werden.[144] In der Regel erfolgt diese Bestandserfassung für den gesamten Siedlungsbereich.[145] Neben der erstmaligen Aufnahme ist dabei auch eine fortlaufende Pflege bzw. Erfassung von Änderungen notwendig, um die Aktualität zu erhalten. Die Nutzung Geografischer Informationssysteme (GIS), mit denen räumliche Daten mit vielfältigen Sachinformationen verknüpft und räumlich visualisiert werden können, gehört dabei mittlerweile zum Standard. Neben den Informationen für die Verwaltung kann über ein solches System auch die Bevölkerung über Innenentwicklungspotenziale informiert werden, was für eine erfolgreiche Innenentwicklung ebenso entscheidend ist.[146] Bezogen auf die erweiterten Anforderungen der Bodenschutzklausel in § 1a Abs. 2 S. 4 BauGB-neu dienen die vorbereitenden und begleitenden Instrumente dazu, das Abwägungsmaterial im Hinblick auf die Möglichkeiten zur Innenentwicklung für ein informelles Entwicklungskonzept oder eine förmliche Bauleitplanung bereitzustellen.

6.1.1 Prognosen und Szenarien

Um Flächenausweisungen im Rahmen der Bauleitplanung entsprechend rechtfertigen zu können, ist neben den Möglichkeiten der Innenentwicklung auch der grundsätzliche Bedarf der künftigen Siedlungsflächenentwicklung aufzuzeigen. Im Rahmen der städtebaulichen Planung werden dabei Prognosen oder Szenarien genutzt, um Wohnbauflächenbedarfe und Gewerbeflächenbedarfe zu ermitteln. Eine Wohnbauflächenbedarfsermittlung setzt sich in der Regel aus dem Wohnungsbedarf und der Flächenbedarfsermittlung zusammen.[147] Während der Wohnbauflä-

---

142 Vgl. Molder/Müller-Herbers, a. a. O. (Fn. 24), S. 265 (265).

143 Mehrere Beispiele aufführend: http://refina.segeberg.de/index.phtml?NavID=1862.86&La=1,Zugriff am 8.3.2013.

144 Vgl. Molder/Müller-Herbers, a. a. O. (Fn. 24), S. 264 (265).

145 Vgl. Mitschang, Darstellungs- und Festsetzungsmöglichkeiten mit dem Ziel der Nachverdichtung, in: Spannowsky/Mitschang (Hrsg.), Fach- und Rechtsprobleme der Nachverdichtung und Baulandmobilisierung, Köln 2002, S. 11 (20).

146 Vgl. Runkel, a. a. O. (Fn. 11), S. 84 (98).

147 Vgl. Koppitz/Schwarting, Der Flächennutzungsplan in der kommunalen Praxis, Berlin 2005, S. 100.

chenbedarf gerade im Hinblick auf die Verfügbarkeit von Bevölkerungsprognosen noch relativ unproblematisch erscheint, stellt sich die Gewerbeflächenbedarfsermittlung dahingegen relativ komplex dar, da hier viele Faktoren einfließen, die von äußeren Einflüssen, wie z. B. dem branchenspezifischen Flächenbedarf der Konjunktur und Veränderungen in der Produktion abhängig sind.[148] Standardisierte Verfahren hierzu gibt es bislang kaum.[149] Gerade kleinere Gemeinden stehen dabei sowohl vor dem Problem der Verfügbarkeit aktueller Daten als auch den methodischen Herausforderungen, eine verlässliche Prognose im Rahmen der zur Verfügung stehenden Möglichkeiten zu erstellen.[150] Sehr oft wird daher auf komplexere Verfahren verzichtet und einfache Trendfortschreibungen durchgeführt, indem Entwicklungen in der Vergangenheit in die Zukunft projiziert werden.[151] Bei der Entwicklung von Szenarien zur räumlichen Entwicklung liegt der Vorteil darin, verschiedene Entwicklungspfade aufzuzeigen, womit auch unter größeren Unsicherheiten Aussagen zur Entwicklung getroffen werden können.[152]

Eine Möglichkeit zum Umgang mit den Unsicherheiten der Prognosen und Szenarien im Rahmen der informellen und der formellen Planung ist die Flexibilisierung der Inanspruchnahme von Flächen, die zum Beispiel an bestimmte Bedingungen geknüpft wird oder eine zeitliche Staffelung vorsieht.[153] Solche Entwicklungspfade oder -stufen können im Rahmen einer informellen Planung dargestellt und auch in der Bauleitplanung über Darstellungen des Flächennutzungsplans[154] oder auch bedingte Festsetzungen im Bebauungsplan nach § 9 Abs. 2 BauGB[155] umgesetzt werden.

6.1.2 Baulückenkataster

Im Rahmen eines Baulückenkatasters werden entweder nicht oder nur geringfügig bebaute oder genutzte Grundstücke in Städten und Gemeinden erfasst. Baulücken bilden vor allem in ländlichen Gemeinden ein erhebliches Potenzial zur Innenentwicklung.[156] Aber auch in größeren Städten ist die Erfassung der Baulücken von

---

148 Vgl. ebenda, S. 104; vgl. Mitschang, Der Flächennutzungsplan, Bonn 2003, Rn. 391.

149 Vgl. Müller-Herbers, a. a. O. (Fn. 24), S. 265 (267).

150 Vgl. Mitschang, a. a. O. (Fn. 148), Rn. 389.

151 Vgl. ebenda, Rn. 394.

152 Vgl. Fürst/Scholles, Handbuch Theorien und Methoden der Raum- und Umweltplanung, 3. Aufl., Dortmund 2008, S. 380.

153 Vgl. Mitschang, a. a. O. (Fn. 148), Rn. 396.

154 Zu der Möglichkeit der Darstellung einer zeitlichen Staffelung von Bauflächen im Flächennutzungsplan, vgl. Söfker, in: Ernst/Zinkahn/Bielenberg/Krautzberger (Hrsg.), BauGB Kommentar, Loseblattsammlung, Stand: 102. Lfg., November 2011, § 5 Rn. 22a.

155 Zum sog. „Baurecht auf Zeit" in Verbindung mit dem Bodenschutz im Außenbereich vgl. Krautzberger, Bodenschutz, Baurecht auf Zeit im Außenbereich, in: Mitschang (Hrsg.), Planen und Bauen im Außenbereich Berliner Schriften zur Stadt- und Regionalplanung, Band 13, Frankfurt am Main 2010, S. 135 ff.

156 Vgl. Umweltbundesamt (Hrsg.), a. a. O. (Fn. 56), S. 9.

Bedeutung für die Aktivierung der Innenentwicklungspotenziale.[157] Beispielsweise werden im Rahmen des Berliner Baulückenmanagements auf der Grundlage von § 200 Abs. 3 BauGB Informationen über Baulücken und größere Flächenpotenziale in den Berliner Bezirken erfasst. Eine Recherche kann internetgestützt von jedermann durchgeführt werden und ergibt Informationen über Lage und Größe, Flurstücknummer, mögliche Nutzung, Einordnung im Stadtgebiet, Luftbild, Umgebungsfotos und planungsrechtliche Informationen wie z. B. die Darstellung im Flächennutzungsplan und das Vorhandensein rechtskräftiger Bebauungspläne.[158]

6.1.3 Brachflächenkataster

Brachflächen sind vormals industriell, gewerblich oder militärisch genutzte Flächen, deren ursprüngliche Nutzung in Folge eines Strukturwandel aufgegeben wurde.[159] Solche Flächen können innerstädtisch (z. B. Bahnbrachen), an den Siedlungsrändern (z. B. Kasernen, Industrie) aber auch im Außenbereich (z. B. Truppenübungsplätze, Depots) auftreten, wobei natürlich für die Innenentwicklung vor allem solche von Bedeutung sind, die im Siedlungsbereich vorkommen. Eine Nachnutzung dieser Flächen wird sehr häufig durch das Vorhandensein von Altlasten erschwert, da eine entsprechende Sanierungen regelmäßig zeit- als auch kostenintensiv sind.[160] Im Rahmen eines Brachflächenkatasters erfolgt eine Erfassung dieser Flächen im Stadt- oder Gemeindegebiet. Aufbauend hierauf kann im Rahmen eines Flächenrecyclings oder -managements eine Nachnutzungsstrategie erarbeitet werden.

6.1.4 Leerstandskataster

Ein Leerstandskataster ist eine „Übersicht der leer stehenden Baulichkeiten, bezogen auf ein definiertes Gebiet."[161] Die Erfassung von Leerständen spielt gerade in kleineren Gemeinden eine wichtige Rolle, da aufgrund einer geringeren Anzahl von Wohneinheiten pro Haus bei einer Aufgabe der Nutzung das gesamte Haus vom Leerstand betroffen ist. In vielen Bundesländern werden im Rahmen von Leerstandskatastern auch die Althofstellen erfasst. Denn bedingt durch den Strukturwandel in der Landwirtschaft in Verbindung mit dem demographischen Wandel kommt es in vielen kleinen Städten und Dörfern dazu, dass landwirtschaftliche Betriebe aufgegeben werden und damit Hofanlagen mit Scheunen und Wohngebäuden leer stehen. Damit kommt es zu einem Verlust der bislang prägenden Nut-

157 Vgl. Molder/Müller-Herbers, a. a. O. (Fn. 24), S. 264 (264).

158 Im Internet unter: www.stadtentwicklung.berlin.de/bauen/baulueckenmanagement, Zugriff am 7.03.2013.

159 Eine einheitliche Definition des Begriffs Brachfläche liegt nicht vor; vgl. z. B. im Internet unter: http://www.arl-net.de/lexica/de/brachfläche?lang=en, Zugriff am 14.03.2013.

160 Vgl. Umweltbundesamt (Hrsg.), Die Zukunft liegt auf Brachflächen, Dessau 2005, S. 19.

161 Vgl. Kötter/Vob, Dorfentwicklung, Dorferneuerung, Dorfumbau, in: Kummer/Frankenberger (Hrsg.), Das deutsche Vermessungs- und Geoinformationswesen, Berlin 2012, S. 221 (243).

zungsmischung in Dorfkernen und zu Funktionsverlusten in den Dörfern.[162] Diese Strukturen stellen aufgrund ihrer Lage in gewachsenen Strukturen sowie die Vornutzung in der Regel hohe funktionale und gestalterische Anforderungen an eine Nachnutzung.[163] In der direkten Konkurrenz zu Neubaugebieten, mit einer Einzel-, Doppel- oder Reihenhausbebauung, die immer noch die Wohnungswünsche großer Teile der Bevölkerung abbilden, entstehen hierdurch Konkurrenzen zulasten der Dorfkerne. Durch ein Leerstandskataster erfolgt zunächst die Schaffung eines Problembewusstseins für die Verwaltung und die Bevölkerung. Darüber hinaus werden die Grundlagen für eine Vermarktung geschaffen. Bei einer kontinuierlichen Pflege kann das Leerstandskataster auch dazu dienen, „Tendenzen in der Leerstands- und Siedlungsentwicklung zu erkennen."[164]

6.1.5 Baulandkataster

Bei einem Baulandkataster handelt es sich um ein „systematisch aufgebautes Verzeichnis von Baulandpotenzialen in Form von Baulücken und weiteren Flächen, die sofort oder in absehbarer Zeit bebaubar sind."[165] Ziel eines Baulandkatasters ist die Information der beteiligten Akteure über die Innenentwicklungspotenziale. Erfasst werden hierzu Baulandpotenziale im Siedlungsbereich, zu denen die oben genannten Baulücken, Brachflächen und Leerstände gehören. Seine rechtliche Grundlage hat das Baulandkataster in § 200 Abs. 3 S. 1 BauGB. Die Regelung dient vor allem dazu „die kommunale Praxis, Baulandkataster aufzustellen und zu führen, datenschutzrechtlich abzusichern"[166]. Dabei ist eine Zustimmung der Grundstücks- oder Hauseigentümer zur Erfassung nicht notwendig, wenngleich diese nicht zur Auskunft verpflichtet sind.[167] Wichtig ist neben der Erfassung der Innenentwicklungspotenziale auch die Möglichkeit der Veröffentlichung dieser Informationen, um eine Transparenz des Baulandmarktes herzustellen.[168]

6.1.6 Flächenmanagement/ Flächenmanagementkataster

Wie bei einem Baulandkataster werden im Rahmen eines Flächenmanagements die Flächenpotenziale im Siedlungsbereich einer Gemeinde, einer Stadt oder Region erfasst. Über die Bestandserfassung im Rahmen eines Baulandkatasters hinaus, erfolgt dabei noch eine Bewertung der Flächenpotenziale.[169] In verschiedenen neue-

162 Vgl. ebenda, S. 221 (241).
163 Vgl. ebenda, S. 221 (246).
164 Vgl. ebenda, S. 221 (243).
165 Vgl. Runkel, Nachverdichtung und Baulandmobilisierung als städtebauliche Aufgaben, in: Spannowsky/Mitschang (Hrsg.), Fach- und Rechtsprobleme der Nachverdichtung und Baulandmobilisierung, Köln 2002, 1 (8).
166 Vgl. Battis, a. a. O. (Fn. 32), § 1a Rn. 8.
167 Vgl. Kötter/Vob, a. a. O. (Fn. 161), S. 221 (243).
168 Vgl. Battis, a. a. O. (Fn. 32), § 1a Rn. 8.
169 Vgl. im Internet unter: http://refina.segeberg.de/index.phtml?mNavID=1862.21&s NavID=1862.80&La=1, Zugriff am 8.03.2013.

ren landesweiten Raumordnungsplänen finden sich Verweise auf das kommunale oder regionale Flächenmanagement, mit denen landesplanerische Vorgaben zur Innenentwicklung entsprechend berücksichtigt werden können.[170] Darüber hinaus werden in verschiedenen Bundesländern Anwendungen für ein kommunales Flächenmanagement bereitgestellt. So werden beispielsweise in Bayern und Hessen Flächenmanagement-Datenbanken für Gemeinden zur Verfügung gestellt, mit denen Baulücken, Brachflächen, Leerstände und Althofstellen erfasst werden können und die zusätzlich Grundlagen für den Aufbau einer Immobilienbörse, Instrumente zur Berechnung des Wohnbaulandbedarfs und zum Monitoring der Innenentwicklung enthält.[171] In Schleswig-Holstein und Rheinland-Pfalz werden beispielsweise webbasierte Flächenmanagementkataster bereitgestellt.[172]

6.1.7 Demografiekataster

Ein Demografiekataster stellt eine Ergänzung der Bestandserhebung zu Brachflächen, Baulücken und Leerstand dar, um Information zur Altersstruktur der Grundstücks- und Hauseigentümer zu erhalten. Hierdurch wird es insbesondere möglich, potenzielle zukünftige Leestände zu erfassen. Über eine Auswertung der Einwohnermeldestatistik erfolgt dabei eine Zuordnung des Alters der Bewohner zu den Gebäuden. Von besonderer Bedeutung ist dabei die Altersgruppe der über 70-Jährigen, die alleine ein Haus bewohnen.[173] Durch die Verknüpfung der Altersstruktur mit den räumlichen Informationen kann die Planung den politischen Entscheidungsträgern und der Bevölkerung sehr anschaulich die räumlichen Auswirkungen des demografischen Wandels verdeutlichen, welche Bereiche einer Gemeinde hiervon besonders betroffen sein werden. Hierdurch können sich wiederum räumliche Schwerpunkte für die Innenentwicklung in den Städten und Gemeinden im Rahmen der Stadt- und Dorferneuerung bilden.

---

170 Kommunales Flächenmanagement in Bayern: Antrag der Staatsregierung, Entwurf einer Verordnung über das Landesentwicklungsprogramm Bayern (LEP), (Bay. Landtag Drs. 16/15555 v. 5.02.2013), Begründung zu Kap. 3.2; in Schleswig Holstein: Innenministerium des Landes Schleswig-Holstein (Hrsg.), Landesentwicklungsplan Schleswig-Holstein 2010, Kiel 2010, Kap. 2.7 Begründung zu 3; in Thüringen: Thüringer Ministerium für Bau, Landesentwicklung und Verkehr (Hrsg.), 1. Entwurf Landesentwicklungsprogramm LEP Thüringen 2025, Kap. 2.4 Siedlungsentwicklung. Regionales Flächenmanagement in Rheinland-Pfalz: Ministerium des Inneren und für Sport (Hrsg.), Landesentwicklungsprogramm (LEP IV), Mainz 2008, Begründung/Erläuterung zu Z 31, in Sachsen: Sächsisches Staatsministerium des Inneren (Hrsg.), Landesentwicklungsplan 2012, Dresden 2012, Begründung zu Ziel 2.2.1.4.

171 Für Bayern im Internet unter: www.flaechensparen.bayern.de, Zugriff am 8.03.2013; für Hessen im Internet unter: http://www.hessen-nachhaltig.de/web/nachhaltiges-flaechenmanagement/14, Zugriff am 8.03.2013.

172 Für Schleswig-Holstein: im Internet unter: http://www.schleswig-holstein.de/UmweltLandwirtschaft/DE/BodenAltlasten/05_Flaechenmanagement, Zugriff am 8.03.2013; für Rheinland-Pfalz im Internet unter: http://www.mwkel.rlp.de/Landesplanung/RAUM/RAUM-Monitor/, Zugriff am 8.03.2013.

173 Vgl. Kötter/Vob, a. a. O. (Fn. 161), S. 221 (243).

6.1.8 Folgekostenrechner

Ein sogenannter Folgekostenrechner ermöglicht eine Prognose der Kosten für die Planung, Baureifmachung und Unterhaltungs- und Instandhaltungskosten von Baugebieten sowie Kosten für begleitende Infrastrukturen, wie z. B. Kindergärten, Bibliotheken oder Sportstätten. Zielsetzung ist hierbei die Schaffung einer Kostentransparenz, um den Entscheidungsträgern in Städten und Gemeinden zu verdeutlichen, welche Kosten mit der Ausweisung von Neubaugebieten für die Kommunen entstehen. Beispiele für bereits vorhandenen Folgekostenrechner sind z. B. das internetgestützte Tool „Was kostet mein Baugebiet“[174] oder das im Rahmen des Forschungsprogramm REFINA entwickelte Projekt „LEAN² – Kommunale Finanzen und nachhaltiges Flächenmanagement“[175]. Die im Rahmen des Forschungsprojektes LEAN² entwickelte Software „LEANkom“ dient zur Erfassung der fiskalischen Auswirkungen lokaler Siedlungsentwicklungen als Grundlage für die Abwägung.[176] Neben diesen Informationssystemen für die kommunalen Entscheidungsträger bestehen auch Informationssysteme, um auf der Nachfrageseite die Kosten für Bauherren und Wohnortsuchende zu verdeutlichen. Ein Beispiel hierfür ist der „Wohn- und Mobilitätskosten Rechner – WoMo“, mit dem Privatpersonen „die Wohn- und Mobilitätskosten Ihres Haushaltes für ihren derzeitigen oder für einen neuen Wohnstandort in Hamburg und seinen Randkreisen“[177] berechnen können.

6.1.9 Kommunikation

Ein generelles Problem der Innenentwicklung in der Praxis ist der damit verbundene Verwaltungsaufwand, der regelmäßig größer ist als bei einer Entwicklung auf der „grünen Wiese“.[178] Daher ist es für eine erfolgreiche Innenentwicklung notwendig den Informationsaustausch zwischen den Akteuren zu ermöglichen.[179] Maßnahmen in diesem Bereich umfassen das Marketing und die Ansprache von Investoren durch die Gemeinde.[180] Die Information der Bevölkerung zu den sozialen, ökonomischen und ökologischen Vorteilen der Innenentwicklung, z. B. durch Ausstellungen, Workshops und Informationsveranstaltungen[181] und auch die Abfrage der Verkaufsbereitschaft bei Privaten.[182] Gerade die mangelnde Verkaufsbereitschaft

---

174 Im Internet unter: http://www.was-kostet-mein-baugebiet.de, Zugriff am 7.03.2013.

175 Im Internet unter: http://www.lean2.de, Zugriff am 7.03.2013.

176 Vgl. Preuß/Ferber, Flächenkreislaufwirtschaft – Neue Impulse für die Innenentwicklung, in: fub 2009, S. 241 (249).

177 Wohn- und Mobilitätskostenrechner im Internet unter: http://www.womo-rechner.de, Zugriff am 7.03.2013.

178 Vgl. Runkel, a. a. O. (Fn. 165), S. 1 (7).

179 Vgl. Preuß/Ferber, a. a. O. (Fn. 176), S. 241 (245).

180 Vgl. ebenda, S. 241 (245).

181 Vgl. ebenda, S. 241 (250).

182 Vgl. Molder/Müller-Herbers, a. a. O. (Fn. 24), 264 (266).

der Eigentümer stellt sich im Rahmen der Innenentwicklung als wesentliches Hemmnis dar.[183]

6.1.10 Interkommunale Kooperation

Eine interkommunale Kooperation wird definiert als „Zusammenarbeit von kommunalen Gebietskörperschaften [...] auf der Grundlage gemeinsamer Interessen oder Ziele".[184] Neben den formellen Kooperationsformen in der Planung, die im BauGB in den §§ 203 bis 205 BauGB geregelt werden, können auch freiwillige Formen der Kooperationen genutzt werden. Die Chance einer solchen Kooperation liegt darin, den teilweise ruinösen Wettbewerb der Kommunen um Einwohner und damit verbundenen Finanzenmitteln durch Baulandausweisungen einzudämmen. Im Hinblick auf die Siedlungsentwicklung und damit verbunden die Innenentwicklung sind vor allem Stadt-Umland-Kooperationen von Bedeutung, da vielfältige funktionale Beziehungen zwischen zentralen Orten und ihrem Umlandbereich bestehen. Aber auch im ländlichen Raum werden interkommunale Kooperationen zwischen Gemeinden immer mehr als Chance begriffen.[185] Im Bereich der Siedlungsflächenentwicklung können hierbei über die nachbargemeindliche Abstimmungspflicht nach § 2 Abs. 2 BauGB Gespräche zur gegenseitigen Information geführt werden, die dann auch in eine formelle Zusammenarbeit überführt werden können. Sinnvollerweise werden die oben genannten Kataster im Hinblick auf die zu erfassenden Daten bereits einheitlich erfasst, um diese dann vergleichbar machen zu können. Diese können dann auch die Grundlage für ein gemeindeübergreifendes Konzept bilden.[186] In der Praxis häufiger vorkommende Formen der interkommunalen Kooperation sind gemeinsame Gewerbegebiete, die gemarkungsübergreifend entwickelt werden.[187] Hierbei handelt es sich jedoch nicht mehr um eine informelle Zusammenarbeit, sondern um eine formelle Planung auf der Basis einer gemeinsamen Bauleitplanung oder einem städtebaulichen Vertrag.[188]

---

183 Vgl. Siedentop, in: Henckel/von Kuczkowski/Lau/et. al. (Hrsg.), Planen – Bauen – Umwelt, Wiesbaden 2010, S. 235 (238).

184 Vgl. Gawron, Reduzierte Flächeninanspruchnahme durch interkommunale Kooperation, in: UFZ-Bericht Nr. 25/2004, Leipzig 2004, S. 7.

185 Vgl. Rill, Prozesse und Instrumente der Dorfentwicklung, in: Kummer/Frankenberger (Hrsg.), Das deutsche Vermessungs- und Geoinformationswesen, Berlin 2012, S. 261 (269).

186 Vgl. Tomerius, Auswirkungen der Baugesetzbuch-Novelle 2007, in: ZUR 2008, S. 1 (7).

187 Vgl. Schmidt-Eichstaedt, in: Spannowsky/Mitschang, Köln 2002, 125 (125); vgl. Gawron, a. a. O. (Fn. 184), S. 50.

188 Vgl. Gawron, a. a. O. (Fn. 184), S. 50.

6.2 Entwicklungskonzepte

Kommunale oder städtebauliche Entwicklungskonzepte können als informelle Planung zum einen vorbereitend für die Umsetzung im Rahmen der formellen Bauleitplanung dienen, zum anderen aber auch als eigenständige Planungen erarbeitet werden.[189] Das Konzept der Entwicklungsplanung stammt aus den 1960er Jahren.[190] In dieser Zeit wurden vor allem in den größeren deutschen Städten umfassende Entwicklungsplanungen vorgenommen.[191] Im Rahmen der Neufassung des Bundesbaugesetzes (BBauG) im Jahr 1976 wurde von Seiten des Gesetzgebers erwogen der Bauleitplanung in Form der Flächennutzungsplanung und der Bebauungspläne eine förmliche städtebauliche Entwicklungsplanung als Teil einer umfassenden Entwicklungsplanung voranzustellen.[192] Im Rahmen des Gesetzgebungsverfahrens wurde jedoch nur eine fakultative Entwicklungsplanung in § 1 Abs. 5 BBauG (1976) eingeführt, deren Ergebnisse bei der Aufstellung der Bauleitpläne zu berücksichtigen waren.[193] Das Baugesetzbuch aus dem Jahr 1986 übernahm diese Regelung nicht, weil nach damaliger Auffassung kein Bedarf nach einer stärkeren Formalisierung bestand, da gerade hierdurch die mit diesem Instrument verbundene Flexibilität beschränkt würde.[194] Wieder eingeführt wurden städtebauliche Entwicklungskonzepte oder sonstige städtebaulichen Planungen als zu berücksichtigender Belang in der bauleitplanerischen Abwägung in § 1 Abs. 6 Nr. 11 BauGB mit dem BauROG 1998.[195]

Zu den städtebaulichen Entwicklungskonzepten und sonstigen städtebaulichen Planungen gehören beispielsweise Stadtentwicklungspläne, Masterplanungen, Stadtumbaukonzepte und Rahmenpläne.[196] Stadtentwicklungspläne umfassen räumlich in der Regel das gesamte Gemeinde- oder Stadtgebiet, während Rahmenpläne meist für Stadtteile oder Quartiere aufgestellt werden.[197] Inhaltlich können diese informellen Konzepte städtebauliche, freiraumbezogene und infrastrukturelle Aspekte integrieren oder, wie z. B. bei einem Innenentwicklungskonzept thematisch auf einen Themenbereich fokussiert sein. Im Rahmen eines solchen Innenentwicklungskonzepts können Städte und Gemeinden für den Siedlungsbereich städtebauliche Ziele formulieren.[198]

---

189 Vgl. Goldschmidt/Taubenek, Stadtumbau, München 2010, Rn. 283.

190 Vgl. Krautzberger, a. a. O. (Fn. 133), S. 210 (210).

191 Vgl. Akademie für Raumforschung und Landesplanung (Hrsg.), Grundriss der Stadtplanung, Hannover 1983, S. 296.

192 Vgl. Battis, Stadtentwicklungsplanung im Rechtssystem, in: DVBl. 1976, S. 144 (144).

193 Vgl. ebenda.

194 Vgl. Krautzberger, in: Battis/Krautzberger/Löhr, Baugesetzbuch Kommentar, 3. Aufl., München 1991, § 1 Rn. 44.

195 Vgl. Söfker, a. a. O. (Fn. 154), § 1 Rn. 173.

196 Vgl. Spangenberger, a. a. O. (Fn. 131), S. 48.

197 Vgl. Krautzberger, a. a. O. (Fn. 133), S. 210 (210).

198 Vgl. Mitschang, a. a. O. (Fn. 3), § 1a Rn. 47.

Methodisch bauen Entwicklungskonzepte auf den Informationen der oben genannten Instrumente zur Ermittlung der Innenentwicklungspotenziale auf, wobei darüber hinausgehend verschiedene Möglichkeiten der Innenentwicklung aufgezeigt werden können und konkrete städtebauliche Ziele und Maßnahmen zur Umsetzung aufgezeigt werden. Durch diesen konzeptionellen Teil unterscheiden sich die Entwicklungskonzepte von einer reinen Erfassung und Bewertung der Bestandssituation. Über ein Entwicklungskonzept können beispielhaft Nachverdichtungsmöglichkeiten, Baulückenschließungen und Brachflächennutzungen räumlich verdeutlicht werden und städtebauliche Ziele für die Entwicklung formuliert werden, bevor diese über Darstellungen des Flächennutzungsplans oder Festsetzungen eines Bebauungsplans umgesetzt werden.[199]

6.2.1 Innenentwicklungskonzept

Im Rahmen eines Innenentwicklungskonzeptes können für den gesamten Siedlungsbereich Aussagen zu den Möglichkeiten der planerischen Innenentwicklung in einem räumlichen Konzept zusammengefasst werden.[200] Inhalte eines solchen Konzeptes können insbesondere:

- Bevölkerungs- und Flächenbedarfsprognosen,
- Siedlungsflächenerweiterungen,
- Innenentwicklungspotenziale (Nachverdichtung, Brachflächen),
- vorhandene und zu entwickelnde zentrale Versorgungsbereiche,
- Verkehrsinfrastrukturen,
- Sicherung und Entwicklung von Freiraumstrukturen vor dem Hintergrund des Klimaschutzes und der Klimaanpassung sowie
- gestalterische und denkmalschützende Belange

umfassen. Bei der Zusammenstellung dieser Themen wird deutlich, dass diese sich zum Teil ergänzen, zum Teil aber auch in Konkurrenz zueinander treten können. Besonders deutlich wird dies gerade bei der Entscheidung zwischen einer baulichen Nutzung von Flächen für die Innenentwicklung oder der Freihaltung vor dem Hintergrund des Klimaschutzes sowie der Klimaanpassung. Hieraus resultiert die Aufgabe im Rahmen der Erarbeitung eines Innenentwicklungskonzeptes diese unterschiedlichen Ansprüche aufzuzeigen und Lösungsvorschläge zu entwickeln. Des Weiteren sollten in einem solchen Konzept sowohl die Außen- als auch die Innenentwicklungspotenziale aufgezeigt und in Bezug zueinander gesetzt werden, um die gesamte Siedlungsentwicklung aufzuzeigen. Durch die Zusammenführung in einem integrierten Konzept können somit Ziele und Maßnahmen für die künftige Sied-

---

199 Vgl. Thiel, a. a. O. (Fn. 128), S. 74.
200 Vgl. Krautzberger, a. a. O. (Fn. 32), § 1a Rn. 78.

lungsentwicklung räumlich und zeitlich bestimmt werden.[201] Hierdurch kann das Innenentwicklungskonzept einen wesentlichen Beitrag zur Flächennutzungsplanung liefern und diese vorbereiten. Ersetzen kann ein solches Innenentwicklungskonzept, gerade im Hinblick auf die Bedeutung der Flächennutzungsplanung für die Steuerung von Außenbereichsvorhaben, diese zwar formell nicht. Der Informationsgehalt der informellen Planung dürfte jedoch in der Regel deutlich höher und auch aktueller sein als bei der Flächennutzungsplanung. Darüber hinaus können aufbauend auf einem Innenentwicklungskonzept räumliche Teilbereiche mit einem besonderem Handlungsbedarf oder Entwicklungspotenzial über städtebauliche Rahmenpläne konkretisiert werden.

6.2.2 Rahmenplanung

Eine unabhängig von der Größe der Stadt oder Gemeinde häufig anzutreffende Form der informellen Planung in der Praxis ist der städtebauliche Rahmenplan.[202] „Unter Rahmenplanung werden Plantypen verstanden, welche die gemeindliche Entwicklungsplanung und den Flächennutzungsplan für Teilräume (Stadtteil Pläne, Pläne für zusammenhängende Teilbereiche mit gleicher Planungsproblematik) oder sachliche Teilbereiche (Nutzungs-, Verkehrs-, Versorgungs-, Freiflächen- oder Gestaltungspläne) differenzieren und präzisieren."[203] Rahmenpläne können als Bindeglied zwischen den Planungsebenen wirken, indem die Aussagen eines Flächennutzungsplans vor dem Hintergrund der Innenentwicklung durch einen Rahmenplan konkretisiert werden, bevor diese durch die Aufstellung eines Bebauungsplans planungsrechtlich verbindlich umgesetzt werden.[204] Der Vorteil der Rahmenplanung ist wiederum die inhaltliche und räumliche Flexibilität.[205] Während die Erfassung der Innentwicklungspotenziale sowie die Bedarfsermittlung in der Regel für das gesamte Stadt- oder Gemeindegebiet erfolgt, können in einem Rahmenplan Konzepte für sachliche und räumliche Teilbereiche erstellt werden.[206] Insbesondere kann dies sinnvoll sein, wenn Zielvorstellungen zur Innenentwicklung für einen größeren Teilbereich konkretisiert werden sollen.[207] Hierdurch wird der Maßstabssprung zwischen Flächennutzungsplanung und Bebauungsplanung überbrückt. Beispielhaft kann ein Rahmenplan für ein Quartier oder einen Ortsteil ein Nachverdichtungskonzept konkretisieren, indem geprüft wird, inwieweit Nutzungsreserven innerhalb des bestehenden Planungsrechts ausgeschöpft werden können oder bei einer über das bestehende Planungsrecht hinausgehenden Ausnutzung das vorhandene Planungsrecht geändert werden muss. Hierzu können z. B. Testentwürfe für

---

201 Vgl. Molder/ Müller-Herbers, a. a. O. (Fn. 24), S. 265 (265).
202 Vgl. Koppitz/Schwarting, a. a. O. (Fn. 147), Rn. 69.
203 Vgl. Krautzberger, a. a. O. (Fn. 32), § 1a Rn 78.
204 Vgl. Spangenberger, a. a. O. (Fn. 131), S. 153 (154); vgl. Koppitz/Schwarting, a. a. O. (Fn. 147), Rn. 69.
205 Vgl. Koppitz/Schwarting, a. a. O. (Fn. 147), Rn. 70.
206 Vgl. Mitschang, a. a. O. (Fn. 145), S. 11 (20); vgl. Thiel, a. a. O. (Fn. 128), S. 74.
207 Vgl. Koppitz/Schwarting, a. a. O. (Fn. 147), S. 49.

eine Nachverdichtung oder auch die Bebauung einer Brachfläche entwickelt werden. Dabei können auch funktionale und gestalterische Aspekte des öffentliches Raumes für zentrale Ortskerne oder Stadtzentren konkretisiert werden.[208]

Liegt ein Rahmenplan vor, kann sich darüber hinaus auch eine Beschleunigung des Bebauungsplanverfahrens ergeben. Denn nach § 3 Abs. 1 S. 2 Nr. 2 BauGB kann im Rahmen des Bauleitplanverfahrens auf die frühzeitige Beteiligung der Öffentlichkeit verzichtet werden, wenn die Unterrichtung und Erörterung bereits zuvor auf anderer Grundlage erfolgt sind. Dies setzt aber auch voraus, dass während der Rahmenplanung eine Beteiligung bzw. Information der Öffentlichkeit erfolgt ist. Eine entsprechende Einbindung der Öffentlichkeit ist aber sowohl bei der Entwicklungsplanung als auch der Rahmenplanung gängige Praxis der städtebaulichen Planung.

6.3 Integration in die Bauleitplanung

Die entscheidende Schnittstelle zur Integration der Möglichkeiten der Innenentwicklung ist die planerische Abwägung nach § 1 Abs. 7 BauGB, in der auch die Belange des Bodenschutzes entsprechend zu berücksichtigen sind. Bei der Berücksichtigung der informellen Konzepte und Planungen im Rahmen der Abwägung muss differenziert werden zwischen den Instrumenten zur Ermittlung der Grundlagen für die Innenentwicklung und den Entwicklungskonzepten.

6.3.1 Berücksichtigung der Instrumente zur Grundlagenermittlung in der Abwägung

Die Informationen aus den oben dargestellten Instrumenten zur Ermittlung von Grundlagen für die Innenentwicklung fließen grundsätzlich als öffentliche Belange in die Abwägung des Bauleitplans ein. Dabei entscheidet die Stadt oder Gemeinde nach pflichtgemäßem Ermessen, wie die Belange in die Abwägung einfließen.[209] Besonders geeignet im Hinblick auf die Anforderungen der ergänzten Bodenschutzklausel in § 1a Abs. 2 S. 4 BauGB erscheint dabei die zusammenfassende Aufbereitung der Innenentwicklungspotenziale in einem Baulandkataster oder einem Flächenmanagement. Liegen die Informationen zu den Möglichkeiten der Innenentwicklung auf der Basis dieser Instrumente vor, muss die Gemeinden diese öffentlichen Belange zusammen mit anderen öffentlichen und privaten Belangen gewichten und abschließend gegen- und untereinander abwägen. Wichtig ist dabei, dass die Informationen über die Innenentwicklungsmöglichkeiten in der Regel zwar eine systematische Aufbereitung darstellen, aber keine bindende Zielvorgabe oder Gewichtung enthalten. Vielmehr muss die Gemeinde in eigener Verantwortung

---

208 Vgl. Spangenberger, a. a. O. (Fn. 131), S. 153 (159).

209 Vgl. Dirnberger, a. a. O. (Fn. 40), § 1a Rn. 128.

und vor dem Hintergrund der konkreten Situation entscheiden, wie die Aspekte im Rahmen der Abwägung gewichtet und mit anderen Belangen abgewogen werden.

6.3.2 Berücksichtigung der Entwicklungskonzepte in der Abwägung

Für die Berücksichtigung der Entwicklungskonzepte in der Abwägung gelten die gleichen Grundsätze wie bei der Berücksichtigung der Instrumente zur Ermittlung von Grundlagen für die Innenentwicklung. Entwicklungskonzepte oder Rahmenpläne lösen als informelle Konzepte keine unmittelbare Rechtswirkung aus.[210] Diese sind als informatorische oder vorbereitende Konzepte ebenso auf eine Umsetzung in der Bauleitplanung angewiesen.[211]

Zwei Unterschiede bestehen jedoch, die auch für die Berücksichtigung in der Abwägung von Bedeutung sind. Zum einen besteht ein inhaltlicher Unterschied dahingehend, dass in einem Innenentwicklungskonzept oder einer Rahmenplanung bereits eine Entscheidung für oder gegen eine Nachverdichtung, Nachnutzung oder Freihaltung von Flächen getroffen wurde und damit eine Abwägung mit anderen Belangen erfolgt ist. Zum anderen können die Ergebnisse eines städtebaulichen Entwicklungskonzeptes oder einer sonstigen städtebaulichen Planung von der Gemeinde beschlossen werden, wodurch dieses nach § 1 Abs. 6 Nr. 11 BauGB in der Abwägung zu berücksichtigen ist.[212] Durch den Beschluss erfolgt insofern eine gewisse Selbstbindung der Gemeinde an das Entwicklungskonzept oder die Rahmenplanung.[213] Es reicht dabei nicht aus, wenn dieses als „Planvorschlag vorliegt, sondern es bedarf eines förmlichen (Rats-) Beschlusses.[214] Liegt ein entsprechend beschlossenes Entwicklungskonzept oder eine Rahmenplanung vor, mit der die Gemeinde ihre Ziele für die Innenentwicklung konkretisiert hat, muss sie dieses Ergebnis entsprechend im Rahmen der Abwägung berücksichtigen. Hierbei darf jedoch nicht der Fehler gemacht werden die Abwägung durch einen Verweis auf die Ergebnisse des beschlossenen informellen Konzeptes insofern zu verkürzen, dass diese als „unverrückbar" gelten.[215] Gleichermaßen erfordert eine Abweichung von dem Konzept eine entsprechende Begründung. Dies kann z. B. der Fall sein, wenn das Konzept veraltet ist oder Aspekte hinzukommen, die bei der Aufstellung noch nicht bekannt waren.[216] Ebenso ist eine Abweichung möglich, wenn andere städtebauliche Belange ein stärkeres Gewicht haben. Hierbei ist aber zu beachten, dass das Konzept immer mehr an Bedeutung verliert, je häufiger und umfangreicher von diesem abgewichen wird.[217]

210 Vgl. Krautzberger, a. a. O. (Fn. 32), § 1a Rn. 81.
211 Vgl. Mitschang, a. a. O. (Fn. 139), S. 277.
212 Vgl. BVerwG, Beschl. v. 9.09.1988 – 4 NB 26/88 – JURIS, Rn. 1.
213 Vgl. Krautzberger, a. a. O. (Fn. 133), 210 (211).
214 Vgl. Koppitz/Schwarting, a. a. O. (Fn. 147), Rn. 69.
215 Vgl. Gaentzsch, a. a. O. (Fn. 105), § 1 Rn. 77.
216 Vgl. ebenda.
217 Vgl. BVerwG, Urt. v. 29.01.2009 – 4 C 16/07 – JURIS, Rn. 26.

7. Bewertung

Die anhaltende Flächenneuinanspruchnahme durch Siedlungs- und Verkehrsflächen resultiert in einer Verfehlung des Ziels der Nachhaltigkeitsstrategie der Bundesregierung den Flächenverbrauch auf 30 ha pro Tag zu reduzieren. Daher sind weitere regulatorische Maßnahmen notwendig, wenn dieses Nachhaltigkeitsziel erreicht werden soll. Auch die Bauleitplanung soll hierzu einen Beitrag leisten. Die Innenentwicklungsnovelle verfolgt dabei das Ziel die Urbanität und Attraktivität der Städte und Gemeinden zu erhöhen und gleichzeitig durch eine stärkere Konzentration auf die Innenentwicklung eine Reduzierung des Flächenverbrauchs zu erreichen. Hierzu dient insbesondere die Ergänzung der Bodenschutzklausel in § 1a Abs. 2 S. 4 BauGB. Diese führt eine besondere Begründungspflicht für die Inanspruchnahme von landwirtschaftlichen und als Wald genutzten Flächen ein. An der Abwägungsrelevanz der Bodenschutzklausel verändert sich durch die Ergänzung nichts. Die Städte und Gemeinden müssen sich jedoch planerisch stärker mit den Möglichkeiten der Innenentwicklung auseinandersetzen. Der entscheidende Punkt hierfür ist die Zusammenstellung der Belange im Rahmen der bauleitplanerischen Abwägung nach § 1 Abs. 7 BauGB. Durch informelle Konzepte oder Planungen können die Möglichkeiten der Innenentwicklung ermittelt und auch die städtebauliche Umsetzung dargestellt werden. Diese können somit entlastend bzw. vorbereitend für die Bauleitplanung wirken. Vor dem Hintergrund einer – zumindest im Siedlungsbereich – immer stärker an Bedeutung verlierenden Flächennutzungsplanung,[218] bieten vor allem städtebauliche Entwicklungskonzepte die Möglichkeit zur Bewältigung der Anforderungen der Innenentwicklung und dem Bodenschutz in der städtebaulichen Planung.

218 Vgl. hierzu: Mitschang, Zur Relativierung des Prinzips der Zweistufigkeit der Bauleitplanung, in: Battis/Söfker/Stüer (Hrsg.), Nachhaltige Stadt- und Raumentwicklung, Festschrift für Michael Krautzberger zum 65. Geburtstag, München 2008, S. 49 (59).

Maßfaktoren und Innenentwicklung

Wilhelm Söfker

I. Zur Ausgangslage

Mit den Stichworten des Themas „Maßfaktoren und Innentwicklung" wird die Bedeutung der bauplanungsrechtlich geregelten (Aus-) Nutzbarkeit der Baugrundstücke durch Gebäude und andere bauliche Anlagen für die Innenentwicklung der Städte und Gemeinden umschrieben. Tatsächlich besteht ein unmittelbarer Zusammenhang zwischen den Zielen der Innenentwicklung und den Maßfaktoren. Die Innenentwicklung hat in dem hier interessierenden Zusammenhang vor allem Bedeutung zu der Frage, wie durch Baulückenschließung, Nachverdichtung und andere Maßnahmen der Innenentwicklung die Inanspruchnahme von Flächen für bauliche Zwecke im Außenbereich vermieden werden kann. Die Bedeutung dieser Frage ist belegt durch die Gesetzgebung in 2004 zu § 1a Abs. 2 Satz 1 BauGB (sparsamer Umgang mit Grund und Boden, dabei Nutzung der Möglichkeiten der Innenentwicklung) und in 2007 durch die Aufnahme des § 13a BauGB (Bebauungspläne der Innenentwicklung, die im beschleunigten Verfahren aufgestellt werden können). In der anstehenden Novellierung des BauGB[1] sind Ergänzungen vorgesehen in § 1 Abs. 5 BauGB durch Satz 3 (Vorrang der städtebaulichen Entwicklung durch Maßnahmen der Innenentwicklung) und in § 1a Abs. 2 BauGB durch die Ergänzung um Satz 4 über die Begründungspflicht der Notwendigkeit der Umwandlung von Wald und landwirtschaftlichen Flächen für bauliche Zwecke im Hinblick auf die Möglichkeiten der Innenentwicklung. Hinzu kommt für das hier behandelte Thema der Maßfaktoren die mit der Novellierung vorgesehene Neufassung des § 17 Abs. 2 und 3 BauNVO, mit denen die Überschreitungsmöglichkeiten der bei der Bauleitplanung zu beachtenden Obergrenzen für die bauliche Nutzung geregelt ist.

Im Rahmen der verschiedenen Darstellungen und Festsetzungen der Bauleitpläne kommt der Festsetzung des Maßes der baulichen Nutzung in Bebauungsplänen (§§ 16 bis 21a BauNVO) besondere Bedeutung zu. Mit ihnen wird die bauliche (Aus-) Nutzbarkeit der Grundstücke durch Gebäude und andere bauliche Anlagen verbindlich festgelegt. Sie enthält zugleich aber auch Beschränkungen, weil Vorhaben diesen Festsetzungen nicht widersprechen dürfen (§ 30 BauGB).

---

1 Gesetz zur Stärkung der Innenentwicklung in den Städten und Gemeinden und weiteren Fortentwicklung des Städtebaurechts, inzwischen in Kraft getreten, vgl. Gesetz v. 11.06.2013 (BGBl. I S. 1548).

Die Überschreitung des im Bebauungsplan festgesetzten Maßes der baulichen Nutzung ist durch Erteilung von Befreiungen nach § 31 Abs. 2 BauGB zwar möglich, mit Rücksicht auf die Voraussetzungen für die Erteilung von Befreiungen jedoch nur in deutlich begrenzten Fällen denkbar. Das festgesetzte Maß der baulichen Nutzung hat regelmäßig Bedeutung für die Grundzüge der Planung, die durch Befreiungen nicht berührt werden dürfen[2]. Die Abweichung muss städtebaulich vertretbar sein; hier können die – nachfolgend behandelten – Obergrenzen für die Bestimmung des Maßes der baulichen Nutzung (§ 17 BauNVO) bedeutsam sein. Und schließlich ist der Nachbarschutz zu beachten, der, wie die Rechtsprechung der OVG/ VGH zeigt, eher mit zunehmender Tendenz Gegenstand von Rechtsstreitigkeiten ist. Zwar kann sich der durch die Überschreitung betroffene Nachbar in der Regel nicht auf die Einhaltung der Festsetzungen zum Maß der baulichen Nutzung berufen; anders nur, wenn sie ausdrücklich nachbarschützend sind, oder wegen der Voraussetzung des § 31 Abs. 2 BauGB „unter Würdigung nachbarlicher Interessen“[3]. Dabei haben die Gesichtspunkte „Umfang der baulichen Anlage“ (vgl. § 15 Abs. 1 Satz 1 BauNVO), „erdrückende Wirkung“ und „Verschattung“ Bedeutung erlangt. Aus alledem folgt, dass § 31 Abs. 2 BauGB für das hier interessierende Thema der planungsrechtlichen Absicherung von Maßnahmen der Innenentwicklung keine entscheidende Bedeutung haben kann.

Zur Ausgangslage gehört auch der Hinweis, dass die Festsetzungen des Maßes der baulichen Nutzung mit anderen Festsetzungen des Bebauungsplans und mit dessen Zielen abgestimmt sein müssen. Dies gilt – im engeren Sinne – mit den unmittelbar damit im Zusammenhang stehenden Festsetzungen zur Bauweise und zur überbaubaren Grundstücksfläche (§§ 22, 23 BauNVO). Darüber hinaus sind sie abzustimmen mit anderen Festsetzungen, die z. B. eine qualitative Aufwertung von Innenstadtgebieten mit Freiflächen, Grünflächen und weiteren ökologisch bedeutsamen Flächen zum Gegenstand haben.

II. Zum Zusammenwirken der Planungsgrundsätze und Regelungsmöglichkeiten nach BauGB und BauNVO

BauGB und BauNVO enthalten zur Frage „Maßfaktoren und Innenentwicklung“ unterschiedliche Grundsätze und Festsetzungsmöglichkeiten, die einerseits die Zielsetzungen der Innenentwicklung unterstützen, ihnen andererseits aber auch Grenzen setzen. Darüber ist regelmäßig im Rahmen der Bauleitplanung, insbesondere bei Festlegung des Ziels der Planung und der Abwägung, zu entscheiden.

---

2 Vgl. Söfker, in: Ernst/Zinkahn/Bielenberg/Krautzberger (Hrsg.), BauGB Kommentar, Loseblattsammlung, Stand Juni 2011, § 31 Rn. 36 ff. mit Nachweisen zur Rechtsprechung.

3 Vgl. Söfker, in: Ernst/Zinkahn/Bielenberg/Krautzberger (Hrsg.), BauNVO Kommentar, Loseblattsammlung, Stand Oktober 2009, § 16 Rn. 49 ff.

Für eine intensive Ausnutzung der Baugrundstücke für bauliche Zwecke sind eine Reihe von Regelungen zu beachten. Der Planungsgrundsatz des § 1a Abs. 2 Satz 1 BauGB verpflichtet dazu, dass mit Grund und Boden sparsam und schonend umgegangen werden muss. Dabei sind zur Verringerung der zusätzlichen Inanspruchnahme von Flächen für die bauliche Nutzung die Möglichkeiten der Entwicklung der Gemeinde insbesondere durch Wiedernutzbarmachung von Flächen, Nachverdichtung und andere Maßnahmen zur Innenentwicklung zu nutzen. Daher haben – für das hier interessierende Thema – flächensparende Bauweisen entsprechende Bedeutung. Diese Grundsätze erhalten durch die im Rahmen der anstehenden Novellierung des BauGB vorgesehenen und bereits eingangs (zu I.) erwähnten Ergänzungen von § 1 Abs. 5 BauGB durch Satz 3 und § 1a Abs. 3 BauGB durch Satz 4 weitere Bedeutung. Das gesetzgeberische Anliegen flächensparender Bauweisen wird auch durch die Möglichkeit der Festsetzung von Höchstmaßen für Wohnbaugrundstücke aus Gründen des sparsamen und schonenden Umgangs mit Grund und Boden nach § 9 Abs. 1 Nr. 3 BauGB deutlich.

Einer intensiven Ausnutzung der Baugrundstücke sind aber auch Grenzen gesetzt. Hierfür lassen sich wiederum andere Grundsätze der Bauleitplanung und Festsetzungsmöglichkeiten anführen. Die Wahrung gesunder Wohn- und Arbeitsverhältnisse (§ 1 Abs. 6 Nr. 1 BauGB) ist ein traditionell hervorgehobener Planungsgrundsatz, der einer „ungesunden Verdichtung" auf den Baugrundstücken durch Gebäude und bauliche Anlagen Grenzen setzt. Die durch eine hohe bauliche Verdichtung entstehende Bodenversiegelung ist allgemein schon durch den Planungsgrundsatz des § 1 Abs. 6 Nr. 7a BauGB (zu berücksichtigen sind die „Auswirkungen auf den Boden") angesprochen, und nach dem bereits zitierten § 1a Abs. 2 Satz 1 BauGB sind „Bodenversiegelungen auf das notwendige Maß zu begrenzen". Begrenzungen der baulichen Inanspruchnahme von Grundstücken können sich auch durch die Verpflichtung ergeben, schädliche Umwelteinwirkungen durch Abstände und andere geeignete Zuordnungen sich sonst beeinträchtigender Nutzungen im Sinne des § 50 BImSchG zu vermeiden, im Einzelnen auch durch die Berücksichtigung von Anforderungen des Immissionsschutzes z. B. durch Festsetzungen von Flächen für Schallschutzmaßnahmen nach § 9 Abs. 1 Nr. 24 BauGB. Insbesondere kann auch die Pflicht zur Berücksichtigung von Belangen des Naturschutzes und der Landschaftspflege auf den Baugrundstücken oder in ihrem Umfeld – aktuell unter dem Gesichtspunkt der Biodiversität in den Städten – einer zu hohen Baudichte Grenzen setzen. Dies findet Ausdruck in den verschiedenen Festsetzungsmöglichkeiten z. B. nach § 9 Abs. 1 Nrn. 10, 14, 15, 20, 25 BauGB (von Bebauung frei zu haltenden Flächen, Flächen zum Rückhalt und Versickerung von Niederschlagswasser, öffentliche und private Grünflächen, Flächen und Maßnahmen zum Schutz, zur Pflege und zur Entwicklung von Natur und Landschaft, Flächen für das Anpflanzen von Bäumen, Sträuchern und sonstigen Bepflanzungen).

Das Thema Maßfaktoren und Innenentwicklung kann daher nicht allein auf die Baugrundstücke und auf eine intensive Ausnutzung der Baugrundstücke und auf flächensparende Bauweisen bezogen werden. Es sind die verschiedenen, für die

Bauleitplanung wichtigen Zusammenhänge von Planungsgrundsätzen und Regelungsmöglichkeiten zu beachten.

III. Zu den Maßbestimmungsfaktoren

Die Darstellung und die Festsetzung des Maßes der baulichen Nutzung im Flächennutzungsplan und im Bebauungsplan ist durch verschiedene Maßbestimmungsfaktoren möglich (§ 16 BauNVO). Im Flächennutzungsplan, aus dem die Bebauungspläne zu entwickeln sind, genügt die Darstellung des allgemeinen Maßes der baulichen Nutzung, und zwar durch Angabe der Geschossflächenzahl, der Baumassenzahl oder der Höhe baulicher Anlagen (§ 16 Abs. 1 BauNVO). Im Bebauungsplan sind die Maßbestimmungsfaktoren die Grundflächenzahl oder Größe der Grundfläche der baulichen Anlagen, die Geschossflächenzahl oder Größe der Geschossfläche, die Baumassenzahl oder die Baumasse, die Zahl der Vollgeschosse und die Höhe baulicher Anlagen (§ 16 Abs. 2 BauNVO). Mit diesen Maßbestimmungsfaktoren werden in den Bebauungsplänen Höchstmaße für bauliche Anlagen festgesetzt (§ 16 Abs. 3 BauNVO). Erforderlich sind hierfür „dreidimensionale" Höchstmaßbestimmungen, also neben der Grundflächenzahl oder der Größe der Grundflächen der baulichen Anlagen („zweidimensional") auch eine Begrenzung „nach oben". Diese kann wahlweise durch die Geschossflächenzahl, Baumassenzahl, Zahl der Vollgeschosse oder der Höhe baulicher Anlagen erfolgen. Dabei ist die Zahl der Vollgeschosse oder die Höhe baulicher Anlagen festzusetzen, wenn ohne ihre Festsetzung öffentliche Belange – insbesondere stadtgestalterischer Art – beeinträchtigt werden können. Im Blick auf die in § 17 BauNVO geregelten Obergrenzen ist zu beachten, dass dort – seit der Änderungsverordnung zur BauNVO in 1990 – eine Entkopplung von der Zahl der Vollgeschosse vorgenommen wurde; auch darin liegt eine Stärkung des Maßfaktors „Höhe baulicher Anlagen".

Im Hinblick auf das auf den Baugrundstücken zulässige Maß der baulichen Nutzung ist von den festgesetzten Maßbestimmungsfaktoren auszugehen, wobei es weiter auf die dazu in der BauNVO enthaltenen differenzierten Festsetzungs- und Anrechnungsregeln ankommt. Diese sind in § 16 Abs. 4 bis 6 sowie in den §§ 18 bis 21a BauNVO geregelt. Es handelt sich insbesondere um folgende Regelungen, die für die bauliche Nutzbarkeit der Baugrundstücke von Bedeutung sind:

- Bei Festsetzung von Höchstmaßen für GFZ/Geschossfläche, Zahl der Vollgeschosse und Höhe baulicher Anlagen zugleich auch Festsetzung eines Mindestmaßes (§ 16 Abs. 4 BauNVO),
- Festsetzung der Höhe baulicher Anlagen auch als zwingend (§ 18 Abs. 2 BauNVO),

- Anrechnungs- und Festsetzungsregelung für Nebenanlagen zum Zweck der Begrenzung der Bodenversiegelung (§ 19 Abs. 4 BauNVO),
- Möglichkeit der Nicht-Mitrechnung von Gebäudeteilen usw. auf die Geschossfläche nach § 20 Abs. 3 und 4 BauNVO, entsprechend für die Baumasse (§ 21 Abs. 3 BauNVO),
- Sonderregelungen für Stellplätze, Garagen usw. nach § 21a BauNVO.

IV. Zu den Obergrenzen für die Bestimmung des Maßes der baulichen Nutzung

Bei Bestimmung des Maßes der baulichen Nutzung sind Obergrenzen zu beachten (§ 17 BauNVO). Sie sind im bisherigen § 17 BauNVO wie folgt geregelt:

- in Abs. 1: Obergrenzen, differenziert nach Baugebieten, die bei Bestimmung des Maßes der baulichen Nutzung in den Bebauungsplänen nicht überschritten werden dürfen;
- in Abs. 2: Überschreitungsmöglichkeiten der Obergrenzen in Neuplanungsfällen;
- in Abs. 3: Überschreitungsmöglichkeiten der Obergrenzen bei Planungen im Bestand (am 1.8.1962 überwiegend bebaute Gebiete)
- § 17 Abs. 3 BauNVO gilt entsprechend für im Beitrittsgebiet am 1.07.1990 überwiegend bebaute Gebiete (§ 26a Abs. 1 BauNVO).

Der Wortlaut des bisherigen, seit dem 1. Januar 1990 bestehenden Rechts sei hier wiedergegeben:

§ 17 Obergrenzen für die Bestimmung des Maßes der baulichen Nutzung

(1) Bei der Bestimmung des Maßes der baulichen Nutzung nach § 16 dürfen, auch wenn eine Geschossflächenzahl oder eine Baumassenzahl nicht dargestellt oder festgesetzt wird, folgende Obergrenzen nicht überschritten werden:

1 Baugebiet	2 Grundflächenzahl	3 Geschossflächenzahl	4 Baumassenzahl
in Kleinsiedlungsgebieten (WS)	0,2	0,4	
in reinen Wohngebieten (WR) allgemeinen Wohngebieten (WA) Ferienhausgebieten	0,4	1,2	
in besonderen Wohngebieten (WB)	0,6	1,6	
in Dorfgebieten (MD) Mischgebieten (MI)	0,6	1,2	
in Kerngebieten (MK)	1,0	3,0	
in Gewerbegebieten (GE) Industriegebieten (GI) Sonstigen Sondergebieten	0,8	2,4	10,0
In Wochenendhausgebieten	0,2	0,2	

(2) Die Obergrenzen des Absatzes 1 können überschritten werden, wenn

1. besondere städtebauliche Gründe dies erfordern,

2. die Überschreitungen durch Umstände ausgeglichen sind oder durch Maßnahmen ausgeglichen werden, durch die sichergestellt ist, dass die allgemeinen Anforderungen an gesunde Wohn- und Arbeitsverhältnisse nicht beeinträchtigt, nachteilige Auswirkungen auf die Umwelt vermieden und die Bedürfnisse des Verkehrs befriedigt werden, und

3. sonstige öffentliche Belange nicht entgegenstehen.

Dies gilt nicht für Wochenendhausgebiete und Ferienhausgebiete.

(3) In Gebieten, die am 1. August 1962 überwiegend bebaut waren, können die Obergrenzen des Abs. 1 überschritten werden, wenn städtebauliche Gründe dies erfordern und sonstige öffentliche Belange nicht entgegenstehen. Abs. 2 Satz 1 Nr. 2 ist entsprechend anzuwenden.

§ 26a Abs. 1 (Überleitungsvorschriften aus Anlass der Herstellung der Einheit Deutschlands)

(1) In dem in Artikel 3 des Einigungsvertrages genannten Gebiet ist § 17 Abs. 3 auf Gebiete anzuwenden, die am 1. Juli 1990 überwiegend bebaut waren.

Für jedes Baugebiet ist somit geregelt, welche Obergrenzen zu beachten sind. Diese Obergrenzen folgen dem im Bebauungsplan festgesetzten Baugebiet. Es kann sich daher als problematisch erweisen, wenn die Auswahl des festzusetzenden Baugebiets nach den zulässigen Obergrenzen geschieht und nicht nach den städtebaulichen Gründen für das Baugebiet.

Die Obergrenzen sind nicht wie in dem vor 1990 geltenden § 17 BauNVO an die im Bebauungsplan festgesetzte Zahl der Vollgeschosse gekoppelt. Der Verzicht auf die Unterscheidungen nach Vollgeschossen hatte die Folge einer nur noch zurückhaltenden Regelung von Obergrenzen. Z. B. greifen die Obergrenzen für die GFZ (1,2) in den reinen und allgemeinen Wohngebieten bei einer GRZ von 0,4 erst ab 3 Vollgeschossen. Zusätzlich wurden die Obergrenzen im Einzelnen erhöht, so für

Dorfgebiete und Mischgebiete (GRZ von 0,4 auf 0,6, GFZ von 0,5 bzw. 0,8 auf 1,2), für Kerngebiete GFZ von 2,4 auf 3,0 und für Gewerbegebiete und Industriegebiete GFZ von 2,4 auf 3,0.

Mit Rücksicht auf diese Anhebungen der Obergrenzen hatte der Bundesrat im Verordnungsverfahren – mit Erfolg – verlangt, dass die Überschreitung der – angehobenen – Obergrenzen nur zulässig ist, wenn „städtebauliche Gründe die Überschreitung erfordern".

Im Rahmen der anstehenden Änderung des BauGB und der BauNVO[4] ist eine erleichterte Überschreitung der Obergrenzen für das Maß der baulichen Nutzung vorgesehen. Danach wird § 17 Abs. 1 BauNVO unverändert beibehalten, und es werden § 17 Abs. 2 und 3 sowie § 26a Abs. 1 BauNVO durch § 17 Abs. 2 BauNVO – neu – ersetzt. Danach hätte § 17 BauNVO folgende Fassung:

§ 17 Obergrenzen für die Bestimmung des Maßes der baulichen Nutzung

(1) Bei der Bestimmung des Maßes der baulichen Nutzung nach § 16 dürfen, auch wenn eine Geschossflächenzahl oder eine Baumassenzahl nicht dargestellt oder festgesetzt wird, folgende Obergrenzen nicht überschritten werden:

(im Folgenden unverändert)

(2) Die Obergrenzen des Absatzes 1 können aus städtebaulichen Gründen überschritten werden, wenn die Überschreitung durch Umstände ausgeglichen ist oder durch Maßnahmen ausgeglichen wird, durch die sichergestellt ist, dass die allgemeinen Anforderungen an gesunde Wohn- und Arbeitsverhältnisse nicht beeinträchtigt werden und nachteilige Auswirkungen auf die Umwelt vermieden werden. Dies gilt nicht für Wochenendhausgebiete und Ferienhausgebiete.

§ 17 Abs. 3 sowie § 26a Abs. 1 BauNVO entfallen.

Daraus ergibt sich:

Allgemein gilt weiterhin, dass die Gemeinde nach den allgemeinen Grundsätzen der Bauleitplanung und nach Abwägungsgrundsätzen das Maß der baulichen Nutzung im Bebauungsplan festsetzt. In diesem Rahmen kann sie zu Gunsten der Innenentwicklung Festsetzungen zum zulässigen Maß der baulichen Nutzung treffen. Maßgeblich sind die jeweiligen städtebaulichen Gründe. Dabei sind die Obergrenzen des § 17 BauNVO zu beachten.

Unverändert gilt, dass nach Maßgabe der Planungsgrundsätze (s. auch oben zu II.) die Obergrenzen für die Bestimmung des Maßes der baulichen Nutzung (§ 17 Abs. 1 BauNVO) ausgeschöpft werden können. Sie können aber auch darunter bleiben. Es bleibt bei der Vorgabe für die Bauleitplanung, nach der die Obergren-

---

4 Vgl. Gesetz zur Stärkung der Innenentwicklung in den Städten und Gemeinden und weiteren Fortentwicklung des Städtebaurechts, a. a. O. (Fn. 1).

zen des Abs. 1 nicht überschritten werden dürfen. Neu ist, dass die Obergrenzen „aus städtebaulichen Gründen" überschritten werden können (§ 17 Abs. 2 – neu –). Es wird also nicht mehr wie im geltenden Recht verlangt, dass „besondere Gründe die Überschreitung erfordern". Dies bedeutet an Voraussetzungen für die Überschreitung der Obergrenzen:

Zunächst ist auszugehen von den Bindungen des Abs. 1 („dürfen nicht überschritten werden"). Da die geänderte BauNVO an den seit 1990 geltenden Obergrenzen festhält, sind sie auch als Grundsatz zu Grunde zu legen. Sie sind Ausdruck einer nachhaltigen, geordneten städtebaulichen Entwicklung. Dies ist bei der Möglichkeit der Überschreitung nach Absatz 2 zu beachten.

Nach Absatz 2 ist die Überschreitung der Obergrenzen „aus städtebaulichen Gründen" möglich. Es bedarf folglich spezifischer städtebaulicher Gründe für die Überschreitung. Sie müssen sich aus den örtlichen Gegebenheiten und den städtebaulichen Zielen, die mit dem Bebauungsplan verfolgt werden, ergeben. Und sie müssen sich von dem unterscheiden, was den Obergrenzen des Absatz 1 zu Grunde liegt. Bloße „allgemeine Gründe" reichen damit nicht aus. Dies bedarf der Darlegung in der Begründung des Bebauungsplans (§ 2a, § 9 Abs. 8 BauGB).

Private Investitionsinteressen, also die Interessen der Vorhabenträger etwa in Bezug auf eine hohe bauliche (Aus-) Nutzbarkeit ihrer Grundstücke, allein sind nicht schon städtebauliche Gründe.

Als Beispiele für städtebauliche Gründe sind denkbar:

- aus konkreten Grundstücksverhältnissen, z. B. topografischen Verhältnissen, die für eine zweckmäßige Bebauung eine größere zulässige Grundfläche geboten sind;
- aus der konkreten städtebaulichen Situation von Grundstücken im Plangebiet, z. B. bei der (Wieder-) Bebauung von Eckgrundstücken in geschlossener Bauweise in Bezug auf die zulässige Grundfläche;
- aus den mit der Planung konkret angestrebten städtebaulichen Verhältnissen; dabei kann auch Bedeutung haben, welche Kompensation für die Überschreitung der Obergrenzen im Gebiet des Bebauungsplans vorgesehen werden soll; Beispiel: in räumlicher Nähe zu verdichteter Bebauung werden von der allgemeinen Bebauung freizuhaltende Flächen mit besonderer Zweckbestimmung wie Grünflächen, Flächen für Maßnahmen für Natur und Landschaft usw. vorgesehen[5];

5 Zutreffend das Beispiel: Difu (Hrsg.), Planspiel zur Novellierung des Bauplanungsrechts, Berlin 2012, Kap. V. 5.

- aus der vorhandenen Bebauung, die erhalten/ weiterentwickelt werden soll (in Anlehnung an § 17 Abs. 2 und 3 und § 26a Abs. 1 BauNVO des geltenden Rechts).

Grundsätzlich kann angenommen werden, dass die Überschreitungsmöglichkeiten, die nach dem bisherigen Recht möglich waren, auch nach dem künftig neuen Recht zulässig sind. Insofern kann auf die in der Rechtsprechung anerkannten Fallgestaltungen verwiesen werden.[6]

Weiter kann angenommen werden, dass auch die bei den sog. Bestandsgebieten nach § 17 Abs. 3 und § 26a Abs. 1 BauNVO a. F. zulässigen Überschreitungsmöglichkeiten auch nach dem künftigen Recht zulässig sind.[7]

Die Überschreitung muss durch Umstände ausgeglichen werden oder sie ist durch Maßnahmen ausgeglichen, durch die sichergestellt ist, dass die allgemeinen Anforderungen an gesunde Wohn- und Arbeitsverhältnisse nicht beeinträchtigt werden und keine nachteiligen Auswirkungen auf die Umwelt entstehen.

Als Fazit kann festgehalten werden:

Die Überschreitung der Obergrenzen kann aus spezifischen städtebaulichen Gründen vorgenommen werden. Soweit sie nach bisherigem Recht zulässig waren, sind sie auch künftig möglich; dies gilt auch für die sog. Bestandsgebiete des bisherigen § 17 Abs. 3 und § 26a Abs. 1 BauNVO.

Die Neuregelung ermöglicht bei Bauleitplanungen der Innentwicklung mit ihren spezifischen Aufgabenstellungen situationsgemäße Lösungen. Dies gilt insbesondere auch für die mit einer höheren baulichen Dichte abzustimmenden Festsetzungen für eine städtebauliche Aufwertung des Baugebiets oder für einen sonstigen Ausgleich der erhöhten baulichen (Aus-) Nutzbarkeit durch Festsetzungen und Maßnahmen auf Flächen, die in räumlichem und funktionalem Zusammenhang stehen.

---

6 Vgl. Söfker, a. a. O. (Fn. 3), § 17 Rn. 36.
7 Vgl. Söfker, a. a. O. (Fn. 3), § 17 Rn. 37 ff., § 26a Rn. 23.

Innenentwicklung und Eingriffsausgleich – Anrechnung von Entsiegelungsmaßnahmen – was darf angerechnet werden?

Alexander Schink

I. Einleitung

Die Anwendung der naturschutzrechtlichen Eingriffsregelung bei der Zulassung von Vorhaben im unbeplanten Innenbereich gemäß § 34 Abs. 1 BauGB bereitet an sich keine Schwierigkeiten: Gemäß § 18 Abs. 2 S. 1 BNatSchG sind die §§ 14 bis 17 BNatSchG auf die Vorhaben nach § 34 BauGB nicht anwendbar. Eine Kompensation der Eingriffsfolgen findet daher bei der Zulassung von Vorhaben gemäß § 34 Abs. 1 BauGB im unbeplanten Innenbereich nicht statt. Mit dieser Feststellung ist die Problematik allerdings nicht in Gänze behandelt. Das BNatSchG sieht die Freistellung von der naturschutzrechtlichen Eingriffsregelung für § 34'er Vorhaben nämlich nur für den Regelfall vor. Liegen Anhaltspunkte dafür vor, dass das Vorhaben eine Schädigung im Sinne des § 19 Abs. 1 S. 1 BNatSchG, also einen Schaden verursachen kann, der erhebliche nachteilige Auswirkungen auf die Erreichung oder Beibehaltung des günstigen Erhaltungszustandes von Arten oder natürlichen Lebensräumen im Sinne des Umweltschadensgesetzes haben kann, ist nach § 18 Abs. 4 BNatSchG zu verfahren. Hiernach hat der Vorhabenträger die Möglichkeit, eine Entscheidung über den Ausgleich von Schäden im Sinne des § 19 Abs. 1 S. 1 BNatSchG herbeizuführen. Unentschieden lässt § 18 Abs. 2 S. 1 BNatSchG darüber hinaus die Frage, welche Auswirkungen der Artenschutz, der gesetzliche Biotopschutz oder NATURA 2000-Gebiete auf die Zulassung von Vorhaben im unbeplanten Innenbereich gemäß § 34 Abs. 1 BauGB haben. Schließlich muss die Frage beantwortet werden, wie der unbeplante Innenbereich bei einer Überplanung behandelt wird. Der Eingriffsausgleich im unbeplanten Innenbereich ist damit komplexer als es auf den ersten Blick scheinen mag.

Die Fragestellungen, die die Zulassung von Vorhaben im unbeplanten Innenbereich in Bezug auf die naturschutzrechtliche Eingriffsregelung aufwerfen, sind damit allerdings nicht erschöpfend behandelt. Beim Stadtumbau oder der Zulassung von Vorhaben im unbeplanten Innenbereich findet nicht selten eine Entsiegelung von Flächen statt. Nach § 171 a Abs. 3 Nr. 5 BauGB kann ein Stadtumbau neben anderen Maßnahmen insbesondere einen Rückbau, d. h. einen Abbruch baulicher Anlagen vorsehen. Maßnahmen des Stadtumbaus entsiegeln damit häufig Flächen. Ähnliche Folgen ergeben sich bei der Zuführung von Brachflächen zu einer anderen baulichen Nutzung. Auch hier findet nicht selten eine Entsiegelung von Flächen statt. Angewendet werden können die vorgenannten Maßnahmen vor allem auch im unbeplanten Innenbereich. Werden Flächen entsiegelt und nicht wieder für eine bauliche Nutzung in Anspruch genommen, stellt sich die Frage, ob diese Flächen als Ausgleichsflächen der Kompensation anderweitig durchgeführter Eingriffe in Natur und Landschaft dienen können. Dabei ist als erstes problematisch, ob eine bloße Entsiegelung überhaupt eine geeignete Kompensationsmaßnahme sein kann und wofür sie als Kompensation dienen kann. Soll die entsiegelte Fläche als Kompensation für durch Bebauungspläne zugelassene Eingriffe angerechnet werden, stellt sich die Frage der Verknüpfung zwischen der entsiegelten Kompensationsfläche im unbeplanten Innenbereich und dem Ausgleichserfordernis im Bebauungsplan. Weiter ist fraglich, ob für die Nutzung einer Entsiegelungsfläche als Kompensationsmaßnahme, die im unbeplanten Innenbereich gelegen ist, in jedem Fall eine rechtliche Sicherung erforderlich ist. Schließlich und vor allem ist fraglich, ob angesichts der weitgehend der Disposition der Gemeinde entzogenen baulichen Nutzungsmöglichkeit für Flächen im unbeplanten Innenbereich Entsiegelungsflächen, die in diesen Bereichen gelegen sind, überhaupt abwägungsfehlerfrei im Rahmen der Bauleitplanung als Kompensationsflächen herangezogen werden können.

Diesen Fragen soll im Folgenden nachgegangen werden.

II. Eingriffsausgleich im unbeplanten Innenbereich

1. Grundregelung bei der Zulassung von Vorhaben, § 18 Abs. 2 S. 1 BNatSchG

Bei der Zulassung von Vorhaben gemäß § 34 Abs. 1 BauGB im unbeplanten Innenbereich findet die naturschutzrechtliche Eingriffsregelung gemäß § 18 Abs. 2 S. 1 BNatSchG keine Anwendung. Grundsätzlich spielt es dabei keine Rolle, welche Eingriffsqualität das nach § 34 Abs. 1 BauGB zu genehmigende Vorhaben hat. Der Gesetzgeber hat in § 18 Abs. 2 S. 1 BNatSchG generell und unabhängig von der Qualität der Eingriffsfolgen entschieden, dass die Eingriffsregelung keine Anwendung findet. Eine Ausnahme besteht nur in den Fällen, in denen der Eingriff eine besondere Schwere mit der Folge hat, dass er einen Schaden im Sinne des Umweltschadensgesetzes verursacht.[1] In allen anderen Fällen findet die naturschutzrechtliche Eingriffsregelung auf die Zulassung von Vorhaben im unbeplanten Innenbereich keine eine Anwendung. Der Gesetzgeber hat damit quasi eine Fiktion dahin vorgenommen, dass im unbeplanten Innenbereich an sich keine Eingriffe in Natur und Landschaft möglich sind.[2] Diese Entscheidung entbehrt sicher-

1 Vgl. dazu unten II 2.

2 In diesem Sinne vgl. Schliepkorte, Umweltschützende Belange in der Bauleitplanung – Auswirkungen des geänderten BNatSchG, ZfBR 1999, 66, 69; vgl. Hofherr, in: Schlichter/Stich/Driehaus/Paetow (Hrsg.), Berliner Kommentar zum BauGB, Loseblattsammlung, Stand: 2012, § 34 Rn. 95.

lich einer naturschutzfachlichen Grundlage, da auch im unbeplanten Innenbereich wertvolle Naturbestandteile vorhanden sind, deren Entfernung oder Beeinträchtigung Eingriffsqualität im Sinne des § 14 Abs. 1 BNatSchG haben. In Wirklichkeit handelt es sich deshalb um eine Privilegierung von Vorhaben im unbeplanten Innenbereich, die letztlich deshalb erfolgt ist, weil hier einerseits die Anwendung der Eingriffsregelung auf einzelne Bauvorhaben unzweckmäßig und verfahrensaufwendig ist und andererseits gerade Bauherren im unbeplanten Innenbereich deren Geltung häufig kaum vermittelt werden kann.

Von der Anwendung der naturschutzrechtlichen Eingriffsregelung ist allerdings das Verfahren der Zulassung von Vorhaben im unbeplanten Innenbereich gemäß § 34 Abs. 1 BauGB nicht vollständig freigestellt. Vielmehr ergehen Entscheidungen über die Errichtung von baulichen Anlagen nach § 34 BauGB im Benehmen mit den für Naturschutz und Landschaftspflege zuständigen Behörden. Dieses Benehmenserfordernis gilt nur für die Errichtung baulicher Anlagen, nicht aber für deren Änderung oder die Nutzungsänderung.[3] Nach der Gesetzesbegründung zielt die Herstellung des Benehmens, die wegen der Nichtanwendung der Eingriffsregelung im unbeplanten Innenbereich an sich überflüssig ist,[4] dazu, die Naturschutzbehörde in die Lage zu versetzen, bei Eingriffen in wertvolle Bestandteile des Naturhaushaltes ggf. „andere geeignete naturschutzrechtliche Maßnahmen zu treffen".[5] Darüber hinaus ist die Kenntnis der Naturschutzbehörde von Eingriffen in den unbeplanten Innenbereich auch deshalb von Bedeutung, weil § 18 Abs. 2 S. 1 BNatSchG nur von der naturschutzrechtlichen Eingriffsregelung der §§ 14 ff. BNatSchG, nicht aber von anderen naturschutzrechtlichen Anforderungen, wie den gesetzlichen Biotopschutz oder den Schutz von Natura 2000-Gebieten oder den Artenschutz freistellt.[6] Schließlich kommt der Kenntnis der Naturschutzbehörde auch wegen der Folgerungen für das Umweltschadensrecht bei erheblichen Eingriffen in Arten und Lebensräume durch die Zulassung von Vorhaben im unbeplanten Innenbereich gemäß §§ 18 Abs. 3, 19 Abs. 1 BNatSchG Bedeutung zu.[7] Die Herstellung des Benehmens erfordert, dass die Baugenehmigungsbehörde die zuständige Naturschutzbehörde über das Bauvorhaben, seine Lage und Dimension informiert, sie im Genehmigungsverfahren anhört und ihre Stellungnahme berücksichtigen muss. Eine Zustimmungsnotwendigkeit der Naturschutzbehörde ist mit dem Benehmenserfordernis aus § 18 Abs. 3 S. 1 BNatSchG für Vorhaben im unbeplanten Innenbe-

---

3 Vgl. Beutling/Schwartmann, in: Frenz/Müggenborg (Hrsg.), BNatSchG, Stand 2012, § 18 Rn. 17.

4 Dazu Louis, ZUR 1993, 146, 151; Schink, Der Baurechtskompromiß, NuR 1993, 365, 376; vgl. Gellermann, in: Landmann/Rohmer, Umweltrecht, Stand: 2012, § 18 BNatSchG Rn. 16.

5 Vgl. dazu BT-Drucks. 12/3944, S. 52; Meßerschmidt, Naturschutzrecht, Stand: 2012, § 18 BNatSchG Rn. 62.

6 Dazu unten II 3, 4.

7 Darin sieht Koch, in: Schlacke, GK-BNatSchG, § 18 Rn. 23, den eigentlichen Grund des Benehmenserfordernisses.

reich nicht verbunden;[8] die Länder können über das Benehmenserfordernis auch nicht hinausgehen und die Zulassung von Vorhaben im unbeplanten Innenbereich gemäß § 34 Abs. 1 BauGB an das Einvernehmen, also die Zustimmung der Naturschutzbehörde knüpfen.[9] Die Benehmensherstellung bezieht sich dabei auf das gesamte Vorhaben, sie ist nicht auf den Verzicht auf Kompensationsmaßnahmen im Sinne der naturschutzrechtlichen Eingriffsregelung beschränkt.[10]

Gemäß § 18 Abs. 2 S. 2 BNatSchG kann die für die Genehmigung des Bauvorhabens nach § 34 Abs. 1 BauGB zuständige Behörde davon ausgehen, dass keine Einwände bestehen, wenn die zuständige Naturschutzbehörde ihre Stellungnahme nicht innerhalb eines Monats abgibt. Welche Rechtswirkung die Bestimmung des § 18 Abs. 3 S. 2 BNatSchG hat, ist zweifelhaft. Zum Teil wird ihr die Rechtswirkung einer Fiktion beigemessen.[11] Die Wirkung einer echten Präklusion soll die Regelung jedoch nicht haben.[12] Die Baugenehmigungsbehörde dürfe nämlich später eingehende Äußerungen der Naturschutzbehörde noch berücksichtigen. Dieser Auffassung ist nach dem Wortlaut des § 18 Abs. 3 S. 2 BNatSchG zuzustimmen. Die Formulierung, wonach die für die Erteilung der Baugenehmigung zuständige Behörde „davon ausgehen kann", dass Belange des Naturschutzes und der Landschaftspflege vom Vorhaben nicht berührt werden, zielt eher auf den tatsächlichen Sachverhalt ab, den die Behörde bei der Erteilung der Vorhabenzulassung nach § 34 Abs. 1 BauGB zu berücksichtigen hat. Sie schließt eine Berücksichtigung späterer Erkenntnisse hingegen schon vom Wortlaut her nicht aus. Anerkannt ist darüber hinaus, dass die Rechtswirkungen des § 18 Abs. 3 S. 2 BauGB auch insoweit beschränkt sind, als die Baugenehmigungsbehörde eine Naturschutzverträglichkeit des Vorhabens jedenfalls dann nicht annehmen darf, wenn sie anderweitige eigene Erkenntnisse hat oder ihr diese von Dritten zugetragen wurden; in jedem Fall muss sie berücksichtigen, „was sie selbst weiß".[13]

2. Verfahren bei Schädigungen im Sinne des § 19 Abs. 1 S. 1 BNatSchG

Die Nichtanwendung der naturschutzrechtlichen Eingriffsregelung bei der Zulassung von Vorhaben im unbeplanten Innenbereich gemäß § 34 Abs. 1 BauGB ist für den Fall partiell durchbrochen, dass das Vorhaben Schäden im Sinne des § 19 Abs. 1 S. 1 BNatSchG verursachen wird.

---

8 Vgl. Meßerschmidt, a. a. O. (Fn. 5), § 18 BNatSchG Rn. 60.

9 So mit Recht Meßerschmidt, a. a. O. (Fn. 5), § 18 BNatSchG Rn. 60.

10 Vgl. Meßerschmidt, a. a. O. (Fn. 5), § 18 BNatSchG Rn. 61; vgl. auch Schink, NuR 1993 a. a. O. (Fn. 4), 376.

11 Vgl. Meßerschmidt, a. a. O. (Fn. 5), § 18 BNatSchG Rn. 64.

12 Vgl. Hofherr, a. a. O. (Fn. 2), § 34 Rn. 95; Krautzberger, in: Battis/Krautzberger/Löhr, BauGB, 11. Aufl. 2009, § 34 Rn. 80.

13 Vgl. Fischer-Hüftle, in: Schumacher/Fischer-Hüftle, BNatSchG, 2. Aufl. 2012, § 18 Rn. 55; vgl. Gellermann, a. a. O. (Fn. 4), § 18 BNatSchG Rn. 17; Louis, BNatSchG, 1999, § 8a Rn. 123; Meßerschmidt, a. a. O. (Fn. 5), § 18 BNatSchG Rn. 64.

Eine solche Schädigung liegt nach der Definition in § 19 Abs. 1 BNatSchG grundsätzlich dann vor, wenn das Vorhaben erhebliche nachteilige Auswirkungen auf die Erreichung oder Beibehaltung eines günstigen Erhaltungszustandes von Arten oder natürlichen Lebensräumen hat. Nach § 19 Abs. 2, 3 BNatSchG werden nicht alle Arten erfasst, sondern nur die, die in Art. 4 Abs. 2 oder Anhang I der RL 79/409/EWG oder in den Anhängen II und IV der RL 92/43 EWG aufgeführt sind; damit wird auf die Vogelschutz- und FFH-Richtlinie verwiesen. Gleiches gilt für den Habitatschutz, für den in § 19 Abs. 3 BNatSchG ebenfalls auf die FFH-Richtlinie verwiesen wird.[14]

Weitere Anwendungsvoraussetzung des § 18 Abs. 4 BNatSchG ist, dass die Schäden an den von § 19 Abs. 1 BNatSchG erfassten Arten und Lebensräumen erheblich sein müssen; der Schaden muss erhebliche nachteilige Auswirkungen auf die Erreichung oder Beibehaltung des günstigen Erhaltungszustandes von Arten oder Lebensräumen haben. Das ist dann der Fall, wenn eine zuvor günstige Erhaltungssituation einer Art oder eines Lebensraumes durch den Schaden negativ beeinflusst wird oder wenn bei einem unbefriedigenden Ausgangszustand die Wiederherstellung eines günstigen Zustandes unmöglich gemacht oder erschwert wird.[15] Ist der Erhaltungszustand ungünstig, ist in der Regel jede weitere negative Veränderung erheblich, sodass auch für sich genommen geringfügige Beeinträchtigungen erheblich sein können.[16] Demgegenüber können bei einem günstigen Erhaltungszustand auch einzelne für sich gravierende Schadensereignisse nicht erheblich sein, wenn sie sich auf den Gesamterhaltungszustand von Arten oder Lebensräumen nicht in schwerwiegender Weise auswirken können.[17]

Hat die Zulassung eines Vorhabens im unbeplanten Innenbereich möglicherweise einen Umweltschaden im Sinne des § 19 Abs. 1 BNatSchG zur Folge, und ergeben sich im Rahmen der Benehmensherstellung mit der Naturschutzbehörde gemäß § 18 Abs. 3 BNatSchG hierfür Anhaltspunkte, ist dies gemäß § 18 Abs. 4 S. 1 BNatSchG dem Vorhabenträger mitzuteilen. Voraussetzung für diese Mitteilung ist, dass sich aus der Stellungnahme der Naturschutzbehörde eine mögliche Schädigung im Sinne des § 19 Abs. 1 S. 1 BNatSchG ergibt.[18]

---

14 Zu den Schutzgütern des § 19 Abs. 1 BNatSchG vgl. Gellermann, Umweltschäden und Biodiversität, NVwZ 2008, 828, 829 ff.; Ruffert, a. a. O. (Fn. 3), § 19 Rn. 18 ff.; Meßerschmidt, a. a. O. (Fn. 5), § 19 BNatSchG Rn. 19 ff.

15 Vgl. Gellermann, a. a. O. (Fn. 4), § 19 BNatSchG Rn. 16 f.; Meßerschmidt, a. a. O. (Fn. 5), § 19 BNatSchG Rn. 24.

16 Vgl. Gellermann, a. a. O. (Fn. 4), § 19 BNatSchG Rn. 17; Louis, Der Biodiversitätsschaden nach § 21a des Bundesnaturschutzgesetzes, NuR 2008, 163, 166; vgl. Meßerschmidt, a. a. O. (Fn. 5), § 19 BNatSchG Rn. 24; Otto, Die Auswirkungen des Umweltschadensrechts auf die Bebauungsplanung und das Baugenehmigungsverfahren, ZfBR 2009, 330, 332.

17 So mit Recht Meßerschmidt, a. a. O. (Fn. 5), § 18 BNatSchG, Rn. 68.

18 Vgl. Meßerschmidt, a. a. O. (Fn. 5), § 18 BNatSchG Rn. 68.

Im Falle einer Mitteilung nach § 18 Abs. 1 S. 1 BNatSchG hat der Vorhabenträger ein Wahlrecht: Er kann das Haftungsrisiko aus § 19 BNatSchG in Kauf nehmen oder nach § 18 Abs. 3 S. 2 BNatSchG verfahren und bei der Zulassungsbehörde beantragen, Entscheidungen nach § 15 BNatSchG zu treffen, soweit diese der Vermeidung, dem Ausgleich oder dem Ersatz von Schädigungen nach § 19 Abs. 1 S. 1 BNatSchG dienen.[19] Kompensiert werden müssen durch die Entscheidung der Zulassungsbehörde, die im Benehmen mit der Naturschutzbehörde zu treffen ist, nur Biodiversitätsschäden; einen vollen Eingriffsausgleich umfasst diese Entscheidung hingegen nicht.[20] Trifft die Zulassungsbehörde für den Biodiversitätsschaden eine Regelung über dessen Ausgleich, hat dies gemäß § 19 Abs. 1 S. 2 BNatSchG für den Vorhabenträger eine Legalisierungswirkung: Kraft Gesetzes liegt in diesem Fall keine Schädigung vor.[21] Ein verbleibendes Kompensationsdefizit wird wegen § 19 Abs. 1 S. 2 BNatSchG hingenommen und steht dem Bebauungsanspruch nicht entgegen.[22]

3. NATURA 2000-Gebiete

Können Vorhaben, die nach § 34 Abs. 1 BauGB zugelassen werden sollen, FFH- oder Vogelschutzgebiete erheblich beeinträchtigen, sind sie von der Anwendung der Verträglichkeitsprüfung nach § 34 Abs. 1 - 7 BNatSchG nicht freigestellt. Das ergibt sich aus § 34 Abs. 8 BNatSchG,[23] denn § 34 Abs. 8 BNatSchG, der im Geltungsbereich von Bebauungsplänen Doppelprüfungen über die Vereinbarkeit von Bauvorhaben mit FFH- und Vogelschutzgebieten vermeidet, findet auf Vorhaben nach § 34 BauGB keine Anwendung;[24] diese Vorschrift führt Vorhaben nach § 34 BauGB – ebenso wie solche nach § 35 BauGB – nicht auf.

Die Fälle, in denen durch die Zulassung von Vorhaben im unbeplanten Innenbereich erhebliche Beeinträchtigungen der Schutz- und Erhaltungsziele von FFH- oder Vogelschutzgebieten ausgelöst werden können, werden zwar relativ selten sein.[25] Ausgeschlossen sind sie jedoch vor allem deshalb nicht, weil die relevanten Erhaltungsziele der maßgeblichen Gebietsbestandteile von NATURA 2000-

19 Zum Wahlrecht des Vorhabenträgers: Meßerschmidt, a. a. O. (Fn. 5), § 18 BNatSchG Rn. 69; Koch, in: Schlacke, a. a. O. (Fn. 7), § 18 Rn. 21.

20 Allgemeine Auffassung: Beutling/Schwartmann, a. a. O. (Fn. 3), § 18 Rn. 18; Gellermann, a. a. O. (Fn. 4), § 18 Rn. 20; Meßerschmidt, a. a. O. (Fn. 5), § 18 BNatSchG Rn. 69; vgl. Koch, a. a. O. (Fn. 7), § 18 Rn. 21.

21 Dazu: Beutling/Schwartmann, a. a. O. (Fn. 3), § 18 Rn. 18; Meßerschmidt, a. a. O. (Fn. 5), § 18 BNatSchG Rn. 69, § 19 Rn. 37; Otto, a. a. O. (Fn. 16), 335 f.

22 Vgl. Koch, a. a. O. (Fn. 7), § 18 Rn. 21.

23 Zur Rechtsentwicklung in diesem Zusammenhang: Meßerschmidt, a. a. O. (Fn. 5), § 18 BNatSchG Rn. 51 ff.

24 Vgl. Meßerschmidt, a. a. O. (Fn. 5), § 18 BNatSchG Rn. 53; Rieger, Die Bedeutung naturschutzrechtlicher Vorschriften bei der Errichtung baulicher Anlagen – Ein Überblick, UPR 2012, 1, 5; Wolf, a. a. O. (Fn. 7), § 34 Rn. 21.

25 So mit Recht Rieger, a. a. O. (Fn. 24), S. 5.

Gebieten[26] nicht nur durch direkte Flächenverluste beeinträchtigt werden können,[27] sondern hierfür auch funktionelle mittelbare Einwirkungen auf einen Lebensraum genügen. Das gilt auch dann, wenn sie von Projekten verursacht werden, die außerhalb des Gebiets verwirklicht werden sollen.[28] Dabei genügt auch eine Summationswirkung.[29] Solche Wirkungen können insbesondere von Stickstoff emittierenden Betrieben der Energieversorgung ausgehen, die nicht selten im unbeplanten Innenbereich zugelassen werden. In diesen Fällen ist die Stickstoffvorbelastung, die sich negativ auf die Erhaltungsziele von NATURA 2000-Gebieten auswirken kann, zu berücksichtigen. Entscheidend für eine erhebliche Beeinträchtigung ist die Zusatzbelastung.[30] In solchen Fällen läuft jede relevante Zusatzbelastung dem günstigen Erhaltungszustand zuwider. Diese ist deshalb erheblich, wenn die Vorbelastung die naturschutzfachlich für das Erhaltungsziel unbedenkliche Belastungsgrenze ausschöpft oder überschreitet.[31] Folge davon ist, dass insbesondere bei einem schlechten Erhaltungszustand von Gebieten auch geringe Zusatzbelastungen die Unverträglichkeit eines Projekts zur Folge haben kann, während bei einem guten Erhaltungszustand Bagatellgrenzen denkbar sind.[32]

Nach der Rechtsprechung des Bundesverwaltungsgerichts ist allerdings dann, wenn die Vorbelastung den Critical Load um mehr als das Doppelte übersteigt, eine Irrelevanzschwelle von 3 % dieses Wertes anzuerkennen.[33] Dabei ist zu berücksichtigen, dass in Deutschland in empfindlichen FFH-Gebieten, wie Mooren, der Critical Load für Stickstoffeinträge deutlich überschritten wird. Hier ist es gerechtfertigt, bei geringer Zusatzbelastung eine Irrelevanzschwelle anzuerkennen, sodass grundsätzlich auch Stickstoff emittierende Anlagen zugelassen werden können.[34]

4. Artenschutz

Neben der FFH-Verträglichkeitsprüfung kann bei Zulassung von Vorhaben im unbeplanten Innenbereich gemäß § 34 Abs. 1 BauGB auch der Artenschutz von Relevanz sein. Die Vereinbarkeit eines Vorhabens mit NATURA 2000-Gebieten macht die Prüfung der artenschutzrechtlichen Vorschriften nicht entbehrlich, denn diese sind neben der naturschutzrechtlichen Eingriffsregelung und dem Gebiets-

26 Zu diesem Maßstab BVerwG, Urt. v. 12.03.2008 – 9 A 3.06 – BVerwGE 130, 299 Rn. 72; Wolf, a. a. O. (Fn. 7), § 34 Rn. 9; Frenz, a. a. O. (Fn. 3), § 34 Rn. 44 f.

27 Dazu: BVerwG, Urt. v. 12.03.2008 – 9 A 3.06 – BVerwGE 130, 299 Rn. 124; Frenz, a. a. O. (Fn. 3), § 34 Rn. 51.

28 Vgl. BVerwG, Beschl. v. 10.11.2009 – 9 B 28.09 – Beck RS 2009, 42335 Rn. 8; BVerwG, Urt. v. 14.04.2010 – 9 A 5.08 – NuR 2010, 558 Rn. 98 f.

29 Vgl. BVerwG, Urt. v. 21.05.2008 – 9 A 68.07 – Beck RS 2008, 36612 Rn. 21; Frenz, a. a. O. (Fn. 39), § 34 Rn. 47.

30 Vgl. BVerwG, Beschl. v. 10.11.2009 – 9 B 28.09 – NuR 2010, 190 Rn. 3.

31 Vgl. BVerwG, Urt. v. 14.04.2010 – 9 A 5.08 – NuR 2010, 558, Rn. 91.

32 So mit Recht Frenz, a. a. O. (Fn. 3), § 34 Rn. 47.

33 Vgl. BVerwG, Urt. v. 14.04.2010 – 9 A 5.08 – NuR 2010, 558, Rn. 93.

34 Vgl. Frenz, a. a. O. (Fn. 3), § 34 Rn. 48.

schutz nach § 34 BNatSchG anwendbar.[35] Die artenschutzrechtlichen Verbotstatbestände des § 44 Abs. 1 BNatSchG[36] sind deshalb auch bei der Zulassung von Vorhaben gemäß § 34 BauGB zu beachten.[37]

Bauvorhaben sind gemäß § 44 Abs. 5 BNatSchG allerdings grundsätzlich in Bezug auf das Artenschutzrecht privilegiert. Hiernach gelten die Zugriffs-, Besitz- und Vermarktungsverbote des § 44 Abs. 1 bis 3 BNatSchG für Vorhaben im Sinne des § 18 Abs. 2 S. 1 BNatSchG, die nach den Vorschriften des BauGB zulässig sind, nur nach Maßgabe des § 44 Abs. 5 S. 2 bis 5 BNatSchG. Danach liegt ein Verstoß gegen das Verbot der Beeinträchtigung von Fortpflanzungs- und Ruhestätten des § 44 Abs. 1 Nr. 3 und gegen das Fang-, Verletzungs- und Tötungsverbot des § 44 Abs. 1 Nr. 1 BNatSchG nicht vor, soweit die ökologische Funktion der von dem Eingriff oder Vorhaben betroffenen Fortpflanzungs- oder Ruhestätten im räumlichen Zusammenhang weiter erfüllt wird. Weiter können „vorgezogene Ausgleichsmaßnahmen“ festgesetzt werden.

Ob diese Privilegierung aus § 44 Abs. 5 BNatSchG auf die Zulassung von Vorhaben gemäß § 34 BauGB Anwendung findet, wird bezweifelt. Zwar nehme § 34 Abs. 5 S. 1 BNatSchG über den Verweis auf § 18 Abs. 2 S. 1 BNatSchG auch Vorhaben nach § 34 BauGB in Bezug. Anwendung finden könne die Regelung auf diese Vorhaben jedoch deshalb nicht, weil die Privilegierung von Bauvorhaben nach § 44 Abs. 5 S. 1 BNatSchG nur deshalb gerechtfertigt sei, weil solche Eingriffe auf Grund ihres planerischen Vorlaufs und/oder ihrer Zulassungs- oder Anzeigebedürftigkeit einer vorherigen behördlichen Prüfung unterliegen und dabei gezielt konfliktvermeidende oder -mindernde Maßnahmen eingesetzt werden könnten.[38] Demgegenüber ist mit der Rechtsprechung daran festzuhalten, dass schon wegen der klaren gesetzlichen Regelung in § 44 Abs. 5 BNatSchG die Privilegierung auch bei Eingriffen durch die Zulassung von Bauvorhaben gemäß § 34 Abs. 1 BauGB Anwendung findet.[39]

Im Übrigen ist zu beachten, dass nicht alle Privilegierungstatbestände des § 44 Abs. 5 S. 1, 2 BNatSchG auf die Zulassung von Vorhaben im unbeplanten Innenbereich Anwendung finden können. Insbesondere situationserhaltende oder konfliktmindernde Maßnahmen, sogenannte CEF-Measures, sind bei der Zulassung von Vorhaben nach § 34 BauGB eigentlich nicht denkbar. Es muss sich hierbei um

35 Vgl. Rieger, UPR 2012, S. 6; Reidt, Europäischer Habitat- und Artenschutz in der Bauleitplanung, NVwZ 2010, 8, 11.

36 Überblick dazu bei Rieger, a. a. O. (Fn. 24), S. 6 f.

37 Vgl. Rieger, a. a. O. (Fn. 24), S. 7.

38 In diesem Sinne z.B. Lau, a. a. O (Fn. 3), § 44 Rn. 36; Louis, Die kleine Novelle zur Anpassung des BNatSchG an das Europarecht, NuR 2008, 65, 67; skeptisch auch Dziallas, Rechtsprechungsübersicht zum öffentlichen Baurecht, NZBau 2008, 429, 431; Gellermann, a. a. O. (Fn. 4), Rn. 18; Lortz/Müller/Stöckel, BNatSchG, § 43 Rn. 17.

39 Vgl. BVerwG, Urt. v. 11.01.2001 – 4 C 6.00 – BVerwGE 112, 321, 325 f.; ebenso Dolde, Artenschutz in der Planung, NVwZ 2007, 121, 124; vgl. auch Meßerschmidt, a. a. O. (Fn. 5), § 42 Rn. 85.

vorgezogene Ausgleichsmaßnahmen handeln. Das sind solche, die die Wahrung der ökologischen Funktionen der von einem Eingriff betroffenen Fortpflanzungs-, oder Ruhestätten- oder Wuchsstandorte weiterhin sicherstellen. Diese Maßnahmen müssen artspezifisch sein und grundsätzlich die zeitliche Kontinuität der Lebensstätte sichern und damit bereits im Zeitpunkt des Eingriffs wirken.[40] Solche Ergebnisse bedürfen einer vorausschauenden Planung und Umsetzung. Diese dürfte bei der Zulassung von Vorhaben nach § 34 Abs. 1 BauGB regelmäßig fehlen, sodass über CEF-Maßnahmen eine Anwendung der Verbotstatbestände des § 44 Abs. 1-3 BNatSchG über § 44 Abs. 5 S. 2 BNatSchG kaum ausgeschlossen werden kann.

Erleichterungen bei der artenschutzrechtlichen Prüfung können deshalb bei der Zulassung von Vorhaben im unbeplanten Innenbereich gemäß § 34 Abs. 1 BauGB in der Praxis nur dann Platz greifen, wenn die ökologische Funktion der vom Eingriff oder Vorhaben betroffenen Fortpflanzungs- oder Ruhestätten im räumlichen Zusammenhang weiter erfüllt wird. Das setzt voraus, dass gewährleistet ist, dass es zu keiner Minderung des Fortpflanzungs- oder Ruheerfolges für die betroffenen Exemplare einer Art kommt; die ökologische Gesamtsituation im Umfeld des nach § 34 Abs. 1 BauGB zuzulassenden Vorhabens darf keine Verschlechterung erfahren.[41] Werden Fortpflanzungs- und Ruhestätten regelmäßig wiederverwendet, sind sie gemäß § 44 Abs. 5 S. 2 BNatSchG nur geschützt, wenn die konkret betroffenen Tiere auf die Wiederverwendung des Nestes, einer Baumhöhle oder einer sonstigen Fortpflanzungs- bzw. Ruhestätte angewiesen sind.[42]

5. Gesetzlicher Biotopschutz

Auch der gesetzliche Biotopschutz des § 30 BNatSchG wird bei der Zulassung von Vorhaben nach § 34 BauGB durch § 18 Abs. 1 BNatSchG nicht verdrängt.[43] Die biotopschutzrechtlichen Vorschriften finden vielmehr neben §§ 30 ff. BauGB und damit auch im Geltungsbereich des § 34 BauGB uneingeschränkt Anwendung. Führt die Zulassung eines Vorhabens im unbeplanten Innenbereich zu einer Zerstörung oder sonstigen erheblichen Beeinträchtigung eines besonders geschützten Biotops, ist sie nach § 30 Abs. 2 S. 1 BNatSchG unzulässig. Das gilt nicht nur für eine flächenmäßige Zerstörung gesetzlich geschützter Biotope, sondern auch für

---

40 Vgl. Hess.VGH, Urt. v. 25.06.2009 – 4 C 1347/08.N – NuR 2009, 646, 648; Fellenberg, in: Kerkmann, Naturschutzrecht in der Praxis, 2. Aufl. 2010, § 7 Rn. 129 f.; Lau, a. a. O. (Fn. 3), § 44 Rn. 42; Louis, Die Zugriffsverbote des § 42 Abs. 1 BNatSchG im Zulassungs- und Bauplanverfahren, NuR 2009, 91, 96; Schütte/Gerbig, a. a. O. (Fn. 7), § 44 Rn. 58.

41 Vgl. BVerwG, Urt. v. 12.08.2009 – 9 A 64.07 – NuR 2010, 276, 283 Rn. 73; vgl. Louis, a. a. O. (Fn. 40), S. 96; Schütte/Gerbig, a. a. O. (Fn. 7), § 44 Rn. 55; Lau, a. a. O. (Fn. 7), § 44 Rn. 39; Fellenberg, a. a. O. (Fn. 40), § 7 Rn. 124.

42 BVerwG, Urt. v. 18.03.2009 – 9 A 39.07 – NVwZ 2010, 44, 52 f. Rn. 71; Lau, a. a. O. (Fn. 3), § 44 Rn. 39.

43 Vgl. BVerwG, Beschl. v. 21.12.1994 – 4 B 266.94 – NVwZ 1995, 601 = UPR 1995, 230; vgl. BVerwG, Beschl. v. 13.03.1995 – 11 VR 4.95 – NuR 1995, 248 = UPR 1995, 230; vgl. Meßerschmidt, a. a. O. (Fn. 5), § 18 BNatSchG Rn. 54; Rieger, a. a. O. (Fn. 24), S. 6.

mittelbare Einwirkungen, die sich negativ auf das für das jeweilige Biotop typische Arteninventar auswirken.[44]

Allerdings sind vom Verbot des § 30 Abs. 2 S. 1 BNatSchG gemäß § 30 Abs. 3 BNatSchG auf Antrag Ausnahmen zulässig, weil die Beeinträchtigungen ausgeglichen werden können. Ein Ausgleich ist dabei unter den Voraussetzungen des § 15 Abs. 2 S. 2 BNatSchG gegeben; es gelten die gleichen Anforderungen wie bei den naturschutzrechtlichen Eingriffsregelungen. Damit genügt keine allgemeine Kompensation. Vielmehr müssen die beeinträchtigten Funktionen des Naturhaushaltes in gleichartiger Weise wiederhergestellt sein. Ausgleichsmaßnahmen müssen noch in einem funktionalen Zusammenhang mit dem Ort des Eingriffs stehen, sich also in den Raum auswirken, in dem die mit dem Vorhaben verbundenen Beeinträchtigungen auftreten.[45] Darüber hinaus müssen sie funktional die beeinträchtigten Funktionen des Naturhaushaltes dauerhaft wiederherstellen. Sie müssen deshalb darauf ausgerichtet sein, die Funktionen des gesetzlich geschützten Biotopes wiederherzustellen.

Darüber hinaus kommt eine Befreiung vom gesetzlichen Biotopschutz unter den Voraussetzungen des § 67 BNatSchG in Betracht.

III. Ergänzungssatzungen gemäß § 34 Abs. 4 S. 1 Nr. BauGB, Bebauungspläne zur Innenentwicklung, § 13a BauGB

Für die bauliche Fortentwicklung des Innenbereichs stehen der Gemeinde zwei besondere Instrumentarien zur Verfügung, nämlich

- die Entwicklungssatzung gem. § 34 Abs. 4 S. 1 Nr. 3 BauGB und
- der Bebauungsplan zur Innenentwicklung gem. § 13a BauGB.

In beiden Fällen hat die Gemeinde die Möglichkeit, für den unbeplanten Innenbereich durch Satzungsregelungen bzw. Bebauungsplan neue bauliche Möglichkeiten zu erschließen. Die Regelungen werden jedoch, was die Anwendung der naturschutzlichen Eingriffsregelung betrifft, unterschiedlich behandelt: Bebauungspläne der Innenentwicklung im beschleunigten Verfahren nach § 13a BauGB sind von der Anwendung der naturschutzrechtlichen Eingriffsregelung freigestellt, falls sie eine Grundfläche im Sinne von § 19 Abs. 1 BauNVO von weniger als 20.000 m² festsetzen oder eine entsprechende Versiegelungsfläche aufweisen (§ 13a Abs. 1 S. 3 BauGB). Demgegenüber findet die naturschutzrechtliche Eingriffsregelung für

44 Vgl. Rieger, a. a. O. (Fn. 24), S. 6.

45 Vgl. BVerwG, Urt. v. 18.12.1996 – 11 A 4.96 – ES BNatSchG a.F., § 8 Nr. 72; BVerwG, Beschl. v. 07.07.2010 – 7 VR 2/10 – NuR 2010, 646 Rn. 23.

sogenannten Ergänzungssatzungen gemäß § 34 Abs. 4 S. 1 Nr. 3 BauGB Anwendung. Im Einzelnen:

1. Ergänzungssatzungen gemäß § 34 Abs. 4 S. 1 Nr. 3 BauGB

Durch Ergänzungssatzungen gemäß § 34 Abs. 4 S. 1 Nr. 3 BauGB hat die Gemeinde die Möglichkeit, einzelne Außenbereichsflächen in die im Zusammenhang bebauten Ortsteile einzubeziehen. Nach dieser Regelung ist eine Einbeziehung von einzelnen Außenbereichsflächen möglich, wenn die einbezogenen Flächen durch die bauliche Nutzung des angrenzenden Bereichs entsprechend geprägt sind. Die Ergänzungssatzung ermöglicht damit bei einer Einbeziehung einzelner Außenbereichsgrundstücke eine städtebaulich sinnvolle und maßvolle Ergänzung unbeplanter Innenbereiche.[46] Ergänzungssatzungen ermöglichen z. B. die Einbeziehung einer bisher unbebauten Seite einer einseitig bebauten Straße[47] oder des sogenannten Außenbereichs im Innenbereich.[48] Die naturschutzrechtliche Eingriffsregelung findet auch bei der Aufstellung von Ergänzungssatzungen gemäß § 18 Abs. 1 BNatSchG dann Anwendung, wenn Eingriffe in Natur und Landschaft zu erwarten sind. Das wiederum trifft nur auf die ergänzend in den Anwendungsbereich des § 34 BauGB durch die Satzung nach § 34 Abs. 4 S. 1 Nr. 3 BauGB einbezogenen Flächen zu. Auf die Klarstellungssatzung nach § 34 Abs. 4 S. 1 Nr. 1 BauGB und die Entwicklungssatzung nach § 34 Abs. 4 S. 1 Nr. 2 BauGB findet die naturschutzrechtliche Eingriffsregelung hingegen keine Anwendung.[49] Da bei der Aufstellung von Satzungen nach § 34 Abs. 4 BauGB eine Kombination der verschiedenen Satzungstypen möglich ist, ist bei der Aufstellung von Satzungen nach § 34 Abs. 4 BauGB für die Anwendung der naturschutzrechtlichen Eingriffsregelung stets im Detail danach zu differenzieren, wo eine Ergänzung und wo nur eine Klarstellung bzw. eine Entwicklung stattfindet.

46 Vgl. dazu Schink, Möglichkeiten und Grenzen der Schaffung von Bauland durch Innen- und Außenbereichssatzungen nach §§ 34 Abs. 4, 5 und 35 Abs. 6 BauGB, DVBl 1999, 367, 372. Tendenziell weitergehend: Hofherr/Roeser, in: Berliner Kommentar zum BauGB, (Fn. 2), § 34 Rn. 79.

47 Hofherr/Roeser, in: Berliner Kommentar zum BauGB (Fn. 2), § 34 Rn. 79.

48 Schink, DVBl 1999 (Fn. 46), 372; Hofherr/Roeser, in: Berliner Kommentar zum BauGB (Fn. 2), § 34 Rn. 79.

49 Beutling/Schwartmann, in Frenz/Müggenborg, BNatSchG (Fn. 3), § 18 Rn. 2; Meßerschmidt, BNatSchG (Fn. 5), § 18 Rn. 17.

2. Bebauungspläne der Innenentwicklung im beschleunigten Verfahren nach § 13a BauGB

§ 13a Abs. 2 Nr. 4 BauGB enthält eine gesetzliche Fiktion[50], dass in Bebauungsplänen zur Innenentwicklung, die die Grundfläche im Sinne von § 19 Abs. 1 BauNVO von weniger als 20.000 m² festsetzen oder eine entsprechende Versiegelungsfläche aufweisen, Eingriffe, die auf Grund der Aufstellung des Bebauungsplanes zu erwarten sind, als im Sinne des § 1a Abs. 3 S. 5 BauGB vor der planerischen Entscheidung erfolgt und zulässig sind. Wegen dieser Fiktion sind die zu erwartenden Eingriffe nicht ausgleichspflichtig; § 1a Abs. 3 BauGB findet auf diese Bebauungspläne keine Anwendung.[51] Zweck dieser Regelung ist es, die Praktikabilität von kleineren Bauleitplänen zur Innenwicklung zu stärken. Gerechtfertigt wird der Verzicht auf die Anwendung der naturschutzrechtlichen Eingriffsregelung in diesen Fällen damit, dass der Bebauungsplan zur Innenentwicklung gerade dazu dient, neue Eingriffe zu verhindern.[52] Missbräuchen der Gemeinden wird dadurch entgegengewirkt, dass die Prüfung der Anforderungen des § 1a Abs. 3 BauGB an die Abwägung nach § 1 Abs. 7 BauGB uneingeschränkter gerichtlicher Kontrolle unterliegen.[53] Darüber hinaus ist es den Gemeinden unbenommen, auch in kleinen Bebauungsplänen zur Innenentwicklung unterhalb einer Fläche von 20.000 m² die naturschutzrechtliche Eingriffsregelung anzuwenden.[54]

Für Bebauungspläne der Innenentwicklung mit einer Grundfläche von 20.000 m² bis weniger als 70.000 m² gilt die Fiktion des § 13a Abs. 2 Nr. 4 BauGB hingegen nicht mit der Folge, dass die naturschutzrechtliche Eingriffsregelung hier in vollem Umfang zur Anwendung kommt.[55] Dabei ist § 1a Abs. 3 S. 5 BauGB zu beachten, wonach ein Ausgleichserfordernis nicht für Flächen entstehen kann, die bereits im Sinne des § 34 BauGB vor Aufstellung des Bebauungsplanes bebaubar waren. Auch bei größeren Bebauungsplänen zur Innenentwicklung dürfte die naturschutzrechtliche Eingriffsregelung deshalb nur eingeschränkt zu Anwendung kommen, da die Überplanung solcher Flächen dort der Regelfall sein dürfte.[56]

---

50 Dazu: Spannowsky, a. a. O. (Fn. 2), § 13a Rn. 30.

51 Vgl. Battis, a. a. O. (Fn. 12), § 13a Rn. 17; Jaeger, in: Spannowsky/Uechtritz, BauGB, 2009, § 13a Rn. 24; Spannowsky, a. a. O. (Fn. 2), § 13a Rn. 30.

52 BT-Drucks. 16/2496, S. 2; BT-Drucks. 16/3308, S. 18; Kritisch hierzu: Scheidler, Erleichterung von Planungsvorhaben für die Innenentwicklung der Städte nach dem jüngsten BauGB-Entwurf, ZfBR 2006, 752, 756; vgl. auch Meßerschmidt, a. a. O. (Fn. 5), § 18 BNatSchG Rn. 16; Uechtritz, Die Änderungen des BauGB durch das Gesetz zur Erleichterung von Planungsvorhaben für die Innenentwicklung der Städte, BauR 2007, 476, 482.

53 Vgl. BVerwG, Urt. v. 04.10.2006 – 4 BN 27.06 – UPR 2007, 67; dazu auch Spannowsky, a. a. O. (Fn. 2), § 13a Rn. 32; vgl. Battis, a. a. O. (Fn. 12), § 13a Rn. 17.

54 Allgemeine Auffassung: vgl. etwa Battis, a. a. O. (Fn. 12), § 13a Rn. 17; Spannowsky, a. a. O. (Fn. 2), § 13a Rn. 31; Jaeger, a. a. O. (Fn. 51), §13a Rn. 25.

55 Vgl. Battis, a. a. O. (Fn. 12), § 13a Rn. 17; Spannowsky, a. a. O. (Fn. 2), § 13a Rn. 32.

56 So auch die Prognose bei Jaeger, a. a. O. (Fn. 51), § 13a Rn. 24.

Naturschutzbelange sind auch in Bebauungsplänen zur Innenentwicklung mit einer Grundfläche von weniger als 20.000 m^2 in der planerischen Abwägung allerdings nicht vollständig suspendiert. §§ 1 Abs. 6 BauGB und 1a BauGB gelten vielmehr ebenso wie die Anforderungen des gesetzlichen Biotop- und Artenschutzes mit der Folge, dass die Gemeinde in der planerischen Abwägung auch bei kleinen Bebauungsplänen zur Innenentwicklung gemäß § 13a BauGB naturschutzrechtliche Fragestellungen ermitteln und in ihrer Abwägung einbeziehen muss. Lediglich das Ausgleichserfordernis für Eingriffe in Natur und Landschaft ist suspendiert.[57]

3. Überplanung des unbeplanten Innenbereichs, § 1a Abs. 3 S. 5 BauGB

Bei einer Überplanung des unbeplanten Innenbereichs ist ein Ausgleich nicht erforderlich, soweit die Eingriffe bereits vor der planerischen Entscheidung erfolgt sind oder zumindest zulässig waren (§ 1a Abs. 3 S. 5 BauGB).

Hiernach ist bei der Überplanung von Flächen, für die bereits Baurechte bestehen, nur mehr insoweit ein Ausgleich erforderlich, als zusätzliche, neu geschaffene Baurechte entstehen.[58] Schreibt ein Bebauungsplan, der den unbeplanten Innenbereich überplant, bereits vorhandene bauliche Nutzungen oder sonstige als Eingriff in Natur und Landschaft zu wertende Nutzungen lediglich planerisch fest, entsteht hiernach kein Ausgleichsbedarf. Gleiches gilt, wenn der Bebauungsplan bereits bestehende Baurechte nur fortschreibt oder diese einschränkt, selbst wenn diese noch nicht ausgenutzt sind. Die Überplanung von Innenbereichsflächen, bei denen die Zulässigkeit von Bauvorhaben sich nach § 34 BauGB beurteilt, ist hiernach von der Anwendung der naturschutzrechtlichen Eingriffsregelung freigestellt,[59] soweit die vorhandene Bebauung und die bestehenden Baurechte lediglich festgeschrieben werden. Werden hingegen in einem solchen Plan erstmals bauliche Nutzungen ausgewiesen bzw. vorhandene Nutzungsmöglichkeiten erweitert, findet die naturschutzrechtliche Eingriffsregelung Anwendung.[60] Diese Frage unterliegt der uneingeschränkten gerichtlichen Überprüfung; ein kommunaler „Einschätzungsspielraum" besteht insoweit nicht.[61] Das Ausgleichserfordernis bezieht sich dabei allerdings nur auf die zusätzlich für Eingriffe vorgesehenen Flächen.[62]

57 So mit Recht: Jaeger, a. a. O. (Fn. 51), § 13a Rn. 25.

58 Vgl. BayVGH, Urt. v. 16.10.2009 – 2 N 06.3341 – Juris; OVG Niedersachsen, Urt. v. 15.04.2011 – 1 KN 356.07 – ZfBR 2011, 690, 695.

59 Dazu Mitschang, a. a. O. (Fn. 2), § 1a Rn. 317; Krautzberger, a. a. O. (Fn. 12), § 1a Rn. 29.

60 Mitschang, a. a. O. (Fn 2), Rn. 319.

61 Vgl. BVerwG, Beschl. v. 04.10.2006 – 4 BN 26.06 – BRS 70 Nr. 66; Mitschang, a. a. O. (Fn. 2), Rn. 319.

62 Mitschang, a. a. O. (Fn. 2), Rn. 320 unter Hinweis auf OVG Lüneburg, Urt. v. 27.08.1997 – 1 K 7061/95 – NVwZ-RR 1995, 75.

IV. Entsiegelung als Ausgleichsmaßnahmen

Vor allem im Zusammenhang mit dem Stadtumbau, aber auch mit dem Ziel, eine nachhaltige städtebauliche Entwicklung im unbeplanten Innenbereich zu gewährleisten, werden dort nicht selten Flächen entsiegelt. Auch die Beseitigung von sogenannten „Schrottimmobilien“ kann eine Entsiegelung von Flächen im unbeplanten Innenbereich zur Folge haben. Die Duldungspflicht aus § 179 Abs. 1 S. 1 BauGB für Rückbau und Entsiegelung soll fortentwickelt werden: sie soll zukünftig auch im unbeplanten Innenbereich Anwendung finden;[63] auch damit kann eine Ausweitung von Entsiegelungsmaßnahmen einhergehen.[64]

Entsiegelungen wirken sich positiv auf den Naturhaushalt aus. Flächen werden hierdurch quasi dem Naturhalt zurückgegeben, denn nicht versiegelte Flächen können Lebensraum für Pflanzen und Tiere sein; sie wirken sich überdies positiv auf die Abführung von Oberflächenwasser und auf die Regenerationsfähigkeit des Grundwassers aus. Auch für das Kleinklima können sie von Bedeutung sein.

Vor diesem Hintergrund stellt sich die Frage, ob Entsiegelungen, die im unbeplanten Innenbereich vorgenommen werden, wegen ihrer positiven Wirkung für den Naturhaushalt im Rahmen des Eingriffsausgleichs als Kompensationsmaßnahmen anerkannt werden können. In diesem Zusammenhang stellt sich zunächst die Frage, wann eine Entsiegelung überhaupt als Kompensationsmaßnahme in Betracht kommt. Darüber hinaus ist fraglich, wie bei einer Entsiegelung im unbeplanten Innenbereich eine Verknüpfung zwischen einem Bebauungsplan, für den ein Ausgleich erforderlich ist, und der Entsiegelungsmaßnahme hergestellt werden kann. Schließlich bedarf gerade im unbeplanten Innenbereich eine Entsiegelung, soll sie als Kompensation angerechnet werden, einer dauerhaften Sicherstellung.

1. Planerische Abwägung und Ausgleich auf innerstädtischen Brachflächen

Sollen Entsiegelungsflächen im unbeplanten Innenbereich als Kompensationsflächen für durch einen Bebauungsplan an anderer Stelle zugelassene Eingriffe in Natur und Landschaft dienen, setzt dies zunächst voraus, dass im Rahmen der Abwägung bei der Aufstellung des Eingriffsbebauungsplans überhaupt abwägungsfehlerhaft entschieden werden kann, eine Kompensation aus solchen Flächen vorzunehmen. Zweifel hieran könnten deshalb bestehen, weil eine solche „Ökologie-

63 Zur vorgesehenen Änderung des § 179 Abs. 1 S. 1 BauGB vgl. Hagebölling, Gesetz zur Stärkung der Innenentwicklung in den Städten und Gemeinden, NuR 2013, 99, S. 101.

64 Skeptisch insoweit wegen der Beibehaltung der bisherigen Duldungspflicht und des Fehlens einer Handlungspflicht des Eigentümers: Hagebölling, a. a. O. (Fn. 63), S. 101; Krautzberger/Stüer, Schrottimmobilien: Novellierungsvorschlag für eine behutsame Novellierung des Rückbau- und Entsiegelungsgebotes (§ 179 BauGB), BauR 2012, 874 ff.

sierung“ von innerstädtischen Bereichen im Widerspruch zum Ziel der nachhaltigen städtebaulichen Entwicklung im Sinne des § 1 Abs. 5 S. 1 BauGB sowie dem Ziel des Vorrangs der Innenentwicklung stehen könnte.[65] Zukünftig könnte dies in verstärktem Umfang problematisch sein, denn das anstehende Gesetz zur Stärkung der Innenentwicklung in den Städten und Gemeinden als Planungsvorgabe in § 1 Abs. 5 S. 3 (neu) BauGB soll vorgeben, dass die städtebauliche Entwicklung vorrangig durch Maßnahmen der Innenentwicklung erfolgen soll.[66] Dem Grundsatz der Innenentwicklung soll damit im Rahmen der Bauleitplanung ein höheres Gewicht beigemessen werden. Zu berücksichtigen ist im vorliegenden Zusammenhang weiter, dass bei der anstehenden Novellierung des Baugesetzes mit dem Ziel der Stärkung der Innenentwicklung § 1a Abs. 2 BauGB um einen Satz 4 des Inhalts ergänzt werden soll, dass die Notwendigkeit der Umwandlung landwirtschaftlich oder als Wald genutzter Flächen unter Berücksichtigung beispielhaft aufgezählter Datengrundlagen (Ermittlungen zu Brachflächen, Gebäudeleerstand und Baulücken) begründet werden muss.[67]

Aus diesen Regelungen folgt jedoch nicht, dass Entsiegelungsflächen im unbeplanten Innenbereich – vorbehaltlich ihrer generellen Eignung[68] – nicht für den Ausgleich von Eingriffen, die über Bebauungspläne zugelassen werden, zur Verfügung gestellt werden dürfen. Der Grundsatz der nachhaltigen Stadtentwicklung des § 1 Abs. 5 BauGB und das Ziel, vorrangig den Innenbereich für die städtebauliche Entwicklung zu nutzen, stehen innerstädtischer Freiraumerhaltung nicht entgegen. Beide Zielsetzungen sind vielmehr gleichgerichtet und gleichgewichtig zu verfolgen. Auch durch die Sicherung der Lebensqualität innerstädtischer Räume, der die innerstädtische Freiraumerhaltung dient, wird dem Flächenverbrauch entgegengewirkt. Denn hierdurch wird die Attraktivität der Innenstädte gesteigert. Eine Freihaltung entsiegelter Flächen im unbeplanten Innenbereich von zukünftiger Bebauung entspricht im Übrigen auch den Zielen des Naturschutzes. Gemäß § 1 Abs. 1 BNatSchG sind diese im besiedelten und unbesiedelten Bereich zu verfolgen. § 1 Abs. 3 Nr. 2 BNatSchG bestimmt überdies ausdrücklich, dass nicht mehr genutzte versiegelte Flächen zu renaturieren sind. Nach § 1 Abs. 5 S. 2 BNatSchG sollen Grünflächen im unbeplanten Innenbereich erhalten bleiben. Abs. 6 des § 1 BNatschG regelt schließlich, dass Freiräume im besiedelten Bereich zu erhalten und dort, wo sie nicht im ausreichenden Maße vorhanden sind neu zu schaffen sind. Diese Zielkonkretisierungen sind bei der bauleitplanerischen Abwägung zu berücksichtigen. Sie enthalten Maßstäbe für die Aufbereitung und Berücksichtigung der Naturschutzbelange in der bauleitplanerischen Abwägung.[69] Angesichts der

65 Vgl. dazu Köck, Die städtebauliche Eingriffsregelung, NuR 2004, 1, 5.

66 Vgl. BT-Drucks. 17/11468, S. 16; BR-Drucks. 474/12, S. 23; Hagebölling, a. a. O. (Fn. 63), 100.

67 Dazu Hagebölling, a. a. O. (Fn. 63), S. 100; zur bisherigen Begründungspflicht vgl. OVG Lüneburg, Urt. v. 26.05.1997 – 1 L 6175/95 – NuR 1997, 612; Krautzberger, a. a. O. (Fn. 12), § 1a Rn. 10.

68 Dazu sogleich III 2.

69 Vgl. Mengel, a. a. O. (Fn. 3), § 1 Rn. 10; Stich, UPR 2002, 161, 162.

normativen Zielsetzungen des Naturschutzes, die darauf ausgerichtet sind, Flächen im unbeplanten Innenbereich zu entsiegeln und dauerhaft als solche zu erhalten sowie Freiräume im Innenbereich zu schaffen und zu bewahren, sowie der Relativität des Vorrangs der Innenentwicklung als Leitziel der Bauleitplanung in § 1 Abs. 5 BauGB, ist eine planerische Abwägung, die Entsiegelungsflächen im unbeplanten Innenbereich als Kompensationsflächen für durch den Bauleitplan zugelassene Eingriffe nutzt, nicht abwägungsfehlerhaft. Das gilt auch deshalb, weil § 1a BauGB gestattet, den räumlich funktionalen Zusammenhang zwischen Eingriffswirkungen und Ausgleichsmaßnahmen zu entkoppeln.

2. Eignung von Entsiegelungsflächen zur Kompensation von Eingriffen

Voraussetzung für eine Verwendung von Entsiegelungsflächen im unbeplanten Innenbereich als Kompensationsflächen für durch Bebauungspläne zugelassene Eingriffe in Natur und Landschaft ist, dass die Entsiegelungsflächen überhaupt geeignet sind, Eingriffe in Natur und Landschaft zu kompensieren. Kompensationsflächen müssen grundsätzlich die durch den Eingriff gestörten Funktionen mit übernehmen und insoweit aufwertungsbedürftig und -fähig sein.[70] Prinzipiell sind diese Voraussetzungen bei Entsiegelungsflächen im unbeplanten Innenbereich gegeben. Sie sind bereits als solche, so gerade wegen ihrer Entsiegelung geeignet, anderweitige Versiegelungen und die dadurch bedingten Eingriffe den Natur- und Wasserhaushalt sowie den Boden zu kompensieren. In den Hinweisen der Länder zum Vollzug der naturschutzrechtlichen Eingriffsregelung ist dies zum Teil ausdrücklich anerkannt. In Brandenburg ist hierin z. B. vorgesehen, dass Beeinträchtigungen des Bodens durch Versiegelung vorrangig durch Entsiegelungsmaßnahmen im Verhältnis 1:1 auszugleichen sind.[71] Auch der Entwurf der Kompensationsverordnung des Bundes sieht eine Entsiegelung als geeignete Kompensationsmaßnahme an, z. B. zur Verbesserung der Funktionen des Naturhaushaltes hinsichtlich der Qualität und Quantität des Grundwassers.[72] Prinzipiell sind Entsiegelungsmaßnahmen deshalb zur Kompensation von Eingriffen von Natur und Landschaft geeignet.

---

70 Vgl. BVerwG, Beschl. v. 10.09.1998 – 4 A 35.97 – NVwZ 1999, 532; Hess. VGH, Beschl. 24.05.2000 – 4 N 2660.91 – ZfBR 2001, 129.

71 Ministerium für ländliche Entwicklung, Umwelt und Verbraucherschutz des Landes Brandenburg (Hrsg.), Hinweise zum Vollzug der Eingriffsregelung (HVE), April 2009, 12.5, S. 33.

72 Dazu Entwurf einer Verordnung über die Kompensation von Eingriffen in Natur und Landschaft (Bundeskompensationsverordnung – BKompV), Stand: 05.11.2012, Anlage 4: Anforderungen an den Ausgleich und Ersatz bei erheblichen Beeinträchtigungen besonderer Schwere, dort Stichwort Funktionen bezüglich der Qualität und Quantität des Grundwasser.

In welchem Umfang sie angerechnet werden können, ist dabei eine Frage des Einzelfalls. Geht es lediglich darum, die mit einer Versiegelung verbundenen Beeinträchtigungen auszugleichen, kommt eine 1:1 Anrechnung entsprechend der Fläche der Ver-/Entsiegelung in Betracht. Sollen andere, durch im Bebauungsplan zugelassene Eingriffe gestörte Funktionen des Naturhaushaltes kompensiert werden, ist im Einzelfall anhand der gängigen Methoden festzustellen, inwieweit eine Kompensation möglich ist. Für die Bauleitplanung ist dabei zu beachten, dass gemäß § 200a BauGB in der Bauleitplanung Ausgleichs- und Ersatzmaßnahmen grundsätzlich gleichgestellt sind; die Unterscheidung von Ausgleichs- und Ersatzmaßnahmen entfällt in der Bauleitplanung[73]; dies gilt heute im Übrigen generell wegen § 15 Abs. 2 S. 1 BNatSchG für die Kompensation von Eingriffen.[74] In der Bauleitplanung kommen deshalb Entsiegelungsflächen im unbeplanten Innenbereich auch für den Ausgleich von anderweitigen Beeinträchtigungen des Naturhaushalts grundsätzlich in Betracht. Die Gemeinde kann in ihrer Abwägungsentscheidung festlegen, dass Entsiegelungsflächen generell Eingriffe kompensieren, dies jedenfalls dann, wenn andere Flächen nicht in erforderlichem Umfang zur Verfügung stehen oder die Entsiegelungsfläche ihrerseits naturschutzfachlich aufgewertet werden soll oder worden ist.

In die Entscheidung zur Wertigkeit des Ausgleichs ist im Übrigen einzubeziehen, ob und inwieweit Entsiegelungsflächen für Zwecke des Naturschutzes in Anspruch genommen werden. Werden sie einer natürlichen Sukzession überlassen oder naturschutzorientiert begrünt, kann auch insoweit eine Anrechnung als Kompensationsmaßnahme in Betracht kommen. Auch dies ist eine Frage des Einzelfalls.

3. Umsetzung der Kompensation durch Entsiegelungsflächen im unbeplanten Innenbereich

Werden Entsiegelungsflächen im unbeplanten Innenbereich als Ausgleichsflächen für durch Bebauungspläne zugelassene Eingriffe verwendet, handelt es sich um einen planexternen Ausgleich. Ein solcher planexterner Ausgleich ist gemäß § 1a Abs. 3 S. 3 BauGB grundsätzlich zulässig. Hiernach ist in der Bauleitplanung die funktionell-räumliche Zuordnung des Ausgleichs zum Eingriffsort gelockert. Die Gemeinden können – innerhalb der Grenzen planerischer Abwägung – nach § 1a

73 Vgl. Krautzberger, a. a. O. (Fn. 12), § 1a Rn. 17; vgl. auch Mitschang, a. a. O. (Fn. 2), § 1a Rn. 211 ff.

74 Einschränkend dazu: Gellermann, Naturschutzrecht nach der Novelle des BNatSchG, NVwZ 2010, 73, 76; Hendler/Brockhoff, Die Eingriffsregelung des neuen Bundesnaturschutzgesetzes, NVwZ 2010, 733, 735; vgl. Mitschang, a. a. O. (Fn. 2), § 1a Rn. 213e; dem Eingriffsverursacher stehe kein Wahlrecht zu; vielmehr obliege es ihm, im Rahmen seiner Antragstellung darzulegen, inwieweit eine Eingriffskompensation nur durch Ausgleichsmaßnahmen oder ergänzend auch unter Hinzuziehung von Ersatzmaßnahmen möglich ist; anders Koch, a. a. O. (Fn. 7), § 15 Rn. 21; vgl. Meßerschmidt, a. a. O. (Fn. 5), § 15 BNatSchG Rn. 37.

Abs. 3 S. 3 BauGB Darstellungen und Festsetzungen über Ausgleichsmaßnahmen auch an anderer Stelle als am Ort des Eingriffs treffen. Über diese räumliche Flexibilisierung im Plangebiet hinaus gestattet § 1 a Abs. 3 S. 4 BauGB der Gemeinde, anstelle von Darstellungen und Festsetzungen vertraglicher Vereinbarungen nach § 11 BauGB bei sonstigen geeigneten Maßnahmen zum Ausgleich auch von der Gemeinde bereitgestellten Flächen zu treffen. Diese Regelung erlaubt es der Gemeinde, in 2-facher Weise Entsiegelungsflächen im unbeplanten Innenbereich zur Kompensation von Eingriffsfolgen einzusetzen, die durch einen Bebauungsplan ausgelöst werden:[75]

- Die Gemeinde kann mit Dritten, die Eigentümer von Entsiegelungsflächen im unbeplanten Innenbereich sind, einen städtebaulichen Vertrag über die Nutzung dieser Flächen als Kompensationsflächen für Eingriffe durch Bebauungspläne schließen.
- Die Gemeinde kann solche Flächen selbst für den Ausgleich zur Verfügung stellen.

Städtebauliche Verträge kommen vor allem zur Sicherung der Ausgleichsverpflichtungen in Betracht, die im Rahmen eines vorhabenbezogenen Bebauungsplanes entstehen.[76] In einem derartigen Vertrag kann sich der Vorhabenträger verpflichten, die eingriffsbedingte Ausgleichsverpflichtung auf einen vorhabenbezogenen Bebauungsplan durch Entsiegelung eigener Fläche im unbeplanten Innenbereich oder solcher Flächen, auf die er einen rechtlich gesicherten Zugriff hat, zu kompensieren.

Im Übrigen ist bei der vertraglichen Regelung zur Inanspruchnahme privater Entsiegelungsflächen im unbeplanten Innenbereich als Kompensationsmaßnahme das Koppelungsverbot zu beachten, das generell für städtebauliche Verträge gemäß § 11 BauGB gilt. Hiernach ist eine von einem Vertragspartner zu erbringende Leistung unzulässig, wenn er ohne sie einen Rechtsanspruch auf die Gegenleistung hätte.[77] Nach diesem Koppelungsverbot kann die Gemeinde insbesondere die Zulassung eines Bauvorhabens im unbeplanten Innenbereich nicht davon abhängig machen, dass der Private eine Entsiegelungsfläche, die in diesem Zusammenhang realisiert wird, vertraglich für eine Kompensation eines bebauungsplanbedingten Eingriffs an anderer Stelle, der von ihm nicht verursacht wird, zur Verfügung stellt.[78] Insbesondere wegen des Koppelungsverbotes bestehen für die Gemeinde deshalb

75 Generelle Alternativen der Gemeinde, den Ort des Ausgleich festzusetzen: Mitschang, a. a. O. (Fn. 2), § 1a Rn. 270; vgl. Schink, Neuerungen zum Baurechtskompromiss, DVBl 1998, 609, 613.

76 Dazu: Mitschang, a. a. O. (Fn. 2), § 1a Rn. 303.

77 Vgl. BVerwG, Urt. v. 16.05.2000 – 4 C 4.99 – UPR 2001, 29.

78 Vgl. BVerwG, Beschl. v. 25.11.1980 – 4 B 140.80 – NJW 1981, 1447; Unzulässigkeit der Erteilung des gemeindlichen Einvernehmens für ein Bauvorhaben im unbeplanten Innenbereich in Abhängigkeit vom Abschluss eines Folgekostenvertrages. Dazu auch Reidt, Rechtsfolgen bei nichtigen städtebaulichen Verträgen, NWvZ 1999, 149.

relativ enge Grenzen für die Sicherstellung einer Ausgleichsverpflichtung über einen städtebaulichen Vertrag gemäß § 11 BauGB. Regelmäßig werden solche Verträge nur zum Ausgleich von Kompensationsverpflichtungen für Eingriffe in Betracht kommen, die durch einen Vorhaben- und Erschließungsplan zugelassen werden.

Die zweite Möglichkeit für die Gemeinde besteht darin, Entsiegelungsflächen im unbeplanten Innenbereich gemäß § 1a Abs. 3 S. 4 BauGB für den Ausgleich bereitzustellen. Nach dieser Regelung können anstelle von Darstellungen und Festsetzungen zum Ausgleich von zu erwartenden Eingriffen auch geeignete Maßnahmen auf von der Gemeinde bereitgestellten Flächen getroffen werden. Für eine solche Maßnahme werden im BauGB keine spezifischen rechtlichen Anforderungen gestellt. Solche Flächen können auch außerhalb des Bebauungsplangebietes, ja selbst außerhalb des Gemeindegebietes liegen. Allerdings muss der bauleitplanerischen Abwägung des Eingriffsbebauungsplanes entnommen werden können, welche Flächen und welche Maßnahmen für die Eingriffsbewältigung vorgesehen sind.[79] Die Gemeinde wird deshalb in der Planbegründung insbesondere darzustellen haben, wo die Entsiegelungsflächen gelegen sind und in welchem Umfang sie für einen Ausgleich bebauungsplanbedingter Eingriffe in Natur und Landschaft angerechnet werden sollen.

Weitere Voraussetzung für die Umsetzung einer Kompensationsverpflichtung aus einem Bebauungsplan durch die Bereitstellung von Entsiegelungsflächen im unbeplanten Innenbereich ist, dass rechtlich dauerhaft gesichert wird, dass die Entsiegelungsflächen als Ausgleichsflächen zur Verfügung stehen.[80] Das gemeindliche Grundeigentum an diesen Flächen dürfte kaum ausreichen, dauerhaft die Ausgleichsfunktion der Entsiegelungsfläche sicherzustellen.[81] Das gilt insbesondere für Entsiegelungsflächen im unbeplanten Innenbereich. Häufig können diese bebaut werden, weil sich Bauvorhaben auf diesen Flächen in die Umgebungsbebauung nach Art und Maß der Nutzung einfügen. Dies könnte Anlass geben, solche Flächen nicht zuletzt mit dem Ziel einer vorrangigen Innenentwicklung nach gewisser Zeit ohne Rücksicht auf ihren funktionellen Eingriffsausgleich für eine bauliche Nutzung in Anspruch zu nehmen.[82] Für eine Flächensicherung ist es nicht als ausreichend angesehen worden, wenn nicht feststand, in wessen Eigentum die vorgesehenen Ausgleichsflächen stehen und ob der Eingriffsverursacher überhaupt die Verfügungsgewalt über die betreffenden Flächen hat,[83] wenn keine planerische Ab-

79 Vgl. Krautzberger, a. a. O. (Fn. 12), § 1a Rn. 27; Mitschang, a. a. O. (Fn. 2), § 1a Rn. 278; vgl. Schink, a. a. O. (Fn. 76), 614.

80 So: Köck, NuR 2004, S.5 f.; Thum, Rechtsprechungs-Report: Bauplanerische Eingriffsregelung, ZUR 2004, 278, 283 f.; Schink, a. a. O. (Fn. 78), 614.

81 So aber: Battis/Krautzberger/Löhr (Hrsg.), Die Neuregelungen des Baugesetzbuches zum 01.01.1998, NVwZ 1997, 1145, 1154.

82 Zu dieser Gefahr: BVerwG, Beschl. v. 18.11.1997 – 4 BN 26.97 – NVwZ-RR 1998, 552; vgl. Mitschang, a. a. O. (Fn. 2), § 1a Rn. 279 f.

83 Vgl. BayVGH, Urt. v. 30.03.2010 – 8 N 09.1870 – 1875 – NuR 2010, 505, 509 f.

sicherung erfolgt ist[84] oder wenn die planexterne Kompensation durch Nutzung von Entsiegelungsflächen lediglich in die Planbegründung aufgenommen wurde.[85] Ausreichend sein kann demgegenüber der Abschluss eines Vertrages der Gemeinde mit der Unteren Naturschutzbehörde, aus dem sich ergibt, dass die Gemeinde bereit ist, die Kompensationsmaßnahme tatsächlich durchzuführen und dauerhaft zu erhalten.[86] Auch eine Darstellung der Kompensationsfläche als solche im Flächennutzungsplan ist ausreichend.[87] Ist die Gemeinde nicht selbst Eigentümerin muss eine zivilrechtliche Sicherung (z. B. Dienstbarkeit) oder eine öffentlich-rechtliche (Baulast) bestehen; in der Rechtsprechung wird hierzu der Abschluss eines Vertrages mit dinglicher Sicherung gefordert.[88]

84 Vgl. BayVGH, Urt. v. 07.11.2006 – 14 N 04.107 – Beck Rs. 2009, 38514.
85 Vgl. OVG Berlin-Brandenburg, Urt. v. 25.02.2012 – OVG 2 A 18.07 – Juris Rn. 46.
86 Vgl. BVerwG, Beschl. v. 18.07.2003 – 4 BN 37.03 – NVwZ 2003, 1515, 1516.
87 Vgl. OVG Lüneburg, Urt. v. 22.03.2001 – 1 K 2294/99 – BauR 2001, 1542; Schink, a. a. O. (Fn. 76), 614.
88 Vgl. OVG Lüneburg, Urt. v. 25.06.2008 – 1 KN 132.06 – NuR 2008, 714.

Innenentwicklung und Klimaschutz – besteht ein Vorrang?

Christian-W. Otto

I. Fragestellung

Der Bundestag hat am 25. April 2013 das Gesetz zur Stärkung der Innenentwicklung in den Städten und Gemeinden und weiteren Fortentwicklung des Städtebaurechts[1] beschlossen. Der Bundesrat hat in seiner Sitzung vom 3. Mai 2013 nicht die Einberufung des Bundesrates gem. Art. 77 Abs. 2 GG beantragt, so dass das Gesetz verkündet werden kann. Damit ist ein weiteres Gesetzeswerk vollendet,[2] das die Innenentwicklung zum Gegenstand hat. Nicht nur wegen der durch dieses Gesetz erneut bezweckten Stärkung der Innenentwicklung stellt sich die Frage nach dem Verhältnis zwischen einerseits der Innenentwicklung und andererseits dem Klimaschutz, dessen Verbesserung das Anliegen des Gesetzes zur Förderung des Klimaschutzes bei der Entwicklung in den Städten und Gemeinden[3] aus dem Jahre 2011 war.[4] Allerdings kann die Frage nach dem Verhältnis von Innenentwicklung und Klimaschutz nur dann zutreffend beantwortet werden, wenn beide Begriffe bzw. die dahinter stehenden Anliegen in der Bauleitplanung nach den gleichen Maßstäben beurteilt werden. Nur bei einem derartigen Verhältnis ist es überhaupt

1 Vgl. BT-Drucks. 17/11468; dazu Krautzberger/Stüer, BauGB-Novelle 2013, DVBl. 2013 Heft 13; Berkemann, DVBl. 2013 Heft 13; Schlesinger, Novellierung des BauGB 2011 und 2013 mit den Schwerpunkten Klimaschutz und Innenentwicklung, NVwZ 2013, 269 f.; Hagebölling, Das Gesetz zur Stärkung der Innenentwicklung in den Städten und Gemeinden und weiteren Fortentwicklung des Städtebaurechts, in: NuR 2013, 99 ff.; Krautzberger, Gesetz zur Stärkung der Innenentwicklung und zur weiteren Fortentwicklung des Städtebaurechts, in: UPR 2012, 380 ff.; Stüer, Städtebaurechtsnovelle 2012, in: DVBl 2012, 1017 ff.; Planspiel zur Novellierung des Bauplanungsrechts, Difu November 2012.

2 Vgl. zum Ablauf des Gesetzgebungsverfahrens, Krautzberger/Stüer, DVBl 2013, Heft 13.

3 BGBl I S. 1509.

4 Vgl. allgemein dazu Krautzberger, Klimaschutz als Aufgabe der Stadterneuerung und des Stadtumbaus, in: DVBl 2012, 69 ff.; Mitschang, Die Auswirkungen der Klimaschutz-Novelle auf die kommunale Bauleitplanung, in: DVBl 2012, 134 ff.; Schröer/Kullick, Lagebericht zur Novellierung des Baugesetzbuchs – Klima und Innenentwicklung, in: NZBau 2012, 98 f.; Söfker, Das Gesetz zur Förderung des Klimaschutzes bei der Entwicklung in den Städten und Gemeinden, in: ZfBR 2011, 541 ff.; Krautzberger/Stüer, Neues Städtebaurecht des Bundes aus Gründen des Klimaschutzes, in: BauR 2011, 1416 ff.; Portz, Neues Baurecht soll zum Klimaschutz beitragen, in: StG 2011, 487 ff.; Wilke, Die "Klimaschutznovelle" als erste Stufe zur Reform des Bauplanungsrechts, in: BauR 2011, 1744 ff.; Wickel, Klimaschutz und Städtebau – Das Gesetz zur Förderung des Klimaschutzes bei der Entwicklung in den Städten und Gemeinden, in: UPR 2011, 416 ff.; B. Stüer, E.-M. Stüer, Die BauGB-Klimanovelle und das Energiefach- und -finanzierungsrecht 2011, in: DVBl 2011, 1117 ff.; Otting, Klimaschutz durch Baurecht, in: REE 2011, 125 ff.

möglich, dass Innenentwicklung und Klimaschutz im Rahmen der Bauleitplanung in einem echten Konkurrenzverhältnis zueinander stehen.

Das hier angesprochene Konkurrenzverhältnis kann vor allem in der Abwägung nach § 1 Abs. 7 BauGB auftreten. In die planerische Abwägung sind die verschiedenen Belange, die von der Bauleitplanung mehr als nur unerheblich betroffen sind, einzustellen, zu gewichten und zu einem gerechten Ausgleich zu bringen.[5] Es stellt sich daher für die Gemeinden bei der bauleitplanerischen Abwägung oftmals die Frage, ob Innenentwicklung oder Klimaschutz von vergleichsweise größerem Gewicht für die Abwägungsentscheidung sind. Die Beantwortung der Frage, ob einer der beiden Belange einen abstrakten Abwägungsvorrang besitzt, ist für die planende Gemeinde von gravierender Bedeutung. Denn das Abwägungsgebot ist verletzt, wenn der Ausgleich zwischen den von der Planung berührten Belangen in einer Weise vorgenommen wird, der zur objektiven Gewichtigkeit dieser Belange außer Verhältnis steht.[6] Wie es sich mit der objektiven Gewichtigkeit beider Belange „Klimaschutz" und „Innenentwickung" verhält, wie also die Frage nach dem Vorrang einer der beiden Belange zu beantworten ist, ergibt sich allein aus dem Baugesetzbuch. Die dort getroffenen Regelungen stellen sich wie folgt dar.

II. Innenentwicklung

Die Innenentwicklung im Sinne von § 13a Abs. 1 BauGB wird verstanden als die Wiedernutzbarmachung von Flächen, die Nachverdichtung oder als ähnliche Maßnahmen der Stadtentwicklung.[7] Der Begriff der Innenentwicklung in § 1a Abs. 2 Satz 1 und 4 sowie § 13a Abs. 1 Satz 1 BauGB ist ein unbestimmter Rechtsbegriff. Er ist in seinen rechtlichen Anforderungen von dem Begriff „Innenbereich" in § 34 BauGB zu unterscheiden.[8] Wie der Gesetzgeber in der neuen Formulierung der Abwägungsdirektive[9] in § 1a Abs. 2 Satz 4 BauGB verdeutlicht, geht es ihm darum, dass die städtebauliche Entwicklung insbesondere auf Brachflächen und in Baulücken konzentriert wird, dass leerstehende Gebäude wiedergenutzt werden.[10] Gleichsam als Auffangtatbestand sind in § 1a Abs. 2 BauGB andere Nachverdich-

5 Vgl. BVerwGE 34, 301, 309; 45, 309, 325 f.; 47, 144, 148; 59, 87, 98.

6 Vgl. ebenda.

7 Eingehend zu den Planungsinstrumenten der Innenentwicklung, vgl. Mitschang, in: ZfBR 2013, 324 ff.

8 Vgl. Ernst/Zinkahn/Bielenberg/Krautzberger (Hrsg.), BauGB, Loseblattsammlung, München, § 13a Rn. 27; Battis/Krautzberger/Löhr (Hrsg.), BauGB, 11. Aufl. München 2009, § 13a Rn. 4.

9 Vgl. zu dieser Beschreibung von § 1a Abs. 2 BauGB, OVG Münster, Urt. v. 18.02.2013 – 2 D 38/12.NE – Juris.

10 Vgl. OVG Saarland, Urt. v. 4.10.2012 – 2 C 305/10 – Juris; vgl. OVG Koblenz, Urt. v. 24.02.2010 – 1 C 10852/09 – Juris; vgl. OVG Münster, Urt. v. 18.02.2013 – 2 D 38/12.NE – Juris.

tungsmöglichkeiten der Innenentwicklung zugeschlagen. Dahinter steckt die im Wort „Innenentwicklung“ enthaltene Idee, die städtebauliche Entwicklung in das Innere der Städte zu verlagern. Damit läuft die Innenentwicklung auf eine verdichtete Bebauung, nicht unbedingt innerhalb des klassischen Innenbereichs, hinaus. Die Innenentwicklung zielt auf das Modell der kompakten Stadt mit dichter Bebauung und kurzen Wegen ab.

Umgekehrt soll die Außenentwicklung verringert werden, wenn nicht ganz unterbleiben. Ziel der planungsrechtlichen Förderung der Innenentwicklung ist der Schutz des Außenbereichs vor einer weiteren Bebauung. Die Innenentwicklung soll dazu beitragen, dass die Nationale Nachhaltigkeitsstrategie,[11] die eine Reduzierung der Flächeninanspruchnahme auf weniger als 30 ha pro Tag vorsieht, Realität wird. Neue Instrumente für die Innenentwicklung schuf der Gesetzgeber mit dem Gesetz zur Erleichterung von Planungsvorhaben für die Innenentwicklung der Städte vom 21. Dezember 2006.[12] Die jüngste Baurechtsnovelle 2013[13] knüpft an diese gesetzgeberischen Impulse an.[14]

Die genaue Bestimmung des Begriffs „Innenentwicklung“ ist für die Gemeinde von großer Bedeutung geworden. Nachdem der Europäische Gerichtshof die Fehlerheilungsvorschrift des § 214 Abs. 2a Nr. 1 BauGB für unanwendbar und darauf folgend der Bundestag diese Regelung aufgehoben hat,[15] ist der Bebauungsplan, wenn die Gemeinde fehlerhaft von den Instrumenten des § 13a BauGB Gebrauch macht, unwirksam. Denn liegen die Voraussetzungen nach § 13a Abs. 1 Satz 1 BauGB für das beschleunigte Verfahren der Innenentwicklung nicht vor, so begründen der Ausfall der Umweltprüfung und das Fehlen des Umweltberichts künftig erhebliche Verfahrensfehler.

III. Regelungen über die Innenentwicklung

In dem Gesetz zur Stärkung der Innenentwicklung in den Städten und Gemeinden und weiteren Fortentwicklung des Städtebaurechts wird die Innenentwicklung durch § 1 Abs. 5 Satz 3 BauGB zu einer allgemeinen Planungsleitlinie hochgestuft („Hierzu soll die städtebauliche Entwicklung vorrangig durch Maßnahmen der Innenentwicklung erfolgen.“).[16] Niedergeschlagen hatte sich dieses Ziel der Bauleitplanung bereits bei den Planungsgrundsätzen des § 1 Abs. 6 BauGB und in den

---

11 Vgl. Die Bundesregierung, Nationale Nachhaltigkeitsstrategie – Fortschrittsbericht 2012, Berlin, Stand 31.10.2011, S. 70.

12 Vgl. BGBl. I, 3316.

13 Vgl. BT-Drucks., a. a. O. (Fn. 1).

14 Vgl. BT-Drucks., a. a. O. (Fn. 1).

15 Vgl. EuGH, Urt. v. 18.04.2013 – Rs. C-463/11 – Juris; BT-Drucks. 17/13272 v. 24.04.2013.

16 Vgl. BT-Drucks., a. a. O. (Fn. 1).

ergänzenden Vorschriften zum Umweltschutz in § 1a Abs. 2 BauGB. Die dort aufgeführten Belange des Umweltschutzes sind in die Abwägung einzustellen. Danach hat die Gemeinde in der Bauleitplanung insbesondere das Gebot zu berücksichtigen, mit Grund und Boden sparsam und schonend umzugehen und Maßnahmen der Innenentwicklung zu nutzen.[17] Weiter gestärkt werden die Planungsleitlinie in § 1 Abs. 5 BauGB und die Planungsgrundsätze in § 1 Abs. 6 BauGB durch den mit dem durch das Gesetz zur Stärkung der Innenentwicklung in den Städten und Gemeinden und weiteren Fortentwicklung des Städtebaurechts neu eingefügten Satz 4 in der Abwägungsdirektive des § 1a Abs. 2 BauGB („*Die Notwendigkeit der Umwandlung landwirtschaftlich oder als Wald genutzter Flächen soll begründet werden; dabei sollen Ermittlungen zu den Möglichkeiten der Innenentwicklung zugrunde gelegt werden, zu denen insbesondere Brachflächen, Gebäudeleerstand, Baulücken und andere Nachverdichtungsmöglichkeiten zählen können.*“).

Diese gesetzliche Vorgaben in §§ 1, 1a BauGB bewirken bei der Aufstellung von Bauleitplänen insbesondere für die im Außenbereich gelegenen Flächen, dass die Gemeinde vor der Ausweisung von neuen Bauflächen zunächst die vorhandenen Baulücken erfasst und auf ihre Eignung zur Deckung des Bauflächenbedarfs untersucht. Dazu werden die Gemeinden auch über § 2 Abs. 4 Satz 1 BauGB gezwungen. Denn sie haben in einem Umweltbericht die diesbezüglichen Auswirkungen der Planung auf die Umwelt und mögliche Ausgleichsmaßnahmen zu ermitteln und zu beschreiben. Da die gesamte Prüfung nach § 1a Abs. 2 BauGB zugleich Gegenstand der Umweltprüfung und der dort geforderten Alternativenprüfung ist, ist diese Prüfung im Umweltbericht speziell zu dokumentieren. Es bleibt zu wünschen, dass die Anlage 1 zum Baugesetzbuch deswegen ergänzt wird. Ansonsten bietet es sich an, die spezielle Alternativenprüfung im Umweltbericht nach Anlage 1 Nr. 2d) einzubauen.

Sofern die Gemeinde einen Bebauungsplan der Innenentwicklung im Sinne von § 13a BauGB aufstellt, sind diese Fragen ohne Relevanz, weil die Gemeinde damit zugleich die angestrebte Innenentwicklung betreibt. Ebenso bleiben diese Vorgaben, insbesondere die Alternativenprüfung nach § 1a Abs. 2 Satz 4 BauGB für die Bauleitplanung im Innenbereich gem. § 34 Abs. 1 BauGB irrelevant, weil die Innenbereichsbebauung gerade das Ziel der Innenentwicklung ist.

Bei aller Stärkung der Innenentwicklung darf jedoch auch nicht übersehen werden, dass weder die sog. Bodenschutz-Klausel des § 1a Abs. 2 BauGB noch die Regelungen über die bodenschützenden und flächensparenden Belange in § 1 BauGB ein „Versiegelungsverbot“ oder eine „Baulandsperre“ in dem Sinn vorschreiben, dass eine städtebauliche Entwicklung nicht oder nur dann möglich ist, wenn innerörtliche Entwicklungsmöglichkeiten umfassend ausgeschöpft sind.[18] Der Bundesge-

17 Vgl. §§ 1 Abs. 6 Nr. 7, 1a Abs. 2 BauGB.

18 Kritisch auch Krautzberger/Stüer, DVB 2013 Heft 13; vgl. BayVerfGH, BayVBl 2011, S. 14 f.; BayVerfGH, Urt. v. 17.03.2011 – Vf. 17-VII-10 – Juris; vgl. Krautzberger, a. a. O. (Fn. 8), § 1a Rn. 7.

setzgeber hat den Belangen der Innenentwicklung keinen generellen gesetzlichen Vorrang eingeräumt.[19] Ein Zurückstellen der in § 1a Abs. 2 Satz 1 BauGB genannten Belange bedarf jedoch einer Rechtfertigung, die dem Gewicht dieser vom Gesetzgeber herausgehobenen Belange Rechnung trägt.[20]

IV. Klimaschutz

Durch die Klimaschutznovelle des BauGB vom 22. Juli 2011[21] hat der Gesetzeber auch im Bereich des Bauplanungsrechts die Energiewende schaffen wollen.[22] Fragen des globalen Klimaschutzes sollen auf kommunaler Ebene in den Bauleitplänen in der Weise beantwortet werden dürfen, dass die Gemeinde befugt ist, die Bodennutzung so zu gestalten, dass das Klima geschützt wird. Die Gemeinde wird also zu prüfen haben, was deswegen planerisch erforderlich ist.[23] Insbesondere wird sie darauf stoßen können, dass der praktische Klimaschutz die Freihaltung von Gemeindeflächen auch im Innenbereich fordern kann. Beispielhaft dafür stehen Festsetzungen, die bestimmte Bodennutzungen bezwecken wie zum Beispiel: Kaltluftschneisen, Grün-, Frei- und Wasserflächen, Anpflanzungen und Begrünungen (jeweils zur Verringerung der Hitzebelastung), Versorgungsflächen für den Einsatz Erneuerbarer Energien, Vergrößerung von Abstandsflächen zur Vermeidung von Verschattung, Freihaltung von Flächen für den Hochwasserschutz bzw. Wasserabfluss.

Mit dieser Aufzählung ist der mögliche Kreis von Gründen und Nutzungen, die dem Klimaschutz dienen, nicht abgeschlossen. Sie machen aber deutlich, dass Festsetzungen, die dem Klimaschutz oder der Anpassung an den Klimawandel dienen sollen, oftmals gerade nicht auf eine Verdichtung im Innenbereich gerichtet sind, sondern dort die Freihaltung von Flächen fordern.[24] Infolge dessen kann sogar eine Ausdehnung der Siedlungstätigkeit in den Außenbereich aus Gründen des Klimaschutzes geboten sein.

---

19 Vgl. OVG Münster, Urt. v. 18.02.2013 – 2 D 38/12.NE – Juris.

20 Vgl. BVerwG, Beschl. v. 12.06. 2008 – 4 BN 8.08 –, BRS 73 Nr. 12 = BauR 2008, 1416.

21 Vgl. BGBl I S. 1509.

22 Vgl. allgemein dazu Krautzberger, a. a. O. (Fn. 4), S. 69 ff.; vgl. Mitschang, a. a. O. (Fn. 4), S. 134 ff.; vgl. Söfker, a. a. O. (Fn. 4), S. 541 ff.; vgl. Krautzberger/Stüer, a. a. O. (Fn. 4), 1416 ff.; vgl. Portz, a. a. O. (Fn. 4), S. 487 ff.; vgl. Wilke, a. a. O. (Fn. 4), S. 1744 ff.; vgl. Wickel, a. a. O. (Fn. 4), S. 416 ff.; vgl. Schröer/Kullick, a. a. O. (Fn. 4), S. 98 f.; vgl. Stüer/Stüer, a. a. O. (Fn. 4), S. 1117 ff.; vgl. Otting, a. a. O. (Fn. 4), S. 125 ff.

23 Vgl. eingehend Söfker, in: Ernst/Zinkahn/Bielenberg/Krautzberger (Hrsg.), BauGB, Loseblattsammlung, München, § 1 Rn. 107a-f.

24 Vgl. Mitschang, Die Auswirkungen der Klimaschutz-Novelle auf die kommunale Bauleitplanung, DVBl 2012, 134 ff.

V. Regelungen über den Klimaschutz

Der Klimaschutz hat seinen verstärkten Eingang in die Abwägung durch die Abwägungsleitlinien in § 1 Abs. 5 Satz 2 BauGB (Klimaschutzklausel) gefunden („*Sie sollen dazu beitragen, eine menschenwürdige Umwelt zu sichern, die natürlichen Lebensgrundlagen zu schützen und zu entwickeln sowie den Klimaschutz und die Klimaanpassung, insbesondere auch in der Stadtentwicklung, zu fördern, sowie die städtebauliche Gestalt und das Orts- und Landschaftsbild baukulturell zu erhalten und zu entwickeln.*“). Die Abwägungsrelevanz des Klimaschutzes wird durch den Planungsgrundsatz in § 1 Abs. 6 Nr. 7 lit. a) BauGB betont („*6. Bei der Aufstellung der Bauleitpläne sind insbesondere zu berücksichtigen: 7. die Belange des Umweltschutzes, einschließlich des Naturschutzes und der Landschaftspflege, insbesondere a) die Auswirkungen auf Tiere, Pflanzen, Boden, Wasser, Luft, Klima und das Wirkungsgefüge zwischen ihnen ...*“). Die Bedeutung des Klimaschutzes in der Stadtplanung wird nicht zuletzt durch die Planungsgrundsätze des § 1 Abs. 6 Nr. 7 BauGB verstärkende Umweltschutzbestimmung der Abwägungsdirektive in § 1a Abs. 5 BauGB besonders hervorgehoben („*Den Erfordernissen des Klimaschutzes soll sowohl durch Maßnahmen, die dem Klimawandel entgegenwirken, als auch durch solche, die der Anpassung an den Klimawandel dienen, Rechnung getragen werden. Der Grundsatz nach Satz 1 ist in der Abwägung nach § 1 Absatz 7 zu berücksichtigen.*“). Durch die Aufnahme des Klimaschutzes und der Anpassung an den Klimawandel in § 1 Abs. 6 Nr. 7 und § 1a Abs. 5 BauGB werden diese Belange gem. § 2 Abs. 4 Satz 1 BauGB zugleich zum Gegenstand der Umweltprüfung.

VI. Welcher Belang hat Vorrang?

Die Vorgaben für den Klimaschutz und die Innenentwicklung in §§ 1, 1a BauGB sind weit entfernt von einem Optimierungsgebot, wie es etwa in § 50 Satz 1 BImSchG[25] zu finden ist. Die Zielsetzung, den Außenbereich zu schonen und im Innenbereich die Bebauungen und bauliche Nutzung des Bodens zu fördern und zu intensivieren, ist ohne abstrakten oder relativen Vorrang. Der Gesetzgeber hat einen abstrakten Vorrang der Belange der Innenentwicklung nicht formuliert.[26] Die für die Innenentwicklung streitenden Belange sind in die Abwägung einzustellen. Sie vermögen aber nicht von sich aus, die Belange des Klimaschutzes und der Klimaanpassung hintenanzustellen.

---

25 Als Optimierungsgebot bezeichnet von BVerwG, Beschl. v. 7.07.2004 – 4 BN 16/04 – ZfBR 2005, 71 f. = BRS 67 Nr. 33, als Abwägungsdirektive bezeichnet von BVerwG, Urt. v. 22.03.2007 – 4 CN 2/06 – ZfBR 2007, 466 ff.; § 50 Satz 2 BImSchG enthält aber nur ein Berücksichtigungsgebot, vgl. VGH Mannheim, GewArch 2013, 223 (Leitsatz); vgl. Jarass, BImSchG Kommentar, 9. Aufl. München 2012, § 50 Rn. 40.

26 Vgl. OVG Münster, Urt. v. 18.02.2013 – 2 D 38/12.NE – Juris.

Gleiches gilt für die Belange des Klimaschutzes und der Klimaanpassung. Der Klimaschutz und die Anpassung an den Klimawandel bleiben trotz ihrer redundanten Aufnahme in §§ 1, 1a BauGB ohne abstrakten Vorrang in der Abwägung. Sie sind stets in die Abwägung einzustellen und mit ihrem objektiven Gewicht, welches regelmäßig erheblich ist, zu berücksichtigen.

Ob und wie sich die Belange des Klimaschutzes und der Anpassung an den Klimawandel einerseits und die Belange der Innenentwicklung andererseits in der Bauleitplanung durchsetzen und zur Geltung kommen, hängt entscheidend von den individuellen Verhältnissen im Planungsraum und der Städtebaupolitik der Gemeinde ab. Sofern die Gemeinde in ihrer Städtebaupolitik sich die Förderung der einen oder der anderen Belange auf die Fahne geschrieben oder dafür sogar informelle Konzepte entwickelt hat, ist es ihr unbenommen, diese in dem jeweiligen Bauleitplan verstärkt zum Tragen zu bringen. In Abhängigkeit davon können diese Belange sich in der jeweiligen Abwägung und Abwägungsentscheidung vermehrt niederschlagen und gegen andere Belange durchsetzen.[27]

VII. Was ändert sich durch § 1a Abs. 5 Satz 3 BauGB-neu

Im Gesetz zur Stärkung der Innenentwicklung in den Städten und Gemeinden und weiteren Fortentwicklung des Städtebaurechts vom 24. April 2013[28] wird § 1a Abs. 5 BauGB um Satz 3 ergänzt. Der neue Satz 3 lautet: „*Hierzu soll die städtebauliche Entwicklung vorrangig durch Maßnahmen der Innenentwicklung erfolgen.*“ Da der Gesetzgeber an dieser Stelle das Wort „vorrangig“ gebraucht, drängt sich die Frage auf, ob die Innenentwicklung dadurch einen Vorrang vor anderen Belangen gewinnen soll.

Der neue Satz 3 in § 1 Abs. 5-neu BauGB fällt zunächst durch seine Formulierung auf. Denn anders als bei § 1 Abs. 3 BauGB hat der Gesetzgeber den Begriff „Entwicklung“ nicht in Kombination mit dem Begriff „Ordnung“ gebraucht. Warum in § 1 Abs. 5 Satz 3 BauGB dieses Begriffspaar nicht verwendet wird, sondern nur auf die städtebauliche Entwicklung abgestellt wird, ist nicht erklärlich. Die Gesetzgebungsmaterialien geben dafür nichts her. In diesen wird nur auf die städtebauliche Entwicklung abgestellt. D. h., für Maßnahmen der städtebaulichen Ordnung bleibt § 1 Abs. 5 Satz 3-neu BauGB auf den 1. Blick ohne Relevanz. Ob dies tatsächlich so gewollt ist, erscheint fraglich. Zumal dieses Begriffspaar auch an anderer Stelle, vgl. § 4 Abs. 2, § 22 Abs. 4, § 165 Abs. 2, § 166 Abs. 2 BauGB bzw. sprachlich etwas umgestellt verwendet wird, vgl. § 8 Abs. 2 Satz 2; § 13a Abs. 2 Nr. 2, § 22 Abs. 1 BauGB. Es erscheint daher sachgerecht, den Begriff der städtebaulichen Ordnung in § 1a Abs. 5 Satz 3-neu BauGB hineinzulesen. § 1 Abs. 5 Satz 3-neu

27 Vgl. allgemein dazu Söfker, a. a. O. (Fn. 23), § 1 Rn. 101 f.
28 Vgl. BT-Drucks., a. a. O. (Fn. 1).

BauGB hieße dann vollständig: „Hierzu soll die städtebauliche Entwicklung und Ordnung vorrangig durch Maßnahmen der Innenentwicklung erfolgen."

Weitere Schwierigkeiten schafft zudem der Beginn des Satzes mit dem Wort „hierzu". Dieses Wort wird im Baugesetzbuch regelmäßig im Zusammenhang mit Aufzählungen gebraucht. Eine Aufzählung, die durch Satz 3 ergänzt wird, findet sich jedoch nicht in den Sätzen 1 und 2. Dort werden die verschiedenen Aufgaben genannt, die die Bauleitpläne zu erfüllen haben. Mit dem Wort „hierzu" wird wohl auf diese Aufgaben Bezug genommen, diese aber nicht ergänzt. Auch die Bezugnahme auf das Subjekt des vorhergehenden Satzes, die Bauleitpläne, ergibt gar keinen Sinn. Das Wort „hierzu" wird wohl vielmehr instrumentell verwendet. Gemeint ist, dass die Gemeinde bei der bauleitplanerischen Erfüllung der ihr durch § 1 Abs. 5 Satz 1 und 2 BauGB gestellten Aufgaben vorrangig „Maßnahmen der Innenentwicklung" einzusetzen hat. Um diesen instrumentellen Charakter des § 1 Abs. 5 Satz 3-neu BauGB zum Ausdruck zu bringen, ist der neue Satz 3 also wie folgt zu verstehen: „Die Bauleitpläne sollen vorrangig der Innenentwicklung dienen".

Einen Vorrang der Innenentwicklung im Verhältnis zu Maßnahmen des Klimaschutzes lässt sich daraus jedoch wiederum nicht ableiten. Denn zu den Aufgaben, die durch Maßnahmen der Innenentwicklung erfüllt werden sollen, gehören auch der Klimaschutz und die Klimaanpassung im Sinne von § 1 Abs. 5 Satz 2 BauGB. Der Gesetzgeber sieht bei der Bewältigung dieser städtebaulichen Herausforderungen – einerseits des Klimaschutzes und der Klimaanpassung, andererseits der Innenentwicklung – offensichtlich keinen Widerspruch, sondern miteinander im Einklang stehende Aufgaben.

Aber selbst wenn dieser Einklang im Einzelfall nicht besteht, sich also Klimaschutz und Klimaanpassung nicht mehr mit Maßnahmen der Innenentwicklung vereinbaren lassen, ergibt sich daraus kein Vorrang der Innenentwicklung. Denn die Vorrangigkeit der Innenentwicklung im Sinne von § 1 Abs. 5 Satz 3-neu BauGB besteht nicht gegenüber den in § 1 Abs. 5 Satz 1 und Satz 2 BauGB genannten Aufgaben der Innenentwicklung, sondern gegenüber der städtebaulichen Entwicklung und Ordnung, die zu einer Ausdehnung der Flächeninanspruchnahme führt. Der Gesetzgeber will mit dem Vorrang der Innenentwicklung lediglich die Reduzierung der Flächeninanspruchnahme erreichen.[29] Einen Vorrang gegenüber anderen Belangen jedoch nicht. Hätte er dies gewollt, so hätte er nicht das verunglücke Wort „hierzu" an den Anfang von § 1 Abs. 5 Satz 3-neu BauGB stellen dürfen. Insofern bleibt trotz § 1 Abs. 5 Satz 3-neu BauGB alles beim Alten.

Dies zeigt zugleich, dass die Neuregelung mehr gesetzgeberische Bekräftigung guter Absichten, weniger aber eine wirkliche Ergänzung des Bauplanungsrechts ist. Denn all dies, was § 1 Abs. 5 Satz 3-neu BauGB zum Ausdruck bringen will, lässt sich bereits der Abwägungsdirektive des § 1a Abs. 2 BauGB entnehmen. In jedem Fall

29 Vgl. BT-Drucks., a. a. O. (Fn. 1).

handelt es sich dabei um Belange, die in der Abwägung eine gewichtige Rolle spielen, ohne jedoch einen abstrakten Abwägungsvorrang zu besitzen.[30] Das Verhältnis von Innenentwicklung zu Klimaschutz bleibt also nach wie vor abwägungsbestimmt.

30 Vgl. Gaentzsch, in: Schlichter/Stich/Driehus/Paetow (Hrsg.), Berliner Kommentar zum Baugesetzbuch, Loseblattsammlung, § 1 Rn. 50.

Innenentwicklungsrelevante Rechtsprechung des Bundesverwaltungsgerichts

Alexander Jannasch

I. Vorbemerkung

Die Innenentwicklung kann mit ganz unterschiedlichen rechtlichen Instrumenten gefördert werden. Viele von ihnen waren Gegenstand der Rechtsprechung des Bundesverwaltungsgerichts.[1] Dies ist bereits in den vorangegangenen Beiträgen deutlich geworden.

Aus dem Bereich des besonderen Städtebaurechts kommen städtebauliche Entwicklungsbereiche in Betracht.[2] Wenn ein Gebiet nicht neu oder mit anderer Nutzung entwickelt werden soll, sondern die vorhandene Bausubstanz verbessert werden soll, kann ein Sanierungsgebiet ausgewiesen werden.

II. Sanierung oder Bewahrung - Mietobergrenzen im Sanierungsgebiet

Der erste Fall, der kurz und nicht in allen Facetten angesprochen werden soll, spielt in einem derartigen Sanierungsgebiet – dem Sanierungsgebiet Samariterviertel in Berlin-Friedrichshain.[3] Die Besonderheit besteht darin, dass das zuständige Bezirksamt auf den Gedanken kam, eine sanierungsrechtliche Genehmigung für bauliche Instandsetzungs- und Modernisierungsmaßnahmen davon abhängig zu machen, genauer: mit einer Auflage zu versehen, dass die Miete nach Abschluss der Baumaßnahmen eine bestimmte Mietobergrenze nicht übersteigt.[4] Diese Mietobergrenze wurde auf 93 % der Werte des Ostberliner Mietspiegels festgelegt. Zur Begründung wurde angeführt, das bedarfsgewichtete Einkommen im betroffenen Gebiet liege bei etwa 93 % des Einkommens in Berlin/ Ost. Besonderheiten des betroffenen Gebiets wurden nicht berücksichtigt.

1 Zur Berücksichtigung der in § 1a Abs. 2 BauGB normierten öffentlichen Belange des sparsamen und schonenden Umgangs mit Grund und Boden und der Beschränkung einer „Umwidmung" auf den notwendigen Umfang in der Abwägung vgl. BVerwG, Beschl. v. 12.6.2008 – 4 BN 8.08 – Juris.

2 Hierzu beispielhaft vgl. BVerwG, Urt. v. 12.12.2002 – 4 CN 7.01 – BVerwGE 117, 248 (Seelze-Süd).

3 Vgl. BVerwG, Urt. v. 24.5.2006 – 4 C 9.04 – BVerwGE 126, 104.

4 Im Einzelnen, a. a. O. (Fn. 3), Rn. 4.

Das Bundesverwaltungsgericht hat diesem Vorgehen eine Absage erteilt. Ausgangspunkt ist § 145 Abs. 2 BauGB. Danach darf die Genehmigung nur versagt werden, wenn Grund zur Annahme besteht, dass das Vorhaben die Durchführung der Sanierung unmöglich machen oder wesentlich erschweren oder den Zielen und Zwecken der Sanierung zuwiderlaufen würde. Natürlich können Auflagen dazu beitragen, die Genehmigungsvoraussetzungen herbeizuführen.

Zwar darf eine Gemeinde mit ihrem Sanierungskonzept insbesondere auch das Ziel verfolgen, die angestammte Wohnbevölkerung des Gebiets vor Verdrängung infolge sanierungsbedingter Mietsteigerungen zu schützen. Sie kann unter Umständen auch versuchen, einkommensschwachen Mietern - auch neu zuziehenden - ein Wohnen in dem Gebiet zu ermöglichen. Auf Dauer lässt sich dieses Ziel aber nur durch den Erlass einer Erhaltungssatzung gemäß § 172 Abs. 1 Satz 1 Nr. 2 BauGB erreichen.

Die Bestimmung der Ziele und Zwecke der Sanierung muss das Ergebnis gerechter Abwägung sein. Also muss die Gemeinde das Ziel, die Wohnbevölkerung vor Verdrängung zu schützen, mit ihren baulichen Sanierungszielen, den Belangen der Eigentümer und den sonstigen abwägungsrelevanten öffentlichen und privaten Belangen zu einem Ausgleich bringen. Die Begrenzung der Mieten im Sanierungsgebiet ist kein zulässiges Mittel des Ausgleichs; sie kann deshalb auch kein Ziel der Sanierung im Sinne der § 140 Nr. 3 und § 145 Abs. 2 BauGB sein.

Die Gemeinde kann als Ziel der Sanierung im Sinne der § 140 Nr. 3 und § 145 Abs. 2 BauGB insbesondere Art und Umfang der zulässigen Modernisierungen regeln. In diesem Zusammenhang können auch die statistisch ermittelten, durchschnittlichen Haushaltseinkommen gewisse Anhaltspunkte für einen Regelungsbedarf geben. Führen Modernisierungen zu einer die durchschnittliche Belastungsgrenze der Gebietsbevölkerung überschreitenden Miete und damit zu einer Verdrängungsgefahr, kann das Ziel, die Gebietsbevölkerung vor dieser Gefahr zu schützen, es rechtfertigen, Art und Umfang der zulässigen Modernisierungen zu begrenzen. Soweit Modernisierungsmaßnahmen über den abwägungsfehlerfrei festgelegten baulichen Standard hinausgehen, darf die sanierungsrechtliche Genehmigung versagt werden.

Das Ziel, die Wohnbevölkerung vor Verdrängung zu schützen, kann es jedoch nicht rechtfertigen, vorhandene städtebauliche Missstände eines Sanierungsgebiets festzuschreiben; Ziel der Sanierung muss es sein, diese Missstände zügig zu beheben. Sehr plakativ könnte man auch formulieren: Die Gemeinde darf nicht gleichzeitig bremsen und Gas geben wollen.

Die Herstellung des zeitgemäßen Ausstattungszustands einer durchschnittlichen Wohnung unter Berücksichtigung der bauordnungsrechtlichen Mindestanforderungen, die selbst in einem Erhaltungsgebiet genehmigt werden muss (vgl. § 172 Abs. 4 Satz 3 Nr. 1 BauGB), darf deshalb auch in einem Sanierungsgebiet nicht untersagt werden. Mehr wollte der Eigentümer hier nicht.

Im Übrigen ist die Gemeinde nicht befugt, in das im BGB[5] geregelte zivilrechtliche Rechtsverhältnis einzugreifen, wenn hierfür keine Ermächtigungsgrundlage besteht. Das ist vorliegend nicht der Fall.

III. Zwischenbemerkung

Im Folgenden sollen zwei Urteile des Bundesverwaltungsgerichts behandelt werden, die sich mit den Möglichkeiten und den Grenzen einer Innenentwicklung durch Wohnbebauung befassen, wenn Lärm emittierende Betriebe oder Anlagen vorhanden sind. Diese Rechtsprechung gebietet in rechtlicher und tatsächlicher Hinsicht jeweils eine differenzierte Betrachtung. Es ist erforderlich, sich mit den einzelnen Sachverhalten und den unterschiedlichen rechtlichen Regelungen sorgfältig auseinander zu setzen.

Das erste Urteil ist erst vor sehr kurzer Zeit veröffentlicht worden. Es stammt vom 29. November 2012. In ihm wird auf das Urteil vom 22. März 2007, auf das als zweites eingegangen werden soll, abgrenzend Bezug genommen.

IV. Rücksichtnahmegebot im Anwendungsbereich der TA Lärm

Im Urteil vom 29. November 2012[6] handelt es sich um eine Nachbarklage. Der Kläger betreibt ein Holzbearbeitungsunternehmen und wendete sich gegen die dem Beigeladenen erteilte Baugenehmigung zur Nutzungsänderung einer Fabrikhalle in ein Mehrfamilienhaus mit fünf Wohneinheiten. Die Grundstücke liegen im Geltungsbereich eines Bebauungsplans der beklagten Gemeinde, der ein allgemeines Wohngebiet ausweist und für die Grundstücke des Klägers und des Beigeladenen erweiterten „Bestandsschutz gemäß § 1 Abs. 10 BauNVO für bestehende Nutzung“ festsetzt. Dieser Bebauungsplan ist wahrscheinlich unwirksam, weil er den Konflikt überhaupt nicht gesehen hat. Dies kann aber offen bleiben, denn das Oberverwaltungsgericht und das Bundesverwaltungsgericht haben ihre Entscheidungen jeweils doppelt begründet, also unabhängig von der Wirksamkeit des Bebauungsplans.

Viel wichtiger ist, hervorzuheben, dass sich aus einem Gutachten ergibt, dass die im Betrieb des Klägers vorhandenen Schallquellen an der nächstgelegenen Seite des Gebäudes des Beigeladenen Beurteilungspegel bis 70 dB(A) hervorrufen. Damit wird der Immissionsrichtwert der TA Lärm um 10 dB (A) überschritten. Dennoch

5 Bürgerliches Gesetzbuch (BGB), v. 2. Januar 2002 (BGBl. I S. 42, 2909; 2003 I S. 738), zuletzt geändert durch Art. 4 G. v. 26 Juni 2013(BGBl. I S. 1805).

6 BVerwG, Urt. v. 29.11.2012 – 4 C 8.11 – BVerwGE 145, 145.

wurde die Baugenehmigung für ein Wohnhaus erteilt. Denn die Behörde hielt es für ausreichend, dass nicht aktive Schallschutzmaßnahmen vorgesehen wurden, wohl aber passive Schallschutzmaßnahmen in Form von Schallschutzfenstern mit Belüftungseinrichtungen und einem Schalldämmmaß von mindestens 41 dB(A) für alle schutzbedürftigen Räume. Damit wurden in den Innenräumen die maßgeblichen Werte eingehalten. Das Oberverwaltungsgericht hielt das für ausreichend und wies die Nachbarklage ab.[7] Dabei verwies es insbesondere auf die Pflicht des Bauherrn zur sogenannten architektonischen Selbsthilfe.

Das Bundesverwaltungsgericht ist dem nicht gefolgt und hat die Sache zur erneuten Verhandlung und Entscheidung an das Oberverwaltungsgericht zurückverwiesen.

Gemeinsamer Ausgangspunkt beider Gerichte ist das in § 15 Abs. 1 Satz 2 BauNVO enthaltene Gebot der Rücksichtnahme. Diese Vorschrift soll ebenso wie die übrigen Tatbestandsalternativen des § 15 Abs. 1 BauNVO gewährleisten, Nutzungen, die geeignet sind, Spannungen und Störungen hervorzurufen, einander so zuzuordnen, dass Konflikte möglichst vermieden werden. Welche Anforderungen sich hieraus im Einzelnen ergeben, hängt maßgeblich davon ab, was dem Rücksichtnahmebegünstigten einerseits und dem Rücksichtnahmeverpflichteten andererseits nach Lage der Dinge zuzumuten ist. Ist die Grundstücksnutzung aufgrund der konkreten örtlichen Gegebenheiten mit einer spezifischen gegenseitigen Pflicht zur Rücksichtnahme belastet, so führt dies nicht nur zu einer Pflichtigkeit desjenigen, der Immissionen verursacht, sondern auch zu einer Duldungspflicht desjenigen, der sich solchen Immissionen aussetzt.

Ebenfalls noch Einigkeit besteht darin, dass die TA Lärm als Maßstab für die Beurteilung der Zumutbarkeit der Störung heranzuziehen ist. Das Bundesverwaltungsgericht hat zur TA Lärm bereits 2007 entschieden, dass ihr als normkonkretisierende Verwaltungsvorschrift eine im gerichtlichen Verfahren zu beachtende Bindungswirkung zukommt, soweit sie für Geräusche den unbestimmten Rechtsbegriff der schädlichen Umwelteinwirkungen konkretisiert. Die normative Konkretisierung des gesetzlichen Maßstabs für die Schädlichkeit von Geräuschen ist jedenfalls insoweit abschließend, als sie bestimmte Gebietsarten und Tageszeiten entsprechend ihrer Schutzbedürftigkeit bestimmten Immissionsrichtwerten zuordnet und das Verfahren der Ermittlung und Beurteilung der Geräuschimmissionen vorschreibt. Für eine einzelfallbezogene Beurteilung der Schädlichkeitsgrenze aufgrund tatrichterlicher Würdigung lässt das normkonkretisierende Regelungskonzept der TA Lärm nur insoweit Raum, als es insbesondere durch Kann-Vorschriften (z. B. Nr. 6.5 Satz 3 und Nr. 7.2) und Bewertungsspannen (z. B. A.2.5.3) Spielräume eröffnet.[8]

Diese Bindungswirkung besteht nicht nur, wenn es um die baurechtliche oder immissionsrechtliche Genehmigung der emittierenden Anlage, also des Störers, geht.

7 Vgl. OVG Münster, Urt. v. 1.6.2011 – 2 A 1058/09 – BRS 78 Nr. 176.
8 Vgl. BVerwG, Urt. v. 29.8.2007 – 4 C 2.07 – BVerwGE 129, 209 Rn. 12.

Vielmehr bildet die TA Lärm auch den rechtlichen Maßstab für die Frage der Genehmigungsfähigkeit eines an den Störer heranrückenden Wohngebäudes.[9] Das ergibt sich aus der Spiegelbildlichkeit der gegenseitigen Verpflichtungen.

Damit kommen wir zu der Frage, ob passive Lärmschutzmaßnahmen die Lösung des Konflikts sein können. Die TA Lärm sieht sie nicht vor. Vielmehr sind die Außen-Immissionsrichtwerte maßgeblich.[10] Zwar gibt es für Gemengelagen eine besondere Regelung,[11] die mit der Zwischenwertbildung für diese besondere Situation eine entsprechende Lösung vorsieht. Diese Regelung war im konkreten Fall aber bereits berücksichtigt worden. Ein noch weitergehender Spielraum kann ihr nicht entnommen werden.

Die Möglichkeit, einer Überschreitung der nach Nr. 6.1 und Nr. 6.7 maßgeblichen Immissionsrichtwerte mit passivem Lärmschutz zu begegnen, müsste auch das Schutzziel der TA Lärm verfehlen. Aus der Maßgeblichkeit der Außen-Immissionsrichtwerte nach Nr. 6.1 und der Definition des maßgeblichen Immissionsortes in A.1.3 des Anhangs der TA Lärm - bei bebauten Flächen 0,5 m außerhalb vor der Mitte des geöffneten Fensters des vom Geräusch am stärksten betroffenen schutzbedürftigen Raumes - ergibt sich, dass dieses Regelungswerk den Lärmkonflikt zwischen Gewerbe und schutzwürdiger (insbesondere Wohn-) Nutzung bereits an deren Außenwand und damit unabhängig von der Möglichkeit und Notwendigkeit von Schutzmaßnahmen gelöst wissen will. Damit sichert die TA Lärm von vornherein für Wohnnutzungen einen Mindestwohnkomfort, der darin besteht, Fenster trotz der vorhandenen Lärmquellen öffnen zu können und eine natürliche Belüftung sowie einen erweiterten Sichtkontakt nach außen zu ermöglichen, ohne dass die Kommunikationssituation im Innern oder das Ruhebedürfnis und der Schlaf nachhaltig gestört werden können.

Andere Regelwerke wie die 16. und 24. BImSchV lassen demgegenüber passiven Lärmschutz zur Lösung des Nutzungskonflikts zu und legen damit einen geringeren Mindestwohnkomfort als Schutzziel zugrunde. Dies beruht jedoch auf dem öffentlichen Interesse, das an den von diesen Regelungen erfassten (Verkehrs-)Anlagen besteht und weiterreichende Beschränkungen des Eigentumsinhalts zulasten der von Immissionen betroffenen Anliegern rechtfertigt. Erwähnt sei, dass auch für den Fluglärm besondere Regelungen gelten, bei denen der passive Schallschutz eine wichtige Rolle spielt.

Schließlich bietet auch der Gesichtspunkt der architektonischen Selbsthilfe keine Rechtfertigung für die Konfliktlösung mit Mitteln des passiven Lärmschutzes. So hatte es das Oberverwaltungsgericht gesehen. Zwar trifft es im Ausgangspunkt zu,

9 Vgl. A.A. VGH Mannheim, Beschl. v. 11.10.2006 – 5 S 1904/06 – NVwZ-RR 2007, 168 = BRS 70 Nr. 167.

10 Technische Anleitung zum Schutz gegen Lärm (TA Lärm) v. 26. August 1998 (GMBl. Nr. 26/1998 S. 503), Nr. 6.1.

11 Vgl. ebenda, Nr. 6.7.

dass sich aus dem Rücksichtnahmegebot die Obliegenheit des Bauherrn ergeben kann, durch Maßnahmen der architektonischen Selbsthilfe den Lärmkonflikt mit einem benachbarten Gewerbebetrieb in einer Weise zu lösen, die die Zumutbarkeit der ihn treffenden Immissionen gewährleistet und somit die Erteilung der Baugenehmigung für sein Vorhaben ermöglicht. Auf dieser Grundlage können dem Bauherrn im Anwendungsbereich der TA Lärm aber nur mit diesem Regelwerk vereinbarte Gestaltungsmittel oder bauliche Vorkehrungen abverlangt werden. Das schließt immissionsreduzierende Maßnahmen wie Veränderungen der Stellung des Gebäudes, des äußeren Zuschnitts des Hauses oder der Anordnung der Wohnräume und der notwendigen Fenster, ohne weiteres mit ein. Auch die Anordnung des Einbaus nicht zu öffnender Fenster kann in Betracht kommen.[12] Sie sind keine relevanten Messpunkte im Sinne der TA Lärm.

Architektonische Selbsthilfe kann also durchaus gefordert werden. Im Geltungsbereich der TA Lärm sind dem allerdings Grenzen gesetzt.

Das Rücksichtnahmegebot des § 15 Abs. 1 Satz 2 Alt. 2 BauNVO eröffnet im Anwendungsbereich der TA Lärm somit nicht die Möglichkeit, der durch einen Gewerbebetrieb verursachten Überschreitung der Außen-Immissionsrichtwerte bei einem Wohnbauvorhaben durch Anordnung von passivem Lärmschutz zu begegnen.

V. Neues Wohngebiet und umgebende Straßen

Der weitere Fall betrifft die Frage, ob und unter welchen Voraussetzungen ein neues Wohngebiet durch Bebauungsplan festgesetzt werden kann, wenn dieses von Straßen - unterschiedlicher Kategorien - umgeben ist.

Die Antragsteller wenden sich im Wege der Normenkontrolle gegen den Bebauungsplan Steinsweg in Dortmund. Sie sind Eigentümer eines im Plangebiet liegenden, mit einem Wohnhaus bebauten Grundstücks. Der Bebauungsplan überplant eine bisher weitgehend unbebaute Fläche südöstlich des dicht bebauten, über eine S-Bahn-Station verfügenden Ortsteils Oespel der Stadt Dortmund. Das Plangebiet wird im Osten von der Ewald-Görshop-Straße (G - eine Landesstraße) und der Straße In der Oeverscheidt, im Norden vom Steinsweg (S - ebenfalls Landesstraße) und im Osten von der in einem Einschnitt verlaufenden Autobahn A 45 umgrenzt. Südlich des Plangebiets verläuft die Universitätsstraße (Landesstraße 523).

Der Bebauungsplan setzt für den westlichen Teil ein allgemeines Wohngebiet fest. Im östlichen Bereich, der in Nord-Süd-Richtung von zwei Hochspannungsfreilei-

12 Vgl. BVerwG, Beschl. v. 7.6.2012 – 4 BN 6.12 – Juris.

tungen durchquert wird, sind Flächen für den naturschutzrechtlichen Eingriffsausgleich vorgesehen. Für zwei kleinere Flächen sind Vorkehrungen des aktiven Lärmschutzes festgesetzt. Im Übrigen wurde auf aktiven Lärmschutz verzichtet. Dadurch werden die Orientierungswerte der DIN 18005 für allgemeine Wohngebiete von 55 dB(A) am Tag bzw. 45 dB(A) in der Nacht weit überschritten. Der Plangeber hat sich darauf beschränkt, andere Festsetzungen zu treffen, nämlich Vorgaben für passiven Lärmschutz, durch Grundrissgestaltung und Baukörperanordnung sowie schallschützende Außenbauteile. Für die entlang der Südseite des Steinswegs verlaufende Wohnbebauung ist als abweichende Bauweise die Errichtung einer geschlossenen, durchgehend zweigeschossigen Doppelhauszeile vorgegeben. Dabei sind die Garagen im 1. Obergeschoss mit Wohnraum zu überbauen und der Nachbar hat an die überbaute Garage in der gleichen Flucht und Traufhöhe anzuschließen.

Das Oberverwaltungsgericht Münster hat den Bebauungsplan mit der Begründung für unwirksam erklärt, er sei hinsichtlich der Berücksichtigung der Belange des Immissionsschutzes abwägungsfehlerhaft. Die Stadt Dortmund habe die Belange des Immissionsschutzes eklatant fehlgewichtet und diese einseitig, insbesondere zu Gunsten einer in ihrem eigenen finanziellen Interesse liegenden wirtschaftlich optimalen Ausnutzung der potentiellen Bauflächen, zurückgesetzt. Darin sah das Gericht einen Mangel im Abwägungsergebnis.

Das Bundesverwaltungsgericht hat die Revision zurückgewiesen. Die Begründung hierzu gebietet eine differenzierte Betrachtung. Prozessual gesprochen hat das Bundesverwaltungsgericht einen Verstoß gegen Bundesrecht gesehen, ist aber zu dem Ergebnis gelangt, dass das Urteil des Oberverwaltungsgerichts sich aus anderen Gründen als richtig erweist.[13]

Wenn man die materiellrechtliche Analyse nachvollziehen will, ist es am besten, nach den das Baugebiet umgebenden Straßen zu differenzieren. Zwei davon dienen der Erschließung des Wohngebiets. Vom nördlich verlaufenden Steinsweg sollen die Zufahrten zu den Garagen dieser Gebäude erfolgen. Von der G-Straße aus, an die auf der gegenüberliegenden Seite bereits heran gebaut worden ist, soll das übrige Neubaugebiet an mehreren Stellen erschlossen werden. Das Oberverwaltungsgericht hatte insoweit folgende Rechtsauffassung vertreten: Wenn ein Bebauungsplan neue Wohngebiete ausweist, die aufgrund vorhandener Straßen Lärmbelastungen ausgesetzt seien, die tags und nachts mehr als 10 dB(A) über den Orientierungswerten der DIN 18005 liegen, sei es verfehlt, die künftigen Bewohner des Gebiets weitgehend auf architektonische Selbsthilfe und passiven Lärmschutz zu verweisen. Dem ist das Bundesverwaltungsgericht nicht gefolgt. Jedenfalls in Fällen, in denen die Orientierungswerte der DIN 18005 - wie hier - nur an den Rändern des Wohngebiets in diesem Maße überschritten, im Innern des Gebiets aber im Wesentlichen eingehalten werden, kann ein derartiger Rechtssatz nicht aufgestellt werden.

---

13 Vgl. § 144 Abs. 4 Verwaltungsgerichtsordnung (VwGO), v. 19. März 1991 (BGBl. I S. 686), zuletzt geändert durch Art. 2 G. v. 31. Mai 2013 (BGBl. I S. 1388).

Zwar hat eine Gemeinde, die ein bislang weitgehend unbebautes Gebiet neu mit einer Wohnbebauung überplanen will, die Lärmbelastung durch vorhandene und überdies (wie vorliegend) teilweise nicht zugleich der Erschließung des Gebiets dienende Verkehrswege als gewichtigen Belang in ihre Abwägung (§ 1 Abs. 7 BauGB) einzustellen. Im Rahmen ihrer Abwägung, insbesondere bei der Neuplanung von Wohngebieten, hat sie auch die Abwägungsdirektive des § 50 BImSchG zu berücksichtigen, wonach bei raumbedeutsamen Planungen die für eine bestimmte Nutzung vorgesehenen Flächen einander so zuzuordnen sind, dass schädliche Umwelteinwirkungen soweit wie möglich vermieden werden.

Man kann aber nicht alles mit der Einhaltung von Abständen lösen. Die Durchsetzung des Trennungsgrundsatzes stößt auf Grenzen, vor denen auch der Gesetzgeber nicht die Augen verschließt. In diesem Zusammenhang hat das Bundesverwaltungsgericht auf den in § 1a Abs. 2 Satz 1 BauGB enthaltenen Grundsatz verwiesen, mit Grund und Boden sparsam umzugehen, wobei das Gesetz unter anderem die Nachverdichtung sowie andere Maßnahmen zur Innenentwicklung besonders hervorhebt.

In dicht besiedelten Gebieten – wie im Stadtgebiet von Dortmund – wird es häufig nicht möglich sein, allein durch die Wahrung von Abständen zu vorhandenen Straßen schädliche Umwelteinwirkungen auf Wohngebiete zu vermeiden. Gerade in diesen Gebieten kann jedoch ein berechtigtes Interesse bestehen, neue Baugebiete auszuweisen, um eine Abwanderung der Bevölkerung in ländliche Gebiete zu verhindern. Auch kann ein gewichtiges städtebauliches Interesse daran bestehen, einen vorhandenen Ortsteil zu erweitern und damit dessen Infrastruktur (ÖPNV, soziale Einrichtungen etc.) mit zu nutzen. Auch das Gebot, die Anforderungen kostensparenden Bauens zu berücksichtigen (§ 1 Abs. 6 Nr. 2 BauGB), sowie das legitime Interesse einer Gemeinde, die Grundstücke zu verwerten, die sie in einem im Flächennutzungsplan für Wohnnutzung vorgesehenen Bereich erworben hat, um sie Bauinteressenten zu Eigentum zu überlassen (vgl. hierzu auch § 4 des Wohnraumförderungsgesetzes), können zu berücksichtigen sein. Wenn in derartigen Fällen das Einhalten größerer Abstände ausscheidet, ist durch geeignete bauliche und technische Vorkehrungen (vgl. hierzu auch § 9 Abs. 1 Nr. 24 BauGB) dafür zu sorgen, dass keine ungesunden Wohnverhältnisse entstehen.

Selbstverständlich dürfen auf keinen Fall Gesundheitsgefahren hervorgerufen werden. Auf der anderen Seite können die Orientierungswerte der DIN 18005-1 „Schallschutz im Städtebau“ zur Bestimmung der zumutbaren Lärmbelastung eines Wohngebiets im Rahmen einer gerechten Abwägung als Orientierungshilfe herangezogen werden. Aber sie sind nur eine Orientierungshilfe. Sie haben bei weitem nicht dieselbe normative Bedeutung wie die TA Lärm. Wie häufig kann man mit einer Je-desto-Formel arbeiten: Je weiter die Orientierungswerte der DIN 18005 überschritten werden, desto gewichtiger müssen die für die Planung sprechenden städtebaulichen Gründe sein und umso mehr hat die Gemeinde die baulichen und technischen Möglichkeiten auszuschöpfen, die ihr zu Gebote stehen, um diese Auswirkungen zu verhindern.

Daraus folgt aber nicht, dass bei der Ausweisung neuer Baugebiete in einem bislang praktisch unbebauten Bereich die Grenzen gerechter Abwägung in der Regel überschritten sind, wenn Wohnnutzung auch am Rand des Gebiets zugelassen wird, obwohl dort die Orientierungswerte um 10 dB(A) und mehr überschritten werden. Vielmehr sind sämtliche festgesetzten baulichen Vorkehrungen in den Blick zu nehmen. Jedenfalls wenn im Innern der Gebäude durch die Anordnung der Räume und die Verwendung schallschützender Außenbauteile angemessener Lärmschutz gewährleistet wird, kann es im Ergebnis mit dem Gebot gerechter Abwägung vereinbar sein, Wohngebäude an der lärmzugewandten Seite des Gebiets auch deutlich über den Orientierungswerten liegenden Außenpegeln auszusetzen.

Interessanterweise wird eine Riegelbebauung, wie sie hier vorgesehen wurde, in der DIN 18005 selbst als mögliche planerische Konzeption angesehen und näher dargestellt (Nr. 5.5 und 5.6). Sie kann daher auch als Teil guter fachlicher Praxis angesehen werden. Daher kann ein derartiges Planungsergebnis auch nicht von vornherein unter Hinweis auf die DIN 18005 als rechtlich unzulässig eingestuft werden.

Vielmehr können für eine derartige Lösung im Einzelfall gewichtige städtebauliche Belange sprechen. Insbesondere kann in die Abwägung eingestellt werden, dass durch eine geschlossene Riegelbebauung die rückwärtigen Flächen derselben Grundstücke und gegebenenfalls weitere Grundstücke wirksam abgeschirmt werden. Allerdings – dieser Hinweis ist für die Praxis wichtig – ist bei derartigen Festsetzungen zugleich in besonderer Weise darauf zu achten, dass auf der straßenabgewandten Seite der Grundstücke geeignete geschützte Außenwohnbereiche geschaffen werden können.

Mit einer derartigen Lösung macht die Gemeinde von den ihr im Bauplanungsrecht gegebenen Festsetzungsmöglichkeiten, die bei der Fachplanung für linienförmige Infrastrukturmaßnahmen – also Straße und Schiene – im Allgemeinen nicht zur Verfügung stehen, in differenzierter Form sachgerechten Gebrauch. Die vorhandenen Spielräume müssen dann aber auch ausgenutzt werden.

Somit kann entgegen der Auffassung des Oberverwaltungsgerichts auch eine Kombination von Festsetzungen im Ergebnis fehlerfrei sein, mit der – wie hier – der von einer der Zufahrt zu den Garagen dienenden Straße ausgehende Lärm mit baulichen und technischen Mitteln an der Häuserwand abgeschirmt wird. Hinzu kam hier, dass die Stadt Dortmund beim Steinsweg überdies als abweichende Bauweise festgesetzt hat, dass entlang dieser Straße eine geschlossene durchgehend zweigeschossige Doppelhauszeile errichtet wird. Dies wird dadurch erreicht, dass die Garagen im 1. Obergeschoss mit Wohnraum zu überbauen sind und der Nachbar an die überbaute Garage in der gleichen Flucht und Traufhöhe anzuschließen hat. Hinzu tritt noch, dass eine Lärmschutzwand an einer der Erschließung der Garagenzufahrten dienenden Straße den angestrebten Effekt nur sehr eingeschränkt erfüllen könnte.

In derartigen Fällen stellt sich auch immer die Frage der rechtzeitigen Realisierung derjenigen Gebäude, die die erstrebte Abschirmwirkung herbeiführen sollen. Dies war im vorliegenden Fall gewährleistet, hierin liegt in der Praxis aber häufiger eine Gefahrenquelle.

Auch der Umstand, dass das Neubaugebiet an die G-Straße angrenzt, ist nicht zu beanstanden. Sie dient der Erschließung des Gebiets. Eine Gemeinde kann sich dann auch für mehrere Zufahrten in das Gebiet entscheiden. Die Stadt hatte hierzu ausgeführt, eine Abschirmung der Straße durch einen Lärmschutzwall oder eine Lärmschutzwand würde neben den durch sie verursachten Kosten dazu führen, dass der Charakter des Verkehrswegs grundlegend verändert würde, da dieser durch die zu errichtende Barriere den Charakter einer reinen Verkehrsstraße erhalten würde. Damit hat die Stadt einen gewichtigen städtebaulichen Grund bezeichnet; ein Fehler im Abwägungsergebnis war darin nicht zu sehen.

Ganz anders sieht es insbesondere auf der der A 45 zugewandten Seite aus:

Für diese Autobahn wird ein durchschnittlicher täglicher Verkehr (DTV) von 86.200 Kfz/ 24 h prognostiziert, der in der Spitze zu Emissionspegeln von 78,9 dB(A) (tags) bzw. 73,0 dB(A) (nachts) führt. In diese Berechnung fließt ein, dass der nächtliche Verkehr auf Autobahnen weitaus höher ist als auf sonstigen (auch innerörtlichen) Straßen, insbesondere auch der nächtliche Lkw-Verkehr.

Würde die Autobahn neu gebaut, hätte der Träger der Straßenbaulast die Grenzwerte der 16. BImSchV einzuhalten und die Planfeststellungsbehörde hätte entsprechende Maßnahmen des aktiven Schallschutzes anordnen müssen. Genug Platz war hier vorhanden. (Die Tieferlegung der Autobahn war nicht ausreichend, um die Grenzwerte einzuhalten.)

Aber auch wenn eine Gemeinde, wie hier, ein ganzes Wohngebiet an eine vorhandene Autobahn heran plant, wird ein Abwägungsergebnis anzustreben sein, durch das die Grenzwerte der Verkehrslärmschutzverordnung eingehalten werden. Denn es entspricht der Wertung des Immissionsschutzrechts, dass bei Neubauten, bei denen man es verhindern kann, den Bewohnern grundsätzlich keine höheren Lärmimmissionen zugemutet werden. Anderes wird bei der Lückenfüllung beispielsweise im innerstädtischen Bereich an vorhandene Straßen gelten. Vorliegend war es durchaus vorstellbar, am östlichen Siedlungsrand beispielsweise einen Wall oder eine Wand zu errichten und damit die Lärmbeeinträchtigung zu vermindern.

Die Antragsgegnerin hatte sich derartigen Überlegungen und damit einer sorgfältigen Abwägung bereits mit der Überlegung entzogen, eine Wand würde die städtebauliche Grundidee konterkarieren, da sich die Siedlung mit den Grünverbindungen in Ost-West-Richtung zum östlich anschließenden Freiraum öffne und so eine

Vernetzung hergestellt werden solle. Dieses Argument hat das Bundesverwaltungsgericht nicht überzeugt. Zwar können hinreichend gewichtige städtebauliche Belange im Grundsatz geeignet sein, im Rahmen der Abwägung von Maßnahmen des aktiven Schallschutzes abzusehen. Das Motiv der Antragsgegnerin, in Richtung auf eine stark befahrene Autobahn einen Freiraum zu öffnen, ist jedoch nicht von einem solchen Gewicht, dass es die getroffene Entscheidung für sich genommen zu rechtfertigen vermag.

Im Übrigen waren weder die Kosten noch die mögliche Wirkung weiterer derartiger Schallschutzmaßnahmen korrekt ermittelt worden. Es lag somit ein klassischer Abwägungsfehler vor.

Es blieb somit bei der Unwirksamkeit des Bebauungsplans. Die Stadt Dortmund musste ihre Hausaufgaben wiederholen. Dabei hatte sie ein besonderes Augenmerk auf bessere Möglichkeiten der Abschirmung des geplanten Wohngebiets gegenüber dem Straßenlärm zu richten, der von den überörtlichen, nicht der Erschließung des Gebiets dienenden Verkehrswegen, hier also der Autobahn A 45 und der Universitätsstraße ausgeht. Dies war im eingeholten Gutachten des RWTÜV nicht näher ermittelt worden. Nur hinreichend gewichtige städtebauliche Belange oder ein Missverhältnis zwischen den Kosten für Schutzmaßnahmen und der mit ihnen zu erreichenden Abschirmungswirkungen hätten es möglicherweise rechtfertigen können, von Vorkehrungen des aktiven Schallschutzes abzusehen.

VI. Schlussbemerkung

Die Innenentwicklung kann zuweilen an rechtliche Grenzen stoßen. Die Rechtsordnung hält Instrumente bereit, die nicht beliebig miteinander vermischt werden können. Beim Lärmschutz ist das Gebot der gegenseitigen Rücksichtnahme einschließlich der Pflicht, architektonische Selbsthilfe zu leisten, zu beachten. Ferner ist die unterschiedliche Bindungskraft der verschiedenen Regelungen zum Lärmschutz in Rechnung zu stellen. Bei Straßen ist zu beachten, dass für ihre Errichtung und ihren Betrieb, anders als bei normalen Gewerbebetrieben, ein besonderes öffentliches Interesse streitet. Ferner wird danach zu differenzieren sein, ob Straßen ihrerseits als Erschließungsanlage für die Innenentwicklung, beispielsweise für ein neues Wohngebiet, erforderlich sind oder ob sie ohne Verknüpfungen dem überörtlichen Verkehr dienen. Stets ist darauf zu achten, dass die zahlreichen Möglichkeiten, die sich der gemeindlichen Planung eröffnen, geprüft und ausgeschöpft werden.

Beschränkt der Lärmschutz die Innenentwicklung?

Olaf Reidt

I. Einführung

Störungen durch Lärm und vor allem auch auf Lärm zurückzuführende potenzielle Gesundheitsbeeinträchtigungen sind ein nicht nur rechtlich, lärmmedizinisch und lärmpsychologisch, sondern auch ganz allgemein gesellschaftspolitisch häufig diskutiertes Thema. Dies betrifft die unterschiedlichen Lärmverursacher – insbesondere Gewerbe, Verkehr, Sportanlagen, Freitzeiteinrichtungen, Kindertagesstätten usw. – in mehr oder minder gleichem Maße. Die Ursachen dafür sind vielfältig. Ein Grund dafür liegt sicherlich darin, dass besonders viele Aktivitäten mit Lärmimmissionen verbunden sind und sie von nahezu jedem mehr oder minder deutlich unmittelbar wahrgenommen werden können. Dies unterscheidet Lärm von zahlreichen anderen Immissionen, etwa von Luftschadstoffen (mit Ausnahme von Gerüchen, vgl. § 3 Abs. 2 BImSchG). Gleichzeitig ist jedoch vielfach eine räumliche Nähe auch zu den Nutzungen gewünscht, die mit Lärmimmissionen verbunden sind. Gerade in Zeiten einer alternden Gesellschaft ist – spätestens seit der Charta von Leipzig – eine Stadt der kurzen Wege ein allgemein anerkanntes und rechtspolitisch gefördertes Ziel, dass auch gesellschaftlich weitestgehend mit getragen wird – jedenfalls wenn und soweit es um von dem Einzelnen akzeptierte oder von ihm in der konkreten Situation gewünschte und dementsprechend akzeptierte Lärmquellen geht. Auch ökologische Gesichtspunkte, insbesondere ein ansonsten unvermeidbarer zusätzlicher Flächenverbrauch (vgl. § 1a Abs. 2 BauGB), sprechen gegen eine Lösung von Immissionskonflikten allein durch eine räumliche Trennung. Der Bundesgesetzgeber hat dieses Thema dementsprechend aufgegriffen und zu einem zentralen Thema in der Entwicklung des Städtebaurechts gemacht, wie nicht zuletzt die Innenentwicklungsnovelle 2013 zeigt.[1] Gleichzeitig ist jedoch das Spannungsverhältnis zwischen Innenentwicklung, also einem weitgehenden Verzicht auf räumliche Trennung und damit verbundener Konfliktbewältigung einerseits und Immissionsschutz, insbesondere dem in § 50 Satz 1 BImSchG verankerten Trennungsgrundsatz, andererseits unverkennbar. Je enger störungsempfindliche und lärmverursachende Nutzungen beieinander liegen, desto stärker kommt es auf Lärmvermeidung und technische Schutzvorkehrungen gegen Lärm in Form von aktiven und passiven Schallschutzmaßnahmen (sowohl an emittierenden als auch

---

1 Gesetzesentwurf der Bundesregierung, Gesetz zur Stärkung der Innenentwicklung in den Städten und Gemeinden und zur weiteren Fortentwicklung des Städtebaurechts vom 11.06.2013, BlBl. I, S. 1548; siehe auch, BT-Drs. 17/11468, sowie die Beschlussempfehlung und den Bericht des Ausschusses für Verkehr, Bau und Stadtentwicklung, BT-Drs. 17/13272.

an störungsempfindlichen) Vorhaben an, aber gleichzeitig auch auf Toleranz gegenüber verbleibenden und nicht oder nicht mit vertretbarem Aufwand vermeidbaren Lärmimmissionen. Ebenso wenig wie Emittenten verlangen können, dass sie so laut sein können, wie sie wollen, können Immissionsbetroffene erwarten, dass bei gleichzeitigem Anspruch auf eine Stadt der kurzen Wege und einen möglichst geringen Flächenverbrauch Geräuschimmissionen auf ein praktisch nicht wahrnehmbares Maß zurückgeführt werden. Eine Kindertagesstätte kann nicht nur dann und so lange betrieben werden, wie deren unmittelbare Anlieger selbst Kinder haben, die in den Kindergarten gehen. Ein Biergarten oder eine sonstige Freiluftgaststätte kann nicht nur an den Abenden geöffnet sein, an denen man selbst Lust hat, dort hinzugehen. Ein Flughafen, ein Bahnhof und eine Eisenbahnstrecke oder auch eine Straße können nicht nur dann betrieben oder benutzt werden, wenn man selbst verreisen möchte. Andererseits ist es völlig selbstverständlich und gesetzlich, bis hin zum Verfassungsrecht, auch gefordert, dass auf die Lärmschutzbelange von Betroffenen in angemessener Weise Rücksicht genommen wird, insbesondere Gesundheitsgefahren vermieden werden.

Vor diesem komplexen Hintergrund stellt sich die Frage, ob das gesetzliche Regelungssystem zum Lärmschutz, dabei insbesondere bezogen auf den Schutz vor Gewerbelärm, den unterschiedlichen, teilweise durchaus auch widersprüchlichen, Anforderungen in der jeweiligen konkreten Situation sachangemessen Rechnung trägt.

II. Innenentwicklung

Zur Innenentwicklung gehören die Wiedernutzbarmachung von Flächen, die Nachverdichtung und vergleichbare Maßnahmen, die darauf abzielen, mit Grund und Boden sparsam und schonend umzugehen (§ 1a Abs. 2 Satz 1 BauGB)[2]. § 1a Abs. 2 BauGB wurde (klarstellend) durch das Gesetz zur Stärkung der Innentwicklung in den Städten und Gemeinden und weiteren Fortentwicklung des Städtebaurechts[3] um einen Satz 4 ergänzt werden, nach dem zur Innenentwicklung insbesondere die Nutzung von Brachflächen, Gebäudeleerstand, Baulücken und andere Nachverdichtungsmöglichkeiten gehört. Die Innenentwicklung führt häufig zu einer größeren räumlichen Nähe von unterschiedlichen Nutzungen („Nutzungsmischung") als dies bei einer Außenentwicklung und einer entsprechenden räumlichen Trennung unterschiedlicher Nutzung der Fall wäre. Bodenschutz und Innenentwicklung (§ 1a Abs. 2 BauGB) einerseits und der in § 50 Satz 1 BImSchG ver-

2 Vgl. hierzu etwa Mitschang, in: Schlichter/Stich/Driehus/Paetow (Hrsg.), Berliner Kommentar zum BauGB, 3. Auflage Köln, Loseblattsammlung, Stand: November 2012, § 1a Rn. 34 ff.

3 Vgl. Gesetzesentwurf der Bundesregierung, a. a. O. (Fn. 1).

ankerte Trennungsgrundsatz[4] andererseits stehen daher in einem gewissen Spannungsverhältnis. Es handelt sich dabei jeweils um wichtige städtebauliche Belange. Keinem von ihnen kommt dabei ein abstrakter Vorrang zu. Insbesondere gibt es insofern kein Optimierungsgebot dergestalt, dass einer dieser Belange stärker zu berücksichtigen oder in sonstiger Weise zu fördern ist als der andere. Maßgeblich ist vielmehr die jeweilige konkrete Planungssituation.[5]

Während räumliche Trennung in erheblichem Umfang Lärmschutzkonflikte löst, bedarf es dafür bei einer größeren räumlichen Nähe besonderer Maßnahmen. Dazu zählen insbesondere solche des passiven Schallschutzes. Insbesondere technische Maßnahmen können und sollen also räumliche Abstände ersetzen. Sie sind in der Lage, gerade bei einer räumlichen Verdichtung und bei dem Aufeinandertreffen von störenden und störungsempfindlichen Nutzungen Lärmschutzkonflikte zu bewältigen. Maßnahmen des passiven Schallschutzes haben dabei offensichtliche Vor-, aber auch Nachteile. Pauschalargumente wie die Aussage, dass passive Schallschutzmaßnahmen zu einer „akustischen Käfighaltung"[6] führen, sind verfehlt. Sie tragen weder den städtebaurechtlichen Erfordernissen Rechnung noch berücksichtigen sie in hinreichender Weise die städtebauliche, ökonomische und soziale Realität. Diese ist bereits jetzt und auch zukünftig in erheblichem Umfang geprägt durch innerstädtische Wohngebiete, aber auch innerstädtische gewerbliche Nutzungen sowie den innerstädtischen Bedarf an bestimmten immissionsrelevanten Nutzungen.

III. Ziele von innenentwicklungsorientiertem Lärmschutz

Lärmschutz muss, wenn er einen angemessenen Schutzstandard gewährleisten, gleichzeitig jedoch die Innenentwicklung nicht über Gebühr einschränken soll, zielorientiert sein. Zu unterscheiden ist dabei insbesondere zwischen dem Schutz während der Tages- und der Nachtzeit, dem Schutz von Außen- und Innenwohnbereichen, dem Schutz von Schlafräumen und sonstigen (insbesondere der Kommunikation dienenden) Wohnräumen usw.[7] Etwa während der Nachtzeit genießen nach der Rechtsprechung Außenwohnbereiche keinen besonderen Schutz, da sie während dieser Zeit typischerweise nicht genutzt werden.[8] Der Innenraumschutz jedoch unterliegt anderen Erfordernissen als der Schutz von Außenwohnbereichen.

4 Vgl. hierzu etwa Jarass (Hrsg.), BImSchG Kommentar, 9. Auflage, München 2012, § 50 Rn. 1 ff.

5 Vgl. etwa BVerwG, Urt. v. 28.01.1999 – 4 CN 5.98 – BVerwGE 108, 248 (253).

6 Vgl. VGH München, Urt. v. 3.12.2002 – 20 A 01.40019 – UPR 2003, 235.

7 Vgl. etwa zum Fluglärm BVerwG, Urt. v. 16.03.2006 – 4 A 1075/04 – BVerwGE 125, 116, (246 ff.).

8 Vgl. BVerwG, ebenda, Rn. 362.

Bei passivem Schallschutz geht es nicht darum, berechtigte Schutzansprüche insbesondere im Hinblick auf gesunde Wohnverhältnisse zu reduzieren sondern darum, den Schutz so weit zu optimieren, dass er schutzgutorientiert und zielgenau wirkt, um auf diese Weise Innenentwicklungspotenziale nutzen zu können. Hierfür ist sowohl im Genehmigungs- als auch vor allem im Bebauungsplanverfahren eine ausreichende Ermittlung der lärmseitigen Gesamtsituation unverzichtbar. Anderenfalls kann jedenfalls in Fällen, in denen absehbar Lärmkonflikte bestehen können, die Belastungssituation nicht ausreichend präzise festgestellt und Planungs- sowie Genehmigungsentscheidungen mit dem Ziel einer sachgerechten Konfliktlösung zugrunde gelegt werden. Dies bedeutet indes nicht, dass in jedwedem Planungs- oder Genehmigungsverfahren umfassende Gutachten erstellt werden müssen. Ist aufgrund der Gesamtsituation bereits hinreichend absehbar, dass Lärmkonflikte nicht entstehen werden, bedarf es insofern keiner oder allenfalls einer überschlägigen Untersuchung.[9] Gutachten in Planungs- und auch Genehmigungsverfahren verfolgen keinen Selbstzweck. Sie müssen daher nur dort eingeholt werden, wo dies angezeigt ist, nicht aber, um aus rein formalen Gründen etwas zu verifizieren, was offensichtlich ist.

IV. Schallschutzmaßnahmen

Im Planungsrecht wird gemeinhin unterschieden zwischen Maßnahmen des aktiven und des passiven Schallschutzes. Aktive Schallschutzmaßnahmen sind dabei solche, die an der Schallquelle ansetzen und die Schallausbreitung verhindern, insbesondere also schallmindernde Maßnahmen sowie Lärmschutzwände, Lärmschutzwälle u. ä. Demgegenüber setzen passive Schallschutzmaßnahmen am Immissionsort an, um vor den Auswirkungen von Schallimmissionen zu schützen. Hierzu gehören insbesondere Umfassungsbauteile, bauliche Anlagen, Lärmschutzfenster u. ä., aber etwa auch Maßnahmen der Grundrissgestaltung (z. B. dahingehend, dass schutzbedürftige Räume auf der lärmabgewandten Seite errichtet werden müssen).[10] Für die Innenentwicklung haben insbesondere die Maßnahmen des passiven Schallschutzes erhebliche Bedeutung. Grund dafür ist, dass aktive Schallschutzmaßnahmen etwa in Form von Lärmschutzwänden in Innenentwicklungskonstellationen vielfach schon aufgrund der räumlichen Gegebenheiten ausscheiden.

---

9 Vgl. etwa BVerwG, Beschl. v. 20.07.2011 – 4 BN 22.11 – BauR 2012, 76; vgl. OVG Münster, Urt. v. 25.01.2010 – 7 D 97/09 – BauR 2010, 1708.

10 Vgl. etwa § 2 der 24. BImSchV, § 3 der Zweiten Verordnung zur Durchführung des Gesetzes zum Schutz gegen Fluglärm (2. FlugLSV).

V. Verkehr

Im Bereich des Verkehrslärms besteht in Fällen, in denen es um die Planung und Realisierung von Verkehrsanlagen geht, in erheblichem Umfang die Möglichkeit, auch passive Schallschutzmaßnahmen zu nutzen. Bei der Planung und Realisierung von schutzbedürftigen Nutzungen in der Nähe von Verkehrsanlagen gilt dies in gleicher Weise.[11]

VI. Gewerbelärm

Bei der Planung und Genehmigung von unter die TA Lärm fallenden gewerblichen Nutzungen sowie von störungsempfindlichen Vorhaben (insbesondere Wohnbebauung) in der Nähe derartiger Nutzungen ist dies anders. Entsprechendes gilt für die Planung oder Errichtung von unter die 18. BImSchV fallenden Sportanlagen bzw. von schutzbedürftigen Vorhaben in deren Nähe. Auch hier ist zwar grundsätzlich anerkannt, dass Maßnahmen der architektonischen Selbsthilfe zur Genehmigungsfähigkeit des jeweiligen Vorhabens führen können, insbesondere also auch von Wohnbauvorhaben in der Nachbarschaft von emittierenden Gewerbebetrieben.[12] Allerdings sind dabei sowohl für gewerbliche Vorhaben als auch „spiegelbildlich" für schutzbedürftige Vorhaben bei der einzelfallbezogenen Prüfung im Zulassungsverfahren die durch die TA Lärm gezogenen Grenzen zu berücksichtigen. Konfliktlösungsmaßnahmen, die die TA Lärm nicht vorsieht, sind daher nach Auffassung des Bundesverwaltungsgerichts jedenfalls im Rahmen von § 15 BauNVO unzureichend.[13] Da die TA Lärm allein auf Außenwerte abstellt (vgl. Nr. 2.3 i. V. m. Nr. A.1.3 des Anhangs zur TA Lärm), kommen im Hinblick auf Gewerbelärm nur solche Maßnahmen der architektonischen Selbsthilfe zur Konfliktlösung in Betracht, die dem Rechnung tragen. Dies sind etwa Maßnahmen im Hinblick auf die Stellung des Gebäudes, des äußeren Zuschnitts des Hauses oder der Anordnung der Wohnräume und der notwendigen Fenster. Dazu zählen auch, soweit bauordnungsrechtlich zulässig, nicht zu öffnende Fenster, da es dann an einem für die TA Lärm maßgeblichen Immissionsort fehlt. Passiver Schallschutz in Form von (zu öffnenden) Fenstern ist hingegen nach Auffassung des Bundesverwaltungsgerichts im Hinblick auf die von der TA Lärm ausgehenden Bindungswirkungen unzureichend, um Lärmschutzkonflikte in Bezug auf Gewerbelärm zu lösen. Dies gilt selbst dann, wenn (zu öffnende) Schallschutzfenster in geschlossenem Zustand die gleiche Schutzqualität bieten wie eine Glasfassade oder Fenster, die nicht geöffnet werden können, und der Bauherr oder Nutzer einer Wohnung weiß, worauf er sich

---

11 Vgl. etwa BVerwG, Urt. v. 22.03.2007 – 4 CN 2/06 – BauR 2007, 1365.

12 Vgl. etwa BVerwG, Beschl. v. 7.06.2012 – 4 BN 6.12 – ZfBR 2012, 578.

13 BVerwG, Urt. v. 29.11.2012 – 4 C 8.11 – BauR 2013, 563; anders bis dahin OVG Münster, Urt. v. 1.06.2011 – 2 A 10058/09 – UPR 2011, 452 ff. als Vorinstanz sowie etwa VGH Mannheim, Beschl. v. 11.10.2006 – 5 S 1904/06 – NVwZ-RR 2007, 168.

einlässt[14]. Hier würde nur eine Änderung der TA Lärm etwa dahingehend Abhilfe schaffen, dass die sich aus ihr ergebenden Anforderungen auch durch passive Schallschutzmaßnahmen erfüllt werden können oder ein Immissionsort gem. Nr. A.1.3 des Anhangs des TA Lärm auch dann nicht vorliegt, wenn das betreffende (zu öffnende) Fenster in geschlossenem Zustand ein Schalldämmmaß aufweist, das einen ausreichenden Innenraumschutz sowohl während der Tages- als auch während der Nachtzeit gewährleistet.

VII. Verhältnis der verbindlichen Bauleitplanung zur TA Lärm

Nicht abschließend geklärt ist, ob und inwieweit die für Gewerbelärm bei Genehmigungsverfahren maßgeblichen Anforderungen der TA Lärm auch dann gelten, wenn im Rahmen der kommunalen verbindlichen Bauleitplanung eine gezielte Konfliktlösung herbeigeführt wurde, diese also nicht der Einzelfallprüfung im Planvollzug überlassen wird. Zu denken ist dabei insbesondere an Festsetzungen nach § 9 Abs. 1 Nr. 24, 3. Alternative BauGB. Es ist davon auszugehen, dass solche Festsetzungen, die ganz gezielt mit bestimmten Vorkehrungen, also nicht nur allgemein mit einer bestimmten Baugebietsfestlegung oder gar einer Verlagerung der Konfliktlösung in den Planvollzug den Immissionskonflikt lösen wollen, gegenüber den Anforderungen der TA Lärm vorrangig sind, eine ordnungsgemäße Festsetzung und planerische Abwägung dabei selbstverständlich unterstellt. Denn wenn der Bund durch das Baugesetzbuch die Gemeinden ohne besondere Einschränkungen ermächtigt, Schallschutzkonflikte (auch) im Hinblick auf Gewerbelärm durch Festsetzungen zum passiven Schallschutz zu lösen, kann sich aus der TA Lärm als Verwaltungsvorschrift schwerlich hierfür eine Sperrwirkung ergeben.[15] Allerdings wäre es mehr als wünschenswert, wenn eine entsprechende Klarstellung (zumindest) in der TA Lärm erfolgen würde, um so diese für die Innenentwicklung wichtige Frage eindeutig zu klären, da gerade in Ballungsgebieten andere Maßnahmen als passiver Schallschutz in Form von (zu öffnenden) Schallschutzfenstern (z. B. Grundrissgestaltung, Lage der schutzbedürftigen Räume zur lärmabgewandten Seite) oder gar Maßnahmen des aktiven Schallschutzes oftmals gar nicht möglich sind.

---

14 Vgl. hierzu Reidt, Passiver Lärmschutz und TA-Lärm – Anmerkungen zu dem Urteil des Bundesverwaltungsgerichts (4 C 8.11), in: UPR 2013, 166 ff.; gerade zu diesem Gesichtspunkt BVerwG, a. a. O. (Fn. 12).

15 Reidt, a. a. O. (Fn. 14), 166 ff.

Berliner Schriften zur Stadt- und Regionalplanung

Herausgegeben von Prof. Dr. Stephan Mitschang

Band 1 Stephan Mitschang (Hrsg.): Umweltprüfverfahren in der Stadt- und Regionalplanung. 2006.

Band 2 Stephan Mitschang (Hrsg.): Stadt- und Regionalplanung vor neuen Herausforderungen. 2007.

Band 3 Stephan Mitschang (Hrsg.): Flächennutzungsplanung – Aufgabenwandel und Perspektiven. 2007.

Band 4 Stephan Mitschang (Hrsg.): BauGB-Novelle 2007. Neue Anforderungen an städtebauliche Planungen und die Zulassung von Vorhaben. 2008.

Band 5 Stephan Mitschang (ed. / Hrsg.): Soil Protection Law in the EU. Bodenschutzrecht in der EU. 2008.

Band 6 Stephan Mitschang (Hrsg.): Innenentwicklung – Fach- und Rechtsfragen. 2008.

Band 7 Stephan Mitschang (Hrsg.): Klimaschutz und Energieeinsparung in der Stadt- und Regionalplanung. 2009.

Band 8 Stephan Mitschang (Hrsg.): Fach- und Rechtsprobleme der Baunutzungsverordnung. 2009.

Band 9 Stephan Mitschang (Hrsg.): Aktuelle Fach- und Rechtsfragen des Lärmschutzes. Bauleitplanung, Fachplanung und Zulassung von Bauvorhaben. 2010.

Band 10 Stephan Mitschang / Gerd Schmidt-Eichstaedt (Hrsg.): Die Umweltprüfung in der Regionalplanung. 2010.

Band 11 Ulrich Battis / Jens Kersten / Stephan Mitschang: Rechtsfragen der ökologischen Stadterneuerung. 2010.

Band 12 Stephan Mitschang (ed. / Hrsg): Energy Efficiency and Renewable Energies in Town Planning Law. Energieeffizienz und Erneuerbare Energien im Städtebaurecht. 2010.

Band 13 Stephan Mitschang (Hrsg.): Planen und Bauen im Außenbereich. 2010.

Band 14 Stephan Mitschang (Hrsg.): Aktuelle Fragestellungen des Städtebau- und Umweltrechts – Ansatzpunkte für eine BauGB- und BauNVO-Novelle. 2011.

Band 15 Tim Schwarz: Die Umweltprüfung in gestuften Planungsverfahren. Möglichkeiten und Grenzen der Koordination und Abschichtung im Rahmen der Umweltprüfung in der Raumordnung und der Bauleitplanung. 2011.

Band 16 Stephan Mitschang (ed. / Hrsg.): Urban Planning Law under EU-Influence. Städtebaurecht unter EU-Einfluss. 2011.

Band 17 Stephan Mitschang (Hrsg.): Bauen und Naturschutz. Aktuelle Fach- und Rechtsfragen nach dem Inkrafttreten des BNatSchG 2010. 2011.

Band 18 Stephan Mitschang (Hrsg.): Gerüche, Feinstaub und Gefahrstoffe in der Bauleitplanung und bei der Zulassung von Bauvorhaben. 2011.

Band 19 Stephan Mitschang (Hrsg.): Klimagerechte Stadtentwicklung – Die neuen Regelungen der BauGB-Novelle 2011. 2012.

Band 20 Stephan Mitschang (Hrsg.): Stärkung der Innenentwicklung – BauGB-Novelle 2012/13. 2013.

Band 21 Stephan Mitschang (Hrsg.): Windenergie – Ausbau und Repowering in der Stadt- und Regionalplanung. 2013.

Band 22 Stephan Mitschang (Hrsg.): Innenentwicklung – Fach- und Rechtsfragen der Umsetzung. 2014.

Band 23 Benjamin Heyn: Lärmschutz und Innenentwicklung. Ist der Lärmschutz notwendiges Korrektiv oder störendes Hemmnis für die Innenentwicklung? 2014.

www.peterlang.com

www.ingramcontent.com/pod-product-compliance
Ingram Content Group UK Ltd.
Pitfield, Milton Keynes, MK11 3LW, UK
UKHW021910290926
8980IPUK00015B/1165

9 783631 648629